Bibliografische Information der Deutschen Nationalbibliothek:

Die Deutsche Bibliothek verzeichnet diese Publikation in der Deutschen National-
bibliografie; detaillierte bibliografische Daten sind im Internet über http://dnb.d-
nb.de/ abrufbar.

Impressum:

Copyright © 2016 GRIN Verlag, Open Publishing GmbH
Druck und Bindung: Books on Demand GmbH, Norderstedt Germany
ISBN: 978-3-668-16526-7

Dieses Buch bei GRIN:

http://www.grin.com/de/e-book/316351/berechnungsgrundlagen-fuer-amateura-
stronomen

Otto Praxl

Berechnungsgrundlagen für Amateurastronomen

Himmelsmechanik für Anfänger

GRIN Verlag

Otto Praxl

Berechnungsgrundlagen für Amateurastronomen

Himmelsmechanik für Anfänger

Zeitmessung, Zeitrechnung, Kalenderberechnung,
Sonnenuhren, Planetenbahnen, Satellitenpeilung,
Geometrie der Finsternisse,
Daten und Formeln

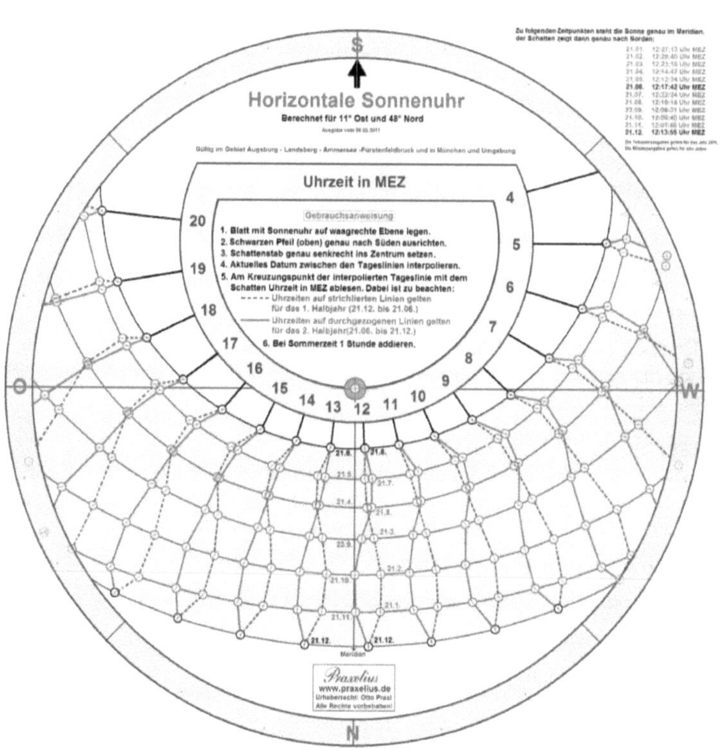

Impressum des Verfassers

Verfasser:

Otto Praxl.

Internetseite des Verfassers mit Kontaktdaten:

http://www.praxelius.de

Zusatzbeiträge und Ergänzungen sind auf der Internetseite zu finden. Dort nicht mehr vorhandene Beiträge können beim Verfasser angefordert werden.

Urheberrecht:

Das Buch und seine Teile unterliegen dem deutschen Urheberrecht.

Jede Verwertung außerhalb der gesetzlich zugelassenen Fälle bedarf einer vorherigen schriftlichen Vereinbarung mit dem Verfasser. Jede widerrechtliche Nutzung wäre ein Verstoß gegen das Urheberrechtsgesetz.

Alle Werknutzungsrechte liegen beim Verfasser. Alle Rechte vorbehalten!

Layout und Gestaltung (mit Microsoft WORD™ 2007)**:**

Otto Praxl

Haftungsausschluss:

Im Text und in den Grafiken dieses Buches können auch Fehler enthalten sein. Für evtl. Fehler und daraus resultierende Nachteile übernimmt der Verfasser keine Haftung. Fehlermeldungen werden gerne entgegengenommen.

Quellenangaben und Bildnachweise:

Alle im Buch verwendeten Formeln und Algorithmen sind allgemeines Grundlagenwissen der Astronomen, das in vielen astronomischen Büchern zu finden ist. Die verwendeten Quellen, aus denen im konkreten Fall Inhalte verwendet wurden, werden im Text genannt.

Alle Fotos und Zeichnungen stammen vom Verfasser.

Titelbild: Horizontale Sonnenuhr, siehe Bild 89 auf Seite 230

Letztes Bearbeitungsdatum: 12.02.2016

Bearbeitungskennzeichen: AA-625720-186*

Vorwort des Verfassers

Ein Amateurastronom ist jemand, der sich mit der Astronomie hobbymäßig befasst. Der Verfasser zählt sich zu den Amateurastronomen.

Vorkenntnisse

Für die erfolgreiche Beschäftigung mit den Themen des Buches sind gute Kenntnisse in Mathematik und Physik erforderlich.

Zur Entstehung des Buches

Der Verfasser beschäftigt sich seit mehr als 50 Jahren mit Astronomie. Beim Studium der Astronomiebücher hat er viele Randnotizen in diesen Büchern angebracht und auch eigene Aufzeichnungen gemacht, um bereits Verstandenes und Erarbeitetes nicht in Vergessenheit geraten zu lassen. Aus diesem Skriptum ist nach und nach ein kleines Nachschlagewerk entstanden, das nun zu diesem Buch zusammengefasst wurde.

Inhalt des Buches

Hauptthema ist die Himmelsmechanik. Sie ist ein klassisches Teilgebiet der Astronomie, das die Bewegungen der Himmelskörper unter dem Einfluss der Gravitation beschreibt. Sie berechnet nach den physikalischen Gesetzen die Bewegungen der Planeten, des Mondes und anderer Himmelskörper (z. B. Satelliten). Daraus ergeben sich die Umlaufbahnen.

Außer der Himmelsmechanik werden noch andere Themen, wie Zeitrechnung, Zeitmessung, Kalenderberechnung, Sonnenuhren, Satellitenpeilung, Finsternisgeometrie und andere Grundlagen behandelt.

Der Rahmen dieses Buches umfasst nur die Phänomene des eigenen Sonnensystems. Astrophysik und Sternensysteme des tiefen Weltraums werden nicht behandelt. Innerhalb der behandelten Themen konnte aus Platzgründen nicht alles mit der gewünschten Ausführlichkeit behandelt werden. Beim Studium des Buches sollten deshalb astronomische Lehrbücher, vorzugsweise die angegebene Literatur, bereitliegen, um die Themen vertiefen zu können. Die zahlreichen Beispiele sollen die im Text beschriebenen Berechnungsvorgänge verdeutlichen.

Obwohl Astronomen ihre Probleme gerne mit komplizierten Gleichungen lösen, kommen wir im Buch mit einfacherer Mathematik aus. Im Einzelfall wird auf weiterführende Literatur hingewiesen, wo die genaue Theorie zu finden ist.

Dem Buch sind eine Kapitelübersicht und ein ausführliches Inhaltsverzeichnis vorangestellt. Im Anhang befinden sich die Verzeichnisse der Bilder, der Tabellen, der Formeln und der verwendeten Literatur. Ein alphabetisches Sachregister schließt das Buch ab.

Ergänzungsbeiträge und Fehlerberichtigungen zum Buch sind auf der Internetseite des Verfassers zu finden.

Unterschleißheim, im Februar 2016

Otto Praxl

Kapitelübersicht

Ausführliches Inhaltsverzeichnis

1.   Einleitung

1.1.   Astronomie – eine alte Wissenschaft

Astronomie, die Kunde vom Weltall und den Gestirnen des Himmels ist wohl die älteste aller Wissenschaften. Sie reicht viele Jahrtausende zurück. Die alten Kulturvölker, wie die Chinesen, die Chaldäer, die Ägypter, die Babylonier, die mittelamerikanischen Mayas und andere, besaßen schon hochentwickelte astronomische Kenntnisse. Die Astronomen genossen dort hohes Ansehen.

Später kamen dann die Griechen (z. B. *Claudius Ptolemäus*, etwa 87 bis 170 n.Chr.), die die Bewegung der Planeten in einer Theorie zu erklären versuchten.

Das Erbe der griechischen Astronomie übernahmen im 10. bis 15. Jahrhundert n. Chr. die Araber. Sie brachten auch die heute gebräuchlichen Ziffern (arabische Ziffern) nach Europa.

Auch wenn sich das Wissen in der Astronomie erst in den letzten Jahrhunderten deutlich vermehrte, so hatten die Astronomen der Antike schon ein beachtliches Wissen. Sie hatten damals keine modernen Hilfsmittel, wie Fernrohre, Rechenmaschinen und moderne Mathematik zur Verfügung.

Im Abendland ist dagegen in der gleichen Zeit keine Entwicklung der Astronomie zu verzeichnen, wenn man von der Einführung des Julianischen Kalenders durch *Caesar* absieht (siehe Seite 58).

1.2.   Theoretische Grundlagen

Der Beginn der neuzeitlichen Astronomie leitete *Nikolaus Kopernikus* (1473 bis 1543 n. Chr.) ein. Ihm folgten *Tycho Brahe* (1546 bis 1601), *Galileo Galilei* (1564 bis 1642), *Johannes Kepler* (1571 bis 1630.) und *Isaac Newton* (1643 bis 1727).

Die theoretischen Grundlagen der Himmelsmechanik stützen sich auf Mathematik und Physik. Die von *Johannes Kepler* gefundenen und nach ihm benannten drei *Keplerschen Gesetze* und das von *Isaac Newton* gefundene Gravitationsgesetz sind von besonderer Wichtigkeit.

Die ausführliche Theorie ist im Buch *Himmelmechanik* von *Manfred Schneider* (Lit. [27]) zu finden. Insbesondere die Bücher *Einführung in die Himmelmechanik und Ephemeridenrechnung* von *Andreas Guthmann* (Lit. [8]) und *Grundlagen der Ephemeridenrechnung* von *Oliver Montenbruck* (Lit. [19]) sind geeignet, Anfängern einen Einblick in die elementaren theoretischen und numerischen Methoden der Himmelsmechanik zu vermitteln.

Es gibt viele schöne Computerprogramme zu kaufen, mit denen man die Berechnung aller gewünschten Planetenbahnen und Sternörter auf Knopfdruck durchführen kann und die den Sternenhimmel mit allen Planeten wie ein Planetarium oder Stellarium darstellen. Viele Amateure sind mit diesen handelsüblichen Computerprogrammen zufrieden, weil die gewünschten Werte auf Knopfdruck geliefert werden.

Mathematisch interessierte Amateure wollen aber nicht nur mit fertigen Computerprogrammen arbeiten, sondern auch die Theorie verstehen und die Berechnungen auf ihrem PC oder ihrem wissenschaftlichen Taschenrechner selbst programmieren können. Denen sei das Buch *Astronomie mit dem Personal Computer* von *Oliver Montenbruck* und *Thomas Pfleger* (Lit. [20]) empfohlen.

1.3.   Hilfsmittel für die Berechnung

Noch im Jahr 1965 war es für Amateurastronomen nicht einfach, Planetenbahnen und astronomische Ereignisse zu berechnen, weil nur einfache Hilfsmittel zur Verfügung standen, die nicht ausreichten, um die mit der Himmelsmechanik zusammenhängenden Berechnungen mit der erforderlichen Genauigkeit bei annehmbarem Zeitaufwand selbst durchführen zu können. Früher standen nur Rechenschieber, Logarithmentafeln und mechanische Kurbelrechenmaschinen zur Verfügung, deren Genauigkeit für astronomische Berechnungen nicht ausreicht.

Heutzutage gibt es Personal Computer (PC) und wissenschaftliche Taschenrechner, mit denen diese Berechnungen mit der nötigen Genauigkeit durchgeführt werden können. Die astronomischen Berechnungen für die Beispiele in diesem Buch wurden mit einem programmierbaren wissenschaftlichen HP-Taschenrechner durchgeführt. Die in Bild 1 gezeigten Modelle sind dafür geeignet (Beschreibung in Lit. [24]).

Bild 1: Wissenschaftliche Taschenrechner HP 49g+ und HP 50g

Diese Geräte bieten alle mathematischen Funktionen und programmiertechnischen Möglichkeiten, um astronomische Berechnungen ohne großen Aufwand programmieren und durchführen zu können. Sie können über ein Kabel an das PC-System angeschlossen werden.

Auch auf normalen Heimcomputern (PC) können die Berechnungen durchgeführt werden, wenn Programmiermöglichkeiten vorhanden sind.

Bei Berechnungen über Tabellenkalkulationsprogramme ist zu prüfen, ob diese Programme mit ausreichender Genauigkeit (ausreichende Stellenzahl der Zahlen) rechnen.

Manche Buchautoren legen ihren Büchern Programme auf Datenträgern bei, damit die Leser die in den Büchern behandelten Berechnungen nachvollziehen können (z. B. Lit.[20] oder [18]).

1.4.   Genauigkeit der Berechnungen

1.4.1.   Signifikante Stellen

Astronomische Berechnungen sind mit ausreichend vielen signifikanten Stellen (Ziffern) durchzuführen. Signifikant sind die Ziffern (engl.: *digits*), die übrig bleiben, wenn bei einer Zahl die vorderen und hinteren Nullen weggestrichen werden, das Komma wird nicht gezählt. Die Nullen zwischen den Ziffern zählen aber mit.

Zahlenbeispiele mit 12 signifikanten Stellen:

$$0,000000001\underline{23456000789}0000 \quad = \underline{1,23456000789} \cdot 10^{-9};$$
$$100,\underline{23450678900} \quad = \underline{1,00234506789} \cdot 10^{2}.$$

Die in Bild 1 abgebildeten Taschenrechner verwenden für reelle Zahlen 12 signifikante Stellen. Diese Genauigkeit ist für die meisten astronomischen Berechnungen des Amateurs ausreichend.

1.4.2.   Reelle Zahlen (Kommazahlen)

Die in Bild 1 gezeigten HP-Taschenrechner rechnen mit reellen Zahlen x im Bereich $10^{-500} < |x| < 10^{500}$, allerdings immer nur mit 12 signifikanten Stellen.

Bei Verwendung einer externen Programmbibliothek für lange Dezimalzahlen können diese HP-Taschenrechner mit beliebig einstellbarer Genauigkeit der reellen Zahlen (Dezimalzahlen) arbeiten. Berechnungen mit vielen hundert signifikanten Stellen sind möglich.

1.4.3.   Ganze Zahlen (Integerzahlen)

Ohne eine externe Zusatzbibliothek ermöglicht die eingebaute Ganzzahlarithmetik der HP-Taschenrechner bei **ganzen Zahlen** (engl.: *integer*) Berechnungen mit vielen tausend Ziffern. Z. B. kann die Zahl 7^{20000} mit insgesamt 16902 Ziffern mit dem Taschenrechner berechnet werden.

1.4.4.   Rundung der Zahlen

Es hat keinen Sinn, bei den Ergebnissen einer Berechnung zu viele Stellen „mitzuschleppen", die für ein vernünftiges Ergebnis nicht notwendig sind. Der Astronom sollte sich immer fragen, wie genau ein Ergebnis sein kann, schon von den Eingabewerten her. Wenn die Eingabewerte schon in der fünften oder sechsten Kommastelle ungenau sind, hat es keinen Sinn, die anderen beteiligten Variablen oder Konstanten hochgenau einzusetzen. Wenn im Ergebnis mehr signifikante Stellen als nötig vorhanden sind, dann wird die Zahl auf die gewünschte Stellenzahl gerundet.

Wird z. B. π mit 30 Nachkommastellen angegeben (siehe Tabelle 1), so genügt diese Genauigkeit, um den Umfang eines Kreises mit einem Radius von 2 Milliarden Lichtjahren auf $\pm 0{,}02$ mm genau anzugeben (Lichtjahr siehe Tabelle 2). Kein Mensch braucht eine so hohe Genauigkeit von π.

Für die meisten Berechnungen des Amateurs genügen 12 signifikante Stellen für das Ergebnis.

1.5. Richtigkeit der Berechnungen

Jede Berechnung sollte auf Plausibilität und Richtigkeit überprüft werden. Astronomen wissen meist schon vorher, was bei einer Berechnung ungefähr herauskommen muss. Jeder Fachmann kann aufgrund seiner Erfahrung und seiner Fachkenntnis abschätzen, ob seine Berechnung richtig ist oder ob etwas nicht stimmt. In der Schule machten wir die „Probe", um zu überprüfen, ob die Lösung einer Aufgabe richtig war.

Man stellt sich die Frage: „Kann das stimmen?" Wenn man nach einigem Nachdenken zur Antwort kommt, dass die Lösung plausibel, einleuchtend, glaubhaft und wahr sei, dann kann man beruhigt weitermachen. Im Zweifel muss man nachrechnen und noch einmal überprüfen.

1.6. Notation und Maßeinheiten in der Astronomie

Unter Notation verstehen wir die Art und Weise, wie ein Begriff, eine Variable oder ein Formelzeichen geschrieben oder abgekürzt (Kurzzeichen) wird. Die in der Astronomie verwendete Notation ist in nachfolgenden Tabellen und im laufenden Text angegeben.

1.6.1. Tabelle der Formelzeichen

Die Variablen sind meist kursiv und fett gedruckt. In Formeln vertreten sie Zahlenwerte. Viele Formelzeichen stammen aus dem griechischen Alphabet (siehe Seite 276).

Manche Formelzeichen werden in verschiedenen Bedeutungen verwendet.

Tabelle 1: Tabelle der Formelzeichen mit Notation

Kurzzeichen	Bedeutung
MEZ, UT *MEZ, UT*	MEZ und UT sind Zeitzonen bzw. Uhrzeiten in diesen Zeitzonen. Wenn sie in Formeln kursiv und fett (*MEZ, UT*) geschrieben sind, vertreten sie dort Zahlenwerte.
123,456	**Schreibweise der Dezimalzahlen:** Wir verwenden hier das **Komma** als Dezimalzeichen. Es steht ohne Leerzeichen zwischen den Ziffern einer Dezimalzahl.
12,3, 45,6, 78,9	**Aufzählung von Zahlen:** Steht bei Zahlen hinter einem Komma ein Leerzeichen, dann handelt es sich um eine Aufzählung von Zahlen. Die Zahlen 12,3 sowie 45,6 und 78,9 sind hier Dezimalzahlen. Allerdings sollte dann zur Vermeidung von Missverständnissen bei der Aufzählung von Dezimalzahlen das Semikolon als Trennzeichen gesetzt werden: 12,3; 45,6; 78,9.
♈	Frühlingspunkt (Widdersymbol).
♎	Herbstpunkt (Waagesymbol).
^{d}, ^{h}, ^{m}, ^{s}	**Hochgestellte Einheitenzeichen** für Zeitpunkt (Uhrzeit) oder Zeitdauer in Tagen [^{d}], Stunden [^{h}], Minuten [^{m}], Sekunden [^{s}]. Auch astronomische Winkel (Sternzeit, Stundenwinkel) werden so angegeben. Die hochgestellten Zeichen werden in der astronomischen Literatur meist über das Dezimalzeichen innerhalb der Dezimalzahl geschrieben (z. B. $56\overset{s}{,}456$ oder $56^s,456$). Wir verwenden jedoch hier die mathematische Schreibweise, wonach das Einheitenzeichen nach der Dezimalzahl steht. Z. B.: $03^h04^m56,456^s$ bedeutet: 3 Stunden, 4 Minuten und 56,456 Sekunden.

Kurzzeichen	Bedeutung
a, d, h, min, s	Dies sind Einheitenzeichen der Maßeinheiten für Zeitangaben mit dezimalem Zahlenwert. [a] für Jahre (*anno*), [d] für Tage (*days*), [h] für Stunden (*hours*), [min] für Minuten und [s] für Sekunden. Beispiel: 1,00 d = 24,00 h = 24 · 3600,00 s.
°, ', "	Winkel oder Winkeldifferenz in Altgrad (engl.: *degree*), Bogenminuten, Bogensekunden. Z.B.: 3° 4' 5,67" bedeutet: 3 Grad, 4 Bogenminuten und 5,67 Bogensekunden. Auch die Bezeichnungen Winkelminuten und Winkelsekunden sind üblich.
°	Winkel in Grad mit dezimalem Bruchteil, z. B. 3,0682416667° = 3° 4' 5,67".
JD	Julianisches Datum (Zeitpunkt).
D, M, Y	Tag (*D*), Monat (*M*), Jahr (*Y*) als Kalenderdatum.
T	Berechnungszeitraum *T* in julianischen Jahrhunderten (Definition im Text), auf einen festen Anfangszeitpunkt (Epoche, Äquinoktium) bezogen.
T	Umlaufzeit *T* eines Planeten.
T	Temperatur *T* der Luft (bei Berechnung der Refraktion).
H	Halber Tagbogen eines Himmelskörpers, Winkelwert in Altgrad.
r	Radius allgemein, r_E = Erdradius an einem bestimmten Ort.
E	Exzentrische Anomalie bei Berechnung der elliptischen Umlaufbahn.
E	Wert der Zeitgleichung im Bogenmaß.
p, p_0	Luftdruck
H_0, H_1	geodätische Höhen
h, h'	Höhenwinkel zwischen Himmelskörper und Horizontebene.
H_A, H_A'	Höhe des Beobachters über dem Gelände in Metern [m].
k	Refraktionskoeffizient.
S, S'	Variablennamen für Sichtweiten auf der Erdoberfläche.
A	Azimut (Horizontalwinkel 0° bis 360° ab Südrichtung nach Westen positiv zählend)
α, α'	Rektaszension (Horizontalwinkel zwischen Himmelskörper und Frühlingspunkt).
Δ, Δ'	Formelzeichen für eine Differenz, wird für Entfernungen zwischen Planeten oder für Zahlenwertunterschiede verwendet.
δ, δ'	Deklination (Vertikalwinkel zwischen Himmelskörper und Äquatorebene der Erde).
κ	Kimmtiefe (Winkel) oder Zentriwinkel (Erklärung im Text).
ω	Winkelgeschwindigkeit.
ω	Winkel zwischen aufsteigendem Knoten und Perihel in der Bahnebene.
Ω	Länge (Winkel in Grad) des aufsteigenden Knotens der Bahnebene (Ekliptik).
Φ	geozentrische Breite auf der Erde.
φ	geografische Breite (Breitengrad) auf der Erde.
φ	Exzentrizitätswinkel bei Ellipsen: sin *φ* = *e.*
λ	geografische Länge (Längengrad),

Kurzzeichen	Bedeutung
λ	Länge(ngrad) als Winkelwert der Planetenposition auf seiner Umlaufbahn
λ	Wellenlänge einer Strahlung.
ρ	Refraktion (Winkel).
Θ	Sternzeit in Greenwich.
θ	Sternzeit eines beliebigen Ortes.
π (als Zahlenwert)	Zahlenwert π = **3,14159 26535 89793 23846 26433 83279** (mit 30 Nachkommastellen). Für den Amateur genügen 12 signifikante Stellen: π = **3,14159265359**
π (als Winkel)	Winkel π = **4 · atan(1,0) rad** im Bogenmaß, in Altgrad 180°.
v	Winkel eines Radiusvektors (Fahrstrahls) auf einer elliptischen Bahn. Das Kurzzeichen ist ein griechisches **Ny**, es sollte nicht mit dem kursiven **v** (*v*) der Standardschriftart verwechselt werden.

1.6.2.   Tabelle wichtiger Einheiten und Konstanten

Tabelle 2: Tabelle wichtiger Maßeinheiten und Konstanten

Bezeichnung	Bedeutung
Naturkonstanten	
G	Gravitationskonstante: G = **6,672 · 10^{-11} m^3 kg^{-1} s^{-2}**, siehe auch Seite 111
c	Lichtgeschwindigkeit: c = **299792458 m/s.**
AE	1 **Astronomische Einheit AE** ist der mittlere Abstand Erdmittelpunkt zu Sonnenmittelpunkt: 1 AE = 149597870 km.
Längen	
m	**Meter** [m] ist die SI-Basiseinheit für die Länge, Vielfache sind [km] und Teile sind [dm], [cm], [mm].
LJ	**Lichtjahr** ist die Strecke (es ist eine Entfernung, keine Zeiteinheit!), die das Licht in einem (tropischen) Jahr (a = 365,242198781 d) zurücklegt: 1 LJ = $a \cdot c$ · 24 · 3600 = 365,242198781d/a · 299792458 m/s · 24 h/d · 3600 s/h = 9,460528404872883295 5072 ·10^{15} m/a = 63239,726640980137588237 AE, aufgerundet: **1 LJ = 9,46053 · 10^{12} km/a = 63240 AE/a.**
pc	1 pc = 1 **Parsec** (Parallaxensekunde) ist die Entfernung, aus der die **AE** als Bogenlänge des Winkels der Größe einer Bogensekunde 1" erscheint: 1 pc = 1 AE · (3600 · 180)/π = 206264,8 AE; 1 pc = 30,085678 · 10^{12} km = 206264,8 AE = 3,261631 LJ.
Winkel	
°, ', "	Grad: Vollkreis = 360°, 1° = 60', 1' = 60". Winkel in °, ' und " oder auch als Grad (°) mit dezimalen Bruchteilen.
rad	Radiant [rad] ist der Winkel im Bogenmaß b/r (reine Maßzahl), wobei b die Bogenlänge und r der Radius ist. 1 rad gilt bei b/r = 1 und entspricht 180°/π = 57,29577951308 23209°, 1° = π/180 rad = 0,01745329251994 3295769 rad Vollkreis 360° = 2π rad; aus b = *Kreisumfang* folgt: $\dfrac{U}{r} = \dfrac{2\pi r}{r} = 2\pi$.
Zeit	
d, h, min, s	Tag (d), Stunde (h), Minute (min), Sekunde (s) 1 d = 24 h, 1 h = 60 min, 1 min = 60 s.

Bezeichnung	Bedeutung
^{h}, ^{m}, ^{s}	Hochgestelle Einheitensymbole für Stunden, Minuten und Sekunden, bei Uhrzeit- oder Sternzeitangaben, z.B. $3^h\,5^m\,17^s$.
s (Sekunde)	Eine Sekunde ist die Zeitdauer von 9192631770 Perioden der Schwingungen des Caesiumatoms $^2S_{1/2}\,Cs^{133}$ (Atomgewicht 132,905).
d (Sonnentag)	Ein mittlerer Sonnentag dauert genau 24 Stunden zu je 3600 Sekunden, also insgesamt 86400 Sekunden.
J (Jahr)	Tropisches Jahr: $1\,J = 365{,}242198781$ **d** ist die Zeitdauer zwischen zwei aufeinanderfolgenden Durchgängen der mittleren Sonne durch den Frühlingspunkt.
T (Jahrhundert)	Julianisches Jahrhundert $1\,T = 36525$ d (mittlere Sonnentage).
Geschwindigkeit	
m/s, km/s, km/h	Geschwindigkeit v ist definiert als Wegzuwachs pro Zeitzuwachs $\Delta\alpha/\Delta t$.
°/s, °/h, °/d, °/a	Winkelgeschwindigkeit ω ist definiert als Winkelzuwachs pro Zeitzuwachs: $\omega = \Delta\alpha/\Delta t$.
Beschleunigung	
m/s^2	Die Beschleunigung b ist definiert als Geschwindigkeitszuwachs pro Zeitzuwachs: $b = \Delta v/\Delta t$.
Masse	
kg	1 kg = 1 Kilogramm ist die SI-Einheit für die Masse. Masse der Sonne: $M_{Sonne} = 1{,}9891 \cdot 10^{30}$ kg. Masse der Erde: $m_{Erde} = 5{,}9742 \cdot 10^{24}$ kg. Verhältnis $M_{Sonne}/m_{Erde} = 332948{,}344548$
Kraft	
kg $\cdot$ m/s^2	Kraft P ist definiert als Masse m × Beschleunigung b: $P = m \cdot b$.
Temperatur	
°C, K	Temperatur in Grad Celsius (°C) oder Kelvin (K). Die Maßeinheiten werden sowohl für die Position t auf der Temperaturskala wie auch für die Temperaturdifferenzen Δt benutzt. Die richtige Zuordnung ergibt sich aus dem Zusammenhang. Beispiele: $t = 0$ °C $= 273{,}16$ K; $t = 100$ °C $= 373{,}16$ K; $\Delta t = 1$ °C $= 1$ K.

2. Die Zeitrechnung der Römer

Von den alten Kulturvölkern stehen uns die Römer zeitlich am nächsten. Schon in der Schule haben wir viel darüber gelernt (Latein, römische Geschichte, Limes, römische Zahlen, julianischer Kalender, Römisches Reich usw.). Zur Wiederholung und der Vollständigkeit halber wollen wir die römischen Zahlen, die römische Zeitrechnung und den römische Kalender eingehend behandeln.

2.1. Die römischen Zahlen

Die Römer kannten unsere modernen Ziffernzeichen noch nicht, da diese erst um etwa 800 n. Chr. von den Arabern nach Europa gebracht wurden. Die Römer mussten ihre eigenen Zahlzeichen und ihr eigenes Zahlensystem verwenden.

2.1.1. Römischen Zahlzeichen

Tabelle 3: Die 7 römischen Zahlzeichen

Zahlzeichen	Zahlenwert	Zahlzeichen	Zahlenwert
I	1	**V**	5
X	10	**L**	50
C	100	**D**	500
M	1000		

Wie diese Zahlzeichen entstanden sind, darüber gibt es unterschiedliche Meinungen. Fest steht aber, dass **C** (= 100) dem lateinischen Wort *centum* (*hundert*) entspricht und **M** (= 1000) auf *mille* (*tausend*) hinweist.

2.1.2. Aufbau des römischen Zahlensystems

1. Durch die römischen Zahlzeichen **I** (=1), **X** (= 10), **C** (= 100), **M** (= 1000) werden die Grundzahlen mit der **Basis 10** dargestellt.

2. Durch die römischen Zahlzeichen **V** (=5), **L** (= 50), **D** (= 500) wird jeweils **das Fünffache der ersten drei Grundzahlen** dargestellt.

3. Das 2- bis 4-Fache der Grundzahlen der Basis 10 wird durch Wiederholung (Nebeneinanderschreiben) der entsprechenden Grundzahlen dargestellt. Die Römer ließen bis zu vier gleiche Zeichen nebeneinander zu.

   Zur Darstellung einer römischen Zahl werden diese Zahlzeichen ohne Zwischenraum nebeneinandergeschrieben, wobei das höherwertigere voransteht. Da es nur 7 Zahlzeichen gibt, müssen größere Zahlen durch Multiplikation der Grundzahlen dargestellt werden: Ein übergesetzter Strich bedeutet das **1000-Fache**:

   z. B.: $\overline{\text{II}} = 1000 \times 2 = 2000$; $\overline{\text{D}} = 1000 \times 500 = 500000$; $\overline{\text{M}} = 1000 \times 1000 = 1000000$.

4. Eine römische Zahl, die **beidseits und oben** mit je einem Strich gekennzeichnet ist, bedeutet das **100 000-Fache** dieser Zahl.

   Beispiele für größere Zahlen:

   $\overline{|\text{X}|} = 100000 \times 10 = 1000000$

   $\overline{\text{XXV}} = 1000 \times 25 = 25\,000$;

   $\overline{|\text{XXV}|} = 100000 \times 25 = \overline{\text{MMD}} = 1000 \times 2500 = 2500000$

5. Die Werte aller nebeneinanderstehenden Zahlzeichen werden addiert. Dies ist die **Additionsschreibweise** der römischen Zahlen.

Man nennt diese Darstellungsweise **additive Zahlendarstellung**, weil die Einzelwerte nebeneinander ohne Umrechnung addiert werden. Dabei werden die höherwertigen Zahlzeichen links vor die anderen geschrieben. Mit den römischen Zahlzeichen (**M, D, C, L, X, V, I**) können nur **positive ganze Zahlen** dargestellt werden. Eine Null kommt nicht vor.

Um die Zahlen auf dem Papier nicht zu lang werden zu lassen, verwendet man zusätzlich innerhalb der römischen Zahl die **Subtraktionsschreibweise**: Steht ein kleineres Zahlzeichen voran, so ist der Wert vom nachfolgenden größeren abzuziehen, z. B.: **MCM** = 1900; **MIM** = 1999; **MID** = 1499.

2.1.3.   Kommastellen und Brüche

Das Dezimalkomma und die Stellen hinter dem Komma kannten die Römer noch nicht. Sie kannten nur ganze Zahlen und Brüche.

Teile von ganzen Zahlen wurden durch Brüche dargestellt, die mit lateinischen Wörtern bezeichnet wurden. Brüche hatten für die Zahlendarstellung keine Bedeutung. Sie wurden bei Maßen und Gewichten verwendet.

2.2.   Rechnen mit römischen Zahlen

2.2.1.   Manuelles Rechnen

Die unpraktische Schreibweise der römischen Zahlen erschwert das Rechnen mit Bleistift auf Papier. Trotzdem kann man auch mit den Römischen Zahlen manuell rechnen, indem man die Zahlen in Spalten mit Einer, Fünfer, Zehner, Fünfziger, Hunderter usw. aufteilt und in den Spalten aufaddiert. Der Übertrag wird zur nächsthöheren Spalte übertragen.

Beispiel:
Man addiere die beiden Zahlen: $\overline{\text{XVI}}$ CCCCLXVIII = 16468 und CCCLXXII = 372.

Vor der Addition werden diese beiden Zahlen zuerst in ihre Einzelteile zerlegt und diese der Größe nach sortiert. Dann werden gleichartige Zahlzeichen in gleichen Spalten zusammengefasst, am Schluss wird die Summe hingeschrieben und zum Ergebnis zusammengefasst:

Tabelle 4: Manuelles Rechnen mit römischen Zahlen

	Tausender	Hunderter	Fünfziger	Zehner	Fünfer	Einer
1. Zahl: 16468	$\overline{\text{XVI}}$	CCCC	L	X	V	III
2. Zahl: 372		CCC	L	XX		II
Spaltensumme:	$\overline{\text{XVI}}$	DCC	LL	XXX	V	V
Übertrag		L + L = C	↵	V + V = X	↵	↵
Ergebnis mit Übertrag:	$\overline{\text{XVI}}$	DCCC		XXXX		
Endgültige Summe	= $\overline{\text{XVI}}$DCCCXXXX = 16840 (abgekürzt: $\overline{\text{XVI}}$ DCCCXL)					

2.2.2.   Das Rechenbrett (Abakus)

Obwohl die römischen Zahlen wegen ihrer Schreibweise für das Rechnen mit Bleistift auf Papier nicht vorteilhaft sind, so ist das Zahlensystem doch ein **vollwertiges Dezimalsystem** (Zehnersystem).

Um das Rechnen zu vereinfachen und zu mechanisieren, haben um 1100 v. Chr. im Orient die Gelehrten der Antike das Rechenbrett entwickelt. Die Römer übernahmen das Rechenbrett und nannten es **Abakus** (lat.: ***abacus*** = *Rechenbrett, Rechentisch, Abakus*).

Auf dem Abakus kann man die Zahlen übersichtlich durch senkrechtes und waagrechtes Nebeneinanderlegen von Steinchen (lat.: ***calculus*** = *Steinchen, Rechenstein, Rechnung*) darstellen. Von diesen Steinchen, lat. ***calculi***, leitet sich auch das Wort „kalkulieren" ab.

Der Abakus ist ein Rechengerät, das die Stellenwertschreibweise verwendet. Für den Wert einer Ziffer kommt es also darauf an, an welcher Stelle die Ziffer in der Zahl steht. Für den Abakus ist es unerheblich, mit welcher Art Ziffern eine Zahl auf dem Papier darstellt wird. Er arbeitet nur mit Zahlenwerten, die durch einzelne, aufgereihte Steinchen repräsentiert werden.

Mit dem Abakus lassen sich die vier Grundrechenarten (Addition, Subtraktion, Multiplikation und Division) durchführen. Multiplikationen werden durch wiederholte Additionen, Divisionen durch wiederholte Subtraktionen für jede Stelle der Zahl durchgeführt.

Das Rechnen mit römischen Zahlen mag zwar auf dem Papier beschwerlich sein, mit dem Abakus lässt es sich wesentlich vereinfachen und beschleunigen, weil die Ziffern mit ihren Stellenwerten in die Rechnung eingehen.

Die Handhabung des Abakus musste erlernt werden, dafür gab es eigene Rechenlehrer (lat.: *calculator, Rechenlehrer*).

Ursprünglich wurde mit Steinchen auf einem Brett gerechnet, später wurden Geräte gebaut, die man in der Tasche mitnehmen konnte (Bild 2).

Der Abakus ist auch in Ostasien bekannt, wo er **Suapan** genannt wird und noch heute ein unentbehrliches Hilfsmittel ist.

2.2.3.   *Prinzip des Abakus*

Im Prinzip genügen in Ermangelung eines Geräts einige Striche im Sand und einige Steinchen. Senkrechte Striche dienen als Kennzeichnung der Stellen und ein gerader Stock dient als waagrechte Trennlinie (Querbalken) zwischen den oberen und unteren Steinchen. Für jede Dezimalstelle werden 7 Steinchen verwendet, zwei Fünfer-Steinchen über dem Querbalken und fünf Einer-Steinchen unter dem Querbalken. Dadurch kann der Abakus für jedes Dezimalsystem verwendet werden.

Beim Abakus werden die Zahlenwerte nach folgender Tabelle zugeordnet, wobei die dicke Linie den Querbalken darstellt. Die Stellenzahl kann beliebig nach links erweitert werden.

Tabelle 5: Stellenwerte des Abakus

...	$\overline{D}$	$\overline{L}$	$\overline{V}$	D	L	V
...	$\overline{C}$	$\overline{X}$	M	C	X	I

Die Steinchen oberhalb des Querbalkens stellen die fünffachen Werte der unterhalb des Querbalkens befindlichen Steinchen dar.

In der Einerspalte stehen unten die Einer und oben die Fünfer, in der Zehnerspalte stehen unten die Zehner und oben die Fünfziger, für die weiteren Spalten gilt dasselbe Prinzip der Zehnerpotenzen (unten) und ihres Fünffachen (oben).

Wenn die Steinchen **am Querbalken anliegen**, haben sie den zugewiesenen Wert. Liegen sie außen, also ganz oben oder ganz unten, werden sie nicht gezählt, haben also den Wert null.

Die Null als Zahlzeichen gibt es bei den römischen Zahlen nicht. Beim Abakus wird der Nullwert in jeder Spalte dadurch dargestellt, dass kein Steinchen von oben oder von unten am Querbalken anliegt.

Wenn die Stelle „überläuft", arbeitet man mit Übertrag in die nächsthöhere Stelle. Reicht die Stellenanzahl nicht aus, kann man mehrere dieser Geräte links daneben legen.

Bild 2 zeigt einen Abakus (9-stellig) in Messingausführung auf Marmorplatte in der Größe 90 × 60 mm. Er zeigt die Dezimalzahl **123456789**.

Bild 2: Abakus in tragbarer Form (Taschen-Abakus = Taschenrechner)

2.3.   Der römische Tag

2.3.1.   *Naturgegebene Tageszeiten*

Bevor wir uns mit den Zeitzonen und Ortszeiten der Neuzeit beschäftigen, seien hier die naturgegebenen Tageszeiten erwähnt, die durch das Tageslicht von Sonnenaufgang bis Sonnenuntergang bestimmt werden. Viele alte Völker richteten sich nach dem Lauf der Sonne. Auch die Tageszeiten der Römer wurden vom Lauf der Sonne bestimmt.

Der römische **Tag** richtete sich nach der Sonne und dauerte von Sonnenaufgang (lat.: *solis ortus*) bis Sonnenuntergang (lat.: *solis occasus*) und wurde in zwölf Teile (römische Stunden) eingeteilt. Für die Länge des Tages war also die Dauer des Tageslichts bestimmend.

Die römische Nacht wurde in 4 Nachtwachen eingeteilt. Die römischen Tagstunden und die Nachtwachen zusammen ergaben einen Kalendertag.

Die Länge eines Kalendertages (z. B. von Mittag bis Mittag des nächsten Tages) konnte man damals nicht mit 24 Stunden angeben, weil die Stunden nicht durchgehend gezählt wurden und auch nicht gleich lang waren. Der **Mittagspunkt** kann einwandfrei bestimmt werden, weil zu diesem Zeitpunkt die Sonne den höchsten Stand hat (Kulmination).

Ob nun Sommer oder Winter, die Zeitspanne zwischen Sonnenaufgang und Sonnenuntergang war als „der römische Tag" definiert, er wurde immer in 12 gleiche Teile (römische Stunden) unterteilt. Die römischen Stunden waren also, je nach Jahreszeit, unterschiedlich lang (siehe Diagramm Bild 3).

2.3.2.   *Tageslängen*

Die Angaben der Uhrzeit nach unserer 24-Stunden-Zählung gab es damals noch nicht. Trotzdem wollen wir hier zum Vergleich unsere Uhrzeiten angeben:

In Rom und Mittelitalien (geografische Breite etwa 42° Nord) findet der Sonnenaufgang etwa zwischen 4.30 Uhr Ortszeit im Sommer und 7.30 Uhr im Winter. Der Sonnenuntergang liegt etwa zwischen 16.30 Uhr im Winter und 19.30 Uhr im Sommer statt. Der römische Tag (Tageslicht) dauert im Sommer etwa 15 Stunden und im Winter etwa 9 Stunden. Das war nicht nur damals so, sondern stimmt heute noch.

In Gallien und Germanien (jetziges Frankreich und Deutschland) verschoben sich Sonnenaufgang und Sonnenuntergang wegen der höheren geographischen Breite der Orte auf etwa folgende Zeiten: Sonnenaufgang zwischen 4 Uhr (Sommer) und 8 Uhr (Winter), Sonnenuntergang zwischen 16 Uhr (Winter) und 20 Uhr (Sommer). Der römische Tag war in Gallien und Germanien im Sommer 16 Stunden und im Winter nur 8 Stunden lang.

Am Frühlingsanfang (21. März) und am Herbstanfang (23. September) findet auf der ganzen Erde der Sonnenaufgang um 6.00 Uhr Ortszeit und der Sonnenuntergang um 18.00 Uhr Ortszeit statt. Tag und Nacht sind an diesen beiden Tagen (theoretisch) gleich lang: *Tagundnachtgleiche, Äquinoktium.*

Der Sonnenaufgang ist astronomisch genau definiert: Es ist der Zeitpunkt, zu dem die ersten Sonnenstrahlen vom oberen Rand der Sonne am Horizont sichtbar werden. Auch der Sonnenuntergang ist astronomisch genau definiert: Es ist der Zeitpunkt, zu dem die letzten Sonnenstrahlen am Horizont verschwinden. Beide Zeitpunkte sind ortsabhängig und auch geländeabhängig (siehe auch 21.7 auf Seite 220).

Die oben angegebenen Uhrzeiten berücksichtigen weder die Refraktion (siehe Abschnitt 9.1 ab Seite 100) noch die Zeitgleichung (siehe Kapitel 4 ab Seite 39). Will man diese beiden Einflüsse berücksichtigen, dann muss man wegen der Zeitgleichung zur genauen Berechnung auch das Datum angeben.

2.3.3.   *Römische Tageseinteilung*

Das Diagramm (Bild 3) zeigt den Verlauf der römischen Tageszeiten mit den unterschiedlichen Stundenlängen im Laufe eines Jahres. Die Dämmerungszeiten sind hier nicht berücksichtigt.

Bild 3: Römische Tageseinteilung

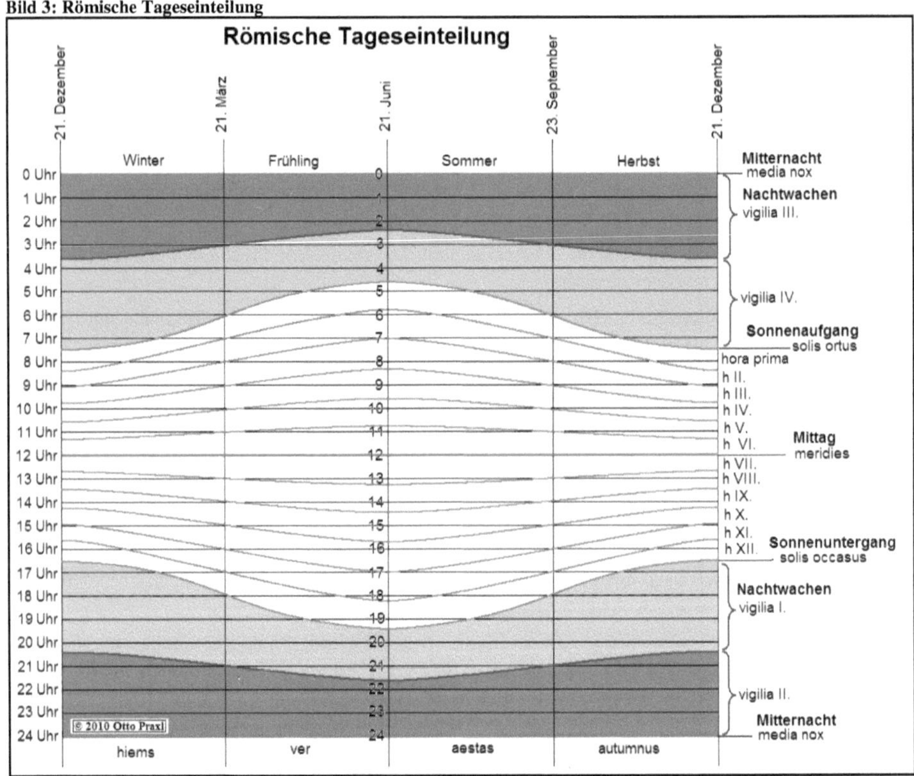

Links am Rand des Diagramms und an den senkrechten Linien sind die Stunden nach unserer 24-Stunden-Zählung angegeben.

Die Längen der unterschiedlichen römischen Stunden sind durch die Breiten der geschwungenen Streifen gegeben, die sich während des Jahres über Frühjahr, Sommer, Herbst und Winter ändern.

Der Verlauf des Sonnenstandes innerhalb eines Jahres folgt etwa einer Sinuslinie. In Bild 3 sind diese Sinuslinien erkennbar.

Die römischen Stundenlängen waren von der Jahreszeit und damit vom Winkel des Sonnenstandes zum Kulminationszeitpunkt abhängig, der in Rom zwischen 24,5° (= 90° - 42° - 23,5°) im Winter und 71,5° (= 90° - 42° + 23,5°) im Sommer hin und her pendelt. Die Änderung des Sonnenstandes ist bedingt durch die jährliche Wanderung der Sonne vom südlichen Wendekreis (-23,5° geografische Breite) über den Äquator (0°) zum nördlichen Wendkreis (+23,5° geografische Breite) und wieder zurück. Die Wendekreise sind durch die Neigung von 23,5° der Äquatorebene der Erde gegenüber der Bahnebene der Erdumlaufbahn (Ekliptik) um die Sonne bedingt (siehe 12.8.1 auf Seite 134). Die Tageslänge zwischen Sonnenaufgang und Sonnenuntergang ist von dieser Neigung abhängig.

Obwohl die Babylonier bereits um 1700 v. Chr. den Tag in 24 gleich lange Stunden einteilten (ein Tag zu 24 Stunden, eine Stunde zu 60 Minuten, eine Minute zu 60 Sekunden), hielten die Römer im Alltag und beim Militär an der ungleichmäßigen Tageslänge und an der damit verbundenen Stundeneinteilung fest. Dies wurde auch nicht geändert, als *Caesar* den Julianischen Kalender eingeführt hatte. Das hing wohl damit zusammen, dass die Römer keine geeigneten tragbaren Uhren besaßen.

2.3.4. *Die römische Tag und die römische Stundenzählung*

Die Stunden (lat.: *hora, die Stunde*) wurden von Sonnenaufgang bis Sonnenuntergang gezählt:

- Die erste Stunde (*hora prima = h I.*), begann mit dem Sonnenaufgang, im Sommer (am 21. Juni) nach unserer modernen Stundenzählung in Rom um 4.30 Uhr und im Winter (am 21. Dezember) um 7.30 Uhr.
- Die sechste Stunde (*h VI.*) ging mittags mit Erreichen des höchsten Sonnenstandes (Kulmination) zu Ende. Den **Mittagspunkt**, also den Zeitpunkt des höchsten Sonnenstands, nannten die Römer *meridies*.
- Die siebte Stunde (*h VII.*) begann mit dem höchsten Sonnenstand.
- Die neunte Stunde (*h IX.*) lag im Sommer etwa zwischen 14.30 und 15.30 Uhr. Im Frühling und Herbst ging die neunte Stunde genau um 15.00 Uhr zu Ende.
- Die zwölfte Stunde (*h XII.*) ging mit dem Sonnenuntergang zu Ende, im Sommer um etwa 19.30 Uhr und im Winter um etwa 16.30 Uhr, im Frühling und Herbst um 18 Uhr.

Die Tageszeit nach Sonnenstand ist ortsabhängig. Die Sonne hat ihren Höchststand (Kulmination) mittags. Da die Sonne östlich vom eigenen Standort früher aufgeht, kulminiert sie dort früher und westlich davon später. Die römischen Tageszeiten waren nach astronomischen Gesichtspunkten eine wahre Ortszeit, weil sie sich nach der Kulmination und nach den Auf- und Untergangszeiten der Sonne an einem bestimmten Ort richteten.

Diese Stundenangaben sind auch in der Bibel erwähnt: „In der neunten Stunde ...“

2.3.5. *Die römische Nacht und die Nachtwachen*

Die römische **Nacht** (Dauer der Dunkelheit) wurde in vier Teile unterteilt. Die Einteilung richtete sich nach den Zeiten der Nachtwache (*vigilia die Wache, das Nachtwachen, das Wachehalten*):

vigilia I. und *vigilia II.*   dauerten zusammen von Sonnenuntergang bis Mitternacht (*media nox*),
vigilia III. und *vigilia IV.*   lagen von Mitternacht bis Sonnenaufgang.

2.3.6. *Tagesstunden und Nachtwachen in der Realität*

Zeiteinheiten und genaue Uhren in unserem Sinne gab es damals noch nicht. Es gab kaum Möglichkeiten, die Stunden und deren Unterteilung genau zu messen.

Die ungleichmäßige Stundenlänge und die Stundenzählung (*hora I.* bis *hora XII.*) der Römer ändern aber nichts an der Tatsache, dass **die astronomische Tageslänge** von Mitternacht bis zur nächsten Mitternacht nach unserer Definition **24 gleich lange Stunden** beträgt und die römischen Nachtstunden mit einschließt. Zwischen der Kulmination der Sonne (mittags 12 Uhr Ortszeit) und der Kulmination der Sonne am nächsten Tag liegen 24 Stunden nach unserer Definition.

Die Tagesstunden waren in der Realität leicht festzulegen, weil man nur die Zeit zwischen dem Sonnenaufgang und dem Sonnenuntergang in 12 gleiche Teile zerlegen musste. Auf den damaligen Uhren (siehe unten) mussten nur die Markierungen richtig angebracht werden.

Es war aber schwierig, die Zeiten innerhalb der Nächte abzuschätzen. Wann ist Wachablösung? Wann geht die Sonne auf? Taschenuhren gab es damals nicht und Sonnenuhren funktionierten nur am Tag.

2.4. Zeitmessung und Uhren

2.4.1. *Natürliche Zeitmarken*

Die Römer konnten nur dreimal am Tag ihre Ortszeit ohne Hilfsmittel nach dem Sonnenstand genau bestimmen:

1. Bei Sonnenaufgang (*solis ortus*, Tagesbeginn, erste Marke an der Sonnenuhr),
2. am Mittagspunkt (*meridies*, Kulmination, mittags, kürzester Schatten, Sonne genau im Süden) und
3. bei Sonnenuntergang (*solis occasus*, Tagesende, letzte Marke an der Sonnenuhr).

Diese Zeitpunkte markierte man auf Sonnenuhren und Wasseruhren und hatte damit die für diesen Tag gültigen „Eichpunkte". Die Zeiten zwischen Sonnenaufgang und Mittagspunkt und zwischen Mittagspunkt und Sonnenuntergang unterteilte man in je 6 gleiche Teile.

2.4.2. *Sonnenuhr*

Bei der Sonnenuhr verwendet man den Schatten eines Stabes, um den Stand der Sonne anzuzeigen. Der Schatten des Stabes dient als Zeiger für die Zeitanzeige. Kennzeichnet man zu jeder Stunde die Position der Stabspitze auf dem Boden oder an der Wand, dann erhält man eine Skala für die Stunden. Dort kann die Uhrzeit abgelesen werden.

Der römische Kaiser Augustus ließ eine riesige horizontale Sonnenuhr, *Solarium Augusti* genannt, bauen. Im Jahr 10 v. Chr. wurde sie eingeweiht. Sie stand auf dem *Campus Martius* („Marsfeld") in Rom. Als Zeiger dieser Uhr, die auch ein Kalender war, diente ein 30 m hoher ägyptischer Obelisk, der einst als Siegestrophäe von Ägypten nach Rom gebracht worden war. Sein Schatten wurde auf ein weitläufiges System von Bronzelinien und Bronzeschrift in Latein und Griechisch geworfen, die sich auf dem Boden befanden und begehbar waren.

Hier in diesem Buch wird eine ähnliche horizontale Sonnenuhr berechnet und als Grafik angeboten (Titelbild und Bild 89 auf Seite 230). Die große Grafik (2500×2500 Pixel) kann auch von der Webseite des Verfassers im Original heruntergeladen werden.

2.4.3. *Wasseruhr*

Die Wasseruhr ist eine der ältesten Zeitmessvorrichtungen. Sie funktioniert auch, wenn die Sonne nicht scheint.

Da im Internet von der Existenz unzähliger antiker Wasseruhren die Rede ist, aber keinerlei Konstruktionsdetails überliefert sind, können hier nicht die antiken Praktiken und Techniken beschrieben werden, sondern nur die technischen Möglichkeiten, wie man Wasseruhren heute bauen und betreiben kann.

2.4.3.1. *Prinzip der Wasseruhr*

Aus einem oberen Wasserbehälter fließt durch eine kleine Öffnung langsam Wasser in einen darunter befindlichen Behälter. Die Wasserhöhe am Zulauf des oberen Behälters muss durch einen Überlauf konstant gehalten werden, weil das Wasser nur dann gleichmäßig durch die kleine untere Öffnung fließt, wenn der Wasserdruck gleich bleibt.

Die Höhe des steigenden Wasserspiegels im unteren Behälter ist ein Maß für die abgelaufene Zeit. Ist der untere Behälter genügend groß, um das Wasser für einen ganzen Kalendertag aufzunehmen, dann kann man dort die Uhrzeiten umlaufend bei Tag und Nacht ablesen.

Man kann einen Schwimmer im unteren Wasserbehälter verwenden und mit einem Zeiger verbinden, der auf einer Skala die Uhrzeit (proportional zum Wasserstand) anzeigt. Je nach Größe des unteren Behälters kann man den Zeitraum eines Kalendertages von Mittag bis zum nächsten Mittagszeitpunkt messen. Damit hat man eine Wasseruhr für den ganzen Kalendertag, die man auch nachts ablesen kann.

2.4.3.2.   Einrichtung der Wasseruhr

Die Wasseruhr wird mit leerem unteren Behälter genau zur Kulmination der Sonne (mittags) gestartet. Man markiert die untere Zeigerstellung (untere Marke) auf der Skala. Die oberste Markierung wird am nächsten Tag mittags an der Skala angebracht.

Die dazwischen liegenden Markierungen werden angebracht während sich der untere Behälter füllt. Da sind einmal die Marken für Sonnenuntergang und Sonnenaufgang, die zeitgerecht auf der Skala am Zeiger angebracht werden. Die Strecke dazwischen teilt man nachträglich in vier gleich lange Nachtwachen ein.

Der Mitternachtszeitpunkt liegt genau in der Mitte zwischen Sonnenuntergang und Sonnenaufgang, also nach der zweiten Nachtwache. Der Zeitraum von Mittag bis Sonnenuntergang wird in 6 gleiche Teile geteilt (**hora VII** bis **XII**) und ebenso der Zeitraum von Sonnenaufgang bis Mittag (**hora I** bis **VI**). Die Marken für Sonnenaufgang und Sonnenuntergang und damit die Länge der Tagesstunden und der Nachtwachen sind täglich anders, das ist durch die Jahreszeit bedingt. Nur die Zeitpunkte für Mittag und Mitternacht bleiben konstant. Bild 3 zeigt die Reihenfolge der Nachtwachen.

2.4.3.3.   Automatischer Betrieb der Wasseruhr

Genau mittags bei vollem unteren Behälter löst der Zeiger oder Schwimmer eine Entleerungsklappe aus, sodass der Wasserspiegel mit dem Schwimmer vom oberen Maximum schnell nach unten bis zum Boden sinkt. Der untere Behälter füllt sich dann von neuem.

Ist die Schwimmerschnur um eine runde Trommel gewickelt, deren Umfang genau dem Abstand zwischen der oberen und unteren Schwimmermarke entspricht, dann kann man auch eine kreisförmige Skala verwenden, bei der sich der Zeiger an der Trommel innerhalb eines Kalendertages um genau 360° bewegt. Bei Entleerung des unteren Behälters dreht sich der Zeiger um 360° zurück.

Hatte man damals mehrere identische Wasseruhren, so konnten deren Besitzer unabhängig voneinander dieselbe Zeit ablesen. Terminvereinbarungen stand nun nichts mehr im Wege.

2.4.4.   Sanduhr

Die Sanduhr diente als Maß für gleich lange kleine Zeitspannen. Weil der Sand sehr schwer ist, konnte man nur kleine Sandmengen bewegen, wenn der Sanddurchlauf an der Sanduhr neu gestartet werden musste. Sanduhren gab es für die Bemessung der Redezeit im römischen Senat.

Prinzip der Sanduhr:

Im Prinzip funktioniert eine Sanduhr wie eine Wasseruhr:

Durch eine kleine Öffnung rieselt eine genau bemessene Menge trockenen feinen Sandes von einem Gefäß in ein darunter stehendes zweites Gefäß. Die Zeitdauer des vollständigen Sanddurchlaufs ist bei gleichen Bedingungen immer gleich. Auf diese Weise kann man durch die Menge des Sandes auch die Zeit festlegen, die man vorgeben will.

2.5.   Der römische Kalender

Obwohl *Caesar* den Julianischen Kalender (JK) einführte, blieb man im Römischen Reich (*Imperium Romanum*) bei der viel zu komplizierten Zählung der Tage im Monat. Diese macht jedem Lateinschüler Schwierigkeiten.

Die Eigentümlichkeiten der römischen Tageszeiten (römische Stunden) haben wir schon kennengelernt (Seite 29). Der Vollständigkeit halber werden hier die Besonderheiten des römischen Kalenders nachgetragen.

2.5.1.   Römische Wochentage

Die Wochentage sind nach den fünf mit freiem Auge sichtbaren Planeten benannt, ergänzt durch Sonne und Mond. Sie lauten (ab etwa 200 v. Chr.):

Tabelle 6: Römische Wochentage

Deutscher Wochentag	Römischer Wochentag	übersetzt:	Himmelskörper
Montag	*Lunae dies*	*Tag des Mondes*	Mond
Dienstag	*Marties dies*	*Tag des Mars*	Mars
Mittwoch	*Mercurii dies*	*Tag des Merkurs*	Merkur
Donnerstag	*Iovis dies*	*Tag des Jupiters*	Jupiter
Freitag	*Veneris dies*	*Tag der Venus*	Venus
Samstag	*Saturni dies*	*Tag des Saturns*	Saturn
Sonntag	*Solis dies*	*Tag der Sonne*	Sonne

2.5.2.   Römische Monatsnamen

Die Namen der Monate sind Adjektive, also muss immer *mensis* (*Monat*) ergänzt werden.

Tabelle 7: Römische Monatsnamen

Deutsche Bezeichnung	Lat. Bezeichnung	Benennung	Alte Zählweise	Neue Zählweise
Januar	*mensis Ianuarius*	nach einer Gottheit	11.	1.
Februar	*mensis Februarius*	„Reinigungsmonat"	12.	2.
März	*mensis Martius*	nach einer Gottheit	1.	3.
April	*mensis Aprilis*	unbekannt	2.	4.
Mai	*mensis Maius*	nach einer Gottheit	3.	5.
Juni	*mensis Iunius*	nach einer Gottheit	4.	6.
Juli	*mensis Quintilis*	neu: *mensis Iulius*	5.	7.
August	*mensis Sextilis*	neu: *mensis Augustus*	6.	8.
September	*mensis September*	der siebte Monat	7.	9.
Oktober	*mensis October*	der achte Monat	8.	10.
November	*mensis November*	der neunte Monat	9.	11.
Dezember	*mensis December*	der zehnte Monat	10.	12

Ursprünglich endete das römische Jahr mit dem Februar, er wurde auch als Reinigungsmonat bezeichnet. Bei den Römern begann das Jahr mit dem März, deshalb war ursprünglich der Dezember der 10. Monat der Römer (*decem* = 10).

Im Jahr 153 v. Chr. wurde festgelegt, dass die beiden Konsuln jedes Jahr am 1. Januar ihren Dienst antreten müssen und dann 1 Jahr lang herrschen sollten. Deshalb wurde auch der Jahresbeginn vom 1. März auf den 1. Januar gelegt und die Monate ab Januar gezählt.

Dass damit die ursprünglichen Namen (September = siebenter Monat, Oktober = achter Monat, November = neunter Monat, Dezember = zehnter Monat) nicht mehr stimmten, war nebensächlich.

Juli und August hatten ursprünglich die Ordnungszahlen 5. Monat (*mensis Quintilis* = Juli) und 6. Monat (*mensis Sextilis* = August), doch der römische Senat benannte diese beiden Monate zu Ehren von *Caesar* und *Augustus* um in *mensis Iulius* und *mensis Augustus*.

2.5.3. Römische Tageszählung (Monatstage)

Die Römer hatten ein für uns ungewöhnliches System für die Bezeichnung der Monatstage. Eine Durchnummerierung vom ersten bis zum letzten Monatstag gab es nicht. Das weiter unten beschriebene römische Datierungssystem wurde erst im Mittelalter von der heute üblichen Tageszählung abgelöst, die die Tage vom ersten bis zum letzten Tag des Monats durchnummeriert.

Man beachte: Alles musste in **römischen Zahlen** ausgedrückt werden.

Für drei Tage des Monats gab es besondere Namen:

1. Die *Kalenden* bezeichneten den ersten Monatstag,
2. die *Iden* waren am **13. Monatstag**, außer im März, Mai, Juli und Oktober, da waren sie am **15. Monatstag**,
3. die *Nonen* waren am **5. Monatstag**, außer im März, Mai, Juli und Oktober, da waren sie am **7. Monatstag**. Die **Nonen** sind eigentlich **die neunten Tage vor den Iden** (nicht die neunten Tage des Monats und auch nicht die neunten Tage vor den Kalenden). Und da man die Iden selbst mitzählt, rechnet man: 13 - 9 + 1 = 5, also die 5. des Monats. In den Monaten März, Mai, Juli und Oktober rechnet man: 15 - 9 + 1 = 7, also die 7. des Monats.
4. Die Zählung der Monatstage beruht am Monatsanfang auf dem Zeitabstand bis zu den nächsten Nonen, anschließend bis zu den nächsten Iden und dann in der zweiten Monatshälfte bis zu den nächsten Monatsersten, den Kalenden.

   Für die Angabe des genauen Monatstages wurde von diesen Tagen zurückgerechnet, um einen bestimmten Tag zu benennen. Dabei war der **Anfangs- und Endtag mit eingeschlossen**.
5. Als „Tage vor den Kalenden" werden jeweils die Tage in der zweiten Hälfte des vorangehenden Monats gezählt: Z. B. ist der „sechste Tag vor den Kalenden des August" (*a d VI Kal. Aug.*) der 27. Juli, wobei *a d = ante diem = vor dem Tag* bedeutet[1].
6. Wenn nur der Tag davor gemeint ist, dann verwendet man *pridie* (*tags vorher = einen Tag vorher*). Anstatt *a d II Kal Mart* für den 28. Februar kann man auch schreiben: *pridie Kal Mart.* oder für den 30. April: *pridie Kalendas Maias = letzter April(tag)*.

2.5.4. Römische Bezeichnung des Schalttages

Der Schalttag wurde mit der Umstellung auf den Julianischen Kalender im Jahr 45 v. Chr. eingeführt. Vorher galt auch in Rom der ägyptische Kalender mit 365 Tagen.

Den Schalttag hängte man nicht einfach wie bei uns an das Ende des Februars an, sondern geschaltet wurde mit Ablauf des 24. Februar, der im Kalender mit VI notiert ist, man rechnete diesen Tag doppelt (*bis = zweimal, doppelt*). Der Schalttag (also der 25. Februar) wird gezählt als der „zweite sechste (*bisextilis*) vor den Kalenden des März". Der Schalttag wurde deshalb als *bisextus* und das Schaltjahr als *annus bisextilis* bezeichnet. Entsprechend rutschen die folgenden Tage im Februar nach hinten (Klammerwerte in der Tabelle 8).

---

[1] *a d* nicht verwechseln mit **A. D.** = *anno domini* der nachchristlichen Jahresangaben: **2016 n. Chr. = A. D. 2016**

2.5.5. *Der römische Jahreskalender*

Quellen:
  Lit.[17], dort Seite 107;
  Artikel „Römischer Kalender" in der deutschen Wikipedia.

Tabelle 8: Römischer Kalender

Monatstag	Jan.	Feb.	März	April	Mai	Juni	Juli	Aug.	Sept.	Okt.	Nov.	Dez.
1.	**Kal.**	**Kal.**	**Kal.**	**Kal.**	**Kal.**	**Kal.**	**Kal.**	**Kal.**	**Kal.**	**Kal.**	**Kal.**	**Kal.**
2.	IV	IV	VI	IV	VI	IV	VI	IV	IV	VI	IV	IV
3.	III	III	V	III	V	III	V	III	III	V	III	III
4.	pr.	pr.	IV	pr.	IV	pr.	IV	pr.	pr.	IV	pr.	pr.
5.	**Non.**	**Non.**	III	**Non.**	III	**Non.**	III	**Non.**	**Non.**	III	**Non.**	**Non.**
6.	VIII	VIII	pr.	VIII	pr.	VIII	pr.	VIII	VIII	pr.	VIII	VIII
7.	VII	VII	**Non.**	VII	**Non.**	VII	**Non.**	VII	VII	**Non.**	VII	VII
8.	VII	VI	VIII	VI	VIII	VI	VIII	VI	VI	VIII	VI	VI
9.	V	V	VII	V	VII	V	VII	V	V	VII	V	V
10.	IV	IV	VI	IV	VI	IV	VI	IV	IV	VI	IV	IV
11.	III	III	V	III	V	III	V	III	III	V	III	III
12.	pr.	pr.	IV	pr.	IV	pr.	IV	pr.	pr.	IV	pr.	pr.
13.	**Id.**	**Id.**	III	**Id.**	III	**Id.**	III	**Id.**	**Id.**	III	**Id.**	**Id.**
14.	XIX	XVI	pr.	XVIII	pr.	XVIII	pr.	XIX	XVIII	pr.	XVIII	XIX
15.	XVIII	XV	**Id.**	XVII	**Id.**	XVII	**Id.**	XVIII	XVII	**Id.**	XVII	XVIII
16.	XVII	XVI	XVII	XVI	XVII	XVI	XVII	XVII	XVI	XVII	XVI	XVII
17.	XVI	XIII	XVI	XV	XVI	XV	XVI	XVI	XV	XVI	XV	XVI
18.	XV	XII	XV	XIV	XV	XIV	XV	XV	XIV	XV	XIV	XV
19.	XIV	XI	XIV	XIII	XIV	XIII	XIV	XIV	XIII	XIV	XIII	XIV
20.	XIII	X	XIII	XII	XIII	XII	XIII	XIII	XII	XIII	XII	XIII
21.	XII	IX	XII	XI	XII	XI	XII	XII	XI	XII	XI	XII
22.	XI	VIII	XI	X	XI	X	XI	XI	X	XI	X	XI
23.	X	VII	X	IX	X	IX	X	X	IX	X	IX	X
24.	IX	VI	IX	VIII	IX	VIII	IX	IX	VIII	IX	VIII	IX
25.	VIII	V (VI)	VIII	VII	VIII	VII	VIII	VIII	VII	VIII	VII	VIII
26.	VII	IV (V)	VII	VI	VII	VI	VII	VII	VI	VII	VI	VII
27.	VI	III (IV)	VI	V	VI	V	VI	VI	V	VI	V	VI
28.	V	pr. Kal.Mart (III)	V	IV	V	IV	V	V	IV	V	IV	V
29.	IV	(pr. Kal.Mart)	IV	III	IV	III	IV	IV	III	IV	III	IV
30.	III		III	pr. Kal. Mai.	III	pr. Kal. Iul.	III	III	pr. Kal. Oct.	III	pr. Kal. Dec.	III
31.	pr. Kal. Fe.		pr. Kal. Ap.		pr. Kal. Iun.		pr. Kal. Aug.	pr. Kal. Sept.		pr. Kal. Nov.		pr. Kal. Ian.

<u>Erklärung:</u> **Kal.** = Kalendae, **Non.** = Nonen, **Id.** = Iden, pr. (= *pridie* = 1 Tag vor …).

Die Klammerwerte im Februar gelten für das Schaltjahr.

2.5.6.   Umrechnung der Monatstage auf heutiges Datum

Zur Umrechnung des römischen Jahreskalenders in unseren modernen Kalender gibt es einige einfache Faustregeln:

- Monatstage, die **vor den Nonen** liegen, werden in normalen Monaten von 5 + 1 abgezogen, in den Monaten März, Mai, Juli und Oktober (MOMJul= M̲ärz, O̲ktober, M̲ai, Ju̲li) von 7 + 1 abgezogen, da ja die Nonen auf den 5. oder 7. eines Monats fallen können.

- Monatstage, die **vor den Iden liegen**, werden von 13 + 1 abgezogen. In den Monaten März, Mai, Juli und Oktober (MOMJul) werden sie von 15 + 1 abgezogen. Die Iden können auf den 13. oder 15. fallen.

- In der zweiten Monatshälfte werden die Monatstage **vor den Kalenden** (1. des folg. Monats) von der um 2 vermehrten letzten Tageszahl unseres Monats abgezogen.

Beispiele:
20. Mai = 2 + 31 − 20 = 13. Also: *a d XIII Kal Jun.*
24. Februar = 2 + 28 - 24 = 6. Also: *a d VI Kal Mart.*

Im Schaltjahr gilt für den 25. Februar: 2 + 29 - 25 = 6. Also: *a d VI Kal Mart = bisextus*.
Siehe unter 2.5.4 auf Seite 33.

Zur Probe vergleiche man die Berechnungen mit Tabelle 8!

2.6.   Römische Jahreszahlen

Der römische **Amtskalender**, *fasti* genannt, war ein fortlaufendes Verzeichnis der jährlichen obersten Magistrate (508 v. Chr. bis 354 n. Chr.), auch *fasti consulares* genannt. Er bestand aus Tafeln, die eine Beschreibung des ganzen Jahres mit Tag und Monat enthielten, wo hauptsächlich die in ihnen enthaltenen (in sie fallenden) Feste und Ereignisse verzeichnet waren. Die **Kalendertage** hießen *dies fasti*.

Jahreszahlen in unserem heutigen Sinn gab es nicht. Man hatte zwar versucht, die Jahreszählung (Datierung) mit dem Gründungsjahr der Stadt Rom 753 v. Chr. (*a. u. c. = ab urbe condita von der Gründung der Stadt an*) beginnen zu lassen, aber man gab doch immer noch lieber das Jahr der regierenden Konsuln als Zeitpunkt für wichtige Ereignisse an. Dazu muss man aber wissen, in welchem Jahr welche Konsuln im Amt waren, um die Jahreszahl zu bekommen. Dazu brauchte man eine Liste der Regierungsjahre aller Konsuln (*fasti consulares*).

In einer Biographie des Kaisers Augustus steht:
Natus est Augustus M. Tullio Cicerone C. Antonio consulibus ante diem nonum Kalendas Octobres paulo ante solis ortum.

Übersetzung:
Augustus wurde geboren im Konsulat des Marcus Tullius Cicero und des Gaius Antonius am neunten Tag vor den Kalenden des Oktober (IX. = 23. September) kurz vor Sonnenaufgang.
Kaiser Augustus wurde also am 23. September im Jahre 63 v. Chr. geboren.

3. Ortszeiten und Zeitzonen auf der Erde

3.1. Schreibweise der Uhrzeiten

Normale Uhrzeiten werden wie folgt geschrieben:

- **12.14 Uhr** ist eine Zeitangabe in deutscher Schreibweise mit Punkt, ohne Sekundenangabe. Der Punkt ist **kein Dezimalpunkt**, sondern er trennt die Minutenangabe von der Stundenangabe: 12 Uhr, 14 Minuten.
- **12:14:10 Uhr** ist eine Zeitangabe, wie sie in Computerprogrammen verwendet wird. Der Punkt wird hier nicht verwendet, da er im angelsächsischen Sprachraum meist für das Dezimalzeichen reserviert ist.
- **12^h 14^m 10^s** ist die Angabe für eine Zeitdauer oder einen Zeitpunkt in astronomischer Schreibweise.

Hinter den Uhrzeiten wird dann meist noch die betreffende Zonenzeit (ET, UT, MEZ, siehe unten) geschrieben, wenn Verwechslungen zu befürchten sind.

3.2. Moderne Zeiteinheiten

Der Astronom spricht von einem „Sonnentag" zu 24 Sonnenstunden, weil die Sonne von einer Kulmination zur nächsten genau 24 Stunden braucht. Die Stunde ist unterteilt in 60 Minuten, die Minute ist unterteilt in 60 Sekunden.

Unsere Bezeichnungen „Minute" und „Sekunde" als Zeiteinheiten wurden aus lateinischen Wörtern gebildet:

- Die Bezeichnung „**Minute**" steht für die erste Untereinheit einer Stunde („Minute" kommt vom lat. *minuere*: *verkleinern*, *minutio*: *Verminderung*),
- die Bezeichnung „**Sekunde**" steht für die zweite Untereinheit (lat.: *secundus*: *der zweite*; die zweite Verkleinerung).

Außerdem gibt es noch den „Sterntag" (Seite 86), der zwischen zwei Kulminationen eines bestimmten Sterns liegt und 4 Minuten kürzer ist als der Sonnentag.

Unsere heutige amtliche Uhrzeit ist keine Ortszeit, sondern eine Zonenzeit (Seite 37).

3.3. Definitionen

3.3.1. *Mittlere Sonne*

Die normale Uhrzeit (bürgerliche Zeit) im täglichen Leben wird von der **mittleren Sonne** abgeleitet. Der Begriff „mittlere Sonne" stützt sich auf folgende Festlegung: Unabhängig von den wirklichen Verhältnissen wird die Umlaufbahn der Erde nicht als Ellipse, sondern als exakte Kreisbahn betrachtet, auf der die Erde ganz gleichförmig um die Sonne läuft. Diese Festlegung vereinfacht die Berechnungen.

3.3.2. *Wahre Sonne*

Die wirkliche Position der Sonne aufgrund der elliptischen Umlaufbahn wird **wahre Sonne** genannt. Die Positionen von wahrer und mittlerer Sonne weichen voneinander ab (siehe Zeitgleichung in Abschnitt 4 auf Seite 39). Von der wahren Sonne wird die wahre Ortszeit abgeleitet, die von einer Sonnenuhr angezeigt wird.

3.3.3. Weltzeit UT

Die Zeitpunkte von Ereignissen (Finsternisse), die weltweit von Interesse sind, werden in **Weltzeit UT** (engl.: *Universal Time* = UT oder auch *Greenwich Mean Time* = GMT) angegeben, die auf den Null-Meridian der Erde (an der alten Sternwarte **Greenwich** bei London, gesprochen „*grinitsch*") bezogen wird. Die Weltzeit basiert auf der mittleren Sonne.

3.3.4. Zonenzeit

Von Greenwich aus ist die Erde in **Zeitzonen** eingeteilt. Dies sind Meridianstreifen, die eine Breite von 15° Längengraden haben und deren Mitten jeweils den durch 15 teilbaren Längengraden zugeordnet sind.

Sie werden von Greenwich aus nach Osten positiv und nach Westen negativ gerechnet. Die Zonenzeiten liegen im Raster von genau 1 Stunde, denn die mittlere Sonne „wandert" in einer Stunde um genau 15 Längengrade weiter, in 4 Minuten jeweils um 1°.

Die Grenzen der Zeitzonen sind weltweit verbindlich festgelegt (siehe Karte in der deutschen Wikipedia unter ***https://de.wikipedia.org/wiki/Zeitzone***).

Die Zeitzonen können auch an die Ländergrenzen angepasst werden und dabei über den Bereich des Zonenmeridians ± 7,5° hinausgehen bzw. hin und her springen, um zu gewährleisten, dass innerhalb eines Landes dieselbe Zeitzone gilt.

3.3.5. Mitteleuropäische Zeit (MEZ)

Die Mitteleuropäische Zeit (MEZ) ist auf den 15. östlichen Längengrad bezogen (= UT + 1). Dieser berührt bei Görlitz in Sachsen den östlichsten Teil der Bundesrepublik Deutschland. Wenn in Görlitz die mittlere Sonne genau im Süden steht, ist es dort genau 12 Uhr mittlere Ortszeit.

Das Zeitgesetz von 1978 (Bundesgesetzblatt 1978, Teil I, S. 1110-1111) legt die mitteleuropäische Zeit MEZ und die mitteleuropäische Sommerzeit MESZ als gesetzliche Zeit fest, die im amtlichen und geschäftlichen Verkehr verwendet werden sollen.

3.3.6. Mitteleuropäische Sommerzeit (MESZ)

Die Sommerzeit ist eine willkürliche gesetzliche Festlegung und hat keinen Bezug zur Astronomie. Die Einführung der Sommerzeit wurde durch Rechtsverordnung der Bundesregierung bekannt gemacht und gilt seit dem Jahr 1980.

Bei der Mitteleuropäischen Sommerzeit (MESZ) werden die Uhren am letzten Sonntag im März um 2:00:00 Uhr eine Stunde vor und am letzten Sonntag im Oktober um 2:59:59 wieder um eine Stunde zurück gestellt.

Während der MESZ gilt:

Formel 1: Umrechnung MEZ in Sommerzeit

$$\boxed{MESZ = MEZ + 1^h = UT + 2^h}$$

Beispiele:

$MEZ = UT + 1^h$ heißt: 11^h UT in Greenwich bedeutet 12 Uhr MEZ (Mittag) in Deutschland.
$MESZ = UT + 2^h$ heißt: 11^h UT in Greenwich bedeutet 13 Uhr MESZ in Deutschland.

3.3.7.   Vorteile und Nachteile der Sommerzeit

Der Arbeitsbeginn in den Büros und der Unterrichtsbeginn in den Schulen erfolgt am Morgen eine Stunde früher. Dafür ist nachmittags eine Stunde früher Schluss, wenn die Sonne noch hoch am Himmel steht.

Es gibt aber wesentlich mehr Nachteile als Vorteile.

Liest man einen Messwert immer um 8 Uhr morgens ab und tut das auch in der Sommerzeit, so hat man in der Reihe der Messwerte, die ja auf einen einheitlichen Ablesezeitpunkt bezogen sein sollen, in der Sommerzeit zwar den Ablesezeitpunkt 8 Uhr MESZ, aber die Werte gehören zur Uhrzeit 7 Uhr MEZ. Außerhalb der Sommerzeit bleibt 8 Uhr MEZ der Ablesezeitpunkt.

Bei kontinuierlichen Messwertablesungen fehlen am Beginn der Sommerzeit (Uhrzeitumstellung von 1:59:59 Uhr auf 3:00:00 Uhr) die Messwerte einer ganzen Stunde und am Ende der Sommerzeit hat man für eine Stunde doppelte Messwerte, weil die Uhr von 2:59:59 Uhr auf 2:00:00 Uhr zurückgestellt wurde und diese Stunde noch einmal durchlaufen wird.

Man behilft sich, indem man die Messwertreihen auch in der Sommerzeit auf MEZ bezogen durchlaufen lässt und den jeweiligen Messwerten die Uhrzeiten in MEZ zuordnet.

Im Bahnverkehr führt die Sommerzeit zu der absurden Situation, dass am Umstellungstag im März die Züge ab 3 Uhr eine Stunde Verspätung haben und am Umstellungstag im Herbst irgendwo auf einem Bahnhof die überschüssige Stunde abwarten müssen, weil die Uhr von 2:59:59 Uhr wieder auf 2:00:00 Uhr zurückgesprungen ist und die Züge nun zu früh ankommen würden.

3.3.8.   Ortszeit

Die Kulmination ist der höchste Stand der Sonne. Sie steht dann genau im Süden (im Meridian[2]). Durch die einheitlichen Uhrzeiten in den Zeitzonen erreicht die wahre Sonne (wahre Ortszeit) nicht an jedem Ort mittags genau um 12.00 Uhr MEZ ihren höchsten Stand (Kulmination).

Je nach geografischem Längengrad λ des Ortes weicht die für einen bestimmten Ort gültige, durch die Sonne bestimmte Ortszeit (wahre Ortszeit = WOZ) von der Zonenzeit ab.

Ausgehend von der Zonenzeit (MEZ) muss zuerst die **mittlere** Ortszeit (MOZ) berechnet werden und daraus kann dann die **wahre Ortszeit** (WOZ) über die Zeitgleichung bestimmt werden.

Die **mittlere Ortszeit** ist eine Funktion des Längengrades und der Zonenzeit. Für beide gilt die mittlere Sonne, die aus einem angenommenen gleichmäßigen Lauf der Erde auf einer Kreisbahn um die Sonne berechnet wird. Der Zusammenhang zwischen **mittlerer Ortszeit** (MOZ) und **Zonenzeit** (MEZ) ist eine feste Zeitdifferenz, die durch den Längengradunterschied des Ortes zur zugehörigen Zeitzone bestimmt wird:

Formel 2: Umrechnung Ortszeit in MEZ

$$\boxed{MOZ = MEZ - (15° - \lambda) \cdot 4^{m/°}}$$

Für München mit $\lambda = 11,5°$ Ost gilt also nach Formel 2:

$MOZ_{Mü} = MEZ - (15° - 11,5°) \cdot 4$ Minuten$/° = MEZ - 14$ Minuten.

$MEZ = MOZ_{Mü} + (15° - 11,5°) \cdot 4$ Minuten$/° = MOZ_{Mü} + 14$ Minuten.

---

[2] *Meridian* kommt vom lateinischen **meridies** = Mittag, es ist die Mittagslinie, die genau durch den Südpunkt des Horizonts verläuft.

4. Die Zeitgleichung (ZGL)

4.1. Zusammenhang der ZGL mit der Ortszeit

Die Erde läuft in einer elliptischen Bahn auf der Ekliptik[3] um die Sonne. Daraus resultiert eine ungleichmäßige Umlaufgeschwindigkeit der Erde. Die Sonne kulminiert dann in Wirklichkeit mit einer gewissen Abweichung von 12.00 Uhr **mittlerer Ortszeit** (MOZ). Die durch diese wahre Sonne bestimmte Uhrzeit heißt **wahre Ortszeit** (WOZ), die auch von einer Sonnenuhr angezeigt wird. Die Differenz zwischen WOZ und MOZ wird **Zeitgleichung ZGL** genannt.

Der Begriff *Zeitgleichung* bezeichnet keine mathematische Gleichung, sondern einen Zeitunterschied, der zur Angleichung der mittleren an die wahre Ortszeit gebraucht wird.

Die Zeitgleichung ist der Unterschied zwischen wahrer (WOZ) und mittlerer Ortszeit (MOZ), der der mittleren Sonnenzeit (MOZ) hinzugefügt werden muss, um die wahre Sonnenzeit (WOZ) zu erhalten.

Formel 3: Zeitgleichung als Differenz von wahrer und mittlerer Ortszeit

$$ZGL = WOZ - MOZ$$

Formel 4: Wahre Ortszeit aus Zeitgleichung und MOZ

$$WOZ = ZGL + MOZ$$

Die oben in 3.3.8 angegebene Formel 2 kann nun hier eingesetzt werden, um die WOZ zu berechnen:

Formel 5: WOZ aus Zeitgleichung und MEZ

$$WOZ = ZGL + MEZ - (15° - \lambda) \cdot 4^{m/°}.$$

4.2. Die genauen ZGL-Werte

Die Werte ZGL lassen sich für jeden Tag des Jahres genau berechnen. Die Formel zur Berechnung der Zeitgleichung unter Berücksichtigung der mittleren Länge der Sonne, der Schiefe der Ekliptik, ist als Formel 148 auf Seite 211 zu finden. Mit dieser Formel können wir beim jetzigen Kenntnisstand noch nicht viel anfangen, vorher müssen wir noch einige Grundlagen dafür erarbeiten.

Trotzdem verwenden wir jetzt schon die damit berechneten Zahlenwerte für ein EXCEL-Diagramm. Die Berechnung der ZGL zeigt Tabelle 9, dort sind die Zahlenwerte für jeden Tag des Jahres 2011 aufgeführt.

4.3. Genaue ZGL-Werte für das Jahr 2011

Tabelle 9: Zahlenwerte in Minuten für die Zeitgleichung des Jahres 2011 (berechnet vom Verfasser)

Tag	Januar	Februar	März	April	Mai	Juni	Juli	Aug.	Sept.	Okt.	Nov.	Dez.
1	-3,41	-13,56	-12,41	-3,96	2,86	2,22	-3,79	-6,35	-0,13	10,20	16,44	11,10
2	-3,88	-13,69	-12,21	-3,66	2,98	2,07	-3,98	-6,29	0,19	10,52	16,47	10,72
3	-4,34	-13,80	-12,01	-3,37	3,09	1,91	-4,17	-6,22	0,51	10,84	16,48	10,33
4	-4,80	-13,91	-11,79	-3,08	3,19	1,74	-4,35	-6,13	0,84	11,16	16,47	9,93
5	-5,25	-14,00	-11,57	-2,79	3,28	1,57	-4,53	-6,04	1,17	11,46	16,46	9,52
6	-5,70	-14,07	-11,34	-2,50	3,36	1,39	-4,70	-5,93	1,50	11,76	16,42	9,11
7	-6,13	-14,14	-11,11	-2,22	3,43	1,21	-4,86	-5,82	1,84	12,06	16,38	8,68
8	-6,56	-14,19	-10,86	-1,94	3,49	1,02	-5,02	-5,69	2,18	12,35	16,32	8,25
9	-6,98	-14,22	-10,61	-1,67	3,54	0,83	-5,18	-5,56	2,53	12,63	16,24	7,81
10	-7,39	-14,24	-10,36	-1,40	3,58	0,63	-5,32	-5,41	2,87	12,90	16,15	7,36
11	-7,79	-14,25	-10,10	-1,13	3,62	0,43	-5,46	-5,26	3,22	13,17	16,05	6,90
12	-8,18	-14,25	-9,83	-0,87	3,64	0,23	-5,59	-5,10	3,57	13,43	15,93	6,44

---

[3] Ekliptik ist die Bahnebene, in der die Erde um die Sonne läuft.

Tag	Januar	Februar	März	April	Mai	Juni	Juli	Aug.	Sept.	Okt.	Nov.	Dez.
13	-8,57	-14,23	-9,56	-0,61	3,66	0,02	-5,72	-4,93	3,93	13,68	15,80	5,97
14	-8,94	-14,21	-9,29	-0,36	3,66	-0,19	-5,83	-4,74	4,28	13,92	15,66	5,50
15	-9,30	-14,16	-9,01	-0,12	3,66	-0,40	-5,94	-4,55	4,64	14,15	15,49	5,02
16	-9,65	-14,11	-8,73	0,12	3,64	-0,62	-6,04	-4,36	4,99	14,37	15,32	4,54
17	-9,99	-14,05	-8,44	0,35	3,62	-0,83	-6,13	-4,15	5,35	14,59	15,13	4,06
18	-10,31	-13,97	-8,15	0,58	3,59	-1,05	-6,21	-3,93	5,70	14,79	14,93	3,57
19	-10,63	-13,88	-7,86	0,80	3,54	-1,27	-6,28	-3,71	6,06	14,98	14,71	3,08
20	-10,93	-13,78	-7,56	1,02	3,49	-1,48	-6,35	-3,47	6,42	15,17	14,48	2,58
21	-11,22	-13,67	-7,27	1,22	3,43	-1,70	-6,40	-3,23	6,77	15,34	14,24	2,09
22	-11,50	-13,55	-6,97	1,42	3,36	-1,92	-6,45	-2,98	7,13	15,50	13,98	1,59
23	-11,77	-13,41	-6,67	1,61	3,29	-2,13	-6,48	-2,73	7,48	15,65	13,71	1,10
24	-12,02	-13,27	-6,37	1,80	3,20	-2,35	-6,51	-2,47	7,83	15,79	13,43	0,60
25	-12,26	-13,12	-6,07	1,97	3,11	-2,56	-6,52	-2,20	8,18	15,91	13,13	0,11
26	-12,48	-12,96	-5,76	2,14	3,00	-2,77	-6,53	-1,92	8,52	16,03	12,82	-0,39
27	-12,70	-12,78	-5,46	2,30	2,89	-2,98	-6,53	-1,64	8,87	16,13	12,50	-0,88
28	-12,90	-12,60	-5,16	2,46	2,77	-3,19	-6,51	-1,35	9,21	16,22	12,17	-1,37
29	-13,08		-4,86	2,60	2,65	-3,39	-6,49	-1,05	9,54	16,29	11,82	-1,86
30	-13,25		-4,56	2,73	2,51	-3,59	-6,45	-0,75	9,87	16,36	11,46	-2,34
31	-13,41		-4,26		2,37		-6,41	-0,44		16,41		-2,82

4.4.   Das ZGL-Diagramm

Aus den Tabellenwerten lässt sich eine Kurve zeichnen, welche die jährliche Doppelwelle zeigt. In Bild 4 ist die Kurve für die mit Formel 148 berechneten Werte des Jahres 2011 dargestellt.

Bild 4: Zeitgleichung, berechnet für das Jahr 2011

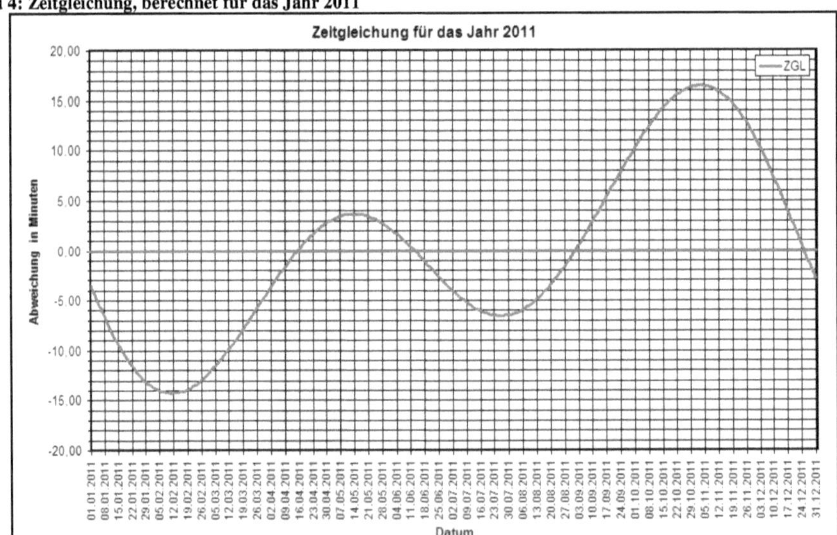

Diese Kurve setzt sich zusammen aus

- einer Sinuskurve mit einfacher Periode, die durch die jährliche ungleichförmige Bewegung der Erde auf einer Ellipsenbahn um die Sonne bedingt ist, und aus
- einer Sinuskurve mit doppelter Periode, die aus der Schiefe der Ekliptik folgt.

Beide Effekte überlagert ergeben die jährliche Doppelwelle, die in Bild 4 zu sehen ist.

Diese beiden Sinuskurven verschieben sich im Laufe der Jahrtausende langsam gegeneinander, weil sich die Neigung der Ekliptik und die Parameter der Erdbahn ändern, sodass andere Extremwerte und andere Nullstellen entstehen.

Im Verlauf eines Jahres schwanken die Werte ZGL vom 12. Februar bis 3. November um etwa 31 Minuten hin und her.

In Bild 5 ist die jährliche Doppelwelle der Zeitgleichung schematisch gezeichnet, wobei die charakteristischen Extremwerte (Minima, Maxima, Nullwerte) mit Datum markiert sind. Eine ähnliche Grafik ist auch in Lit. [10], dort auf Seite 46 zu finden.

Bild 5: Zeitgleichung, schematisch

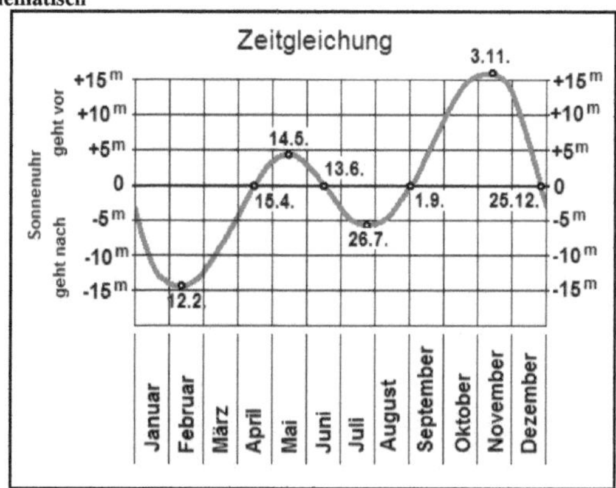

4.5.   Die Extrema und Nullstellen der Zeitgleichung

Die Extremwerte (auf volle Minuten gerundet) und die Nullstellen dieser ZGL-Kurve sind in Tabelle 10 zusammengestellt. Die Tabelle zeigt die wichtigsten Werte (Quelle: markierte Tage in Tabelle 9).

Wahre Ortszeit (WOZ) und mittlere Ortszeit (MOZ) stimmen in unserem Jahrhundert nur an vier bestimmten Tagen im Jahr überein (Nullstellen). An diesen Tagen ist die Zeitgleichung (Abweichung) gleich null (ZGL = 0): 15. April, 13. Juni, 01. September, 25. Dezember (siehe Tabelle 10).

Tabelle 10: Extrema und Nullstellen

Extrema		Nullstellen	
Datum	Wert	Datum	Wert
12.02.	-14^m	15.04.	0^m
14.05.	$+4^m$	13.06.	0^m
26.07.	-6^m	01.09.	0^m
03.11.	$+17^m$	25.12.	0^m

Der Maximalwert am 3. November schwankt zwischen dem Jahr 2000 ($+16{,}47^m$) und 2052 ($+16{,}51^m$) nur um $0{,}04^m$. Der Minimalwert am 12. Februar schwankt zwischen dem Jahr 2000 ($-14{,}28^m$) und 2052 ($-14{,}17^m$) nur um $0{,}11^m$. Die auf eine ganze Minute gerundeten Werte werden durch diese Schwankungen nicht verändert.

4.6.   Schwankungen der Werte in Laufe der Jahre

Ob wir nun die Werte für das Jahr 2011 oder für ein anderes Jahr in der Tabelle 9 angeben, ist nicht von Bedeutung, weil die Schwankungen sich im Bereich von höchstens $0,3^m$ bewegen und deshalb vernachlässigbar sind, wenn auf ganze Zahlen gerundete Minutenwerte verwendet werden.

Die Werte ZGL der Zeitgleichung sind **ortsunabhängig**. Sie hängen nur vom Datum innerhalb des Jahres, genauer: vom *Tag innerhalb der Reihenfolge im Schaltjahreszyklus von 1461 Tagen* (= 1 × 366 Tage + 3 × 365 Tage) ab. Sie sind für das betreffende Jahr +0, +1, +2 und +3 im Zyklus (jeweilige Tabellenzeile in Tabelle 11) charakteristisch.

Als Beispiel nehmen wir den 21.März und berechnen dafür 6 Schaltjahreszyklen:

Tabelle 11: Schwankungen der Zeitgleichung für den 21. März

Schalt-jahr	Jahr	ZGL m	Jahr	ZGL m	Jahr	ZGL m	Jahr	ZGL m	Jahr	ZGL m	Jahr	ZGL m
+0	2000	-7,08	2004	-7,06	2008	-7,05	2012	-7,04	2016	-7,03	2020	-7,02
+1	2001	-7,15	2005	-7,14	2009	-7,12	2013	-7,11	2017	-7,10	2021	-7,09
+2	2002	-7,22	2006	-7,21	2010	-7,20	2014	-7,18	2018	-7,17	2022	-7,16
+3	2003	-7,29	2007	-7,28	2011	-7,27	2015	-7,26	2019	-7,24	2023	-7,23

Die Differenzen der Werte ZGL schwanken für dasselbe Datum (hier für den 21.03.) insgesamt nur um etwa $0,3^m$ (= 18 Sekunden). Innerhalb der gezeigten Tabellenzeilen für das jeweilige Jahr +0, +1, +2 oder +3 im Schaltjahrzyklus schwanken die Werte nur um $0,06^m$ (= 3,6 Sekunden)

Die Werte ZGL dieses Datums wiederholen sich etwa alle 25 Jahre in der in Tabelle 11 dargestellten Reihenfolge. Wie wir sehen, gilt für den 21. März der gerundete Wert ZGL = -7^m. Dieser Rundungswert gilt für dieses Datum die nächsten zweihundert Jahre und noch länger. Deshalb gelten alle auf ganzzahlige Minuten gerundeten Werte ZGL für viele Jahre.

Allerdings werden sich mit den Änderungen der Stellung der Erdachse (Präzession) und der Periheldrehung in einigen tausend Jahren auch die Werte ZGL langsam verändern (siehe Abschnitt 13.2 ab Seite 144).

Allgemeine Erläuterungen der Zeitgleichung sind in Lit. [15], dort auf den Seiten 29 und 30, und im WIKIPEDIA-Artikel „Zeitgleichung" zu finden.

5.   Definition der verschiedenen Zeitbasen

Für die Berechnungen in der Astronomie ist ein absolut gleichförmiger Ablauf der Zeit unabdingbar. Durch verschiedene Zeitdefinitionen wurden immer genauere Zeitskalen geschaffen, die von astronomischen Gegebenheiten unabhängig sind.

5.1.   Zeitmesser

Sand-, Wasser- und Sonnenuhren sind die ältesten Zeitmesser. Damit können nur Stunden (Stundenglas) und eventuell noch Minuten (Minutenglas) gemessen werden, es kann aber keine Sekundengenauigkeit erreicht werden.

Im Jahre 1510 erfand *Peter Henlein* die Taschenuhr („Nürnberger Ei"), die mit einer „Unruhe" als Zeitbasis (Taktgeber) arbeitete. Die Anzahl der Takte wurde durch entsprechende Zahnradübersetzungen auf Minute und Stunde „heruntergeteilt" und angezeigt.

Erst nach der Erforschung des Pendels durch Galilei (1638) erfand Huygens um 1656 die Penduluhr (schwingendes Pendel als Zeitbasis). Die Pendeluhr kann nur stationär eingesetzt werden. Ein zusätzliches Gewicht (oder eine Feder) am Uhrmechanismus sorgt dafür, dass die durch Lagerreibung und Luftreibung des Pendels verlorene Energie nachgeliefert wird und das Pendel nicht zum Stillstand kommt. Dazu muss man die Uhr „aufziehen", also das Gewicht hochziehen (oder die Feder nachspannen), damit die in der Pendeluhr verbrauchte Energie wieder ersetzt wird.

Später wurden genauere Taschenuhren (Schiffs-Chronometer) gebaut, die zur Längennavigation (siehe 7.7.2 auf Seite 98) auf hoher See verwendet wurden. Alle diese mechanischen Uhren waren temperaturempfindlich und liefen deshalb nicht gleichmäßig genug. Sie mussten regelmäßig (nach der Erdrotation bzw. nach der Sonne) auf die genaue Tageslänge justiert werden. Erst in neuerer Zeit wurden genauere Uhren entwickelt, die elektrische Schwingungen als Zeitbasis verwenden. Die genauen Sekundenimpulse werden durch entsprechende elektronische Frequenzteilung gewonnen.

Seit 1936 gibt es Quarzuhren, bei denen die Schwingungen von Quarzkristallen als Zeitbasis dienen. Später wurden die Atomuhren entwickelt, die die Schwingungen bestimmter Atome (Caesium) verwenden.

5.2.   Erdrotationsdauer als natürliche Zeitbasis

Die Maßeinheiten für die Zeit (Stunden, Minuten, Sekunden) wurden ursprünglich aus der Dauer eines Sonnentages (Dauer zwischen zwei aufeinanderfolgenden Kulminationen der Sonne) gewonnen, der von der **Erdrotation** abhängig ist.

Diese klassische Definition einer **Sekunde als Zeitbasis** mit dem Wert von $^1/_{86400}$ eines Sonnentages in Abhängigkeit von der Erdrotation hat sich aber nicht als praktikabel erwiesen, weil die Erdrotation zu ungleichmäßig ist. Die Tageslänge unterliegt täglichen und jahreszeitlichen Schwankungen.

Die Rotationsgeschwindigkeit der Erde um die eigene Achse, die als Basis für die Tageslänge dient, verändert sich aufgrund der Gezeitenreibung und anderer Einflüsse (Lit. [14], Jahrbuch 2003, Seite 68: „Wenn die Tage länger werden ...".

Durch Beobachtungen und genaue Messungen wurde festgestellt, dass sich die Rotationsgeschwindigkeit der Erde verlangsamt und dadurch die Länge des normalen Sonnentages in Laufe von 100000 Jahren um 1,6 Sekunden zunimmt (Quellen: Lit.[5], dort Seite 33; Lit. [10], dort Seite 49, und Lit. [15], dort Seite 32).

Durch paläontologische Untersuchungen wurde dies bestätigt. Anhand der Kalkablagerungen der Korallen und anderer Funde wurde festgestellt, dass vor etwa 600 Millionen Jahren das Jahr 425 Tage zu etwa 21 Stunden und vor 400 Millionen Jahren 400 Tage zu rund 22 Stunden hatte.

Da die Jahreslänge (Umlaufzeit der Erde um die Sonne in Stunden) im Laufe der Jahrmillionen fast konstant bleibt, ist das Produkt aus *„Tagesanzahl 365,242198781 pro astronomisches Jahr mal Tageslänge von 24 Stunden"* ein nahezu konstanter Wert (**8765,81277075 Stunden pro Jahr**).

Da die Erde sich immer langsamer dreht, werden es immer weniger Tage pro Jahr, dafür aber längere. Die Verlängerung beträgt pro Tag zwar nur $1,6/(100000 \cdot 365,242198781) = 4,38 \cdot 10^{-8}$ Sekunden, die täglichen Abweichungen summieren sich jedoch quadratisch auf (Integration über die Zahl der vergangenen *Tage*), was leicht nachgerechnet werden kann:

Formel 6: Verlangsamung der Erdrotation

$$\text{Abweichung in Sekunden} = \frac{1,6}{100000 \cdot 365,242198781} \cdot \int_0^{Tage} x \, dx = \frac{1,6}{100000 \cdot 365,242198781} \cdot \frac{Tage^2}{2}$$

Nach dieser Formel beträgt die gesamte Verschiebung der Zeitmarken in 100 Jahren 29,22 Sekunden. Entsprechend ergibt sich für 1110 Jahre 1 Stunde Abweichung und für 2010 Jahre 3,28 Stunden (= 3 Stunden 16 Minuten) Abweichung.

Beispiel:

> Wäre am 31.12.0000 um $12^h 00^m$ eine absolut gleichförmig laufende Uhr auf die damalige Tageslänge (Dauer einer Erdumdrehung) justiert worden, so würde sie nach 2010 Jahren (genau 734139 volle Tage) absolut gleichförmigen Laufes am 31.12.2010 die Uhrzeit $12^h 00^m$ anzeigen, während es nach der Rotation der Erde dann erst $8^h 44^m$ wäre. Die gleichförmig laufende Uhr ginge also um 3 Stunden 16 Minuten gegenüber der langsameren Rotation der Erde vor.
>
> Die Tageslänge hat in dieser Zeit nur um $2010 \cdot 1,6 / 100000 = 0,03216$ Sekunden zugenommen.

Nach Umstellung der Formel 6 kann berechnet werden, nach wievielen Jahren die Erdumdrehung gegenüber einer gleichmäßig laufenden Uhr genau um 1 Tag (= 86400 Sekunden) „hinten" geht. Es ergeben sich rund 5438 Jahre. Nach 7 690 Jahren sind es genau 2 Tage.

Solche Abweichungen der Zeitbasis sind für astronomische Berechnungen untragbar, da alle Formeln für genaue Vorausberechnungen und auch für Rückrechnungen in die Vergangenheit eine absolut gleichförmige Zeitbasis erfordern. Da die normale bürgerliche Uhrzeit (Weltzeit) auf der ungleichmäßigen Rotationsgeschwindigkeit der Erde beruht, ist sie für astronomische Berechnungen, die eine gleichförmige Zeitbasis erfordern, nicht geeignet.

5.3. Erdumlaufdauer als natürliche Zeitbasis

Wegen der Ungenauigkeit der Erdrotation wurde die **Ephemeridensekunde** eingeführt. Sie ist eine vom Umlauf der Erde um die Sonne (Erdrevolution) hergeleitete Größe. Dazu wird die Dauer zwischen zwei aufeinanderfolgenden Durchgängen der mittleren Sonne durch den mittleren Frühlingspunkt ♈ gemessen. Diese Dauer ist als **tropisches Jahr** definiert (siehe 5.3.5 auf Seite 46).

5.3.1. Julianisches Jahrhundert

Weil die tatsächliche Dauer eines Jahres von der Dauer eines Erdumlaufs um die Sonne abhängt, kann diese nicht als Maßeinheit benutzt werden. Als geeignete Maßeinheit kann jeder beliebige Zeitraum mit einer festen Anzahl gleich langer Tage (1 Sonnentag = 24 Stunden zu je 3600 Sekunden = 86400 Sekunden) dienen.

Die Astronomen nahmen das Julianische Jahr mit einer Jahreslänge von 365,25 Sonnentagen zu je 24 Stunden als feste Berechnungsbasis. Ein julianisches Jahr hat $365,25 \cdot 24 = 8766$ Stunden.

Dagegen hat ein astronomisches Jahr genau **8765,81277075 Stunden** (siehe oben).

Für die astronomischen Berechnungen führten sie dann als Maßeinheit das **Julianische Jahrhundert** mit insgesamt 36525 Tagen ein (876600 Stunden). Die Bezeichnung „julianisch" soll an *Julius Caesar* erinnern, der den Julianischen Kalender mit einer mittleren Jahreslänge von 365,25 Tagen eingeführt hat.

5.3.2. *Mittlere Länge der Sonne*

Für die folgende Betrachtung wird angenommen, dass die Erde unabhängig von den tatsächlichen Verhältnissen einer elliptischen Bahn in einer exakten Kreisbahn gleichförmig um die Sonne läuft. Für die Berechnung wird also die mittlere Sonne (siehe Abschnitt 3.3.1 auf Seite 36) zugrunde gelegt.

L ist die von der Erde aus betrachtete geometrische mittlere ekliptikale Länge der Sonne, also der Winkel, den die mittlere Sonne von der Erde aus betrachtet, zum Zeitpunkt T mit dem mittleren Frühlingspunkt bildete. L beträgt nach *S. Newcomb* [4]:

Formel 7: Mittlere Länge der Sonne in Altgrad

$$L = 279°41'48,04'' + 129602768,13''{\cdot}T + 1,089''{\cdot}T^2$$

oder in dezimale Grad umgerechnet:

$$L = 279,6966778° + 36000,768925°{\cdot}T + 0,0003025°{\cdot}T^2$$

Die Formel 7 ist im Wikipedia-Artikel *http://de.wikipedia.org/wiki/Ephemeridensekunde* und in Lit. [19], dort auf Seite 44, zu finden.

Die Länge L ist hier der Winkel aus mittlerer Anomalie + Länge des Perihels und soll an einen Längengrad erinnern (Seite 126). Darin bezeichnet T die Anzahl der Julianischen Jahrhunderte, die seit **Mittag des 00. Januar 1900** (= Bezugszeitpunkt 31.12.1899, 12^h) vergangen sind. T stellt in dieser Formel eine unabhängige Variable (Dezimalzahl) dar. $T = 1$ bezeichnet ein Julianisches Jahrhundert zu 36525 Sonnentagen.

T wird aus dem Kalenderdatum des Berechnungszeitpunktes über das Julianische Datum (JD, Abschnitt 6.8.1, Seite 62) sekundengenau berechnet:

Formel 8: Berechnung von T

$$T = \frac{JD - 2415020,0}{36525}$$

für Bezugszeitpunkt 00. Januar 1900 12^h Weltzeit (JD = 2415020,0).

5.3.3. *Ephemeridenzeit (ET)*

Die *Internationale Astronomische Union (IAU)* führte im Jahr 1956 die Ephemeridenzeit (ET) ein, deren Basis die Ephemeridensekunde ist.

Da sich die Umlaufzeit der Erde um die Sonne während der Jahrhunderte auch geringfügig ändert, musste ein fester **Bezugszeitpunkt** gewählt werden. Ausgang und Bezugszeitpunkt der Zählung der Umlaufzeit der Erde um die Sonne ist der als 00. Januar 1900 12^h ET bezeichnete Moment, in dem die mittlere Länge L der Sonne genau 279,6966778° = 279°41'48,04" betrug ($T = 0$). Im bürgerlichen Leben ist dies der 31.12.1899, 12 Uhr.

Die mittlere Winkelgeschwindigkeit der Erde beim Umlauf um die Sonne ist durch den zweiten Term der Formel 7 gegeben und betrug zu diesem Zeitpunkt pro Julianisches Jahrhundert: 36000,768925°.

Bei einem Ansatz von 100 Jahren zu je 365,25 Sonnentagen à 86400 Sekunden, also insgesamt $100 \cdot 365,25 \cdot 86400 = 3155760000$ Ephemeridensekunden, benötigt die Erde für eine volle Umrundung der Sonne von 360°, wenn die angesetzte Geschwindigkeit als konstant voraussetzt wird, insgesamt:

---

[4] *Simon Newcomb* (1835 - 1909) kanadisch-amerikanischer Mathematiker und Astronom.

Formel 9: Zeitdauer für einen vollen Umlauf der Erde um die Sonne

$$t_{360^\circ} = \frac{360^\circ}{36000{,}768925^\circ} \cdot 3155760000\ \text{s} = 31556925{,}9747\ \text{s Ephemeridenzeit}$$

Diese Formel stellt die Beziehung zwischen Julianischem und tropischem Jahr dar.

5.3.4. *Ephemeridensekunde*

Die oben angeführten Berechnungen führten schließlich zur von der *IAU* verabschiedeten Definition der Ephemeridensekunde:

Definition:

Die **Ephemeridensekunde** ist der 31556925,9747-te Teil der Dauer eines tropischen Jahres am 00. Januar 1900 12$^\text{h}$ Ephemeridenzeit.

Damit war die Länge einer Sekunde theoretisch festgelegt. Nun musste sie nur noch in der Wirklichkeit durch eine sehr genaue Uhr realisiert werden. Dazu dienen Atomuhren.

5.3.5. *Tropisches Jahr*

Da es sich beim Ergebnis der Formel 9 um einen vollen Umlauf zu 360° von Frühlingspunkt zu Frühlingspunkt handelt, entspricht diese Zeitdauer einem tropischen Jahr:

Formel 10: Tropisches Jahr

$$\text{Tropisches Jahr} = \frac{31556925{,}9747\ \text{s}}{86400\ \text{s/Tag}} = 365{,}24219878125\ \text{Tage}.$$

Ein tropisches Jahr hat 365,24219878125 Sonnentage (siehe auch 7.2.1 auf Seite 84) zu je 24 Sonnenstunden, also insgesamt 8765,81277075 Stunden oder 31556925,9747 Sekunden. 12 signifikante Stellen für das Ergebnis reichen aus:

Ein tropisches Jahr hat also (abgerundet) **365,242198781 Sonnentage**.

5.4. Unabhängige Zeitbasen

Nachdem die durch die Natur vorgegebenen astronomischen Größen wie Rotation und Umlaufdauer der Erde den Genauigkeitsanforderungen der Astronomen nicht genügten, musste eine Zeitbasis gefunden werden, die wesentlich genauer ist.

5.4.1. *Quarz-Zeitbasis*

Quarzuhren haben einen Schwingquarz als Zeitbasis. Ein Schwingquarz schwingt mechanisch. Hier wird der piezoelektrische Effekt ausgenützt, bei dem durch mechanische Schwingungen elektrische Impulse entstehen. Diese Impulse regen den Quarz wiederum zu Resonanzschwingungen an, sodass durch Rückkopplung ein Schwingungsgenerator entsteht.

Der Schwingquarz wird beim Herstellungsvorgang auf die genaue Schwingfrequenz (Resonanzfrequenz) justiert. Diese Frequenz entspricht meist genau einer Zweierpotenz, z. B. 1048576 Hz (= 2^{20}). Hintereinandergeschaltete 2:1-**Frequenzteilerstufen** halbieren jeweils die ankommende Frequenz der vorhergehenden Stufe, am Schluss bleibt ein 1-Sekunden-Impuls übrig, der den Takt der Uhr bestimmt.

Quarzuhren können durch Temperatureinflüsse „verstimmt" werden. Sie wären als Zeitbasis für astronomische Uhren auch nicht geeignet.

5.4.2.   Quarz-Zeitbasis für Amateure

Bild 6 zeigt ein Gerät, das als Quarz-Zeitbasis, Impulsgeber, Zeitmesser und Frequenzzähler verwendbar ist. Konstruiert und gebaut wurde das Gerät vom Verfasser im Jahre 1980. Das war die Zeit, als professionelle Geräte für den privaten Bastler noch unerschwinglich waren. Damals gab es noch keine PCs, keine Handys und kein Internet. Man musste als Amateur noch vieles selbst bauen.

Bild 6: Frontansicht eines Frequenzzählers mit Quarz-Zeitbasis (Eigenbau Praxl)

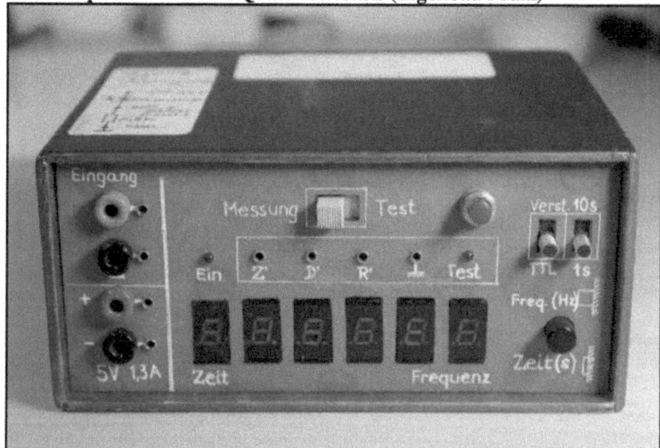

Bild 7: Frequenzzähler mit Quarz-Zeitbasis, auseinandergeklappt (Eigenbau Praxl)

Die Platinen passen in ein Gehäuse von 17×14×8 cm. Die Elektronik befindet sich auf einer hochklappbaren Steuerungsplatine mit Zeitbasis, Steuerlogik und Verstärker, der Programmierplatine und den 6 mit der Programmierplatine fest verbundenen Anzeigeplatinen, die mit der Frontplatte verbunden sind.

Bild 7 zeigt die Elektronik des Geräts. Das Programmierfeld in der Mitte des Bildes ist so eingerichtet, dass das Gerät als Frequenzzähler, Impulsgeber, Zeitmesser, Quarzuhr, Timer und als Schaltuhr programmiert werden kann. Die Programmierung wird durch gelötete Drahtverbindungen zwischen den Stiften hergestellt. Unter den Stiften befinden sich 6 hochkant stehende Platinen (im Bild nicht sichtbar), auf denen sich die Logikbausteine für die 7-Segment-Anzeigen befinden, die auf der Frontseite sichtbar sind. Der Quarz links oben im Bild 7 schwingt mit 1 MHz. Diese Frequenz wird durch $\boxed{10:1}$-Teilerstufen heruntergeteilt, sodass sich Impulse mit 1 Sekunde Abstand und wahlweise (umschaltbar) auch mit 10 Sekunden Abstand ergeben.

Schaltet man das Gerät als Zeitmesser, so können Impulslängen gemessen werden. Die Impulslänge wird zwischen der aufsteigenden und der abfallenden Flanke des eingehenden Impulses gemessen. Man nennt diese Zeitdauer auch „Torzeit", weil während des Impulses das Tor für die Messung offen ist. Auf diese Weise können auch Verschlusszeiten von Kameras genau ermittelt werden.

Der Messbereich reicht von $\boxed{.000001}$ Sekunden Dauer bis $\boxed{.999999}$ Sekunden Dauer mit 1 Millionstel Sekunde (= 1 Mikrosekunde = 1 µs) Genauigkeit oder von $\boxed{0.00001}$ Sekunden bis $\boxed{9.99999}$ Sekunden mit 10 µs Genauigkeit. Der Dezimalpunkt wird je nach Messbereich vor oder hinter der ersten Ziffer angezeigt. Wird das Gerät als Impulsgeber programmiert, dann kann man es so einstellen, dass es nach *n* Impulsen der Quarz-Zeitbasis (= *n* µs) einen Impuls nach außen abgibt.

5.4.3. *Atomschwingung als Zeitbasis*

Um die Länge einer Sekunde von den natürlichen astronomischen Gegebenheiten zu lösen, wurde auf der *13. Generalkonferenz für Maß und Gewicht* im Jahr 1967 als Basis für die Länge einer Sekunde nicht mehr die Ephemeridensekunde genommen, sondern eine physikalische Basis dafür festgelegt, die in der Länge einer Ephemeridensekunde entspricht:

Definition:

Eine **Sekunde** ist die Zeitdauer von 9192631770 Perioden der Schwingung des Caesiumatoms $^2S_{1/2}$ Cs^{133} (Atomgewicht 132,905).

5.4.4. *Internationale Atomzeit (TAI)*

Diese Schwingungen werden von der Strahlung des **Caesium-(133)-Atoms** ausgesandt. Diese Frequenz 9192631770 Hz ist sehr konstant und wird deshalb als Zeitbasis für Atomuhren (Atomzeit) verwendet. Damit ist die Sekundendefinition nicht mehr von natürlichen astronomischen Größen abhängig. Diese durch Atomzeit festgelegte Sekunde ist Grundlage einer **gleichförmigen Zeitskala**, die als **Internationale Atomzeit** (TAI = *Temps Atomic International*) bezeichnet wird. Sie wird durch Atomuhren gewährleistet. Dass die Schwingung des Caesium-Atoms auch eine natürlich gegebene physikalische Größe ist, darf nicht vergessen werden.

5.4.5. *Atomuhren*

Eine **Atomuhr** besteht im Prinzip aus einem Schwingungsgenerator mit Caesium-Zeitnormal, einem Verstärker, der die Caesiumschwingungen verstärkt, und aus einem sehr flinken elektronischen Zähler, der die schnellen elektronischen Schwingungen des Caesiumatoms zählt. Bei Erreichen des Zählerstands von 9192631770 gibt er einen Impuls auf einen Sekundenzähler, der um 1 weiterzählt. Dann setzt er seinen eigenen Zählerstand auf null und beginnt erneut zu zählen. Dieser Sekundenzähler ist der Taktgeber für eine sogenannte Atomuhr. Es ist dasselbe Prinzip, das auch im oben gezeigten Selbstbaugerät verwendet wird, wenn es als Impulsgeber geschaltet ist.

5.5. SI-Sekunde

Im Jahr 1972 wurde dann die durch die Atomzeit definierte **Sekunde** als Basiseinheit für die Zeit im **Internationalen Einheitensystem (SI)** übernommen. Eine Ephemeridensekunde hat praktisch die gleiche Länge wie eine SI-Sekunde. Die Ephemeridenzeitskala (ET) unterscheidet sich von der TAI-Skala nur um eine Konstante von 32,184 Sekunden, um welche die Skalen gegeneinander verschoben sind: ET = TAI + 32,184 SI-Sekunden.

5.5.1. *Terrestrische Dynamische Zeit TT*

1984 wurde eine **Terrestrische (Dynamische) Zeit** (**TT** oder **TDT**) eingeführt, die ebenfalls eine **Ephemeridenzeit** ist. **TT** ist identisch mit der früheren Ephemeridenzeit **ET** (siehe oben Abschnitt 5.3.3 auf Seite 45).

Auf Beschluss der *IAU* gilt zwischen **TT** und **TAI** folgende Beziehung:

$$01.01.1977\ 00^h\,00^m\,00{,}0^s\ \text{TAI} = 01.01.1977\ 00^h\,00^m\,32{,}184^s\ \text{TT}$$

oder

$$\boxed{\text{TT} = \text{TAI} + 32{,}184\ \text{SI-Sekunden}}$$

5.6. Beziehung zwischen Atomzeit (TAI) und Weltzeit (UT)

5.6.1. *Abweichungen der Uhrzeit von der Atomzeit*

Die Atomzeit TAI muss jedoch mit den astronomischen Zeitmessungen in Einklang gebracht werden. Da die Weltzeit von der Erdrotation abhängt, werden die Tage wegen der abnehmenden Rotationsgeschwindigkeit der Erde und wegen anderer Einflüsse immer länger.

Deshalb weicht die Uhrzeit, die in UT oder MEZ von den Uhren angezeigt wird, im Laufe der Jahre immer mehr von der gleichförmigen Skala der ET bzw. TAI ab.

Die Differenz ΔT = **TAI** - **UT** wird von Jahr zu Jahr größer.

5.6.2. *Verbesserte Weltzeit UT1*

Als ΔT wird in der Astronomie die Differenz zwischen der Terrestrischen Zeit (TT) und der Universal Time (UT) bezeichnet, also die Differenz zwischen einer absolut gleichmäßig verlaufenden Zeitskala, die durch Atomuhren realisiert wird, und der Zeitskala, die durch die tatsächliche Erdrotation bestimmt ist.

Der wirkliche Wert von ΔT kann nicht über eine Formel vorausberechnet werden. Der aktuelle Wert für ΔT kann aus den vom *International Earth Rotation and Reference Systems Service (IERS)* bereitgestellten Daten ermittelt werden. Er wird durch genaue Beobachtung astronomischer Ereignisse (Meridiandurchgänge bestimmter Fixsterne, Sternbedeckungen) im Nachhinein ermittelt. Aus mehreren laufenden Beobachtungen wird der aktuelle Wert von ΔT ermittelt.

Daraus wird eine verbesserte Weltzeit UT1 bestimmt, die mit den wirklichen Gegebenheiten gut übereinstimmt:

Formel 11: Zusammenhang verbesserte Weltzeit und TT

$$\boxed{\text{UT}1 = \text{TT} - \Delta T = \text{TAI} + 32{,}184\,\text{s} - \Delta T}$$

Formel 12: Korrekturwert ΔT

$$\boxed{\Delta T = \text{TT} - \text{UT}1}$$

5.7.   Koordinierte Weltzeit (UTC)

Von UT1 wird eine koordinierte Weltzeit UTC abgeleitet, die über Zeitzeichensender verbreitet wird.

Die auf **UTC** basierende mitteleuropäische Zeit **MEZ** wird von der Physikalisch-Technischen Bundesanstalt (PTB) im Braunschweig als codiertes, genaues Zeitsignal (Sekundenimpulse) über Funk (**DCF77**, Langwelle 77,5 kHz) verbreitet und gilt für alle Orte in Deutschland als **amtliche Uhrzeit** (siehe genaue Beschreibung im Abschnitt 5.8 ab Seite 52). Funkuhren empfangen und dekodieren dieses Signal.

Das genaue Zeitsignal der UTC wird auch auf den Normalfrequenzen 5000 kHz, 10000 kHz und 15000 kHz von verschiedenen Zeitzeichensendern ausgestrahlt. Näheres ist im Buch „Zeitzeichensender", Lit. [16], beschrieben. Dort sind auch die Grundlagen der Zeitzeichenerzeugung (Erzeugung der Atomzeit) und die jeweiligen Codierschemata zu finden.

[5]Auch die GPS-Satelliten (*Global Positioning System*, siehe Seite 99) stellen ein **einheitliches Zeitsystem** bereit. Die von einem GPS-Empfänger (z. B. Navigationssystem) empfangene Zeit ist zunächst die GPS-Zeit. In der Satellitennachricht ist aber auch die Abweichung zwischen GPS-Zeit und Koordinierter Weltzeit (UTC) angegeben. Mit der Genauigkeit der GPS-Zeit und der Angabe der Abweichung garantiert das System eine Abweichung von UTC um maximal eine Mikrosekunde (μs), wenn die Laufzeit der Funksignale mit berücksichtigt wird.

Computersysteme können über Internet-Zeitserver ihre internen Systemuhren auf UTC synchronisieren.

5.7.1.   Der Korrekturwert ΔT

Zitat aus https://de.wikipedia.org/wiki/Delta_T:

Aufgrund der Unregelmäßigkeit der Erdrotation ist die Universal Time (UT) kein strikt gleichförmiges Zeitmaß und deshalb für die Ephemeridenrechnung ungeeignet, eignet sich also beispielsweise nicht für die längerfristige Vorausberechnung von Planetenkonstellationen. Auch die aus der Atomzeit abgeleitete Koordinierte Weltzeit (Universal Time Coordinated, UTC) eignet sich nicht, denn bei dieser werden in unregelmäßigen Abständen Schaltsekunden eingefügt, um sie an die Universal Time anzugleichen. Deshalb wurde 1960 die Ephemeridenzeit (ET) eingeführt, die 1984 durch die Terrestrische Dynamische Zeit (TDT) ersetzt wurde, seit 1991 Terrestrische Zeit (TT). Im Gegensatz zu UT und UTC ist TT eine strikt gleichförmige Zeitskala, die Grundeinheit der TT ist die Sekunde (des Internationalen Einheitensystems) und ein Tag ist immer genau 86400 Sekunden lang.

Der Eintrittszeitpunkt für astronomische Ereignisse wird demzufolge im Regelfall in TT berechnet. Um nun die lokalen Gegebenheiten für die Beobachtung auf der Erdoberfläche angeben zu können, ist allerdings der präzise aktuelle Drehwinkel der Erdrotation zu berücksichtigen. Dies ist beispielsweise bei Sonnenfinsternissen erforderlich, um angeben zu können, welche Orte auf der Erde vom Schatten überstrichen werden. Hierzu muss das in TT vorliegende Berechnungsergebnis in UT bzw. UTC umgerechnet werden, wofür der zu diesem Zeitpunkt prognostizierte Wert für ΔT zu verwenden ist

(Ende des Zitats).

Tabelle 12 zeigt die Werte ΔT = TT - UTC bzw. TT - UT.

Die Werte stammen von ***http://stjarnhimlen.se/comp/time.html*** (heruntergeladen am 29.12.2015):

---

[5] Dieser Absatz ist dem WIKIPEDIA-Artikel „Global_Positioning_System" entnommen (Stand: 6.11.2010).

Tabelle 12: ΔT von 1972 bis 2020

Jahr	ΔT in s	Jahr	ΔT in s	Jahr	ΔT in s	Jahr	ΔT in s	Jahr	ΔT in s	Epoche	ΔT in s
		1981	+51,38	1991	+57,57	2001	+64,09	2011	+66,32	1900	-2,72
1972	+42,23	1982	+52,17	1992	+58,31	2002	+64,30	2012	+66,60	1950	+29,15
1973	+43,37	1983	+52,96	1993	+59,12	2003	+64,47	2013	+66,91	2000	+63,82
1974	+44,49	1984	+53,79	1994	+59,98	2004	+64,57	2014	+67,28		
1975	+45,48	1985	+54,34	1995	+60,78	2005	+64,68	2015	+67,64		
1976	+46,46	1986	+54,87	1996	+61,63	2006	+65,20	2016	+68,0		
1977	+47,52	1987	+55,32	1997	+62,29	2007	+65,34	2017	+69		
1978	+48,53	1988	+55,82	1998	+62,97	2008	+65,45	2018	+69		
1979	+49,59	1989	+56,30	1999	+63,47	2009	+65,78	2019	+70		
1980	+50,54	1990	+56,86	2000	+63,82	2010	+66,07	2020	+70		

Wichtig für die Berechnung vergangener Ereignisse sind die Werte für die Epochen (Äquinoktien) 1900, 1950 und 2000, die auch in der Tabelle zu finden sind.

Die Berechnung der Ephemeriden wird auf der Basis der gleichförmigen Ephemeridenzeit TT durchgeführt. Um aus der Ephemeridenzeit eines berechneten Ereignisses die zugehörige Uhrzeit, also die Weltzeit UT bzw. UTC zu erhalten, ist somit ΔT abzuziehen. Es gilt die Beziehung:

Formel 13: Umrechnung TT in UTC

$$\boxed{UTC = TT - \Delta T}$$

Wenn es auf Genauigkeit in der Größenordnung < 2 Minuten ankommt, müssen bei allen Berechnungen die Werte ΔT berücksichtigt werden. Nähere Erläuterungen sind in Lit. [15], dort auf Seite 34, und Lit. [19], dort auf Seite 45, zu finden. Für die Berechnungen der Amateurastronomen wird die genaue Zeitdifferenz ΔT in den meisten Fällen nicht maßgebend sein. Um aus der Ephemeridenzeit TT eines kalkulierten Ereignisses die Weltzeit UTC zu bekommen, genügt es, **ΔT** abzuziehen. Für Näherungsberechnungen wird **ΔT** = 1 Minute gesetzt.

5.7.2. *Zeitdifferenz und Schaltsekunden*

Weicht die aktuelle UTC um mehr als 0,7 s von der aktuellen UT1 ab, dann wird von den Astronomen eine Sekunde (Schaltsekunde) eingeschoben (bzw. weggelassen). Dies geschieht entweder am 30.06. oder am 31.12. um $24^h 00^m 00^s$, sodass der jeweils folgende Tag um 1 s später (bzw. früher) anfängt. Die Schaltsekunde wird vorher in den Medien öffentlich angekündigt, damit die zeitkritischen Geräte vorher darauf programmiert werden können. Bei Funkuhren wird die Schaltsekunde durch den gesendeten Steuerimpuls automatisch eingefügt.

Aus den beobachteten Werten ΔT wird eine Tendenz ermittelt, mit der die Werte für die kommenden Jahre abgeschätzt (extrapoliert) werden können, Formeln dafür findet man im Internet. Die beobachteten (nachträglich bestimmten) und die extrapolierten Werte ΔT werden in astronomischen Jahrbüchern veröffentlicht. In manchen Jahrbüchern wird die Differenz $\boxed{UTC\text{-}TAI}$ veröffentlicht, die mit ΔT folgenden Zusammenhang hat:

$$\boxed{UTC = TT - \Delta T = TAI + 32{,}184\ s - \Delta T.}$$

Daraus folgt:

Formel 14: Zusammenhang zwischen ΔT und (UTC-TAI)

$$\boxed{\begin{aligned} (UTC - TAI) &= 32{,}184\ s - \Delta T \\ \Delta T &= 32{,}184\ s - (UTC\text{-}TAI) \end{aligned}}$$

5.8.   Der Zeitzeichensender DCF77

Die MEZ (oder die MESZ) wird von der Physikalisch-Technischen Bundesanstalt (PTB) im Braunschweig als codiertes, genaues Zeitsignal (Sekundenimpulse) über Funk (Zeitzeichensender **DCF77**, Langwelle 77,5 kHz) verbreitet und gilt für alle Orte in Deutschland als amtliche Uhrzeit. Sie hängt mit der koordinierten Weltzeit UTC zusammen (siehe 5.7 ab Seite 50).

5.8.1.   Standort des Senders

Der Standort des Senders befindet auf den geografischen Koordinaten:
    50° 1' Nord, 9° 0' Ost.
Der Sender erzeugt eine nominelle Leistung von 50 kW, wovon etwa 30 kW über die Antenne abgestrahlt werden. Die Reichweite beträgt etwa 2000 km, bei Überreichweitensituationen wesentlich mehr.

5.8.2.   Modulation des DCF-Signals

Gesendet wird ein in der Amplitude konstantes Trägersignal auf 77,5 kHz (Langwelle), das zu Beginn jeder Sekunde (ausgenommen die 59. Sekunde) auf 25% der Stärke der ursprünglichen Amplitude reduziert (= negativer Rechteckimpuls) wird.

Auf diese Weise können 59 negative Rechteckimpulse (Sekundenmarker, Bits) gesendet werden.

Die Dauer (Impulslänge) der Reduzierung der Amplitude des Trägersignals beträgt
    100 ms, entsprechend ist der Bitwert = **0** und
    200 ms, entsprechend ist der Bitwert = **1**.

    Es ist eine Impulslängenmodulation.

Informatik-Hinweis:
Man muss unterscheiden zwischen **Bitwert** und **Stellenwert**.

Der Bitwert kann nur **0** oder **1** sein.
Entweder das Bit ist gesetzt, so gilt der Bitwert **1**, oder das Bit ist nicht gesetzt, so gilt der Bitwert **0**.

Anders ist es beim Stellenwert. Je nachdem, an welcher Stelle das gesetzte Bit in der Reihenfolge steht, bedeutet es einen anderen Zahlenwert, nämlich den Stellenwert. Ist das Bit nicht gesetzt, wird anstelle des Stellenwerts der Zahlenwert 0 berechnet.

Für die Übertragung wird der BCD-Code[6] verwendet. Die Bits werden in der Reihenfolge vom niedrigsten zum höchsten Stellenwert 1 2 4 8 10 20 40 80 gesendet, wobei jeweils 4 Bits eine Dezimal-Ziffer des Zahlenwerts ergeben. Anschließend werden aus *Bitwert mal Stellenwert* die Dezimalziffern des Zahlenwerts berechnet.

Beispiel:
    7 Bitwerte in gesendeter Reihenfolge: **1001110**,
    daraus ergibt sich der Zahlenwert: $1\cdot1 + 0\cdot2 + 0\cdot4 + 1\cdot8 + 1\cdot10 + 1\cdot20 + 0\cdot40 = \mathbf{39}$.

    Hier noch einmal das Bitmuster mit 7 Bits in gewohnter BCD-Reihenfolge (höchster Stellenwert links): **011 1001**, Zahlen-Wert: 39.

---

[6] BCD-Code = **B**inary **C**oded **D**ecimal-Code; dieser Code stellt jeweils ein Dezimalziffer mit maximal 4 Bit dar.

5.8.3.   Codierung des DCF-Signals

Die folgenden Informationen über die Codierung wurden aus Lit. [16], dort ab Seite 46, und dem Wikipedia-Artikel „DCF77" (aufgerufen am 08.01.2016) entnommen:

Die Sekundenmarken (Bits), deren Zählung bei 0 beginnt, werden wie folgt verwendet:

Tabelle 13: Wikipedia-Tabelle: Bedeutung der Reserve-Bits 1 bis 14 des DCF-Signals

Bit	Bedeutung der Werte
0	Start einer neuen Minute (immer Bit 0 = **0**)
1–14	Bis Mai 1977: Differenz UT1−UTC als vorzeichenbehaftete Zahl Bis November 2006: Betriebsinformationen der PTB (meist alle 14 Bits null) Seit Ende 2006: Wetterinformationen der Firma MeteoTime sowie Informationen des Katastrophenschutzes

Die Bits 15 bis 19 enthalten Informationen über Unregelmäßigkeiten des Senderbetriebs (Rufbit zum Alarmieren der PTB-Mitarbeiter), über die Zeitzone, über Beginn und Ende der Sommerzeit und kündigen Schaltsekunden an:

Tabelle 14: Wikipedia-Tabelle: Bedeutung der Steuerungs-Bits 15 bis 19 des DCF-Signals

Bit	Bedeutung der Werte
15	Rufbit (bis Mitte 2003 Reserveantenne)
16	Bit 16 = **1**: Am Ende dieser Stunde wird MEZ/MESZ umgestellt.
17	Bit 17 = **1**: MESZ (Bit 17 = **0** bei MEZ)
18	Bit 18 = **1**: MEZ (Bit 18 = **0** bei MESZ)
19	Bit 19 = **1**: Am Ende dieser Stunde wird eine Schaltsekunde eingefügt.

Die beiden Bitwerte der Bits 17 und 18 zeigen an, ob sich die Angaben ab Bit 20 auf MEZ oder MESZ beziehen, und stehen entweder auf **01** (MEZ) oder **10** (MESZ).

Von der 20. bis zur 58. Sekunde wird die Zeitinformation für die jeweils nachfolgende Minute seriell in Form von BCD-Zahlen übertragen, wobei jeweils mit dem niederwertigsten Stellenwert begonnen wird. Zur Absicherung der Daten werden Paritätsbits verwendet, es handelt sich um eine gerade Parität.

Die Kodierung des Wochentages erfolgt gemäß der Norm ISO 8601 oder DIN EN 28601, wonach der Montag der Tag eins (binär 001) einer Woche ist und der Sonntag der Tag sieben (binär 111).

Von der Jahreszahl werden die beiden letzten Stellen übertragen.

Tabelle 15: Wikipedia-Tabelle: Zeitinformationen des DCF-Signals

Bit	Bedeutung	
20	Beginn der Zeitinformation (Bit ist immer **1**)	
21	Minute (Einer)	Stellenwert 1
22		Stellenwert 2
23		Stellenwert 4
24		Stellenwert 8
25	Minute (Zehner)	Stellenwert 10
26		Stellenwert 20
27		Stellenwert 40
28	Paritätsbit für die Minute	
29	Stunde (Einer)	Stellenwert 1

Bit	Bedeutung	
30		Stellenwert 2
31		Stellenwert 4
32		Stellenwert 8
33	Stunde (Zehner)	Stellenwert 10
34		Stellenwert 20
35	Paritätsbit für die Stunde	
36	Kalendertag (Einer)	Stellenwert 1
37		Stellenwert 2
38		Stellenwert 4
39		Stellenwert 8
40	Kalendertag (Zehner)	Stellenwert 10
41		Stellenwert 20
42	Wochentag	Stellenwert 1
43	1 = Mo … 7 = So	Stellenwert 2
44		Stellenwert 4
45	Monatszahl (Einer)	Stellenwert 1
46		Stellenwert 2
47		Stellenwert 4
48		Stellenwert 8
49	Monatszahl (Zehner)	Stellenwert 10
50	Jahreszahl (Einer)	Stellenwert 1
51		Stellenwert 2
52		Stellenwert 4
53		Stellenwert 8
54	Jahreszahl (Zehner)	Stellenwert 10
55		Stellenwert 20
56		Stellenwert 40
57		Stellenwert 80
58	Paritätsbit für das Datum	

5.8.4.   Erläuterungen zur DCF-Codierung

Bei einer Minute ohne Schaltsekunde (Normalfall) wird zur 59. Sekunde keine Sekundenmarke gesendet. Bei einer Minute mit Schaltsekunde (bei Bedarf am 31.12. oder am 30.06.) wird zur 59. Sekunde eine **0** und zur 60. Sekunde keine Sekundenmarke gesendet.

Übertragen wird jeweils immer die Zeitinformation für die Folgeminute. D.h. in jeder Minute werden die Zeitinformationen für die jeweils nächste Minute übertragen, damit diese dann mit der Zeitmarke des 0. Bits der nächsten Minute vom Empfangssystem geprüft und bei Fehlerfreiheit als Zeitinformation übernommen werden können.

Um zumindest eine korrekte Uhrzeit zu erhalten, bedeutet das für den Anwender einer Funkuhr, dass der Empfang mindestens knapp über 38 Sekunden laufen muss. Von dieser Zeitspanne sind zwei Sekunden (58. Sekunde sowie die Lücke der 59. Sekunde) nötig, damit sich der Empfänger auf den Anfang der neuen Minute synchronisieren kann, sowie 36 Sekunden zum Empfang des Zeittelegramms inklusive des Paritätsbits.

Spätestens nach 120 Sekunden störungsfreien Empfangs hätte die Uhr aber alle nötigen Informationen zur Verfügung.

Die übertragenen Paritätsbits erlauben nur eine automatische Fehlererkennung der empfangenen Information, keine Fehlerkorrektur, und können bei schlechten Empfangsverhältnissen eine fehlerfreie Erkennung nicht gewährleisten.

5.9.   Funkuhren

Funkuhren werden eingesetzt, um die Signale des Zeitzeichensenders DCF77 zu empfangen, zu dekodieren und um die genaue amtliche Uhrzeit anzuzeigen.

In den 1980er Jahren gab es für den Normalverbraucher noch keine Funkuhren zu kaufen, so wie man sie jetzt überall als Armbanduhren, Wanduhren oder als Zeitsteuerung in allen möglichen Geräten vorfindet.

5.9.1.   Alte Technik

Für den Amateur gab es 1983 den Funkuhr-Bausatz 4300 der Fa. Hopf für 395 DM zu kaufen, den man selbst zusammenlöten und zusammenbauen musste. Diese Funkuhr hatte noch keine LCD-Anzeige[7], sondern eine spezielle Elektronenröhre (Vakuumröhre) mit den erforderlichen Anzeigeelementen (Bild 8).

Bild 8: Anzeigemodul der Funkuhr (Vakuumröhre), hier ohne Filterscheibe zu sehen

Das Gehäuse der Uhr hat die Außenmaße 50×130×70 mm. Die Ferritantenne zum Empfang von DCF77 hat die Maße 26×26×220 mm und ist mit einem 145 cm langen Antennenkabel (Koax) mit dem Hauptgerät fest verbunden. Auch das Netzanschlusskabel hängt wie eine Nabelschnur fest am Gerät.

Das Gerät muss an der Steckdose betrieben werden. Man kann zwischen der Uhrzeitanzeige und der Datumsanzeige mit einem Druckschalter umschalten (siehe den Knopf links unten in der Frontscheibe). Die Anzeige der Vakuumröhre leuchtet mit grünen Segmenten. Die Ziffern sind durch eine grüne Filterscheibe abgedeckt, um die grünen Ziffern hervorzuheben.

Der Amateur und auch der Fachmann sehnten sich damals nach Batteriemodellen, die es noch nicht gab.

---

[7] LCD = Flüssigkristallanzeige, nicht selbstleuchtend

Bild 9: Zeitanzeige der Funkuhr mit grüner Filterscheibe

Bild 10: Datumsanzeige für den 08.01.2016 (Jahreszahl wird zweistellig übertragen und angezeigt)

Der Verfasser baute in diese Uhr eine Buchse ein, von der man die invertierten (positiven) Rechteck-impulse des DCF-Signals abgreifen und die genauen Sekundenimpulse als externe Zeitbasis und für Messzwecke verwenden konnte. Das war nicht schwierig, weil der Punkt zwischen der Minuten- und Sekundenanzeige im Rhythmus der gesendeten Rechteckimpulse blinkt.

5.9.2.   Neue Technik

Moderne Funkuhren haben eine digitale LCD-Anzeige oder steuern in Wanduhren oder Armbanduh-ren sogar eine Mechanik mit Zeigern an, die sich automatisch auf Sommerzeit oder Winterzeit ein-stellt. Falls das DCF-Signal ausfallen sollte oder der Funkempfang der Uhr aus Gründen der Stromer-sparnis (Batteriebetrieb) abgeschaltet ist und die Uhrzeitanzeige nur zu bestimmten Zeiten am Tag mit der amtlichen Zeit synchronisiert werden soll, haben diese Funkuhren eine eingebaute Quarz-Zeitbasis, von der während der Funkpause das Zeitsignal kommt.

Auch die oben gezeigte alte Funkuhr läuft mit eingebauter Quarzzeitbasis weiter, wenn das Funksignal ausbleibt.

6. Zeitrechnung und Kalender

6.1. Chronologie

Quelle: Lit. [30].

Die Chronologie oder Wissenschaft von der Zeitrechnung deckt zwei verschiedene Fachgebiete ab:

1. Die **technische Chronologie** umfasst das Kalenderwesen und seine Geschichte (Kalendermacher),

2. die **astronomische Chronologie** dagegen hat die Aufgabe, die Zeitskala geschichtlicher und vorgeschichtlicher Ereignisse aufgrund astronomischer Angaben, deren Daten sich astronomisch berechnen lassen, festzulegen.

Zum **Kalenderwesen** gehören die normale Zeitrechnung, die Tageszählung, die Festlegung des Osterdatums und der beweglichen Feiertage, die geschichtlichen Daten über Kalenderreformen und der Zusammenhang des heute allgemein gebräuchlichen Kalenders mit chronologischen Ären der frühen Kulturen (ägyptischer Kalender, babylonischer Kalender, chinesischer Kalender, französischer Revolutionskalender, hellenistische Kalender, jüdischer Kalender, Maya-Kalender, mohammedanischer Kalender, römischer Kalender, u.a.).

Die **astronomische Chronologie** versucht, anhand astronomischer Daten den Zusammenhang mit überlieferten geschichtlichen Ereignissen (in erster Linie Ort und Zeit von Finsternissen und bestimmte Planetenkonstellationen) herzustellen, indem sie für überlieferte Ereignisse der Vergangenheit die genauen Zeitpunkte berechnet (Rückwärtsberechnung) und die so berechneten Zeitpunkte dieser Ereignisse den überlieferten zuzuordnen versucht.

Die Rückwärtsberechnung von Finsternissen und anderen Ereignissen, die vom Lauf der Himmelskörper (Mond, Planeten) abhängen, erfordert genaue Kenntnis der astronomischen Grundlagen. Beim heutigen Stand der Wissenschaft gelingt eine Rückwärtsberechnung bis etwa 4000 v. Chr. mit großer Sicherheit. Berechnungen für frühere Daten nehmen mit größer werdender Zeitspanne sehr schnell an Unsicherheit zu und lassen sich nur noch ganz grob abschätzen.

Für astronomische Zeitberechnungen ist die normale Zeitrechnung mit Kalenderdatum zu ungenau. Hier muss die von den Astronomen verwendete Julianische Tageszählung („Julianisches Datum" = *JD*) verwendet werden. Die Algorithmen zur Umrechnung in Kalenderdatum und Uhrzeit (und umgekehrt) sind seit Jahrhunderten bekannt.

Hier in diesem Kapitel werden diese Formeln für die Berechnung des *JD* aus einem Kalenderdatum (und umgekehrt) angegeben und erläutert. Auch der Algorithmus für die Berechnung der Wochennummer (Kalenderwoche) wird angegeben.

6.2. Astronomisches (tropisches) Jahr

Das astronomische (tropische) Jahr (siehe 5.3.5 auf Seite 46) bestimmt die Jahreslänge für unseren Kalender. Es ist die Zeitdauer von einem Frühlingsanfang bis zum nächsten, die 365,242198781 Tage beträgt.

> Astronomisches (tropisches) Jahr = 365,242198781 Tage.

Der Frühlingsanfang wird durch einen Punkt auf der Bahnebene der Erdumlaufbahn bestimmt. Die Bahnebene der Erde kreuzt die Ebene des Äquators in zwei Punkten, von denen der eine *Frühlingsknoten* oder *Frühlingspunkt* (♈) und der andere *Herbstknoten*, auch *Herbstpunkt* (♎), genannt wird. Frühlingsanfang ist genau der Zeitpunkt, zu dem die Sonne (von der Erde aus gesehen) den *Frühlingsknoten* kreuzt und auf die Nordseite des Äquators wechselt. Die Zusammenhänge werden in 12.8.3 ab Seite 135 beschrieben.

6.3.   Julianische Kalenderreform

Das bürgerliche Kalenderjahr kann nur eine Anzahl von **ganzen Tagen** haben. Die Länge eines Jahres in ganzen Tagen lässt sich nur durch einen zusätzlichen Tag (Schalttag) variieren, der in sogenannten Schaltjahren als 29. Februar eingefügt wird.

Das römische Jahr hatte 365 Tage und war in der Länge identisch mit dem ägyptischen Jahr. Gegenüber dem astronomischen Jahr war dieses Jahr zu kurz. In hundert Jahren betrug die Verschiebung gegenüber den Äquinoktien etwa 25 Tage, was nicht störte. Die ägyptischen Astronomen kannten diesen Fehler, wollten ihn aber nicht ändern.

Caesar aber wollte eine Kalenderkorrektur im römischen Imperium vornehmen, um die Abweichung zwischen dem Kalender und den astronomischen Äquinoktien (Tagundnachtgleichen) auszugleichen. Er holte sich astronomische Expertisen aus Ägypten und führte im Jahr 45 v. Chr. einen neuen Kalender ein, den **Julianischen Kalender (JK)**, dessen Name an *Julius Caesar* erinnert.

Da das Kalenderjahr aber immer nur eine Anzahl von ganzen Tagen hat, fügte man in den Julianischen Kalender alle vier Jahre einen Schalttag ein, jedes vierte Jahr wurde also zum **Schaltjahr** mit 366 Tagen. So wurde die **mittlere** Länge eines Kalenderjahres von 365,25 Tagen erreicht.

Schaltjahrregel im Julianischen Kalender (JK):
Schaltjahr ist jedes Jahr, dessen Jahreszahl
      durch 4 teilbar ist.
Das Kalenderjahr hat die mittlere Länge: $365 + \frac{1}{4} = $ **365,25 Tage.**

Julianisches Jahr = 365,25 Tage.

Das julianische Jahr war im Mittel also länger als das astronomische Jahr.

6.4.   Gregorianische Kalenderreform

Ein Jahr des Julianischen Kalenders hatte eine mittlere Länge von 365,25 Tagen.

Zur genauen astronomischen Jahreslänge von 365,242198781 Tagen blieb jedoch eine positive Differenz, die im Laufe der Jahrhunderte nach Caesar mit jedem Jahr immer größer wurde.

6.4.1.   Korrektur des Kalenders

Das Julianische Jahr war also gegenüber dem astronomischen Jahr zu lang. Der (astronomische) Frühlingsanfang (Frühlings-Äquinoktium) bewegte sich deshalb im Laufe der Jahrhunderte im Kalender nach vorne, also vom kalendermäßigen Frühlingsanfang, dem 21. März, in Richtung Februar. Im Jahre 1582 machte dieser Kalenderfehler bereits 10 Tage aus. Der echte Frühlingsanfang (Äquinoktium) war 1582 nach dem Julianischen Kalender (JK) schon am 11. März und nicht (wie es sein sollte) am 21. März. Deshalb wurden auf Anordnung des Papstes Gregor XIII. diese 10 Tage einfach aus dem Kalender des Jahres 1582 herausgeschnitten.

Dazu wurden am 4.10.1582 zum laufenden Kalenderdatum einfach 10 Tage hinzugezählt, aus dem 4.10.1582 wurde der 14.10.1582. Der nächste Tag war dann der 15.10.1582. Siehe Bild 11.

Auf Donnerstag, den **4. Oktober 1582**, folgte also Freitag, der **15. Oktober 1582**.

Der **15.10.1582** war der erste Tag des heute noch weltweit gültigen **Gregorianischen Kalenders (GK)**. Die bisher gültige Wochentagsfolge wurde dadurch nicht gestört. Die Tage vom 5. Oktober bis einschließlich 14. Oktober 1582 fehlen also in der neuen Zeitrechnung.

6.4.2. Monatskalender Okt. 1582 bis Jan. 1583

In den nachfolgenden Bildern ist der Beginn des Gregorianischen Kalenders ab 15.10.1582 dargestellt. Der Oktober 1582 hatte wegen der 10 entnommenen Tage nur 21 Tage, also nur 3 volle Wochen. Die Nummern der Kalenderwochen verschoben sich, das Jahr 1582 hatte nur 51 Wochen. Die Kalendermacher im Vatikan um Papst Gregor XIII hatten den Zeitpunkt der Umstellung gut geplant, damit sie beim Übergang auf den neuen Kalender nicht zu viel durcheinanderbrachten.

Bild 11: Die ersten vier Monate des Gregorianischen Kalenders (GK)

Kalender			Oktober 1582			
KW	Mo	Di	Mi	Do	Fr	Sa	So
40	1	2	3	4	●15	16	17
41	18	19	20	21	22	23	24
42	25	26	27	28	29	30	31

Der Punkt ● kennzeichnet den Beginn des GK

Kalender			November 1582			
KW	Mo	Di	Mi	Do	Fr	Sa	So
43	1	2	3	4	5	6	7
44	8	9	10	11	12	13	14
45	15	16	17	18	19	20	21
46	22	23	24	25	26	27	28
47	29	30					

Kalender			Dezember 1582			
KW	Mo	Di	Mi	Do	Fr	Sa	So
47			1	2	3	4	5
48	6	7	8	9	10	11	12
49	13	14	15	16	17	18	19
50	20	21	22	23	24	25	26
51	27	28	29	30	31		

Kalender			Januar 1583			
KW	Mo	Di	Mi	Do	Fr	Sa	So
51						1	2
1	3	4	5	6	7	8	9
2	10	11	12	13	14	15	16
3	17	18	19	20	21	22	23
4	24	25	26	27	28	29	30
5	31						

6.4.3. Schaltjahrregel GK

Aber nicht nur die überschüssigen Tage wurden aus dem Kalender herausgenommen, sondern auch die Ursache der unliebsamen Verschiebung der Tage wurde beseitigt. Die mittlere Länge des Kalenderjahres wurde durch eine neue Schaltjahrregel an das tropische Jahr angepasst.

> **Schaltjahrregel (GK):**
> Schaltjahr ist jedes Jahr, dessen Jahreszahl
> > durch 4, aber nicht durch 100,
>
> oder
> > durch 400
>
> teilbar ist.
> Das Kalenderjahr hat jetzt im Mittel die Länge: $365 + \frac{1}{4} - \frac{1}{100} + \frac{1}{400} = $ **365,2425 Tage.**

Die Jahre 1600, 2000 und 2400 sind Schaltjahre. Die Jahre 1700, 1800, 1900, 2100, 2200 und 2300 sind keine Schaltjahre. Zwischen den Jahren 1901 und 2099 läuft der normale Schaltjahrzyklus ungestört durch, weil das Jahr 2000 ein Schaltjahr ist. Der auf Seite 81 gezeigte Dauerkalender zeigt diese Gleichmäßigkeit in der ungestörten Jahresfolge in diesem Zeitraum. Da das Jahr 2100 kein Schaltjahr ist, wird die Gleichmäßigkeit in der vorletzten Jahresspalte des Dauerkalenders unterbrochen.

> Gregorianisches Jahr = 365,2425 Tage.

Der Unterschied zum tropischen Jahr beträgt jetzt nur noch 0,000301219 Tage, also noch 26 Sekunden pro Jahr. Erst in 3320 Jahren beträgt die Differenz wieder einen Tag.

6.4.4.   Vorschlag zur weiteren Korrektur ab dem Jahr 3200

Zur Korrektur dieser verbliebenen Differenz schlug der deutsche Astronom *Heis* vor, alle 3200 Jahre den Schalttag wegzulassen. Der Schalttag würde also in den Jahren 3200, 6400 und 9600 entfallen. Das Kalenderjahr wäre dann im Mittel $365 + \frac{1}{4} - \frac{1}{100} + \frac{1}{400} - \frac{1}{3200} = 365{,}2421875$ Tage lang und würde sich in der Länge nur mehr ganz geringfügig (Abweichung 0,9746784 s) vom tropischen Jahr unterscheiden. Aber diese Korrektur sei den Kalendermachern der Zukunft überlassen. Vorerst geht man davon aus, dass das Jahr 3200 ein Schaltjahr sein wird. Auch im Taschenrechner ist dieses fest einprogrammiert.

6.5.   Kalender-Umrechnungen und Datumsverschiebung

Da die Kalenderreform nicht überall auf der Welt gleichzeitig auf den Stichtag genau durchgeführt worden war (Großbritannien 1752, Schweden 1753, Türkei 1927), sondern der Julianische Kalender vielerorts noch bis ins 19. Jahrhundert verwendet wurde, muss für die Jahre nach 1582 zwischen Julianischem Kalender (JK) und Gregorianischem Kalender (GK) umgerechnet werden, wenn die geschichtlichen Daten und Zeitangaben richtig zugeordnet werden sollen.

Diese Kalender-Umrechnung ist sehr einfach. Seit der Kalenderumstellung im Jahr 1582 ist die Differenz Δd zwischen den beiden Kalendern auf 13 Tage gestiegen: 10 Tage wurden 1582 herausgenommen, dazu kommen noch die fehlenden Schalttage in den Jahren 1700, 1800 und 1900. Ab 1. März dieser Jahre kommt also beim Datum jeweils 1 Tag dazu.

Es gilt die Formel:

Formel 15: Kalenderumrechnung JK nach GK

$$Datum(JK) + \Delta d = Datum(GK).$$

Das heißt: Das Datum des JK plus die Differenztage ergibt das Datum im GK.

Tabelle 16: Differenztage Δd

Ab …	gilt Δd
15.10.1582	+10
01.03.1700	+11
01.03.1800	+12
01.03.1900	+13
01.03.2100	+14
01.03.2200	+15
01.03.2300	+16

Zur Zeit gilt $\Delta d = 13$ Tage. Bis zum 28. Februar 2100 ist das Kalenderdatum beim Gregorianischen Kalender (GK) um 13 Tage höher als beim Julianischen Kalender (JK). Der jeweilige Wochentag bleibt bei der Umrechnung gleich, es ist ja derselbe Tag.

<u>Datumsverschiebung:</u>

Durch die Herausnahme der genannten Tage beim GK verschiebt sich der ganze Kalender GK um diese Anzahl der Tage gegenüber dem JK nach vorne, während die Wochentagsfolge ungestört weiterläuft. Die ursprüngliche Reihenfolge der Wochentage bleibt erhalten. Tabelle 17 zeigt die Datumsverschiebung für das beginnende Jahr 2016.

Tabelle 17: Verschiebung des GK um 13 Tage nach links

Wochentage		…	Fr	Sa	So	Mo	Di	Mi	Do	Fr	Sa	So	Mo	Di	Mi	Do	Fr	Sa	…
Datum JK:	Dez. 2015 - Jan. 2016	…	19	20	21	22	23	24	25	26	27	28	29	30	31	1	2	3	…
Datum GK:	Jan. 2016	…	1	2	3	4	5	6	7	8	9	10	11	12	13	14	15	16	…

Bild 12: Januar 2016 im JK und GK

Kalender					Januar	2016 JK	
KW	Mo	Di	Mi	Do	Fr	Sa	So
1				[1]	2	3	4
2	5	6	7	8	9	10	11
3	12	13	14	15	16	17	18
4	19	20	21	22	23	24	25
5	26	27	28	29	30	31	

Kalender					Januar	2016 GK	
KW	Mo	Di	Mi	Do	Fr	Sa	So
53					1	2	3
1	4	5	6	7	8	9	10
2	11	12	13	[14]	15	16	17
3	18	19	20	21	22	23	24
4	25	26	27	28	29	30	31

Bild 13: Dez. 2015-JK – Jan. 2016-GK

Kalender					Dezember	2015 JK	
KW	Mo	Di	Mi	Do	Fr	Sa	So
49	1	2	3	4	5	6	7
50	8	9	10	11	12	13	14
51	15	16	17	18	19	20	21
52	22	23	24	25	26	[27]	28
1	29	30	31				

Kalender					Januar	2016 GK	
KW	Mo	Di	Mi	Do	Fr	Sa	So
53					1	2	3
1	4	5	6	7	8	[9]	10
2	11	12	13	14	15	16	17
3	18	19	20	21	22	23	24
4	25	26	27	28	29	30	31

<u>Beispiel 1</u> (Siehe Bild 12 und markierten Tag in Tabelle 17):
   01.01.2016JK + 13 = 14.01.2016 GK.
   Bei der Gegenüberstellung in Tabelle 17 entspricht das höhere Datum (14.01.2016) des GK dem tieferen Datum (01.01.2016) des JK. Der 01. Januar 2016(JK) ist also identisch mit dem 14. Januar 2016(GK). Es ist ein Donnerstag (Do).

<u>Beispiel 2</u> (Siehe Bild 13 und markierten Tag in Tabelle 17):
   27.12.2015JK + 13 = 09.01.2016GK.
   Bei der Gegenüberstellung in Tabelle 17 entspricht das höhere Datum (09.01.2016) des GK dem tieferen Datum (27.12.2015) des JK. Der 27. Dezember 2015(JK) ist also identisch mit dem 09. Januar 2016(GK). Es ist ein Samstag (Sa).

<u>Hinweis:</u>
Im Abschnitt 6.16 ab Seite 83 werden diese Kalenderumrechnungen nochmals im Zusammenhang mit dem Sonnenzirkel (SZ) und den Wochentagszahlen behandelt.

6.6.   Das Osterdatum

Die Berichtigung des Kalenders war für den Papst sehr wichtig, weil das Osterdatum sich nach dem Frühlingsanfang richtet: Ostersonntag (Osterdatum) ist immer der Sonntag nach dem ersten Frühlingsvollmond. Die Nächte der Karwoche zeigen den Vollmond.

Die Kunst der wissenschaftlichen Berechnung des Osterdatums war im Mittelalter das Hauptproblem, es nannte sich *computus*[8] *ecclesiasticus*, die Kirchenrechnung.

Da der Frühling am 21. März beginnt, kann Ostersonntag frühestens am 22. März sein und spätestens 29½ + 6 Tage später, also am 25. April. Die „beweglichen" Feiertage haben einen festen Abstand von Ostern und verschieben sich mit.

Eine Berechnungsformel für das Osterdatum ist in Lit. [18], dort in Kapitel 8, zu finden. Im Internet sind unter dem Stichwort „Osterformel" mehrere Formeln zu finden, auch die von *Karl Friedrich Gauß* entwickelte. Eine genaue Erläuterung des Problems und der Zusammenhänge mit den Mondzyklen findet man in Lit. [30].

Das Osterdatum hat für die Himmelmechanik keine Bedeutung, deshalb wird die Osterformel hier nicht behandelt

---

[8] Zweite Silbe von *computus* wird nicht betont.

6.7.   Mathematische Jahreszahlen

Unsere bürgerliche Zeitrechnung zählt die Jahre „nach Christi Geburt = n. Chr.". Die Jahre davor zählen ab diesen Zeitpunkt rückwärts und bezeichnen die Jahre „vor Christi Geburt = v. Chr.". Die gegenläufigen Skalen stoßen mit ihren Anfängen direkt aneinander. Auf das Jahr 1 v. Chr. folgt zeitlich sofort das Jahr 1. n. Chr. Das Jahr „null" kommt dort nicht vor (siehe 1. Zeile der Tabelle 18,).

Die Mathematiker halfen sich, indem sie die Zählung „n. Chr." identisch übernahmen. Um mit einer Zeitskala im Bereich „v. Chr." rechnen zu können, fügten sie das Jahr „null" ein und erstellten eine mathematische Zeitskala mit negativen Jahreszahlen, die beliebig in die Vergangenheit reicht (siehe 2. Zeile der Tabelle 18).

Tabelle 18: Mathematische Jahreszahlen

normale Jahreszählung	v v. Chr.	4 v. Chr.	3 v. Chr.	2 v. Chr.	1 v. Chr.	1 n. Chr.	2 n. Chr.	n n. Chr.
math. Jahreszahl Y	$1-v$	-3	-2	-1	0	1	2	n

Mathematisch ausgedrückt:

Formel 16: Berechnung der mathematischen Jahreszahl Y

n sei die Jahreszahl nach Chr., dann ist die math. Jahreszahl $Y = n$
v sei die Jahreszahl vor Chr., dann ist die math. Jahreszahl $Y = 1 - v$

6.8.   Fortlaufende Tageszählung

Das **Kalenderdatum** ist aufgrund der unterschiedlich langen Kalenderjahre (365 Tage, 366 Tage) für genaue astronomische Berechnungen nicht zu gebrauchen. Die Kalenderjahre vor dem 4.10.1582 haben im Mittel eine Länge von 365,25 Tagen (Julianische Jahre) und die Kalenderjahre nach dem 15.10.1582 haben im Mittel 365,2425 Tage (Gregorianische Jahre).

Die Berücksichtigung der unterschiedlichen Jahreslängen vor und nach der im Jahre 1582 erfolgten Kalenderumstellung wäre bei der Berechnung der genauen Zeitpunkte und Zeitdifferenzen sehr hinderlich.

Für astronomische Berechnungen und chronologische Bestimmungen ist ein gleichförmiges Zeitmaß mit einer fortlaufenden Tageszählung erforderlich.

Die Maßeinheit ist dabei ein mittlerer Sonnentag mit 24 Stunden zu je 3600 Sekunden. Uhrzeiten werden dabei in dezimalen Tagesbruchteilen angegeben.

6.8.1.   *Das Julianische Datum (JD)*

Um zu einer gleichförmigen Tageszählung zu kommen, wurde eine gleichmäßig in Tageseinheiten geteilte Zeitachse (Skala) festgelegt, deren Zeitpunkte als *Julianische Tageszahl, Julianischer Tag (Julian Day)* oder als *Julianisches Datum (JD)* bezeichnet werden. In diesem Buch werden wir die Bezeichnung *Julianisches Datum (JD)* verwenden.

Das *Julianische Datum (JD)* wurde im Jahr 1582 von *Joseph Justus Scaliger* (1540 - 1609) als fortlaufende Tageszählung in die Chronologie eingeführt.

Um möglichst große Zeiträume rechnerisch ohne negative Zeitargumente bewältigen zu können, legte Scaliger den Nullpunkt dieser Zeitskala weit in die Vergangenheit zurück. Er führte eine durchgehende Zeitachse ein, deren Skala am Montag, dem 1. Januar 4713 vor Chr., um 0.00 Uhr ihren Nullpunkt hat. Mathematisch ist es der 1.1.-4712.

Warum er für seine Skala gerade diesen Nullpunkt wählte, hängt von vielen Einzelheiten ab (z.B. Wochentage, Sonnenzirkel, Mondzirkel, Epakten, Osterzyklus, Scaligerzyklus), auf die hier nicht eingegangen wird (Lit. [30]).

Das Julianische Datum zählt für die Zeit vor der Gregorianischen Kalenderreform die Tage im Julianischen Kalender auch für alle früheren Jahre bis zum Jahre -4712 zurück, so als ob dieser Kalender mit seinen Schaltjahren immer schon dagewesen wäre. Deshalb wählte Scaliger Bezeichnung „Julianisches Datum".

Die Skala mit dem *JD* ist gleichförmig und genau. Auf dieser Skala werden Tage als **genaue Maßeinheit** verwendet. Auf diese Weise lassen sich astronomische und geschichtliche Ereignisse zeitlich genau zuordnen. Die Wochentagszählung läuft auf dieser Skala ungestört durch.

Später haben die Astronomen den Beginn der Skala um 12 Stunden in die positive Richtung verschoben, sodass der Julianische Tag (*JD*) von Mittag des aktuellen Tages bis Mittag des nächsten Tages dauert. Dies hat den Grund darin, dass die Astronomen nachts beobachten und Mitternacht nicht die Tageszählung stören sollte.

Definition:
> Das Julianische Datum ist definiert als die Anzahl der Tage, die seit
> **Montag, 1. Januar 4713 v. Chr. 12 Uhr Weltzeit (1.1.-4712 12^h UT)**
> vergangen sind. Dieser Anfangszeitpunkt hat das Julianische Datum *JD* = 0,00.

Auf dieser Skala kann jedem beliebigen Kalenderdatum eine Tagesnummer, das *JD*, zugeordnet werden. Das *JD* beginnt mittags um 12.00 Uhr UT. Die Uhrzeiten werden als Bruchteile des Tages angegeben, die ab 12.00 Uhr UT gerechnet werden. Z. B.:

Mittags 12.00 Uhr UT:	ganzzahliges *JD* + 0,00;
Abends 18.00 Uhr UT:	ganzzahliges *JD* + 0,25;
Mitternacht 00,00 Uhr UT:	ganzzahliges *JD* + 0,50; Beginn des nächsten Tages
6 Uhr UT am nächsten Tag:	ganzzahliges *JD* + 0,75;
11^{h}59^{m}59^s Uhr UT am nächsten Tag:	ganzzahliges *JD* + 0,999988425925.

Umgekehrt kann auch aus dem *JD* auf das Kalenderdatum zurückgerechnet werden.

Beispiel:

> Für das *JD* = 2451545,0 ergibt sich bei der Umrechnung von *JD* auf das Kalenderdatum der 1,5. Januar 2000, das entspricht 1.1.2000 12 Uhr UT (also dem „eineinhalbten" Januar, das ist ein halber Tag nach Beginn des Kalendertages 1.1.2000). 2451545,5 ist bereits der 2.1.2000 0.00 Uhr UT.

Um diese ungewöhnliche Schreibweise des Kalenderdatums zu vermeiden, wird in der astronomischen Literatur z. B. für den 1,5. Januar 2000 auch „Januar 1,5^d 2000" oder „2000 Januar 1,5^d" geschrieben, wobei „d" angibt, dass es eine Tageszählung ist (d = *day*).

Wichtiger Hinweis:
Wenn es auf die Berechnung genauer Zeitunterschiede zwischen zwei Ereignissen ankommt, wird das Julianische Datum nicht auf 12.00 Uhr UT (Weltzeit), sondern auf 12.00 Uhr TT bezogen. Die Tageszählung und die Differenz zwischen zwei Kalenderdaten ändern sich dadurch nicht (siehe 5.5.1 auf Seite 49), wenn in ein und derselben Berechnung der gleiche Uhrzeitbezug (Weltzeit oder TT) verwendet wird.

6.8.2. Überprüfung geschichtlicher Ereignisse

Aufgrund von astronomischen Ereignissen, die geschichtlich belegt sind und die die Astronomen nach-rechnen können, werden mit Hilfe des *JD* geschichtliche Zeitangaben überprüfbar.

Beispiele:

- Beginn der Tageszählung: 1. Januar 4713 v. Chr. = 1.1.-4712
  (*JD* = 0, Montag, Nullpunkt der Zeitachse „Julianisches Datum")
- Beginn der Sintflut: 18. Februar 3102 v. Chr. = 18.2.-3101
  (*JD* = 588466, Freitag,)
- Vermutlich richtiger Termin der Geburt Christi: 12. August 7 v. Chr. = 12.8.-6
  (*JD* = 1719090, Mittwoch,)
- Magier in Bethlehem: 12. November 7 v. Chr. = 12.11.-6
  (*JD* = 1719182, Donnerstag,).

6.8.3. Der Stern von Bethlehem

Der in der Bibel genannte „Stern von Bethlehem", der die Magier aus dem Morgenland aufgrund ihrer eigenen Aussagen nach Bethlehem führte, war eine besonders lange Konjunktion von Jupiter und Saturn im Sternbild der Fische, eine außerordentliche Himmelserscheinung, die nur alle 854 Jahre auftreten kann.

Durch Computersimulationen kann gezeigt werden, dass beide Planeten am Himmelsgewölbe zwischen dem Sternbild Wassermann und Fische nahe nebeneinander nach Osten liefen, am 14.07.-6. eine Schleife im Sternbild Fische einleiteten und dann nebeneinander rückwärts liefen, bis sie am 12.11.-6 zusammen den unteren Umkehrpunkt erreichten und scheinbar stehenblieben (Jupiter: Rektaszension $23^h\,06^m$, Deklination -7°34', Saturn: Rektaszension $23^h\,10^m$, Deklination -8°13'). Der Planetenlauf zu diesem Ereignis kann mit jedem besseren Astronomieprogramm am PC überprüft werden.

Als die Magier im November 7 v. Chr. von Jerusalem (Breitengrad: 31°47' N) aus nach Bethlehem aufbrachen, sahen sie in ihrer Reiserichtung Südwesten Jupiter und Saturn ganz nahe zusammen als hellen Stern. Am 12. November 7 v. Chr. (= 12.11.-6) war der Höhepunkt dieser Erscheinung, sie erreichten gerade Bethlehem.

Da zu diesem Zeitpunkt Christus schon geboren war, kann der auf dieses Ereignis ausgerichtete Nullpunkt der neuen Zeitrechnung nicht stimmen. Das Monatsthema „Der Stern der Magier" im Lit. [14], Jahrbuch 2006, ab Seite 240, geht sehr ausführlich auf diese Zusammenhänge ein.

6.9. Algorithmen zur Berechnung des Julianischen Datums

Die Algorithmen zur Berechnung des Julianischen Datums (*JD*) sind, wie schon erwähnt, seit Jahrhunderten bekannt. Es gibt viele Quellen, in denen Tabellen, Algorithmen und Formeln für die Berechnung des *JD* zu finden sind. Im Internet sind viele Beiträge unter dem Stichwort „Julianisches Datum" zu finden. Eine gute Zusammenfassung der Algorithmen steht in der deutschen Wikipedia unter der Adresse: *http://de.wikipedia.org/wiki/Julianisches_Datum.htm*.

Dort sind auch ausführliche Erläuterungen der Algorithmen zu finden. Wir verwenden hier die in Lit. [19] auf den Seiten 42 und 43 und in [18], Seiten 73 und 74, abgedruckten Algorithmen.

6.9.1. Algorithmus (1) für Berechnung des JD aus Kalenderdatum

Quelle: Lit. [19], dort Seiten 42 und 43.

Das Julianische Datum (JD) ist definiert als die Anzahl der Tage, die seit dem 1. Januar 4713 v. Chr. (= 01.01.-4712) 12 Uhr mittags Weltzeit vergangen sind.

Der Julianische Tag vom 1.1.-4712 12^h bis 2.1.-4712 11^h 59^m 59^s hat das Julianische Datum JD = 0 bis JD = 0,99999. Der 2.1.-4712 12^h hat JD = 1.

Tabelle 19: Bezeichnungen für Berechnung des JD aus D.M.Y

Bezeichnung	Bedeutung
JD	Julianisches Datum
UT	Weltzeit in dezimalen Tagesstunden
$D.M.Y$	Kalenderdatum, wobei bedeuten:
D (ganzzahlig)	Tag im Monat: 1 ... 28, 29, 30, oder 31,
M (ganzzahlig)	Monat im Jahr: 1 ... 12
Y (ganzzahlig)	Mathematische Jahreszahl (siehe Formel 16 auf Seite 62)

Tabelle 20: Hilfsgrößen zur Berechnung des JD aus dem Kalenderdatum D.M.Y

$y = Y - 1.0$ und $m = M + 12,0$	falls $M \le 2$
$y = Y$ und $m = M$	falls $M > 2$
$B = -2,0$	bis einschließlich 04.10.1582
$B = \text{FLOOR}(y/400,0) - \text{FLOOR}(y/100,0)$	ab einschließlich 15.10.1582

Die Funktion **FLOOR**(x) berechnet die größte ganze Zahl, die kleiner (oder gleich) x ist.

Die Funktion **INT**(x) eliminiert die Nachkommastellen, ist also für positive x-Werte mit der Funktion **FLOOR**(x) identisch. Z. B.:

FLOOR(3,2) = INT(3,2) = 3,0;

FLOOR(-3,2) = -4,0;

INT(-3,2) = -3,0; auf dem Taschenrechner heißt diese Funktion IP (*integer part*).

Mit obigen Hilfsgrößen ergibt sich folgende Formel für das Julianische Datum JD:

Formel 17: Julianisches Datum JD für Datum mit Uhrzeit (Algorithmus aus [19])

$$\text{Für } y > 0 \text{ gilt}: JD = \text{FLOOR}(365,25 \cdot y) + \text{FLOOR}(30,6001 \cdot (m+1)) + B + 1720996,5 + D + UT/24$$
$$\text{für } y \le 0 \text{ gilt}: JD = \text{INT}(365,25 \cdot y - 0,75) + \text{INT}(30,6001 \cdot (m+1)) + B + 1720996,5 + D + UT/24$$

Hinweis: Die Zahl 1720996,5 in den Gleichungen ist das JD für den 1. November des Jahres -1, 0^h.
Der 1. November des Jahres -1, 12^h hat die JD = 1720997.
Der 1. Januar des Jahres 0, 12^h hat die JD = 365,25 · 4712 = 1721058.
Die Differenz 1721058 - 1720997 = 61 ist die Summe der Tage von November und Dezember.

Modifikation der Formel für das Taschenrechnerprogramm:

Da im Taschenrechnerprogramm das JD immer für die Uhrzeit **12^h** (Tagesbeginn des JD, siehe obige Definition des JD) berechnet werden soll, wird gesetzt: **1720996,5 + D + 12/24 = 1720997,0 + D.**

Dadurch vereinfacht sich die Formel für den Taschenrechner, weil die Uhrzeit nicht eingegeben werden muss und nur ganzzahlige JD berechnet werden.

Außerdem entfällt dann die Fallunterscheidung für den ersten Term, ob y positiv oder negativ ist, weil $\boxed{\text{FLOOR}(365,25 \cdot y)}$ und $\boxed{\text{INT}(365,25 \cdot y - 0,75)}$ für jedes negative y das gleiche ganzzahlige JD ergeben.

Deshalb kann $\boxed{\text{FLOOR}(365,25 \cdot y)}$ als erster Term für positive und negative y verwendet werden.

Formel 18: Ganzzahliges Julianisches Datum JD für 12h

$$JD = \text{FLOOR}(365,25 \cdot y) + \text{FLOOR}(30,6001 \cdot (m+1)) + B + 1720997,0 + D$$

6.9.2. Algorithmus (2) für Berechnung des JD aus Kalenderdatum

Quelle: Lit. [18], dort Seiten 73 und 74.

In Lit. [18], dort im Kapitel 7 „Julianischer Tag" auf den Seiten 73 und 74 ist eine etwas andere Berechnung des JD angegeben, die für die Funktion **INT** nur positive Argumente verwendet, sodass diese Methode für positive und negative Jahre Y, aber nicht für negative JD, verwendet werden kann:

D ganzzahlige Tageszahl,

M ganzzahlige Monatszahl und

Y ganzzahlige Jahreszahl > -4713, also ab Kalenderdatum 1.1.-4712,

UT dezimale Stunden des Tages = Uhrzeit als Weltzeit UT

$UT/24$ Uhrzeit in dezimalen Tagesbruchteilen,

   (siehe auch obige Tabelle 19: Bezeichnungen für Berechnung des JD aus D.M.Y).

Formel 19: Julianisches Datum JD für Datum mit Uhrzeit (Algorithmus aus [Meeus])

(1)	Ist $M > 2$, setze man $y = Y$ und $m = M$. Ist $M = 1$ oder 2, setze man $y = Y - 1$ und $m = M + 12$
(2)	Im Gregorianischen Kalender (= Kalenderdatum ab einschließlich 15.10.1582) berechne man $A = \mathbf{INT}\left(\dfrac{y}{100}\right)$ und $B = 2 - A + \mathbf{INT}\left(\dfrac{A}{4}\right)$. Im Julianischen Kalender (= Kalenderdatum bis einschließlich 4.10.1582) setze man $B = 0$
(3)	Der gesuchte Julianische Tag ist dann $$JD = \mathbf{INT}\big(365{,}25 \cdot (y + 4716)\big) + \mathbf{INT}\big(30{,}6001 \cdot (m + 1)\big) + D + \frac{UT}{24} + B - 1524{,}5$$

Dieser Algorithmus ist wegen seiner Einfachheit besonders für Taschenrechnerprogrammierung geeignet.

6.9.3. Einfache Berechnung des JD aus der Tagesdifferenz

Ist das JD für ein bestimmtes Kalenderdatum bekannt, dann genügt es, die Tagesdifferenz von diesem Datum zu einem anderen Kalenderdatum zu berechnen, für das JD gesucht wird.

Beispiel:

Bekannt: $JD = \mathbf{2451545}$ für den 1.01.2000, 12^h.

Gesucht: JD für den 21.12.2012, 12^h.

Berechnung:

Die Tagesdifferenz DDAYS wird mit einem Computer oder Taschenrechner ausgerechnet: DDAYS[(21.12.2012) - (1.01.2000)] = 4738 Tage.

Das JD für den 21.12.2012 beträgt dann: 2451545 + 4738 = 2456283.

Ein Nachrechnung mit Formel 17 ergibt denselben Wert.

6.9.4. Algorithmus für Berechnung des Kalenderdatums aus JD

Quelle: Lit. [19], dort Seiten 42 und 43.

Die Rückrechnung aus dem JD zu dem entsprechenden Kalenderdatum ist etwas schwieriger, aber auch hierfür liegen fertige Algorithmen vor, die denselben Quellen, wie angegeben, zu entnehmen sind.

Tabelle 21: Hilfsgrößen zur Berechnung des Kalenderdatums aus JD (aus [19])

a = FLOOR(JD + 0,5)	
$c = a$ + 1524,0	falls a < 2299161 (JD=2299161 entspricht 15.10.1582), entspricht Julianischem Kalender
b = FLOOR((a - 1867216,25)/36524,25) und $c = a + b$ - FLOOR(b/4) + 1525,0	falls $a \geq$ 2299161, entspricht Gregorianischem Kalender
d = FLOOR((c - 122,1)/365,25)	
e = FLOOR(365,25 · d)	
f = FLOOR((c - e)/30,6001)	30,6001 **darf nicht** durch 30,6 ersetzt werden

Mit diesen Hilfsgrößen ergeben sich folgende Gleichungen:

Formel 20: Berechnetes Kalenderdatum: D, M und Y (aus Lit. [19])

$$D = c - e - \text{FLOOR}(30{,}6001 \cdot f) + \text{FRAC}(JD + 0{,}5 - a)$$

$$M = f - 1 - 12 \cdot \text{FLOOR}\left(\frac{f}{14}\right)$$

$$Y = d - 4715 - \text{FLOOR}\left(\frac{7 + M}{10}\right)$$

D ergibt sich hier als Dezimalzahl, die als Tageszahl im Nachkommateil auch die Uhrzeit enthält. Der Summand **FRAC(JD + 0,5 -a)** der Gleichung für D berechnet den Nachkommateil einer reellen Zahl, also den Tagesbruchteil des Kalendertags, der sich aus der Uhrzeit UT/24 ergibt und der um Mitternacht beginnt.

Beispiel:

D = **23,5** bezeichnet den 23. eines Monats, wobei **0,5** = ½ Tag = mittags 12 Uhr bedeutet.

Im Taschenrechnerprogramm wird dieser Summand **FRAC(JD + 0,5 - a)** weggelassen, weil hier als Uhrzeit des JD immer 12 Uhr (Wert 0,5) gilt. Bruchteile von Tagen würden nur stören, weil beim Kalenderdatum nur ganze Tage erwartet werden. Für astronomische Berechnungen, wenn es auf die Uhrzeit ankommt, kann dieser Term in das Programm einfügt werden.

Ein bestimmter Kalendertag hat das Julianische Datum: (JD^* - 0,5) bis (< JD^* + 0,5), wobei JD^* hier ein ganzzahliger Wert ist, der für 12$^\text{h}$ gilt.

6.9.5. Taschenrechnerprogramme für das JD

Der Verfasser hat für die wissenschaftlichen HP-Taschenrechner Programme **JULDT** zur Berechnung des JD entwickelt, welche die oben angegebenen Algorithmen verwenden.

Beispiel:

JD: **2452070,5 bis < 2452071,5** ist der 10.06.2001 von 0.00 Uhr bis < 24 Uhr.

Die Gleichungen für D, M, Y der Formel 20 berechnen für diesen Zeitraum das richtige Kalenderdatum, den 10.06.2001, lediglich die Uhrzeit wird nicht ausgegeben. Für JD = 2452071,5 ergibt das Programm bereits den 11.06.2001, wie zu erwarten war. Die folgenden Bilder Bild 14 bis Bild 17 zeigen die Ergebnisse der Rückrechnung vom JD zum Kalenderdatum DMY (Programm **JDDMY**).

Bild 14: Umrechnung von JD=2452070,5 — Bild 15: Umrechnung von JD=2452071,0

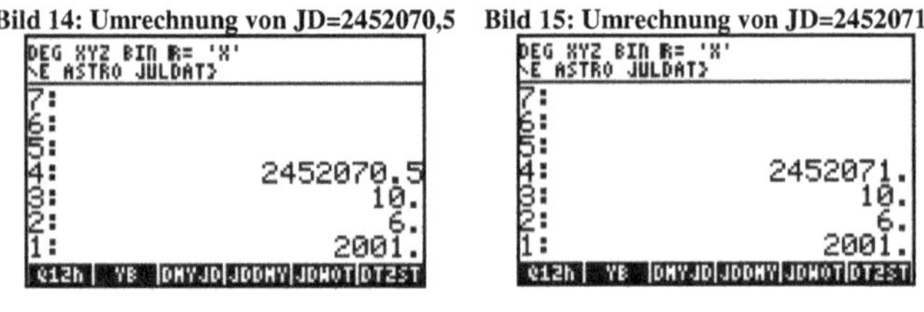

Bild 16: Umrechnung von JD=2452071,49 — Bild 17: Umrechnung von JD=2452071,5

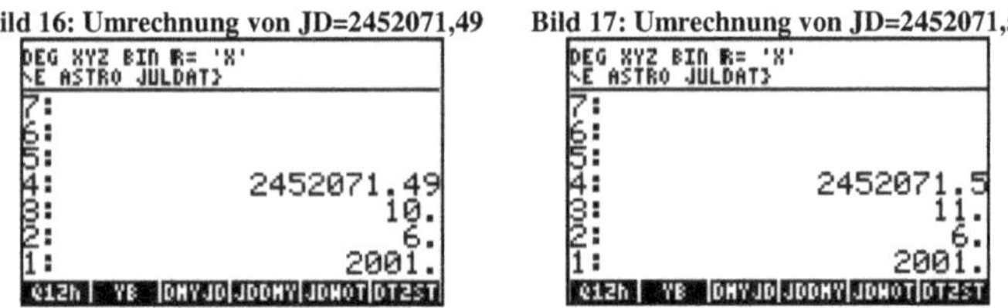

Berechnung des *JD* für das Kalenderdatum 10.06.2001. Bild 18 zeigt die Eingabe des Kalenderdatums mit Tag, Monat, Jahr. Bild 19 zeigt die entsprechende Ausgabe des Programms **DMYJD**:
JD : 2452071.

Bild 18: Eingabe Kalenderdatum 10.6.2001 — Bild 19: Ausgabe des JD für 10.6.2001

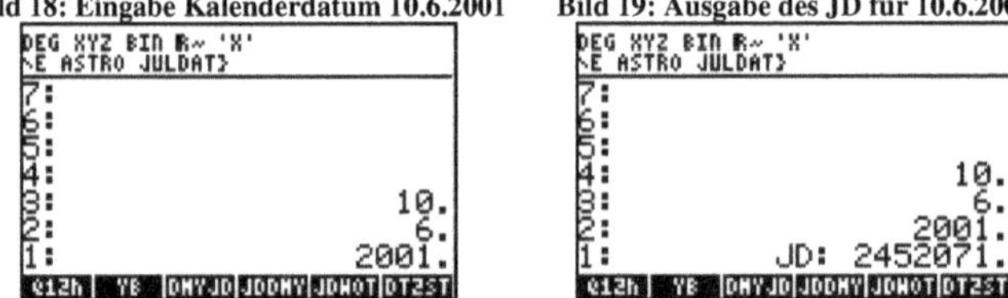

Die Menüs am unteren Rand der Bildschirmabzüge zeigen die Programmnamen an:

DMYJD	Kalenderdatum *DMY* umrechnen in *JD*,
JDDMY	*JD* umrechnen in Kalenderdatum *DMY*,
JDWOT	aus *JD* den Wochentag berechnen.

6.9.6.   Berechnung des Wochentags aus dem JD

Da die Tageszählung beim *JD* **ab Montag, dem 1. Januar 4713 v. Chr.** (= 1.1.-4712) ungestört durchläuft, ist die Berechnung des Wochentags aus dem *JD* sehr einfach.

Die seitdem vergangenen Tage werden modulo 7 gerechnet. Für den **1.1.-4712** ist *JD* = 0 und (*JD* modulo 7) = 0.

In der in Europa üblichen Liste der Wochentage {"Mo" „Di" „Mi" „Do" „Fr" „Sa" „So"} hat der Montag die Nummer 1 und der Sonntag die Nummer 7. Die Wochentagszahl hat meist die Bezeichnung **DOW** (*day of week*).

Um den richtigen Wochentag zuzuordnen, wird 1 addiert, um für *JD* = 0 den Montag auszuwählen. Der „So" hat in der Liste die Nr. 7 und bekommt dann mit modulo 7 die Nummer 0.

Formel 21: Nummer des Wochentags DOW

$$\mathbf{DOW} = \left(\mathbf{FLOOR}(JD + 0{,}5) \bmod 7 \right) + 1$$

Auch die Wochentagsberechnung berücksichtigt die Tagesbruchteile des *JD* und ordnet sie dem richtigen Wochentag zu.

6.10.   Nummer der Kalenderwoche

In vielen Zweigen der Wirtschaft wird mit Kalenderwochen gearbeitet. Eine Lieferung ist z.B. in der 24. Kalenderwoche fällig.

6.10.1.   Wochenbeginn

Nach ISO-Norm gilt der Montag als der erste Tag in der Woche. Das bürgerliche Wochenende beginnt am Freitag und dauert bis Sonntag, also die letzten Tage (5., 6. und 7. Tag) in der Woche.

In den meisten Ländern der Erde gilt der Sonntag als Wochenbeginn. In Europa hat sich im geschäftlichen Leben der Montag als erster Tag der Woche durchgesetzt. Dieser Wochenanfang ist sogar genormt in EN28601, ISO 8601 und DIN 1355.

6.10.2.   Auszug aus der Norm

Auszug aus DIN 1355 (vom März 1975):

1.3.3. Als erste Kalenderwoche eines Kalenderjahres zählt diejenige Woche, in die mindestens 4 der ersten 7 Januartage fallen. Dabei gilt der Montag als erster Tag der Kalenderwoche.

Anmerkung: In dieser Zählung ist nicht der Mittwoch, sondern der Donnerstag der mittlere Tag der Kalenderwoche.

1.3.4. Die erste Kalenderwoche eines Kalenderjahres ist diejenige, die den ersten Donnerstag des Kalenderjahres enthält und dem beginnenden Jahr deshalb mehr als zur Hälfte angehört.

Anmerkung 1: Am Ende des Kalenderjahres, das nicht mit einem Ende der Kalenderwoche zusammenfällt, gehören also entweder die ersten 1 bis 3 Tage des endenden Kalenderjahres zur ersten Kalenderwoche des beginnenden Jahres oder die ersten 1 bis 3 Tage des beginnenden Kalenderjahres zur letzten Kalenderwoche des endenden Jahres.

Anmerkung 2: Nur diejenigen Kalenderjahre, die mit einem Donnerstag beginnen oder enden, haben 53 Kalenderwochen. Bis zum Jahre 2000 sind dies die Jahre 1976, 1981, 1987, 1992 und 1998.

Anmerkung 3: Es wird empfohlen, die im Abschnitt 1.3.3 aufgeführte Nummerierung der Kalenderwochen einheitlich ab 1. Januar 1976 einzuführen.

Zu Anmerkung 2: Im Dauerkalender auf Seite 81 (Tabelle 32) kann zu **D, DC** oder **ED** in der SB-Spalte links das entsprechende Jahr aufgesucht werden. Danach beginnen oder enden folgende Jahre mit einem Donnerstag und haben 53 Kalenderwochen: 2004, 2009, 2015, 2020, 2026, 2032, 2037 usw.

6.10.3.   Definition der Nummer der Kalenderwoche

- Der 1. Januar eines Jahres gehört zur ersten Kalenderwoche, wenn dieser Tag auf einen Montag, Dienstag, Mittwoch oder Donnerstag fällt.

- Falls der 1. Januar ein Freitag, Samstag oder Sonntag ist, zählt er - und eventuell auch der 2. und 3. Januar der Woche - noch zur letzten Kalenderwoche des Vorjahres.

- Beim Jahreswechsel gibt es eine gemeinsame Woche für das betreffende Kalenderjahr mit seinem vorausgehenden oder nachfolgenden Jahr.

- Diese gemeinsamen Wochen haben die Ursache in der Anzahl der Tage eines Jahres:
Das normale Kalenderjahr hat 365 Tage = 52 volle Wochen + 1 Tag.
Das Schaltjahr hat 366 Tage = 52 volle Wochen + 2 Tage.

- Die restlichen 6 Tage der „angebrochenen" Woche des normalen Kalenderjahres bzw. die restlichen 5 Tage der „angebrochenen" Woche des Schaltjahres werden dem vorausgehenden und/oder nachfolgenden Kalenderjahr zugerechnet.

- Zwei gemeinsame Wochen mit benachbarten Jahren gibt es nur in Schaltjahren, deren Beginn auf einen Sonntag fällt. Diese Jahre wiederholen sich alle 28 Jahre (4 × 7 = 28 Jahre): 1984, 2012, 2040, 2068, (siehe auch Dauerkalender auf Seite 81).

Dazu ein Beispiel:

Bild 20: Kalender für Januar 2012

Kalender	Januar 2012						
KW	Mo	Di	Mi	Do	Fr	Sa	So
52							1
1	2	3	4	5	6	7	8
2	9	10	11	12	13	14	15
3	16	17	18	19	20	21	22
4	23	24	25	26	27	28	29
5	30	31					

Bild 21: Kalender für Dezember 2012

Kalender	Dezember 2012						
KW	Mo	Di	Mi	Do	Fr	Sa	So
48						1	2
49	3	4	5	6	7	8	9
50	10	11	12	13	14	15	16
51	17	18	19	20	21	22	23
52	24	25	26	27	28	29	30
1	31						

Das Jahr 2012 hat zwei gemeinsame Wochen, nämlich 1 Tag (1.1 = Sonntag) der 52. Woche des Vorjahres, 52 volle Wochen, und 1 Tag mit der 1. Woche (31.12. = Montag) des nachfolgenden Jahres gemeinsam (siehe Bilder).

Mit dem Dauerkalender (Seite 81) kann der Wochentag für jeden Monatsersten bzw. für den Jahresbeginn bestimmt werden.

6.10.4. *Berechnung der Kalenderwoche*

Um die Nummer der Kalenderwoche KW berechnen zu können, wird das Kalenderdatum $D.M.Y$, als Eingabe genommen, wobei (wie oben bei den Bezeichnungen für das Julianische Datum) gilt:

D die zweistellige Nummer des laufenden Tages im Monat,
M die zweistellige Nummer des laufenden Monats im Jahr und
Y die vierstellige Jahreszahl ist.

Mit diesen Eingabedaten für den Tag $D.M.Y$ ergeben sich folgende Werte:

- DOY = (Tag des Jahres = *day of year* = DOY) Tagesnummer von $D.M.Y$ im laufenden Jahr Y,
- wt_1 = Wochentagszahl des ersten Tages im Jahr (=1.1.Y) des Jahres Y, dabei gilt: 1 = Montag, 2 = Dienstag, ... , 7 = Sonntag.

Dann ergibt sich der vorläufige Ausgabewert kw aus folgendem Algorithmus (Eigenentwicklung des Verfassers).

6.10.5. *Algorithmus für die KW*

Die Funktion $kw = f(D.M.Y)$ wird durch folgenden Algorithmus erfüllt:

```
IF wt₁ > 0 and wt₁ < 5 THEN kw = FLOOR ( (DOY + wt₁ +5 ) / 7 )
ELSE kw = FLOOR ( ( DOY + wt₁ +5 ) / 7 ) - 1 END
```

Der endgültige Wert KW ergibt aus einer Fallunterscheidung (Beschreibung siehe unten)

Erläuterung des Algorithmus:

- **FLOOR** ist eine Funktion, wie oben beim JD, die den ganzzahligen Teil einer Dezimalzahl berechnet.
- Für die gemeinsame Woche am Jahresende ergibt sich aus dieser Formel $kw = 52$ oder $kw = 53$. Für die gemeinsame Woche am Jahresbeginn ergibt sich $kw = 0$.
- Bei $kw = 52$ bleibt die 52. Woche als letzte Woche des Jahres bestehen, also $KW = 52$.
- Für die beiden Zahlen **53** und **0** muss eine Fallunterscheidung durchgeführt werden.

Fallunterscheidung

Möglichkeiten:

- Die 53. Woche bleibt letzte Woche oder wird 1. Woche des nächsten Jahres;
- Die 0. Woche wird 52. oder 53. Woche des Vorjahres.

Die Fallunterscheidung für 0 und 53 wird folgendermaßen durchgeführt:

- Wenn die Berechnung nach obiger Formel *kw = 53* ergab, dann werden zum Berechnungsdatum *D.M.Y* zwei Wochen (*D.M.Y* + **14 Tage** = *D'.M'.Y'*) addiert und ein neues *kw' = f(D'.M'.Y')* für das neue Datum *D'.M'.Y'* berechnet.
  Das endgültige *KW* ergibt sich dann durch
  IF *kw* == 3 **THEN** *KW* = 1 **ELSE** *KW* = 53 **END.** (== ist Vergleichsoperator)

- Wenn die Berechnung nach obiger Formel *kw = 0* ergab, dann werden vom Berechnungsdatum *D.M.Y* zwei Wochen (*D.M.Y* - **14 Tage** = *D".M".Y"*) abgezogen und ein neues *kw" = f(D".M".Y")* für das neue Datum *D".M".Y"* berechnet.
  Das endgültige *KW* ergibt sich durch *KW = kw" + 2*.

6.11.   Taschenrechnerprogramm KALND für Monatskalender

Um einen Monatskalender als Bild für einen bestimmten Monat zu erzeugen (siehe Bild 20 und Bild 21), steht das HP-Taschenrechnerprogramm **KALND** auf der Internetseite des Verfassers zur Verfügung.

Bild 22: Menü für Anwendung „Monatskalender"

Das Hauptprogramm **KAL** erzeugt den Monatskalender für einen beliebigen Monat innerhalb der gültigen Datumsgrenzen des HP. **KAL** verwendet drei Unterprogramme **WOT**, **KW** und **MON** (siehe Bild 22).

6.11.1.   KAL = Monatskalender

KAL berechnet den Monatskalender eines bestimmten Monats als Bild.

Das Programm nimmt zwei Werte vom Stack,
- die Monatsnummer (1 bis 12) und
- die Jahreszahl (vierstellig),

z. B. 01 2012 für Januar 2012 (Bild 20).

Hier wird das deutsche Datumsformat verwendet, deshalb ist das Systemflag -42 gesetzt. Die Flags -2 und -3 (für numerische Ausgabe) müssen ebenfalls gesetzt sein.

Wenn für die Monatsnummer eine ungültige Zahl eingegeben worden ist, so wählt das Programm als Monat automatisch 1 (= Januar).

Die Jahreszahl sollte vierstellig eingegeben werden. Das Programm nimmt aber auch Jahreszahlen ohne Jahrhundert (z.B. **9 11** für September 2011).

Achtung:

- Bei Eingabe einer zweistelligen Jahreszahl ≤50 wird automatisch 2000 zur Jahreszahl addiert,
- bei Jahreszahlen > 50 und < 1583 wird 1900 zur Jahreszahl addiert.

Die Jahre < 1583 „verkraftet" der Rechner nicht, weil nur der Gregorianische Kalender im HP-Taschenrechner eingebaut ist. Deshalb werden diese Jahre im Programm ausgesiebt und automatisch 1900 addiert. Bei Eingabe von **3 1500** wird der Kalender für März **3400** (=1500+1900) berechnet.

Das Programm erzeugt die Variablen **DAT1, WOT1, MONL, mm, jj**, die nach erfolgreichem Programmlauf automatisch wieder gelöscht werden. Wenn das Programm vor regulärer Beendigung abgebrochen wird, dann bleiben diese Variablen im Menü stehen (und müssen dann von Hand gelöscht werden).

6.11.2. *WOT = Wochentag*

WOT wird von KAL verwendet. WOT erwartet das Datum im Dezimalformat und gibt den Wochentag als Nummer (1 = Mo, 2 = Di ...6 = Sa, 0 = So) auf den Stack.

6.11.3. *KW = Kalenderwoche*

KW berechnet die Nummer der Kalenderwoche, erwartet auf dem Stack das Datum im Dezimalformat und gibt die Nummer der Kalenderwoche auf den Stack zurück. Der Algorithmus ist oben auf Seite 70 zu finden.

6.11.4. *MON = Ausgabe der Monatsnamen*

Das Programm erwartet die Nummer (1 bis 12) des Monats auf dem Stack und gibt den Namen als Zeichenkette (Text) in den Stack zurück.

6.11.5. *Ausgabe des Monatskalenders*

Der Monatskalender wird auf dem Bildschirm des Taschenrechners angezeigt und kann bei einer Rechnerverbindung zum PC übertragen werden. Auf diese Weise wurden die Bilder hier ins Buch übernommen.

Hinweis:

Die Handhabung des HP-Taschenrechners und speziell des Programms KALND ist in Lit. [24] beschrieben.

6.12. Wochentagsberechnung und Jahreskalender

6.12.1. *Monatslängen*

Tabelle 22 zeigt die Monatslängen.
Die Monate 01, 03, 05, 07, 08, 10 und 12 haben je 31 Tage.
Die Monate 04, 06, 09 und 11 haben je 30 Tage.
Der Februar hat im Normaljahr 28 Tage und im Schaltjahr 29 Tage.

Tabelle 22: Anzahl der Tage eines Monats (* in Schaltjahren)

Monat	Jan.	Feb.	März	April	Mai	Juni	Juli	Aug.	Sept.	Okt.	Nov.	Dez.
Monatsnummer	01	02	03	04	05	06	07	08	09	10	11	12
Anzahl der Tage	31	28 (29*)	31	30	31	30	31	31	30	31	30	31
Anzahl modulo 7	3	0 (1*)	3	2	3	2	3	3	2	3	2	3

6.12.2.   Sonntagsbuchstaben (SB)

Der Wochentag des 1. Januar bestimmt die Wochentagsfolge des ganzen Jahres. Aus diesem Wochentag folgt das Datum des ersten Sonntags im Januar und damit des ersten Sonntags im Jahr. Diesem ersten Sonntag im Jahr ordnet man einen Buchstaben aus der Reihenfolge **A** bis **G** zu. Dieser Buchstabe wird Sonntagsbuchstabe (SB) genannt. Er kennzeichnet das betreffende Jahr eindeutig in der Folge der aufeinanderfolgenden Wochentage.

Da aber im Schaltjahr die Reihenfolge der Tage am 29. Februar um 1 vermehrt wird, fallen alle auf den Schalttag folgenden Sonntage um einen Tag früher, d. h. die Wochentagsfolge verschiebt sich auf die Daten des vorhergehenden SB. Es gibt also im Schaltjahr zwei SB: Der erste SB gilt für die Monate Januar und Februar, der zweite SB gilt für März bis Dezember. Man erkennt also in Tabelle 23 das Schaltjahr am doppelten SB.

Tabelle 23: Zuordnung der Sonntagsbuchstaben zum ersten Sonntag im Jahr

Sonntag ist am …	1. Jan.	2. Jan.	3. Jan.	4. Jan.	5. Jan.	6. Jan.	7. Jan.
SB im Normaljahr	**A**	**B**	**C**	**D**	**E**	**F**	**G**
SB im Schaltjahr	**AG**	**BA**	**CB**	**DC**	**ED**	**FE**	**GF**

6.12.3.   Wochentagszahlen (WOTZ)

Um die Wochentagsnamen für ein bestimmtes Kalenderdatum berechnen zu können, bedient man sich der Nummerierung der Wochentage, diese Nummern nennt man **Wochentagszahlen** (WOTZ):

- **0** = Sonntag,
- **1** = Montag,
- **2** = Dienstag,
- **3** = Mittwoch,
- **4** = Donnerstag,
- **5** = Freitag,
- **6** = Samstag.

Grundsätzlich läuft die Reihenfolge der Wochentage seit Beginn der Zählung des Julianischen Datums (**JD**) vom 1. Januar des Jahres 4713 vor Chr. (war ein Montag) ungestört bis zum heutigen Tage durch. Daran hat auch die Umstellung des Julianischen Kalenders (JK) auf den Gregorianischen Kalender (GK) im Jahre 1582 (siehe Abschnitt 6.4 ab Seite 58) nichts geändert.

6.12.4.   Wochentagszahlen der Monatsersten eines Jahres

<u>Anmerkung:</u> Es gibt viele Methoden der Wochentagsberechnung, die im Laufe der Jahrhunderte veröffentlicht wurden. Siehe auch den Artikel „Wochentagsberechnung" in der deutschen Wikipedia.
Wir gehen vom Sonntagsbuchstaben aus und leiten daraus die Berechnungsmethode her.

Wenn man den Sonntagsbuchstaben (SB) weiß, dann weiß man auch den Wochentag und die Wochentagszahl des 1. Januar.

Die Tabelle 24 zeigt die Zuordnungen der Wochentage des 1. Januar zu den SB:

Tabelle 24: Zuordnung der Wochentage des 1. Januar zu den Sonntagsbuchstaben (SB

SB im Normaljahr	**A**	**B**	**C**	**D**	**E**	**F**	**G**
SB im Schaltjahr	**AG**	**BA**	**CB**	**DC**	**ED**	**FE**	**GF**
Wochentag des 1. Jan.	So	Sa	Fr	Do	Mi	Di	Mo
Wochentagszahl des 1. Jan.	**0**	**6**	**5**	**4**	**3**	**2**	**1**

Daraus kann man die Wochentage der nachfolgenden 11 Monatsersten leicht berechnen. Die Wochentagsfolge der Monatsersten hängt von den Monatslängen (siehe Tabelle 22) ab.

Zwischen den Wochentagszahlen der Monatsersten eines Jahres gibt es 11 feste Differenzen. Diese Differenzen sind die Monatslängen des Vormonats modulo 7.

Auch für den Dezember gilt: Wochentagszahl des 01.12 + Monatslänge des Dezember modulo 7 = Wochentagszahl des 01.01. des nächsten Jahres. Man addiert zur WOTZ des Monatsersten die Monatslänge, nimmt das Ergebnis modulo 7, und erhält die WOTZ des nächsten Monatsersten:

Beispiel: Für den 1. Mai ergibt sich: Monatslänge des April = 30, daraus modulo 7 = 2. Zur Wochentagszahl des 1. April wird 2 addiert, dann erhält man die WOTZ für den 1. Mai (evtl. noch modulo 7 nehmen).

Tabelle 25: WOTZ der Monatsersten für die Normaljahre aus der Wochentagszahl des 1. Januar

SB	(1.12. + 3 =) 1.01.	1.01. + 3 = 1.02.	1.02. + 0 = 1.03.	1.03. + 3 = 1.04.	1.04. + 2 = 1.05.	1.05. + 3 = 1.06.	1.06. + 2 = 1.07.	1.07. + 3 = 1.08.	1.08. + 3 = 1.09.	1.09. + 2 = 1.10.	1.10. + 3 = 1.11.	1.11. + 2 = 1.12.
A	0	3	3	6	1	4	6	2	5	0	3	5
B	6	2	2	5	0	3	5	1	4	6	2	4
C	5	1	1	4	6	2	4	0	3	5	1	3
D	4	0	0	3	5	1	3	6	2	4	0	2
E	3	6	6	2	4	0	2	5	1	3	6	1
F	2	5	5	1	3	6	1	4	0	2	5	0
G	1	4	4	0	2	5	0	3	6	1	4	6

Beim Schaltjahr ist die Differenz zwischen Februar und März +1 (siehe Tabelle 26), weil der Februar 29 Tage hat (29 modulo 28 = 1).

Tabelle 26: WOTZ der Monatsersten für die Schaltjahre aus der Wochentagszahl des 1. Januar

SB	(1.12. + 3 =) 1.01.	1.01. + 3 = 1.02.	1.02. + 1 = 1.03.	1.03. + 3 = 1.04.	1.04. + 2 = 1.05.	1.05. + 3 = 1.06.	1.06. + 2 = 1.07.	1.07. + 3 = 1.08.	1.08. + 3 = 1.09.	1.09. + 2 = 1.10.	1.10. + 3 = 1.11.	1.11. + 2 = 1.12.
AG	0	3	4	0	2	5	0	3	6	1	4	6
BA	6	2	3	6	1	4	6	2	5	0	3	5
CB	5	1	2	5	0	3	5	1	4	6	2	4
DC	4	0	1	4	6	2	4	0	3	5	1	3
ED	3	6	0	3	5	1	3	6	2	4	0	2
FE	2	5	6	2	4	0	2	5	1	3	6	1
GF	1	4	5	1	3	6	1	4	0	2	5	0

6.12.5. *Beispiele zur manuellen Berechnung der WOTZ*

Tabelle 27: Manuelle Berechnung der WOTZ

Wir rechnen für den SB = **B** die WOTZ:		Wir rechnen für den SB = **GF** die WOTZ:	
Jan.:	6	Jan.:	1
Feb.: 6 + 3 ≙ 9 mod 7 =	2	Feb.: 1 + 3 =	4
März: 2 + 0 =	2	März: 4 + 1 =	5
April: 2 + 3 =	5	April: 5 + 3 ≙ 8 mod 7 =	1
Mai: 5 + 2 =	0	Mai: 1 + 2 =	3
Juni: 0 + 3 =	3	Juni: 3 + 3 =	6
Juli: 3 + 2 =	5	Juli: 6 + 2 ≙ 8 mod 7 =	1
Aug.: 5 + 3 ≙ 8 mod 7 =	1	Aug.: 1 + 3 =	4
Sept.: 1 + 3 =	4	Sept.: 4 + 3 ≙ 7 mod 7 =	0
Okt.: 4 + 2 =	6	Okt.: 0 + 2 =	2
Nov.: 6 + 3 ≙ 9 mod 7 =	2	Nov.: 2 + 3 =	5
Dez.: 2 + 2 =	4	Dez.: 5 + 2 ≙ 7 mod 7 =	0

6.12.6.   *Programm zur Berechnung der Wochentagszahlen eines Jahres*

Wer die Wochentagszahlen für die 12 Monatsersten eines Jahres nicht manuell nach Tabelle 25 und Tabelle 26 berechnen will, dem steht ein Programmsystem mit 6 Programmen für den HP-Taschenrechner zur Verfügung. Der Quelltext kann unter dem Namen **WOTZahlen.txt** und das HP-Binärprogramm unter dem Namen **WOTZahlen** von der Internetseite des Verfassers heruntergeladen werden. **WOTZ** (**WO**chen**T**ags**Z**ahl) ist das Hauptprogramm.

Der HP-Taschenrechner hat den Gregorianischen Kalender fest eingebaut. Deshalb erwartet das Programm eine gültige Jahreszahl zwischen **1583** und **9999** in der Eingabezeile. Es speichert diese Jahreszahl in der Variablen **JZ** und gibt dann diese Jahreszahl und eine Liste mit den 12 Wochentagszahlen für das Jahr zurück (Bild 23).

Das Programm **NJ** (**N**ächstes **J**ahr) erhöht die in JZ gespeicherte Jahreszahl um 1 und berechnet erneut die 12 Wochentagszahlen. Um einen Dauerkalender fortlaufend zu berechnen, kann man einfach **NJ** mehrfach hintereinander verwenden. Bild 24 zeigt das Ergebnis auf dem Bildschirm des Taschenrechners. Mit dem Programm **FONT** kann man auf die andere Schriftgröße umschalten.

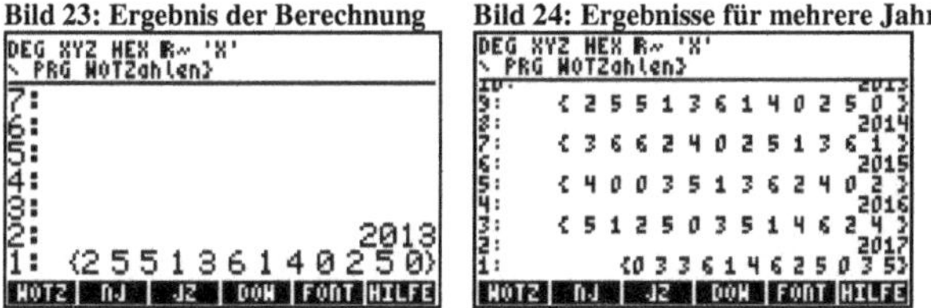

Bild 23: Ergebnis der Berechnung   **Bild 24: Ergebnisse für mehrere Jahre**

6.12.7.   *Sonnenzirkel (SZ) oder Wochentagszirkel*

Die genaue Reihenfolge der Wochentage im Kalenderjahr wiederholt sich exakt nach 28 Jahren (4 Schaltjahre × 7 Wochentage). Die **Nummern des Jahres** in diesem 28-Jahre-Zyklus heißen *Sonnenzirkel (SZ)* oder *Wochentagszirkel*, sie laufen von 00 bis 27 durch.

Jeder Nummer (SZ) von 00 bis 27 ist eindeutig ein SB zugeordnet. Die gewählte Zuordnung zeigt Tabelle 28. Den aufsteigenden Nummern (SZ) von 00 bis 27 werden die SB eindeutig zugeordnet:

Tabelle 28: Zuordnung der Reihe der Sonntagsbuchstaben (SB) zum Sonnenzirkel (SZ)

SZ	00	01	02	03	04	05	06	07	08	09	10	11	12	13	14	15	16	17	18	19	20	21	22	23	24	25	26	27
SB	G	FE	D	C	B	AG	F	E	D	CB	A	G	F	ED	C	B	A	GF	E	D	C	BA	G	F	E	DC	B	A

Die Nummerierung der SZ hätte man beliebig bei jedem anderen SB beginnen lassen können. Man hat aber bewusst den letzten Sonntagsbuchstaben **G** an den Anfang gesetzt. Für diesen beginnt das Jahr an einem Montag mit der Wochentagszahl **1**. Das nächste Jahr beginnt an einem Dienstag mit der Wochentagszahl **2**, usw.

Beim Normaljahr ist der Wochentag des ersten und letzten Tages im Jahr identisch. Also beginnt das nächste Jahr mit dem nächsten Wochentag (365 modulo 7 = 1). Beim Schaltjahr kommt ein Tag dazu, sodass die Wochentagszahl des 1. Januar nach dem Schaltjahr um 2 (366 modulo 7 = 2) springt. Betrachtet man die Reihe der Wochentagszahlen in der Januarspalte der Tabelle 29, so erkennt man diese Systematik.

Im Zyklus kommen die einfachen SB je 3× vor und die doppelten SB je 1×.

Außerdem erkennt man, dass die Sonntagsbuchstaben in der SB-Spalte absteigend 5-mal ohne Lücke aufeinander folgen, wenn man die doppelten SB der Schaltjahre (in der folgenden Aufzählung sind sie unterstrichen) mitzählt: G<u>FE</u>DC<u>BA</u> GFEDCBA GF<u>ED</u>CBA G<u>FE</u>DC<u>BA</u> GFEDCBA.

In der Tabelle 29 sind zur obigen Zuordnung auch die Wochentagszahlen der Monatsersten für die Jahre angegeben.

Tabelle 29: Zuordnung der SZ und SB zu den Wochentagszahlen der Monatsersten

SZ	SB	Monatszahlen											
		1	2	3	4	5	6	7	8	9	10	11	12
		Wochentagszahlen für die Monatsersten											
00	G	1	4	4	0	2	5	0	3	6	1	4	6
01	FE	2	5	6	2	4	0	2	5	1	3	6	1
02	D	4	0	0	3	5	1	3	6	2	4	0	2
03	C	5	1	1	4	6	2	4	0	3	5	1	3
04	B	6	2	2	5	0	3	5	1	4	6	2	4
05	AG	0	3	4	0	2	5	0	3	6	1	4	6
06	F	2	5	5	1	3	6	1	4	0	2	5	0
07	E	3	6	6	2	4	0	2	5	1	3	6	1
08	D	4	0	0	3	5	1	3	6	2	4	0	2
09	CB	5	1	2	5	0	3	5	1	4	6	2	4
10	A	0	3	3	6	1	4	6	2	5	0	3	5
11	G	1	4	4	0	2	5	0	3	6	1	4	6
12	F	2	5	5	1	3	6	1	4	0	2	5	0
13	ED	3	6	0	3	5	1	3	6	2	4	0	2
14	C	5	1	1	4	6	2	4	0	3	5	1	3
15	B	6	2	2	5	0	3	5	1	4	6	2	4
16	A	0	3	3	6	1	4	6	2	5	0	3	5
17	GF	1	4	5	1	3	6	1	4	0	2	5	0
18	E	3	6	6	2	4	0	2	5	1	3	6	1
19	D	4	0	0	3	5	1	3	6	2	4	0	2
20	C	5	1	1	4	6	2	4	0	3	5	1	3
21	BA	6	2	3	6	1	4	6	2	5	0	3	5
22	G	1	4	4	0	2	5	0	3	6	1	4	6
23	F	2	5	5	1	3	6	1	4	0	2	5	0
24	E	3	6	6	2	4	0	2	5	1	3	6	1
25	DC	4	0	1	4	6	2	4	0	3	5	1	3
26	B	6	2	2	5	0	3	5	1	4	6	2	4
27	A	0	3	3	6	1	4	6	2	5	0	3	5

6.13. Jahresreihen

Quelle: Lit. [17]: Die SB und damit die SZ für die Tabelle 30 wurden der Einfachheit halber, wenn vorhanden, aus dem Tabellenwerk von Lit. [17] übernommen. Dort nicht vorhandene Werte wurden mit dem HP-Taschenrechner über das JD berechnet. SB = Sonntagsbuchstabe, SZ = Sonnenzirkel (= Nummer des Jahres im Zyklus von 00 bis 27).

6.13.1. Ungestörte Jahresreihen der Sonntagsbuchstaben

Im Julianischen Kalender folgen die 28-Jahre-Zyklen mit exakter Regelmäßigkeit aufeinander, nämlich durchgehend vom Jahr 4713 v.Chr. (= math. Jahreszahl -4712), bis zur Kalenderreform im Jahr 1582 n. Chr. Diese ungestört aufeinanderfolgenden Zyklen nennt man *Jahresreihe*.

Folgende Jahrhundertzahlen des Gregorianischen Kalenders (GK) sind keine Schaltjahre:
1700, 1800, 1900, 2100, 2200, 2300, 2500, 2600, 2700, 2900, 3000, 3100.

Zwischen diesen Jahrhundertzahlen ohne Schalttage läuft der Sonnenzirkel jeweils als nummerierte Jahresreihe 99 Jahre oder 199 Jahre ungestört durch. Die fehlenden Schalttage verursachen eine Verschiebung der Zuordnung des Sonnenzirkels zu den SB.

6.13.2. Leitjahre

Die durch 28 ohne Rest teilbaren Jahreszahlen (Leitjahre) sind in Tabelle 30 (Seite 79), Tabelle 31 (Seite 80) und Tabelle 32 (Seite 81) mit Sternchen * gekennzeichnet. Jede Jahresreihe hat mindestens 3 Leitjahre, es können bei längeren Jahresreihen auch mehr sein.

6.13.3. Zuordnung des SZ zum Leitjahr der Jahresreihe

Ein Leitjahr hat im 28-Jahre-Zyklus den Rest 00. Da man aber nicht weiß, mit welchem Wochentag das Leitjahr beginnt, muss man die Zuordnung berechnen.

Diese Zuordnung brauchen wir, damit wir für jedes Jahr die Werte SZ und SB über die einfache Formel 22 berechnen können.

Für die Zuordnung verwenden wir die Wochentagszahlen der Monatsersten (WOTZ-Reihe) eines Jahres. Nachdem das Leitjahr durch 28 und somit auch durch 4 ohne Rest teilbar ist, ist es immer ein Schaltjahr. Da es immer ein Schaltjahr ist, ist es durch die Lage in Tabelle 29 eindeutig bestimmt, weil dort in 28 Jahren nur 7 Schaltjahre vorkommen.

Welche WOTZ-Reihe und damit welche SZ-Zahl dieser 7 Schaltjahre muss nun dem jeweiligen Leitjahr zugeordnet werden?

Dazu müssen wir für das betreffende Leitjahr die Wochentagszahlen des 1. Januar, des 1. Februar und des 1. März ermitteln. Diese drei Wochentage sind kennzeichnend für das gesamte Leitjahr. Für die Jahre nach 1582 können wir dazu das oben auf Seite 75 vorgestellte Programm WOTZ benutzen und die drei Wochentage der Monatsanfänge berechnen.

Für die Leitjahre vor 1582 müssen wir das Julianische Datum (JD) bemühen (siehe 6.9.5 auf Seite 67), mit dem wir diese Wochentage ebenfalls leicht berechnen können.

Nachdem wir jeweils die Wochentagszahlen der ersten drei Monatsanfänge ermittelt haben, suchen wir aus Tabelle 26 (Seite 74) oder Tabelle 29 (Seite 76) das passende Schaltjahr heraus und tragen die dort stehende Zahl für den SZ und den SB des Leitjahres und die passende WOTZ-Folge ein. Es würde auch genügen, anstelle der vollständigen WOTZ-Reihe nur die drei ersten Werte für Januar bis März einzutragen, die in der Tabelle 30 fett hervorgehoben sind.

Beispiel: Leitjahr -4704*

    01.01.-4704 ergibt *JD* = 2922, daraus die Wochentagszahl **4** („Do") mit Formel 21 (Seite 68);

    01.02.-4704 ergibt *JD* = 2953, daraus die Wochentagszahl **0** („So");

    01.03.-4704 ergibt *JD* = 2982, daraus die Wochentagszahl **1** („Mo").

Wir suchen nun die $\boxed{4\ 0\ 1}$ in Tabelle 29 und finden dort SZ = 25 und SB = **DC**. Da der SZ-Wert später auch als Summand in der Formel verwendet wird, nennen wir ihn Kennwert sz_1 = **25** für n = 1 (Jahresreihe 1) und schreiben ihn in Fettdruck in die Tabelle 30.

6.13.4. *Gesetzmäßigkeiten der Jahrhundertzahlen des GK*

Interessant ist, dass sich die Jahrhundertzahlen des GK alle 400 Jahre mit denselben SB wiederholen:

    1600, 2000, 2400, 2800, 3200, 3600: SB = BA,   Schaltjahre;

    1700, 2100, 2500, 2900, 3300, 3700: SB = C,   keine Schaltjahre;

    1800, 2200, 2600, 3000, 3400, 3800: SB = E,   keine Schaltjahre;

    1900, 2300, 2700, 3100, 3500, 3900: SB = G,   keine Schaltjahre.

Diese Gesetzmäßigkeiten wollen wir hier nicht erforschen. Weitere Gesetzmäßigkeiten der aufeinanderfolgenden Jahresreihen des GK lassen wir hier aus Platzgründen unerwähnt.

<u>Bemerkung</u>: Es ist heute noch nicht klar, ob das Jahr 3200 ein Schaltjahr (SB = BA) sein wird oder nicht (SB = B). Siehe dazu die Bemerkung bei der Schaltjahrregel auf Seite 59. Der Taschenrechner jedenfalls gibt das Jahr 3200 als Schaltjahr an.

6.13.5. *Formel für den Sonnenzirkel SZ eines beliebigen Jahres*

Wichtig ist es, dass wir die Werte SZ und SB für jedes beliebige Jahr über eine Formel ermitteln können. Dazu entnehmen wir den Jahresreihen die entsprechenden Kennwerte für die Leitjahre. Diese sind mit Sternchen * gekennzeichnet. Sie haben in den verschiedenen Jahresreihen n die Kennwerte sz_n.

In die Formel 22 sind einzusetzen:

    a_n ist die gewünschte Jahreszahl, die sich in der Jahresreihe n befindet. Alle Jahre v.Chr. müssen mit negativem Vorzeichen eingegeben werden.

    sz_n ist der Kennwert für die Jahresreihe n aus Tabelle 30. Diesen Wert ohne Vorzeichen eingeben.

Formel 22: Berechnung des SZ für die Jahre -4712 bis +2199

$$\boxed{SZ_n = REST\left(\frac{a_n + sz_n}{28}\right) = (a_n + sz_n)\bmod 28}$$

Mit dieser Formel kann der SZ-Wert für ein beliebiges Jahr in der betreffenden Jahresreihe berechnet werden. Zum SZ-Wert gehört ein bestimmter SB. Um die Wochentage zu ermitteln, muss man die Wochentagszahlen der Monatsersten für den betreffenden SB der Tabelle 29 (Seite 76) oder Tabelle 32 (Seite 81) entnehmen. Für die folgenden Beispiele sind sie bereits angegeben.

Beispiele:

    Jahr a_1 = -3000, sz_1 = 25;   Ergebnis: SZ = 21,   SB = BA,   **{623614625035}**.

    Jahr a_1 = 0, sz_1 = 25;   Ergebnis: SZ = 25,   SB = DC,   **{401462403513}**.

    Jahr a_1 = +1582, sz_1 = 25;   Ergebnis: SZ = 11,   SB = G, gilt nur bis 4.10.1582 (siehe Seite 59).

    Jahr a_2 = +1582, sz_2 = 17;   Ergebnis: SZ = 03,   SB = C, gilt ab 15.10.1582   (siehe Seite 59).

    Jahr a_2 = +1583, sz_2 = 17;   Ergebnis: SZ = 04,   SB = B,   **{622503514624}**.

    Jahr a_3 = +1750, sz_3 = 05;   Ergebnis: SZ = 19,   SB = D,   **{400351362402}**.

    Jahr a_4 = +1865, sz_4 = 21;   Ergebnis: SZ = 10,   SB = A,   **{033614625035}**.

    Jahr a_5 = +1981, sz_5 = 09;   Ergebnis: SZ = 02,   SB = D,   **{400351362402}**.

    Jahr a_5 = +2016, sz_5 = 09;   Ergebnis: SZ = 09,   SB = CB,   **{512503514624}**.

    Jahr a_6 = +2135, sz_6 = 25;   Ergebnis: SZ = 04,   SB = B,   **{622503514624}**.

6.13.6. Zusammenstellung der Jahresreihen mit Leitjahren

Tabelle 30: Zusammenstellung der Jahresreihen mit Leitjahren* und Kennwerten

Jahresreihe n	von	bis	Leitjahr	WOTZ-Reihe für das Leitjahr	$SZ = sz_n$	SB
1	-4712	10/1582	-4704*	**401**462403513	25	DC
2**	10/1582	1699	1596*	**145**136140250	17	GF
	1700			511462403513	20	C
3	1701	1799	1708*	**034**025036146	05	AG
	1800			366240251361	18	E
4	1801	1899	1820*	**623**614625035	21	BA
	1900			144025036146	22	G
5**	1901	2099	1904*	**512**503514624	09	CB
	2100			511462403513	20	C
6	2101	2199	2128*	**401**462403513	25	DC
	2200			366240251361	18	E
7	2201	2299	2212*	**360**351362402	13	ED
	2300			144025036146	22	G
8**	2301	2499	2324*	**256**240251361	01	FE
	2500			511462403513	20	C
9	2501	2599	2520*	**145**136140250	17	GF
	2600			366240251361	18	E
10	2601	2699	2604*	**034**025036146	05	AG
	2700			144025036146	22	G
11**	2701	2899	2716*	**623**614625035	21	BA
	2900			511462403513	14	C
12	2901	2999	2912*	**512**503514624	09	CB
	3000			366240251361	18	E
13	3001	3099	3024*	**401**462403513	25	DC
	3100			144025036146	22	G
14**	3101	3299	3108*	**360**351362402	13	ED

**) Diese Jahresreihen des GK enthalten jeweils ein Jahrhundertschaltjahr (1600, 2000, 2400, 2800, 3200)

80

6.13.7. *Jahresreihen und die Lücken dazwischen*

Nur zur Ergänzung der Tabelle 30 hier noch die Zuordnung von SZ und SB zu allen Jahren von -4712 bis 2586 (siehe Text dazu auf Seite 77). Aus dieser Tabelle können die Kalenderdaten für 7297 Jahre entnommen werden. Außerdem sind die Lücken in der Reihenfolge des Gregorianischen Kalenders um die Jahre 1700, 1800, 1900, 2100, 2200, 2300 und 2500 zu sehen.

Tabelle 31: Zuordnung aller Jahre zu SZ und SB

| Jahreszahlen | | | | | | | | | | | | | | | | | SZ | SB |
a	b	c	d	e	f	g	h	i	j	k	l	m	n	o	p	q		
	-4701#	1571		1691	1703#	1787		1883		2091	2103#	2187			2323#	2503#	00	G
	-4700#	1572		1692	1704#	1788		1884		2092	2104#	2188			2324#*	2504#	01	FE
	-4699#	1573		1693	1705#	1789	1801#	1885		2093	2105#	2189	2201#		2493	2505#	02	D
	-4698#	1574	(11/1582)	1694	1706#	1790	1802#	1886		2094	2106#	2190	2202#		2494	2506#	03	C
	-4697#	1575	1583#	1695	1707#	1791	1803#	1887		2095	2107#	2191	2203#		2495	2507#	04	B
	-4696#	1576	1584#	1696	1708#*	1792*	1804#	1888		2096	2108#	2192	2204#		2496	2508#	05	AG
	-4695#	1577	1585#	1697	1709#	1793	1805#	1889	1901#	2097	2109#	2193	2205#	2301#	2497	2509#	06	F
	-4694#	1578	1586#	1698	1710#	1794	1806#	1890	1902#	2098	2110#	2194	2206#	2302#	2498	2510#	07	E
	-4693#	1579	1587#	1699	1711#	1795	1807#	1891	1903#	2099	2111#	2195	2207#	2303#	2499	2511#	08	D
	-4692#	1580	1588#		1712#	1796	1808#	1892	1904*#		2112#	2196	2208#	2304#		2512#	09	CB
	-4691#	1581	1589#		1713#	1797	1809#	1893	2073		2113#	2197	2209#	2305#		2513#	10	A
	-4690#	1582	1590#		1714#	1798	1810#	1894	2074		2114#	2198	2210#	2306#		2514#	11	G
	-4689#		1591#		1715#	1799	1811#	1895	2075		2115#	2199	2211#	2307#		2515#	12	F
	-4688#		1592#		1772		1812#	1896	2076		2116#		2212*#	2308#		2516#	13	ED
	-4687#		1593#		1773		1813#	1897	2077		2117#		2297	2309#		2517#	14	C
	-4686#		1594#		1774		1814#	1898	2078		2118#		2298	2310#		2518#	15	B
	-4685#		1595#		1775		1815#	1899	2079		2119#		2299	2311#		2519#	16	A
-4712	-4684#		1596#*		1776		1872		2080		2120#			2312#		2520#*	17	GF
-4711	-4683#		1597#		1777	1800	1873		2081		2121#	2200		2313#		2577	18	E
-4710	-4682#		1598#		1778		1874		2082		2122#			2314#		2578	19	D
-4709	-4681#		1599#	1700	1779		1875		2083	2100	2123#			2315#	2500	2579	20	C
-4708	-4680#		1600#		1780		1876*		2084		2124#			2316#		2580	21	BA
-4707	-4679#		1601#		1781		1877	1900	2085		2125#		2300	2317#		2581	22	G
-4706	-4678#		1686		1782		1878		2086		2126#			2318#		2582	23	F
-4705#	1567		1687		1783		1879		2087		2127#			2319#		2583	24	E
-4704#*	1568*		1688		1784		1880		2088		2128#*			2320#		2584	25	DC
-4703#	1569		1689	1701#	1785		1881		2089	2101#	2185			2321#	2501#	2585	26	B
-4702#	1570		1690	1702#	1786		1882		2090	2102#	2186			2322#	2502#	2586	27	A

= $n \cdot 28$, wobei n so gewählt wird, dass das Ergebnis kleiner ist als das letzte Jahr der Jahresreihe.
Z. B.:-4678# = $-4678 + n \cdot 28 = -4678 + 223 \cdot 28 = -4678 + 6244 = 1566 < 1582$.
oder: 1601# = $1601 + 3 \cdot 28 = 1685$.
Bei kleinerem n kann jedes dazwischenliegende Jahr ermittelt werden.

Welchen SB hat das Jahr 0?
Das Jahr 0 ist ein Schaltjahr und durch 28 ohne Rest teilbar. Also ist es ein Leitjahr der Jahresreihe 1. Leitjahre dieser Reihe sind: $-4704 + n \cdot 28$.

Für $n = 168$ ergibt sich $-4704 + 168 \cdot 28 = 0$. Zu diesen Leitjahren gehört der SB = **DC**.

6.14.   Dauerkalender für die Jahre von 1883 bis 2130

Erläuterung zur Anwendung: Im linken Teil der Tabelle 32 stehen die **Jahreszahlen** von 1883 bis 2130. Dazu gehören die im rechten Teil der Tabelle stehenden **Wochentagszahlen der Monatsersten** (1 = Montag, ..., 6 = Samstag, 0 = Sonntag), wobei die oben darüber stehenden Zahlen in den jeweiligen Spalten die **Monatszahl** (01 = Januar bis 12 = Dezember) bedeuten. Die Reihenfolge in den Zeilen der Monatsersten eines bestimmten Jahres ist fest an den Sonntagsbuchstaben (**SB**) gebunden.

6.14.1.   Tabelle der Wochentage der Monatsersten

Aus der Tabelle 32 wird für das gewünschte Jahr und den Monat die Wochentagszahl des Monatsersten entnommen und dann der Monatstag dazu addiert. Tabelle 33 liefert für diese Ergebniszahl dann den gesuchten Wochentag. **SZ** ist der Wert des Sonnenzirkels und **SB** ist der Sonntagsbuchstabe der Tabellenzeile.

Tabelle 32: Dauerkalender: Wochentagszahlen der Monatsersten für die Jahre 1883 bis 2130

Jahreszahlen — Schaltjahre sind durch anderen Zeilenhintergrund hervorgehoben. Jahreszahlen mit einem * sind durch 28 ohne Rest teilbar. Die Monatszahlen-Spalten (Wochentagszahlen der Monatsersten).

Jahreszahlen										SZ	SB	01	02	03	04	05	06	07	08	09	10	11	12
1883		1923	1951	1979	2007	2035	2063	2091	2103	00	G	1	4	4	0	2	5	0	3	6	1	4	6
1884		1924	1952	1980	2008	2036	2064	2092	2104	01	FE	2	5	6	2	4	0	2	5	1	3	6	1
1885		1925	1953	1981	2009	2037	2065	2093	2105	02	D	4	0	0	3	5	1	3	6	2	4	0	2
1886		1926	1954	1982	2010	2038	2066	2094	2106	03	C	5	1	1	4	6	2	4	0	3	5	1	3
1887		1927	1955	1983	2011	2039	2067	2095	2107	04	B	6	2	2	5	0	3	5	1	4	6	2	4
1888		1928	1956	1984	2012	2040	2068	2096	2108	05	AG	0	3	4	0	2	5	0	3	6	1	4	6
1889	1901	1929	1957	1985	2013	2041	2069	2097	2109	06	F	2	5	5	1	3	6	1	4	0	2	5	0
1890	1902	1930	1958	1986	2014	2042	2070	2098	2110	07	E	3	6	6	2	4	0	2	5	1	3	6	1
1891	1903	1931	1959	1987	2015	2043	2071	2099	2111	08	D	4	0	0	3	5	1	3	6	2	4	0	2
1892	1904*	1932*	1960*	1988*	2016*	2044*	2072*		2112	09	CB	5	1	2	5	0	3	5	1	4	6	2	4
1893	1905	1933	1961	1989	2017	2045	2073		2113	10	A	0	3	3	6	1	4	6	2	5	0	3	5
1894	1906	1934	1962	1990	2018	2046	2074		2114	11	G	1	4	4	0	2	5	0	3	6	1	4	6
1895	1907	1935	1963	1991	2019	2047	2075		2115	12	F	2	5	5	1	3	6	1	4	0	2	5	0
1896	1908	1936	1964	1992	2020	2048	2076		2116	13	ED	3	6	0	3	5	1	3	6	2	4	0	2
1897	1909	1937	1965	1993	2021	2049	2077		2117	14	C	5	1	1	4	6	2	4	0	3	5	1	3
1898	1910	1938	1966	1994	2022	2050	2078		2118	15	B	6	2	2	5	0	3	5	1	4	6	2	4
1899	1911	1939	1967	1995	2023	2051	2079		2119	16	A	0	3	3	6	1	4	6	2	5	0	3	5
	1912	1940	1968	1996	2024	2052	2080		2120	17	GF	1	4	5	1	3	6	1	4	0	2	5	0
	1913	1941	1969	1997	2025	2053	2081		2121	18	E	3	6	6	2	4	0	2	5	1	3	6	1
	1914	1942	1970	1998	2026	2054	2082		2122	19	D	4	0	0	3	5	1	3	6	2	4	0	2
	1915	1943	1971	1999	2027	2055	2083	2100	2123	20	C	5	1	1	4	6	2	4	0	3	5	1	3
	1916	1944	1972	2000	2028	2056	2084		2124	21	BA	6	2	3	6	1	4	6	2	5	0	3	5
1900	1917	1945	1973	2001	2029	2057	2085		2125	22	G	1	4	4	0	2	5	0	3	6	1	4	6
	1918	1946	1974	2002	2030	2058	2086		2126	23	F	2	5	5	1	3	6	1	4	0	2	5	0
	1919	1947	1975	2003	2013	2059	2087		2127	24	E	3	6	6	2	4	0	2	5	1	3	6	1
	1920	1948	1976	2004	2032	2060	2088		2128*	25	DC	4	0	1	4	6	2	4	0	3	5	1	3
	1921	1949	1977	2005	2033	2061	2089	2101	2129	26	B	6	2	2	5	0	3	5	1	4	6	2	4
	1922	1950	1978	2006	2034	2062	2090	2102	2130	27	A	0	3	3	6	1	4	6	2	5	0	3	5

6.14.2.   Tabelle der Wochentage innerhalb des Monats

Tabelle 33: Wochentagszuordnung

						1
2	3	4	5	6	7	8
9	10	11	12	13	14	15
16	17	18	19	20	21	22
23	24	25	26	27	28	29
30	31	32	33	34	35	36
37						
Mo	Di	Mi	Do	Fr	Sa	So

Beispiel: 21.08.2016

Für den 1. August 2016 ergibt sich aus obiger Tabelle die Wochentagszahl **1**. Für den 21. August ergibt sich dann **1 + 21 = 22** als Ergebniszahl.

Bei dieser Zahl lesen wir in nebenstehender Tabelle einen Sonntag ab.

Der 21.08.2016 ist also ein Sonntag.

6.15. Jahreskalender aus 12 Monatskalendern

Sieht man von den beweglichen Festen ab, die in aufeinanderfolgenden Jahren unterschiedlich sind, so gibt es für jeden der 14 Sonntagsbuchstaben (SB) einen speziellen Jahreskalender: 7 Stück für normale Jahre und 7 Stück für Schaltjahre.

Da der 28-Jahre-Zyklus 4 × 7 Wochen umfasst, sind 3×7 normale Jahre und 1×7 Schaltjahre darin enthalten. Tabelle 29 (Seite 76) zeigt die Wochentagszahlen der Monatsersten für diese 14 Kalender und die zugehörigen SZ und SB.

Mit diesen Wochentagszahlen kann ein eindeutiger Monatskalender erzeugt werden. Für 11 Monatskalender gibt es je 7 mögliche Wochentage als Monatsbeginn, für den März gibt es 2×7 Möglichkeiten, weil er im gemeinen Jahr und im Schaltjahr je 7 Wochentage für den Monatsbeginn hat.

Man muss also, wenn man sich einen variablen Jahreskalender aus Monatskarten zusammenstellen will, 11×7+2×7 = 91 verschiedene Karten drucken, die man entsprechend des SB miteinander kombiniert. Eine andere Möglichkeit ist die Herstellung eines Dauerkalenders wie die Tabelle 32 (Seite 81), bei dessen Anwendung der Benutzer für ein bestimmtes Datum den Wochentag finden kann.

Ein Jahreskalender ist dadurch gekennzeichnet, dass für jeden Monat die Tagesfolge mit den entsprechenden Wochentagen tabellarisch zu sehen ist. Die Monatsersten dieser Monate haben den für den Sonntagsbuchstaben (SB) angegebenen Wochentag.

Nachfolgend ist ein Jahreskalender für das Jahr 2017 zu sehen (SZ = 10 und SB = A).

Für 2017 gilt die WOTZ-Reihe mit dem SB = A: {0 3 3 6 1 4 6 2 5 0 3 5}, (siehe Bild 24 auf Seite 75).

Bild 25: Jahreskalender für das Jahr 2017

Jahreskalender 2017 GK

SB= A SZ = 10

Kalender	Januar 2017						
KW	Mo	Di	Mi	Do	Fr	Sa	So
52							1
1	2	3	4	5	6	7	8
2	9	10	11	12	13	14	15
3	16	17	18	19	20	21	22
4	23	24	25	26	27	28	29
5	30	31					

Kalender	Februar 2017						
KW	Mo	Di	Mi	Do	Fr	Sa	So
5			1	2	3	4	5
6	6	7	8	9	10	11	12
7	13	14	15	16	17	18	19
8	20	21	22	23	24	25	26
9	27	28					

Kalender	März 2017						
KW	Mo	Di	Mi	Do	Fr	Sa	So
9			1	2	3	4	5
10	6	7	8	9	10	11	12
11	13	14	15	16	17	18	19
12	20	21	22	23	24	25	26
13	27	28	29	30	31		

Kalender	April 2017						
KW	Mo	Di	Mi	Do	Fr	Sa	So
13						1	2
14	3	4	5	6	7	8	9
15	10	11	12	13	14	15	16
16	17	18	19	20	21	22	23
17	24	25	26	27	28	29	30

Kalender	Mai 2017						
KW	Mo	Di	Mi	Do	Fr	Sa	So
18	1	2	3	4	5	6	7
19	8	9	10	11	12	13	14
20	15	16	17	18	19	20	21
21	22	23	24	25	26	27	28
22	29	30	31				

Kalender	Juni 2017						
KW	Mo	Di	Mi	Do	Fr	Sa	So
22				1	2	3	4
23	5	6	7	8	9	10	11
24	12	13	14	15	16	17	18
25	19	20	21	22	23	24	25
26	26	27	28	29	30		

Kalender	Juli 2017						
KW	Mo	Di	Mi	Do	Fr	Sa	So
26						1	2
27	3	4	5	6	7	8	9
28	10	11	12	13	14	15	16
29	17	18	19	20	21	22	23
30	24	25	26	27	28	29	30
31	31						

Kalender	August 2017						
KW	Mo	Di	Mi	Do	Fr	Sa	So
31		1	2	3	4	5	6
32	7	8	9	10	11	12	13
33	14	15	16	17	18	19	20
34	21	22	23	24	25	26	27
35	28	29	30	31			

Kalender	September 2017						
KW	Mo	Di	Mi	Do	Fr	Sa	So
35					1	2	3
36	4	5	6	7	8	9	10
37	11	12	13	14	15	16	17
38	18	19	20	21	22	23	24
39	25	26	27	28	29	30	

Kalender	Oktober 2017						
KW	Mo	Di	Mi	Do	Fr	Sa	So
39							1
40	2	3	4	5	6	7	8
41	9	10	11	12	13	14	15
42	16	17	18	19	20	21	22
43	23	24	25	26	27	28	29
44	30	31					

Kalender	November 2017						
KW	Mo	Di	Mi	Do	Fr	Sa	So
44			1	2	3	4	5
45	6	7	8	9	10	11	12
46	13	14	15	16	17	18	19
47	20	21	22	23	24	25	26
48	27	28	29	30			

Kalender	Dezember 2017						
KW	Mo	Di	Mi	Do	Fr	Sa	So
48					1	2	3
49	4	5	6	7	8	9	10
50	11	12	13	14	15	16	17
51	18	19	20	21	22	23	24
52	25	26	27	28	29	30	31

identisch mit den Jahren: 1950, 1961, 1967, 1978, 1989, 1995, 2006, 2023, 2034, 2045, 2062

6.16.   Weiterlaufen des Julianischen Kalenders (JK)

Will man den Julianischen Kalender (JK) über alle Jahre hinweg weiterlaufen lassen (so als ob es den GK nicht gäbe) und sich das Umrechnen vom Gregorianischen (GK) in den Julianischen Kalender (JK) sparen, dann wird in Formel 22 einfach $\boxed{sz_1 = 25}$ für alle Jahre verwendet. Alle Jahre gehören dann der Jahresreihe 1 an, die durchläuft. Dann gibt es im JK keine Störungen durch entfallende Schalttage.

In Tabelle 16 auf Seite 60 sind die Differenztage aufgelistet, die beim GK gegenüber dem JK zum Datum addiert werden müssen. Diese Additionen sind nicht mehr nötig, wenn man den Julianischen Kalender nach der Formel 22 (Seite 78) für die Jahresreihe 1 berechnet.

Für 2016 ergibt sich dann SZ = 25. Zur Bestimmung der Wochentage des JK nehme man den Dauerkalender (Tabelle 29 und Tabelle 32) auf Seite 76 zu Hilfe. Dort ergibt sich für SZ = 25 der SB = DC. Dazu gehört die WOTZ-Reihe {401462403513}.

Nachfolgend das schon bekannte Beispiel zur Probe.

<u>Beispiel</u>: (wie Beispiel 1 auf Seite 60)

Der 01.01.2016 des JK entspricht dem 14.01.2016 des GK.

Für den umgerechneten Tag muss sich derselbe Wochentag ergeben.

<u>Probe über den SZ:</u>

JK 2016: Formel 22 mit $sz_1 = 01$ ergibt SZ = 25 und SB = DC, aus Tabelle 29 entnehmen wir dafür die Wochentagszahlen 401462403513 für JK2016.
Die Wochentagszahl für den 1. Januar ist 4 (Donnerstag)
Der **01.01.2016 JK** ist also ein Donnerstag.

GK 2016: Formel 22 mit $sz_1 = 09$ ergibt SZ = 09 SB und CB, aus Tabelle 29 entnehmen wir dafür die Wochentagszahlen 512503514624 für GK2016.
Die Wochentagszahl für den 1. Januar ist 5 (Freitag).
Der **14.01.2016 GK** ist dann ein Donnerstag.

7. Die Sternzeit

Quelle: Lit. [14], Jahrbuch 2012, ab Seite 195.

7.1. Einleitung

Die **Sternzeit** ist ein in der Astronomie gebräuchlicher Begriff für eine Methode der Winkelmessung. Sie beruht auf der scheinbaren Bewegung der Sterne als Folge der Eigendrehung der Erde. Der Sternenhimmel ist fest und die Erde dreht sich von Westen nach Osten (gegen den Uhrzeigersinn, beim Blick nach Süden), damit dreht sich der Sternenhimmel mit der Sonne im Uhrzeigersinn (auf der Nordhalbkugel beim Blick nach Süden). Ein bestimmter Fixstern erscheint nach einer vollen Umdrehung der Erde ($360° = 24$ Sternzeitstunden) wieder an derselben Stelle.

Die Ortssternzeit eines beliebigen Ortes zu einer beliebigen Uhrzeit hängt nur von der Erdrotation, der geografischen Länge λ des Berechnungsortes und der Uhrzeit (UT = Weltzeit) ab. Wo sich die Erde zu dieser Zeit auf der Bahn um die Sonne befindet, ist unerheblich. Zur **Feststellung der Sternzeit** ist nur eine Winkelmessung zwischen dem Meridian und einer bestimmten Stelle des Sternenhimmels (Frühlingspunkt ♈) nötig. Umgekehrt dagegen ist zur genauen **Berechnung der Sternzeit** das Datum, die Uhrzeit, die geografische Länge des Berechnungsortes und die Position der Erde auf der Bahn um die Sonne zu berücksichtigen:

> Aus Datum und Uhrzeit ergibt sich die Position der Erde auf der Umlaufbahn um die Sonne und somit der **Winkel zwischen der Linie Erde-Sonne und der Richtung zum Frühlingspunkt**. Aus der geografischen Länge des Berechnungsortes und der Uhrzeit ergibt sich der **Winkel zwischen dem Meridian und der Richtung zum Frühlingspunkt**.

Manchmal genügt es, eine grobe Abschätzung der Sternzeit in der Größenordnung von $±4$ Minuten ($= ±1°$) zu haben. Dafür gibt es Näherungsformeln, mit denen die Sternzeit auch im Kopf berechnet werden kann. Auch eine drehbare Sternkarte ist dafür geeignet.

Für astronomische Berechnungen ist jedoch die exakte Sternzeit auf Sekunden genau erforderlich. Dafür gibt es die genauen Formeln der Astronomen. Im folgenden Text werden beiden Methoden gezeigt.

7.2. Definitionen

7.2.1. Sonnentag

Die durch die Sonne bestimmten Uhrzeiten (Zonenzeit und Ortszeit) sind „Sonnenzeiten".

Ein mittlerer **Sonnentag** dauert genau 24 Sonnenstunden zu je 3600 Sekunden, also 84600 Ephemeridensekunden. Das ist die Zeitspanne zwischen zwei aufeinanderfolgenden Kulminationen der mittleren Sonne.

7.2.2. Frühlingspunkt

Während des Jahres wandert die Erde auf ihrer angenommenen Kreisbahn um die Sonne jeden Tag um einen bestimmten Winkel weiter. Da der Null-Meridian der Erde jeden Tag um 12 Uhr UT zur Sonne „schaut", hat er jeden Tag zu diesem Zeitpunkt einen anderen Winkel zu einem bestimmten Fixstern, der ja nicht mit um die Sonne wandert, sondern fest bleibt. Dieser fiktive Fixstern liegt nach Definition im Frühlingspunkt ♈.

Frühlingspunkt ♈ ist also die Richtung, in der sich der Sonnenmittelpunkt (vom Erdmittelpunkt aus gesehen) genau zu Frühlingsanfang (Tagundnachtgleiche = Äquinoktium) befindet. Wie man diesen Punkt feststellen kann, ist ein anderes Problem, weil die Sonne blendet, wenn man in ihre Richtung blickt.

7.2.3.   *Sternzeit*

Sternzeit θ ist der auf den momentanen Frühlingspunkt ♈ bezogene **Winkel** (Rektaszension) des Meridians (Südrichtung) eines bestimmten Ortes zu einer bestimmten Uhrzeit **UT**. Dabei werden **15° in 1 Sternzeitstunde** umgerechnet.

Zu einem bestimmten Zeitpunkt hat die Sternzeit für alle Beobachter auf gleicher geografischer Länge den gleichen Wert. Sie hängt nicht von der geografischen Breite ab.

Bild 26: Grafische Darstellung der Sternzeit

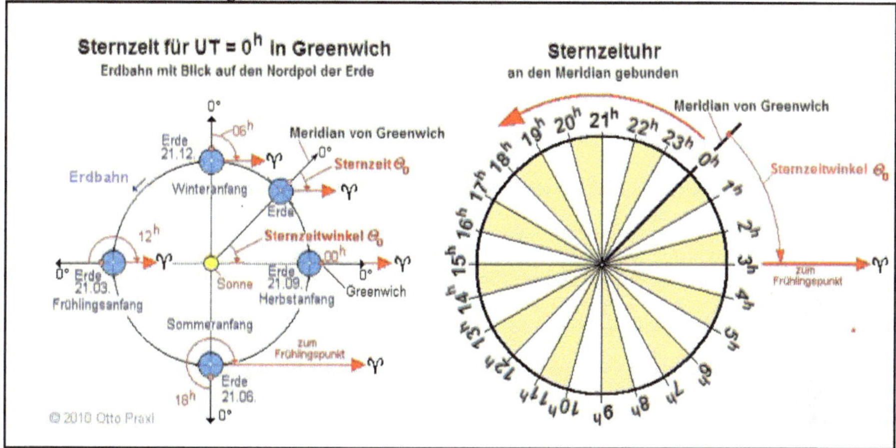

Bild 26 zeigt im linken Teilbild die Sicht auf den Nordpol der Erde. Die Erde ist für die vier Positionen „Frühlingsanfang", „Sommeranfang", „Herbstanfang" und „Winteranfang" eingezeichnet. Außerdem ist eine Position der Erde mit dem Sternzeitwinkel $\Theta_0 = 3^h$ für den Meridian von Greenwich eingezeichnet. Für diese Position ist auch die Sternzeituhr im rechten Teilbild gezeichnet, die auch diesen Sternzeitwinkel $\Theta_0 = 3^h$ angibt.

Die Erdrotation im linken Teilbild von Bild 26 erfolgt gegen den Uhrzeigersinn, die Sternzeituhr, die an den Meridian gebunden ist, dreht sich dabei mit, wobei der Sternzeitwinkel Θ_0 zum Fixstern (Frühlingspunkt) immer größer wird.

Bild 27: Sternzeitskala von der Erde aus gesehen

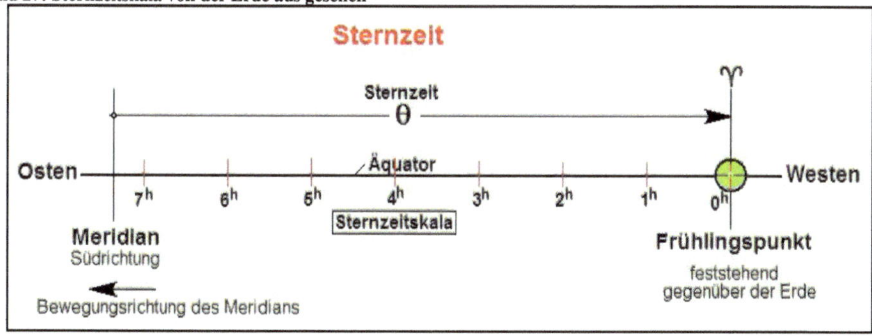

Der Frühlingspunkt bewegt sich aufgrund der Erdrotation gegenüber einem bestimmten Meridian (Längengrad) in einer Stunde um 15° nach Westen (von der Erde aus gesehen, siehe Bild 27), weil sich die Erde mit dem Beobachter von Westen nach Osten dreht. Der zu einer bestimmten Uhrzeit UT erreichte Winkel heißt Sternzeit.

Die Sternzeit dient zur Bestimmung der Position des Meridians (Rektaszension) gegenüber dem Frühlingspunkt und ist eine wichtige Angabe bei der Beobachtung von Himmelskörpern.

Der Zahlenwert der Sternzeit läuft von 0^h bis $< 24^h$.

Hinweis zu Science-Fiction-Filmen:
Die „Sternzeit", die im Logbuch des Raumschiffes ENTERPRISE genannt wird, ist keine Sternzeit im vorgenannten Sinn, sondern eher eine dem **JD** ähnliche absolute Zeitangabe.

7.2.4. Sterntag

Ein **Sterntag** ist die Dauer zwischen zwei aufeinanderfolgenden Kulminationen eines bestimmten (fiktiven) Fixsterns (Frühlingspunkt).

Die volle Umdrehung der Erde um 360° dauert einen Sterntag. Das ist die Dauer, nach der ein bestimmter Fixstern wieder an der gleichen Stelle steht wie am Vortag. Der Einfachheit halber wird der Sterntag in 24 Sternzeitstunden zu je 60 Sternzeitminuten und diese in 60 Sternzeitsekunden eingeteilt.

Hinweis:
Auch wenn wir beim Sonnentag von „Sonnenstunden" sprechen, sollten wir beim Sterntag nicht von „Sternstunden", sondern von „Sternzeitstunden" sprechen.
Der Begriff „Sternstunde" ist als Bezeichnung für eine „glückliche Schicksalsstunde" im allgemeinen Sprachgebrauch schon vergeben.

Die Erde dreht sich gegenüber einem fiktiven Fixstern (Frühlingspunkt) in einem Sonnentag etwas mehr als 360°, um am selben Meridian wieder mit der mittleren Sonne zu kulminieren.

Dies ist durch das Fortschreiten der Erde in derselben Drehrichtung auf der Bahn um die Sonne bedingt, wobei der **Winkel Fixstern-Erde-Sonne** jeden Tag im Mittel um 360°/365,242198781 = 0,985647335389° zunimmt. Das macht im Jahr (aufsummiert) genau eine volle Umdrehung um 360° aus. In 365,242198781 Tagen dreht sich die Erde also genau 366,242198781-mal um die eigene Achse. Dies entspricht 366,242198781 Erdumdrehungen in einem tropischen Jahr vom Stern aus gesehen.

Die Länge eines Sterntages hängt von der Jahreslänge J eines tropischen Jahres ab:

Formel 23: Länge eines Sterntags

$$1 \text{ Sterntag} = 24 \text{ Sonnenstunden} \cdot \frac{J}{J+1} = 24 \cdot \frac{365{,}242198781}{366{,}242198781} = \textbf{23,9344695939 Sonnenstunden}$$

$$= 23^h 56^m 4{,}090538^s = \textbf{86164,090538 s} \text{ (Ephemeridensekunden)}.$$

365,242198781 Sonnentage zu 24 Stunden entsprechen
366,242198781 Sterntagen zu 23 Sonnenstunden 56 Sonnenminuten 4,090538 Ephemeridensekunden.

Die Rotationszeit der Erde einmal um die eigene Achse (360°) beträgt genau 1 Sterntag. Eine volle Umdrehung um 360° dauert also 84164,090538 s.

Die Winkelgeschwindigkeit ω der Erdrotation gegenüber einem Fixstern beträgt also:
$\omega = 360°/23{,}9344695939^h = 15{,}041068639°/\text{Stunde} = 0{,}250684477317$ Bogenminuten pro Zeitminute bezogen auf einen Fixstern.

Diese Winkelgeschwindigkeit muss beim Nachführen eines Fernrohrs eingehalten werden, wenn das Bild des beobachteten Himmelkörpers im Fernrohr stillstehen soll.

7.2.5.   Der Sterntag in der Physik

In der Physik sind alle Wirkungen einer Rotation (z. B. Fliehkraft) auf das ruhende All bezogen.

Die Umfangsgeschwindigkeit der Erde am Äquator muss auf den Sterntag mit 86164,090538 s bezogen werden: Der Radius der Erde am Äquator beträgt 6378137 m, der Erdumfang beträgt 40075016,6856 m.

Die Umfangsgeschwindigkeit v der Erde gegenüber dem ruhenden All beträgt:

Formel 24: Umfangsgeschwindigkeit der Erde am Äquator

$$v = \frac{40075016,6856 \text{ m}}{86164,090538 \text{ s}} = 465,101139412 \text{ m/s}$$

Diese Umfangsgeschwindigkeit muss auch verwendet werden, um die Fliehkraft zu berechnen, die am Äquator der Schwerkraft entgegenwirkt und diese abmindert.

7.2.6.   Länge eines Sonnentags in Sterntagen

Umgekehrt ist die Länge eines Sonnentages auf den Sterntag bezogen:

Formel 25: Länge eines Sonnentags bezogen auf einen Sterntag

$$1 \text{ Sonnentag} = \frac{J+1}{J} \cdot \text{Sterntag} = \frac{366,242198781}{365,242198781} \cdot \text{Sterntag} = 1,00273790926 \text{ Sterntage}$$

7.3.   Näherungsberechnung der Sternzeit

Hinweis:

Die in diesem Abschnitt hergeleiteten Näherungsformeln (Formel 26 und Formel 27) sind nicht in der übrigen Literatur zu finden. Sie wurden vom Verfasser entwickelt, um die Sternzeit so einfach wie möglich berechnen zu können, ohne auf das Julianische Datum (JD) und komplizierte Terme zurückgreifen zu müssen. Außerdem werden auf diese Weise die Zusammenhänge sichtbar.

Für die Formel zur Näherungsberechnung der Sternzeit geben wir folgende Voraussetzungen vor (siehe auch Bild 26):

- Jahreslänge sei 12 Monate zu je 30 Tagen.
- Die Bahn der Erde um die Sonne sei eine exakte Kreisbahn.
- Die Erde wandere auf ihrer Bahn jeden Tag genau um 1° weiter.

Unter obigen Voraussetzungen gilt:

Um 0^{h} UT (Mitternacht in Greenwich) blickt der **Nullmeridian** (Längengrad = 0°) in die zur Sonne entgegengesetzte Richtung.

Steht die Sonne, von der Erde aus gesehen, am **Frühlingsanfang (21.03.) im Frühlingspunkt** ♈ (Richtung in Bild 26 mit rotem Pfeil gekennzeichnet), so hat der Null-Meridian 0° (alte Sternwarte Greenwich) um 0.00 Uhr UT die Sternzeit 12^{h}.

Die in Bild 26 abzulesenden Sternzeiten sind in Tabelle 34 zusammengestellt.

Tabelle 34: Lokale Sternzeit in Greenwich um 0.00 Uhr UT

Datum	lokale Sternzeit in Greenwich um 0.00 Uhr UT
Frühlingsanfang (21.3.)	$12^{\mathrm{h}}\ 00^{\mathrm{m}}$
Sommeranfang (21.6.)	$18^{\mathrm{h}}\ 00^{\mathrm{m}}$
Herbstanfang (21.9.)[*]	$00^{\mathrm{h}}\ 00^{\mathrm{m}}$
Winteranfang (21.12.)	$06^{\mathrm{h}}\ 00^{\mathrm{m}}$

[*] Gemäß obigen Voraussetzungen gilt hier die Annahme, dass der Herbst nicht am 23.09., sondern am 21.9. beginnt.

Daraus (und durch Interpolation der Sternzeiten für die anderen Monate) ergibt sich die Tabelle 35 für Greenwich:

Tabelle 35: Sternzeitzuordnung zu den Monaten für Meridian Greenwich

Tag	Monate											
21.	1.	2.	3.	4.	5.	6.	7.	8.	9.	10.	11.	12.
UT	+8	+10	+12	+14	+16	+18	+20	+22	+0	+2	+4	+6

Tabelle 35 wird folgendermaßen gelesen:

Am 21.1. ergibt sich für die Uhrzeit UT in Greenwich eine Sternzeit von UT+8.
Am 21.2. ergibt sich für die Uhrzeit UT in Greenwich eine Sternzeit von UT+10 .
Am 21.3. ergibt sich für die Uhrzeit UT in Greenwich eine Sternzeit von UT+12.
Usw.

7.3.1.   Näherungsformel

Anhand der Tabelle 35 und unter obigen Voraussetzungen leiten wir daraus eine **einfache Formel für die „Angenäherte Lokale Sternzeit" (*ALSt*) eines Ortes** her.

Formel 26: Angenäherte Lokale Sternzeit (nach Praxl)

$$ALSt = \mathbf{MOD}\left(\left\{UT \cdot 1{,}0028 + (m+3) \cdot 2 + (d-21) \cdot \frac{2}{30} + \frac{\lambda}{15}\right\}, 24\right) \text{ dezimale Sternzeitstunden}$$

daraus folgt :

$$ALSt = \mathbf{MOD}\left(\left\{UT \cdot 1{,}0028 + (m+3) \cdot 2 + \frac{d+\lambda-21}{15}\right\}, 24\right) \text{ dezimale Sternzeitstunden}$$

Das Ergebnis sind dezimale Sternzeitstunden, die wir bei Bedarf noch in Sternzeitstunden, Sternzeitminuten und Sternzeitsekunden umrechnen.

Die mathematische Modulofunktion $R = \mathbf{MOD}(x, y)$ berechnet den Rest R der Division einer Zahl x durch den Divisor y, sie kann auch als $R = (x \bmod y)$ geschrieben werden.

7.3.2.   Erläuterungen zur Näherungsformel

Zweck der Formel:

Für die Sonnenzeit *UT* wird die Sternzeit *ALSt* berechnet. *ALSt* ist Ergebnis und Ausgabewert in dezimalen Sternzeit-Stunden. *UT*, *d*, *m* und λ sind Eingabewerte.

Formelvariablen:

- Die Modulo-Funktion $\mathbf{MOD}(x, 24)$ ermittelt den Teilungsrest von *x* bei Teilung durch 24.
- *UT* (= **MEZ - 1$^\mathbf{h}$**) Zonenzeit UT des Ortes in dezimalen Stunden (**12$^\mathbf{h}$ 30$^\mathbf{m}$ = 12,5 h**)
- λ bedeutet die geogr. Länge des Ortes (Zahlenwert nach Osten positiv, nach Westen negativ).
- **Kalenderdatum**, dabei gilt:
  d die Nummer des Tages im Monat,
  m die Nummer des Monats im Jahr.
  Die Jahreszahl wird nicht gebraucht.
- *ALSt* ist die „angenäherte lokale Sternzeit" eines beliebigen Ortes in dezimalen Stunden.

Monatsanpassung:

Die in der Tabelle gezeigte Differenz von 2 Stunden pro Monat ergibt sich aus der Tatsache, dass das Jahr 1 Sterntag mehr hat als Sonnentage.

Dieser Sterntag muss auf die 12 Monate aufgeteilt werden, so dass die Sternzeit im Monat um 2 (Sterntags-)Stunden wächst. In der Formel wird dies durch $(m + 3) \cdot 2$ **Stunden** berücksichtigt.

Tagesanpassung:

Um für die übrigen Tage (nicht nur für den 21.) der Monate die Sternzeit zu berechnen, muss diese Differenz von 2 Stunden tageweise interpoliert werden, pro Tag sind 4 Minuten zu addieren.

Für den Monatstag d müssen insgesamt $\boxed{\dfrac{d-21}{30} \cdot 2 \text{ Stunden}}$ (dezimal) addiert werden.

Stundenanpassung:

Innerhalb des Tages werden obige 4 Minuten pro Tag für die Uhrzeit interpoliert und in dezimalen Stunden zur Uhrzeit UT addiert: $\boxed{UT \cdot \left(1 + \dfrac{4}{24 \cdot 60}\right) = UT \cdot 1{,}0028}$.

Der genaue Wert des Faktors ergibt sich aus Formel 25: 1,00273790926.

Längengradanpassung:

Für die Orte außerhalb Greenwich sind pro Längengrad nach Osten 4 Minuten ($\lambda/15$ als dezimale Stunden) zu addieren.

Die Ergebnisse der Formel 26 weichen von den genauen Werten nur wenige Minuten ab. Die Abweichungen der Ergebnisse sind durch die vorgegebenen Vereinfachungen (gleiche Monatslängen zu 30 Tagen, Kreisbahn, 360 Tage/Jahr) bedingt. Trotzdem ist mit der Formel 26 eine **grobe Abschätzung der Ortssternzeit** möglich.

7.3.3. Beispiele

Datum: 1. Mai = 1.05. Uhrzeit: $20^h\,23^m$ MEZ = $19^h\,23^m$ UT, $\lambda = 10°$ östliche Länge

(für Musterort in Lit. [14]: 10° östl. Länge, 50° nördl. Breite),
$20^h\,23^m$ MEZ = $19^h\,23^m$ UT = $19{,}38333333^h$ UT.

$ALSt$ = MOD({ 19,437606667+ 8 · 2 - 0,6666667 }, 24)
= MOD({ 19,437606667 + 16 - 0,6666667 }, 24)
= MOD({ 34,7709400006 }, 24) = $10^h\,46^m\,15^s$
Der genaue Wert für 1.05.2004 beträgt **$10{,}4313915231^h = 10^h\,43^m14^s$**.

Datum: 15. November = 15.11. Uhrzeit: $6^h\,38^m$ MEZ, $\lambda = 11{,}5°$ östliche Länge
(Berechnung der Sternzeit für München)
$6^h\,38^m$ MEZ = $5^h\,38^m$ UT = $5{,}633333333^h$ UT(dezimal);

$ALSt$ = MOD({ 5,63333333 · 1,0028 + (11 + 3) · 2 + (15 + 11,5 - 21) /15 }, 24)
= MOD({ 5,64910666 + 14 · 2 + 0,36666667 }, 24)
= MOD({ 5,64910666 + 28 + 0,36666667 }, 24)
= MOD(34,015773333, 24) = **$10{,}015773333^h = 10^h\,00^m\,57^s$**

Die genauen Formeln (siehe unten) liefern für dieselben Ausgangswerte (15.11.2002): **$10^h00^m34^s$** .

Datum: 27. März = 27.03. Uhrzeit: $20^h\,00^m$ MEZ, $\lambda = 10°$ östliche Länge
(für Musterort in Lit. [14]: 10° östl. Länge, 50° nördl. Breite),
$20^h\,00^m$ MEZ = $19^h\,00^m$ UT = $19{,}000000^h$ UT (dezimal);

$ALSt$ = MOD({ 19,00 · 1,0028 + (3 + 3) · 2 + (27 + 10 - 21)/15}, 24)
= MOD({19,0532 + 6 · 2 + 16/15 }, 24) = MOD({31,0532 + 1,06666667}, 24)
= MOD(32,11986667, 24) = **$8{,}11986667^h = 8^h\,07^m\,12^s$**,
(genauer Wert für 27.03.2002: **$8^h\,00^m\,09^s$**).

7.3.4.   Formel für Kopfrechnung

Für Kopfrechnung genügt folgende Vereinfachung der Formel 26, wobei hier nicht mit dezimalen Stunden, sondern mit Stunden und Minuten gerechnet wird. Die Umrechnung von *UT* in Sternzeit (= *UT* · **1,0028**) entfällt bei der Kopfrechnung der Einfachheit halber.

ALSt ist die „angenäherte lokale Sternzeit" eines Ortes.

Sie ergibt sich durch Kopfrechnung aus der Formel 27.

Formel 27: Angenäherte Lokale Sternzeit, Formel für Kopfrechnung (nach Praxl)

$$ALSt = UT + \Delta h + \Delta m$$

$$\Delta h = (m + 3) \cdot 2^h \qquad (= \text{Stundenwertkorrektur}),$$

$$\Delta m = (d + \lambda - 21) \cdot 4^m \ (= \text{Minutenwertkorrektur}),$$

bei $(ALSt > 24^h)$ sind 24^h vom Ergebnis abzuziehen.

7.3.4.1.   Beispiel

Datum: 1. Mai = 1.05. Uhrzeit: $20^h\,23^m$ MEZ = $19^h\,23^m$ UT, λ = 10° östliche Länge

Kopfrechnung für Stundenwert:

$$\Delta h = (m + 3) \cdot 2^h$$
$$= (5 + 3) \cdot 2^h = 16^h \ (\text{modulo } 24 = 16^h)$$

Kopfrechnung für Minutenwert:

$$\Delta m = (d + \lambda - 21) \cdot 4^m$$
$$= (1 + 10 - 21) \cdot 4^m = -10 \cdot 4^m = -40^m = -1^h + 20^m$$

Ergebnis der Kopfrechnung = Uhrzeit in UT + Stundenwert + Minutenwert

$$ALSt = 19^h\,23^m + 16^h - 1^h + 20^m = 34^h\,43^m \ (\text{modulo } 24 = 10^h\,43^m)$$

(genauer Wert: $10^h\,41^m\,12^s$).

7.4.   Sternzeit mit der drehbaren Kosmos-Sternkarte

Die Sternzeit eines beliebigen Ortes kann auch angenähert mit der „Drehbaren Kosmos-Sternkarte" (Lit. [9]) ermittelt werden. Bild 28 zeigt die Einstellung der drehbaren Sternkarte für das erste Beispiel.

7.4.1.   Vorgang

1. Mit der beweglichen Strichmarke stellen wir das **Datum** auf der feststehenden (weißen) Datumskala ein. **Achtung:** Das Datum darf **nicht auf der grauen Datumskala** (= wahre Sonne) eingestellt werden, weil die mittlere Sternzeit nur von der Erdrotation und nicht von der Position der Sonne abhängt.

2. Die Sternkarte gilt für die Ortszeit, deshalb muss vorher die Zonenzeit (MEZ) auf mittlere Ortszeit (MOZ) umgerechnet werden. Mit der beweglichen inneren Stundenskala stellen wir die **mittlere Ortszeit** (MOZ) auf diese Markierung. Bei 12^h (= Südrichtung) der inneren Stundenskala lesen wir am feststehenden äußeren Stundenkreis die **Sternzeit** (rote Skala) ab.

7.4.2. *Beispiele*

Datum: 15.11., Uhrzeit: $6^h 38^m$ MEZ, $\lambda = 11{,}5°$ östliche Länge.

Bild 28 zeigt den für dieses Beispiel maßgebenden Teil der drehbaren Sternkarte mit den eingestellten Werten.

Einstellung auf Sternkarte (siehe Bild 28):

1. Markierungslineal auf 15.11., (großer Pfeil links)
2. dann $6^h 38^m$ MEZ - (15° - 11,5°) · 4 Minuten = $6^h 24^m$ (Ortszeit) auf diese Marke stellen,
3. anschließend an der äußeren Skala bei „Süd" den Wert $9^h 59^m$ ablesen (großer Pfeil unten). (genauer Wert für 15.11.2002 = $10^h 00^m 34^s$).

Bild 28: Drehbare Kosmos-Sternkarte (Ausschnitt, fotografiert von Praxl)

Datum: 27.03., Uhrzeit: $20^h 00^m$ MEZ, $\lambda = 10°$ östliche Länge

Einstellung auf Sternkarte:
1. Marke auf **27.03.**,
2. dann $20^h 00^m$ MEZ - (15° - 10°) · 4 Minuten = $19^h 40^m$ (Ortszeit) auf diese Marke stellen,
3. anschließend an der äußeren Skala bei „Süd" den Wert $8^h 00^m$ ablesen (genauer Wert für 27.03.2002 = $8^h 00^m 09^s$).

Datum: 1.05., Uhrzeit: $20^h 23^m$ MEZ, $\lambda = 10°$ östliche Länge

Einstellung auf Sternkarte:

1. Marke auf **01.05.**,
2. dann $20^h 23^m$ MEZ - (15° - 10) · 4 Minuten = $20^h 03^m$ (Ortszeit) auf diese Marke stellen,
3. anschließend an der äußeren Skala bei „Süd" den Wert $10^h 40^m$ ablesen (genauer Wert für 1.05.2002 = $10^h 41^m 12^s$).

Wie die Beispiele zeigen, ist die Sternkarte auch nicht „ungenauer" als die Ergebnisse der Formel 26 oder der Kopfrechnung. Als grober Anhaltspunkt für den Amateurastronomen genügen diese Ergebnisse vollkommen. Die genaue Berechnung der Sternzeit folgt anschließend.

7.5.   Genaue Berechnung der Sternzeit

Für genaue astronomische Berechnungen sind jedoch exakte Sternzeiten erforderlich. Für die genaue Berechnung der mittleren Sternzeit Θ (Ortssternzeit) in Greenwich müssen die genauen Formeln der Astronomen herangezogen werden.

7.5.1.   Sternzeitabweichungen

Aufgrund der zeitlichen Veränderung des Frühlingspunktes (durch Präzession und Nutation, siehe Seite 187 und Seite 144) unterscheiden die Astronomen zwischen mittlerem und wahrem Frühlingspunkt und bezeichnen die darauf bezogene Sternzeit als mittlere oder wahre Sternzeit. Die Differenz zwischen beiden beträgt nach Lit. [19] maximal 1 Zeitsekunde. Hier in diesem Buch wird mit der **mittleren Sternzeit** gerechnet. In Wirklichkeit ist die Berechnung der mittleren Sternzeit von Greenwich nicht so einfach, wie oben in der Näherungsformel gezeigt, aber das im Bild 26 und in der Formel 26 gezeigte Prinzip stimmt.

Bei der genauen Berechnung kommt es nicht nur auf den Tag und den Monat an, sondern auch die Jahreszahl ist wichtig.

Das Kalenderjahr mit 365 Tagen ist etwa einen Vierteltag kürzer als das astronomische Jahr (**365,242198781 Tage**). Alle vier Jahre erfolgt deshalb die Einfügung eines Schalttages. Deshalb ergeben sich für den gleichen Jahrestag innerhalb von vier Jahren unterschiedliche Sternzeiten. Da der Schalttag etwa 4 Minuten Unterschied ausmacht, differieren die Sternzeiten pro Jahr etwa 1 bis 3 Minuten. Dies wird in der genauen Formel berücksichtigt. Außerdem ändert der Frühlingspunkt (Lit. [19], Seite 21) seine Lage und wandert in der Rektaszension zurück. Auch dies ist den genauen Formeln berücksichtigt und kommt in den berechneten Werten zum Ausdruck.

Beispiel:

Tabelle 36 zeigt die genauen mittleren Sternzeiten jeweils berechnet für den **1. Mai der Jahre 1999 bis 2016 um 20^h 23^m MEZ (= 19^h 23^m UT)**, $\lambda = 10°$ östliche Länge.

Tabelle 36: Genaue mittlere Sternzeiten

Datum: **1.05.1999**: 10^h 40^m 07,26^s. (3)
Datum: **1.05.2000**: 10^h 43^m 06,52^s. (4)
Datum: **1.05.2001**: 10^h 42^m 09,23^s. (1)
Datum: **1.05.2002**: 10^h 41^m 11,94^s. (2)
Datum: **1.05.2003**: 10^h 40^m 14,65^s. (3)
Datum: **1.05.2004**: 10^h 43^m 13,92^s. (4)
Datum: **1.05.2005**: 10^h 42^m 16,62^s. (1)
Datum: **1.05.2006**: 10^h 41^m 19,33^s. (2)
Datum: **1.05.2007**: 10^h 40^m 22,04^s. (3)
Datum: **1.05.2008**: 10^h 43^m 21,31^s. (4)
Datum: **1.05.2009**: 10^h 42^m 24,02^s. (1)
Datum: **1.05.2010**: 10^h 41^m 26,73^s. (2)
Datum: **1.05.2011**: 10^h 40^m 29,44^s. (3)
Datum: **1.05.2012**: 10^h 43^m 28,70^s. (4)
Datum: **1.05.2013**: 10^h 42^m 31,41^s. (1)
Datum: **1.05.2014**: 10^h 41^m 34,12^s. (2)
Datum: **1.05.2015**: 10^h 40^m 36,83^s. (3)
Datum: **1.05.2016**: 10^h 43^m 36,09^s. (4)

Bei den berechneten Werten ist pro Schaltjahrzyklus eine Zunahme der Sternzeit um etwa **7,39 Sekunden** festzustellen. Die in den Klammern stehenden Zahlen (1), (2), (3) und (4) geben jeweils die Nummer des Jahres im Schaltjahrzyklus an. Bei gleichen Nummern treten gleiche Sternzeitdifferenzen auf. Z.B.: Differenz zwischen 1.05.2012 10^h 43^m **28,70^s** und 1.5.2016 10^h 43^m **36.09^s** ist **7,39** Sekunden.

Für einen Schaltjahrzyklus von genau 1461 Tagen beträgt die hier berechnete Zunahme 7,39/1461 = 0,004058 Sekunden pro Tag. Diese Wanderung lässt sich anhand von Bild 27 erklären. Wenn der Frühlingspunkt nach Westen wandert (in die entgegengesetzte Richtung der Erddrehung), dann muss die Sternzeit für den Meridian allmählich größer werden.

7.5.2. *Definition der mittleren Sternzeit in Greenwich für 0 Uhr UT*

Die *Internationale Astronomische Union (IAU)* hat im Jahr 1981 die mittlere Sternzeit Θ_0 von Greenwich für 0^h **Weltzeit** definiert:

Formel 28: Mittlere Sternzeit in Sternzeitsekunden für Greenwich UT=0^h

$$\Theta_0 = 24110{,}54841^s + 8640184{,}812866^s \cdot T + 0{,}093104^s \cdot T^2 - 0{,}0000062^s \cdot T^3$$

Diese Formel ist in mehreren Quellen (Lit.[19], Seite 45; Lit. [18], Kapitel 11; Wikipedia-Artikel „Sternzeit") zu finden. Sie liefert die mittlere Sternzeit in Sternzeitsekunden.

Dieselbe Sternzeit beträgt in dezimalen Sternzeitstunden:

Formel 29: Mittlere Sternzeit in Sternzeitstunden für Greenwich UT=0^h

$$\Theta_{0,Std} = \text{MOD}\left(\left\{\frac{24110{,}54841^s + 8640184{,}812866^s \cdot T + 0{,}093104^s \cdot T^2 - 0{,}0000062^s \cdot T^3}{3600}\right\}, 24\right)$$

T bedeute die seit **1. Januar 2000 12^h UT (Epoche J2000: JD = 2451545,0)** vergangene Zeit bis zum Berechnungszeitpunkt, gemessen in Jahrhunderten zu 36525 Tagen (Sonnentagen)Weltzeit. Der Berechnungszeitpunkt für einen beliebigen Tag liegt für Formel 28 und Formel 29 immer bei 0^h UT (JD_0).

Der Definitions-Bezugszeitpunkt für Θ_0 ist 1.1.2000, 0^h . Er liegt einen halben Tag vor $T = 0$,

hat also den Wert $T = \dfrac{-0{,}5}{36525} = -\dfrac{1}{73050} = -0{,}00001368925393566$.

7.5.2.1. *Berechnung von T anhand der ganzzahligen Tagesdifferenz*

Zu beachten ist bei der Berechnung von T, dass wegen der unterschiedlichen Uhrzeiten der Begrenzungszeitpunkte des Zeitraums T von der normalen ganzzahligen Tagesdifferenz ein halber Tag abzuziehen ist, weil vom **1.1.2000 12^h** bis zum Berechnungstag um 0^h immer ein halber Tag fehlt.

DATE sei das Kalenderdatum des Berechnungszeitpunkts (im Datumsformat *dd.mm.yyyy*), wobei *dd* die zweistellige Tageszahl, *mm* die zweistellige Monatszahl und *yyyy* die vierstellige Jahreszahl bedeuten.

Dann ist *Δd* = (**DATE - 01.01.2000**) die Differenz in vollen Tagen (die der Taschenrechner schnell liefert). Allerdings muss ein halber Tag abgezogen werden, weil der Nullpunkt für T einen halben Tag später liegt als der Definitionszeitpunkt für die Sternzeitformel.

Damit gilt: $T = \dfrac{\Delta d - 0{,}5}{36525}$

Beispiel: Berechnung von T für **10. Januar 2002.**

Tagesdifferenz von 01.01.2000, 0h UT bis 10.01.2002, 0h UT: Δd = 740 d,

Nullpunkt für T ist jedoch der 01.01.2000 12^h UT, deshalb muss ein halber Tag abgezogen werden: 740 - 0,5 = 739,5 d.

T = 739,5/36525 = 0,0202464065708 Julianische Jahrhunderte.

7.5.2.2.   *Berechnung von T anhand des JD*

Oder das JD_0, das immer für 0^h gilt, wird für den Berechnungszeitpunkt angegeben; nach Subtraktion von $JD = 2451545$ (= 01.01.2000 12^h) ergibt sich sofort die richtige Tagesanzahl.

Daraus folgt:
$$T = \frac{JD_0 - 2451545}{36525}$$

Für das Beispiel 10. Januar 2002, 0^h UT, $JD_0 = 2452284{,}5$ ergibt sich: 2452284,5 - 2451545 = 739,5 d.
$T = 739{,}5/36525 = 0{,}0202464065708$ Julianische Jahrhunderte.

7.5.2.3.   *Beispiele mit den verschiedenen Formeln*

Beispiele für **1.1.2000 0^h UT** in Greenwich bei $\lambda = 0°$:

nach Formel 26 (Näherung):

    Für 1.01. 0^h UT und $\lambda = 0°$:
    $ALST = 6^h\ 40^m$

nach Formel 28:

    $T = -0{,}5/36525 = -1/73050$ (siehe oben bei Formel 29).

$$\Theta_0 = 24110{,}54841^s - \frac{8640184{,}812866^s}{73050} + \frac{0{,}093104^s}{73050^2} + \frac{0{,}0000062^s}{73050^3} = 23992{,}270726^s$$

$= 23992{,}270726^s = 6{,}664519461^h = \mathbf{6^h\ 39^m\ 52{,}271^s}$.

7.5.3.   *Mittlere Ortssternzeit in Greenwich für beliebige Weltzeit UT*

Für diese Berechnung von Θ verwenden wir Formel 30. Sie verwendet das Ergebnis von Formel 28 und addiert die gewünschte Uhrzeit.

Θ_0 sei die Sternzeit für 0^h UT in Greenwich am Berechnungstag nach Formel 28, dann gilt:

Formel 30: Mittlere Ortssternzeit in Greenwich für UT

$$\Theta = \mathrm{MOD}\left(\left\{\Theta_0 + \frac{J-1}{J} \cdot UT\right\}, 24\right)$$
$$= \mathrm{MOD}\left(\left\{\Theta_0 + 1{,}00273790926 \cdot UT\right\}, 24\right)$$

darin bedeuten: Θ gesuchte Ortssternzeit von Greenwich für die Weltzeit UT,
                    $J = 365{,}242198781$d (Länge eines tropischen Jahres in Tagen),
                    UT dezimaler Zahlenwert der Weltzeit in Greenwich.
Der Faktor 1,00273790926 rechnet die Stunden von UT in Sternzeit um (siehe auch Formel 25).

7.6.   **Theoretische Grundlagen der Sternzeitberechnung**

7.6.1.   *Ermittlung der verschiedenen Terme der Formeln*

Die Sternzeit nach Formel 28 für Greenwich am **1.1.2000 0^h UT** beträgt:

$6{,}664519461^h = 6^h\ 39^m\ 52{,}271^s$, es genügt aber der auf 6 Kommastellen gerundete dezimale Wert:
$\Theta_0 = 6{,}664520^h$.

Diese Sternzeit ist der erste Term der folgenden Formel 31, die direkt aus Formel 28 hergeleitet wird. Dabei wird der Berechnungszeitraum vereinfacht, die mathematische Strenge bleibt dabei erhalten. Der Klammerausdruck (JD_0 - 2451544,5) ergibt nur ganze Tage.

Der zweite Term von Formel 31 ergibt sich aus dem zweiten Term der Formel 28:

$$\frac{8640184{,}812866^{s}}{3600} \cdot \frac{JD_0 + 2451544{,}5}{36525} = 0{,}0657098244191^{h} \cdot \left(JD_0 + 2451544{,}5\right).$$

Der Faktor im dritten Term ergibt sich aus $\boxed{\dfrac{J+1}{J} = 1{,}00273790926}$, wobei J die Länge eines tropischen Jahres ist.

Formel 31: Sternzeit in Greenwich aus JD_0 und Uhrzeit

$$\Theta = \mathrm{MOD}\left(\left\{6{,}664520^{h} + 0{,}0657098244^{h} \cdot \left(JD_0 - 2451544{,}5\right) + 1{,}00273790926 \cdot UT\right\}, 24\right)$$

wobei gelten:

UT	Zahlenwert in dezimalen Stunden für die Uhrzeit UT,
Θ	gesuchte Ortssternzeit von Greenwich für die Weltzeit UT,
JD_0	Julianisches Datum für 0^{h} UT,
$2451544{,}5$	Julianisches Datum für 1.01.2000 0^{h} UT.

Formel 31 kann für die praktische Berechnung weiter vereinfacht werden, ohne die mathematische Strenge zu verlieren. **Daraus lässt sich eine Formel herleiten, die ohne JD_0 auskommt.**

DATE sei das Kalenderdatum des Berechnungszeitpunkts, dann ist
$\Delta d = (\text{DATE} - 1.01.2000)$ die Differenz in vollen Tagen.
UT sei der dezimale Zahlenwert der Weltzeit in Greenwich für den Berechnungszeitpunkt.

Setzen wir in Formel 31 $(JD_0 - 2451544{,}5) = \Delta d$, dann gilt

Formel 32: Sternzeit in Greenwich aus Tagesdifferenz und Uhrzeit

$$\Theta = \mathrm{MOD}\left(\left\{6{,}664520^{h} + 0{,}0657098244^{h} \cdot \Delta d + 1{,}00273790926 \cdot UT\right\}, 24\right)$$

7.6.2. *Vergleich der Terme*

Während bei Formel 30 der Wert Θ_0 (nach *IAU*-Definition) eingesetzt wird, um die Sternzeit von Greenwich für einen beliebigen Berechnungszeitpunkt zu ermitteln, beruht die Formel 31 auf der Tatsache, dass sich die Erde in $J = \mathbf{365{,}242198781}$ **Tagen** ($J = 1$ tropisches Jahr) genau $(J + 1)$**-mal** um die eigene Achse dreht (siehe oben).

Die Erde dreht sich also an einem Sonnentag $(J + 1)/J = 1{,}00273790926496859$-mal um die eigene Achse, also um den Winkel $1{,}00273790926496859 \cdot 360° = 360{,}985647335388693°$.

Der Nachkommateil $\mathbf{0{,}985647335°}$ dieses Winkels ist zugleich auch die Winkeldifferenz, welche die Erde pro Tag auf einer genauen Kreisbahn um die Sonne zurücklegen würde.

Es ist die Winkelgeschwindigkeit der Erdrevolution in [°/d]), weil die Sternzeit in Greenwich um 0^{h} UT zugleich auch der Winkel ist, den die Linie Sonne-Erde (Erdposition bei mittlerer Sonne) mit der Linie Sonne-Frühlingspunkt bildet (siehe „Sternzeitwinkel" in Bild 26).

Die Differenz der Sternzeit in Greenwich zwischen zwei Kalendertagen (von 0^{h} UT bis zum nächsten Tag 0^{h} UT ist es 1 Sterntag = 1 d) beträgt $0{,}00273790926 \cdot 24$ (Sonnen-)Stunden = $0{,}0657098244^{h}$, also gilt:

$$\boxed{\frac{\Delta\Theta_0}{\mathrm{d}} = 0{,}0657098244^{h/d}}$$. Dies ist zugleich der Faktor im zweiten Term der Formel 31 und Formel 32.

Bei Kenntnis der Sternzeit Θ_{00} von Greenwich für einen bestimmten Tag um 0^{h} UT kann für ein beliebiges Kalenderdatum die Sternzeit Θ_{UT} von Greenwich aus der Zeitdifferenz Δd (in vollen Tagen) und der Uhrzeit UT nach der folgenden Beziehung berechnet werden:

Formel 33: Sternzeit für UT aus bekannter Sternzeit in Greenwich

$$\Theta_{UT} = \Theta_{00} + 0{,}0657098244 \cdot \Delta d + 1{,}00273790926 \cdot UT$$

In Formel 31 ist Θ_{00} = **6,664520^h**, das ist die Sternzeit in Greenwich für den Beginn des Berechnungszeitraums (**1.01.2000 0^h**). Der Term $\boxed{1{,}00273790926 \cdot UT = \dfrac{J+1}{J} \cdot UT}$ rechnet die Uhrzeit von Sonnenzeit in Sternzeit um.

7.6.3. *Mittlere Sternzeit für beliebigen Ort und beliebige Uhrzeit UT*

Mit der Winkeldifferenz zwischen dem Meridian eines Ortes zum Null-Meridian von Greenwich kann aus der Ortssternzeit Θ von Greenwich die **Ortssternzeit** θ eines beliebigen Ortes berechnet werden. Diese hängt nur über den Längengrad des Ortes mit der mittleren Sternzeit in Greenwich zusammen.

Um die Sternzeit eines Ortes mit der geografischen Länge λ zu erhalten, sind zur Sternzeit von Greenwich 4 Minuten pro Längengrad zu addieren.

Formel 34: Sternzeit für λ

$$\theta_\lambda = \Theta + \lambda \cdot \frac{1^h}{15°}$$

- θ_λ mittlere Ortssternzeit in Sternzeitstunden,
- Θ mittlere Greenwich-Sternzeit in Sternzeitstunden,
- λ geografische Länge des Beobachtungsortes.

7.6.4. *Umrechnung von MEZ in mittlere Ortssternzeit*

Tabelle 37: Manuelle Berechnung der Ortssternzeit aus MEZ

Berechnung	Berechnungsschema aus Lit.[15], Seite 31	Beispiel1	Beispiel2
Datum	Tag, Monat, Jahr	21.03.2002	21.09.2002
Längengrad λ	östl. positiv, westl. negativ	+11,5°	+11,5°
Berechnung: $\theta = MEZ$ -1^h + Δ_{korr} + Θ_0 + 60^m · λ/15° (siehe auch Formel 30)			
MEZ	amtliche Uhrzeit am Ort (Sonnenzeit) in MEZ	13^h	1^h
- 1h	Umrechnung in UT durch Abzug von 1^h/Zeitzone	- 1^h	-1^h
= *UT*	*UT* = Weltzeit in Sonnenzeit	12^h	0^h
+Δ_{korr}	Verwandlung der Sonnenzeit in Sternzeit $\Delta_{korr} = UT$ · **1/365,25**	1^{m}58^s	0
+ Θ_0	Sternzeit Θ_0 in Greenwich für Berechnungstag 0^h (berechnet, oder entnommen aus Tabellen oder Jahrbuch)	11^h 53^m 22^s	23^h 58^m 48^s
Summe =	in Greenwich	23^h 55^m 20^s	23^h 58^m 48^s
+ 60^m · λ/15°	Ortssternzeit aus Längengrad λ: 1° entspricht 4 Minuten, $\lambda > 0°$ östliche Länge; $\lambda < 0°$ westliche Länge; $\lambda = 0°$ Greenwich;	46^m	46^m
θ	Ortssternzeit für MEZ und λ gültig	0^h 41^m 20^s	0^h 44^m 48^s

7.6.5.   *Sternzeit in Greenwich in Grad für 12 Uhr UT*

In Lit. [18], Kapitel 11 (siehe auch Wikipedia-Artikel „Sternzeit"), wird zwar die Formel 28 angegeben, aber dann ein anderer Weg beschritten. Da die Sternzeit ein Winkel ist, ist die Angabe in Winkelgraden anschaulicher. Außerdem wird die Sternzeit Θ in Greenwich für 12^h definiert, um bei der Berechnung von T den oben erwähnten halben Tag zu eliminieren.

Wird die Formel 28 $\boxed{\Theta_0 = 24110{,}54841^s + 8640184{,}812866^s \cdot T + 0{,}093104^s \cdot T^2 - 0{,}0000062^s \cdot T^3}$ auf Grad umgestellt ($15°$ entsprechen $3600^s = 1^h$) und werden $180°$ für die Verschiebung um den halben Tag (von 0^h bis 12^h) addiert, so ergibt sich nach Formel 35 die Sternzeit in Greenwich für 12^h in Winkelgraden. Nun werden die einzelnen Terme für die Formel 35 aus der Formel 28 entwickelt:

Der erste Term ergibt sich aus

$$\boxed{24110{,}54841^s \cdot \frac{15°}{3600^s} + 180° = \mathbf{280{,}460618375°}}$$

Der Faktor des zweiten Terms ergibt sich aus dem zweiten Term der Formel 28:

$$\boxed{\left(8640184{,}812866^s \cdot \frac{15°}{3600^s} + 360° \cdot 36525\right) \cdot T = \mathbf{13185000{,}770053608333° \cdot T}}$$

Der dritte Term ergibt sich aus:

$$\boxed{0{,}093104^s \cdot \frac{15°}{3600^s} \cdot T = 0{,}0003879333° \cdot T = \left(\frac{1}{2577{,}7625}\right)° \cdot T}$$

Der letzte Term ergibt sich aus

$$\boxed{-0{,}0000062^s \cdot \frac{15°}{3600^s} T = -\left(\frac{1}{38709677{,}4193}\right)° \cdot T}.$$

Diese Terme werden nun, entsprechend gerundet, zur Formel 35 vereinigt:

Formel 35: Sternzeit in Greenwich in Grad für T

$$\boxed{\theta_0 = 280{,}460618375 + 13185000{,}77 \cdot T + \frac{T^2}{2577{,}7625} - \frac{T^3}{38709677} \quad \text{in Grad}}$$

darin gelten:

θ_0 Sternzeit in Greenwich für Weltzeit UT, der Index 0 deutet auf den Längengrad $\lambda = 0°$ hin.

$T = \dfrac{JD - 2451545}{36525}$, Julianische Jahrhunderte seit **1. Januar 2000, 12^h** (J2000 Äquinoktium).

JD Julianisches Datum für den Berechnungszeitpunkt (entspricht Weltzeit UTC).

Ein negativer Winkel θ_0 muss durch Addition von $\boxed{n \cdot 360°}$ in den positiven Bereich gebracht werden. Dann muss der Winkel noch durch die Modulo-Funktion auf den Hauptwert $0° \ldots 360°$ gebracht werden. Formel 35 ist auch im WIKIPEDIA-Artikel „Sternzeit" (Stand: 09.08.2010) zu finden.

7.6.6. *Sternzeit für Standpunkt des Beobachters*

Aus dem Ergebnis θ_0 der Formel 35 ergibt sich durch einfache Rechnung die Sternzeit θ_λ am **Standpunkt des Beobachters**:

Formel 36: Sternzeit in Grad für Standpunkt des Beobachters

$$\boxed{\theta_\lambda = \theta_0 + \lambda}$$

wobei λ die geographische Länge am Ort des Beobachters ist:

$\lambda > 0°$ östliche Länge;

$\lambda < 0°$ westliche Länge;

$\lambda = 0°$ Greenwich.

Bei Bedarf kann der Winkel θ_λ in das Zeitmaß „Sternzeitstunden" umgerechnet werden.

Beispiel:

Für $T = 0$ (= 1.1.2000, 12^h) und $\lambda = 0$ (Greenwich) ergibt sich die Sternzeit:

$$280{,}46061837° = 18{,}6973745581^h = 18^h\,41^m\,50{,}548409^s.$$

7.7. Sternzeit und Navigation

Kenntnisse in Navigation gehören heute im Flugwesen und in der Schifffahrt immer noch zu Grundlagen, die ein Kapitän beherrschen muss. Modere Funknavigation nimmt zwar dem Kapitän die Rechenarbeit ab, aber bei Ausfall dieser Systeme muss er in der Lage sein, sich grob zu orientieren.

In sternklaren Nächten konnten die Seefahrer früherer Jahrhunderte nach den Sternen navigieren.

7.7.1. *Breitengrad*

Schon zu Kolumbus' Zeiten wussten die Seefahrer, dass auf der Nordhalbkugel die Polhöhe, also der Winkel, den die Richtung zum Polarstern mit der Waagrechten einschließt, mit der geografischen Breite identisch ist. Sie haben die Polhöhe gemessen und hatten den Breitengrad.

Der Himmelspol des südlichen Sternenhimmels ist nicht so markant durch Sterne belegt, aber auch hier wussten die Seefahrer genau, wo er zu suchen war.

7.7.2. *Längengrad*

Die Feststellung des Längengrads war früher auf See nicht einfach. Dazu waren Uhren erforderlich, die immer Weltzeit zeigen mussten. Die Formeln, mit denen für Datum und Uhrzeit die Sternzeit θ_0 in Greenwich berechnet werden konnte, waren damals den Astronomen und auch den Seefahrern bekannt.

Um genaue Werte zu erhalten, mussten sie die Berechnungen der Sternzeit auf Papier durchführen, denn Rechenmaschinen gab es damals noch nicht. Zur groben Ermittlung der Sternzeit genügten auch Näherungsformeln und drehbare Sternkarten.

Mit einem genauen Winkelmessgerät wurde zu einer bestimmten Uhrzeit UT der Stundenwinkel (siehe auch 16.7.2 auf Seite 171) zwischen dem Meridian (Südrichtung) und einem bekannten Stern gemessen, von dem die Rektaszension bekannt war. Da Stundenwinkel und Rektaszension über die Sternzeit miteinander gekoppelt sind, konnte aus beiden Werten die eigene Sternzeit ermittelt werden.

War die Sternzeit θ_0 in Greenwich durch Berechnung nach einer Formel und die eigene Sternzeit θ_λ durch Messung bekannt, so konnte durch eine einfache Subtraktion der Längengrad λ des eigenen Standorts berechnet werden:

Formel 37: Längengrad aus Sternzeit

$$\boxed{\lambda = \theta_\lambda - \theta_0}$$

Der Kapitän eines Schiffes berechnete aus dem zu einer bestimmten Uhrzeit gemessenen Stundenwinkel und der bekannten Rektaszension des angepeilten Sterns die lokale Sternzeit für den eigenen Meridian und damit für die Position seines Schiffes.

Anschließend berechnete er für dieselbe Uhrzeit die Sternzeit in Greenwich, setzte beide Sternzeiten in die Formel 37 ein und erhielt den Längengrad seiner Position.

Genaue Uhren zur Anzeige der Uhrzeit UT gab es damals nicht. Erst nach Erfindung der Taschenuhr wurden im Laufe der Zeit genauere Uhren möglich (Schiffs-Chronometer), mit denen die Längengrad-Navigation auch genauer wurde. Auf einem Schiff wurden immer mehrere Chronometer mitgeführt, die miteinander verglichen wurden. Auf diese Weise konnte man Uhrzeitabweichungen feststellen.

Da eine Abweichung einer Uhr von einer halben Minute ($\pm 0{,}5^{m}$) in der Längengradbestimmung $\pm^{1}/_{8}°$ entspricht, tritt dabei eine Ortsabweichung auf dem Äquator von etwa ± 14 km oder $\pm 7{,}5$ Seemeilen auf.

Ein Ausguck auf einem Schiffsmast müsste sich in 16 m Höhe über dem Wasserspiegel befinden, um diese Ortsabweichung bei schönem Wetter auf der Meeresoberfläche überblicken zu können (siehe Kapitel 14 auf Seite 147).

Heute spielt die Navigation nach den Sternen kaum mehr eine Rolle. Moderne Funkmessverfahren und Satellitennavigation (GPS-Verfahren) haben die alten Methoden abgelöst.

8. Global Positioning System (GPS)

8.1. Prinzip

Das amerikanische *Global Positioning System (GPS)* besteht aus 24 gleichzeitig um die Erde kreisenden Satelliten. Jeder dieser Satelliten kennt zu jeder Sekunde seine eigene genaue Position in Bezug auf das Koordinatensystem der Erde und sendet diese Koordinaten in einer bestimmten Codierung aus. Von jeder Stelle der Erde aus sind die Signale von 4 Satelliten gleichzeitig empfangbar.

8.2. Bezugssystem (Referenzellipsoid)

Das GPS-System ist auf das Referenzellipsoid des Erdkörpers bezogen. Es gibt verschiedene **Bezugssysteme**:

Das *World Geodetic System 1984* (*WGS84*) ist auf das Referenzellipsoid bezogen und geht vom Erdmittelpunkt aus. Es bezieht sich auf die Halbachsen $a = 6378137{,}000$ m (Radius am Äquator) und $b = 6356752{,}314$ m (Radius in der Erdachse). Die Halbachsen anderer Bezugssysteme haben abweichende Maße.

Das System *European 1979 - Central Regional Mean - International (Eu 1979, CRM Int.)* arbeitet mit $a = 6378388{,}000$ m, $b = 6356911{,}946$ m und mit einem Koordinatenversatz am Erdmittelpunkt von $dx = -86$ m, $dy = 98$ m und $dz = -119$ m.

Die Unterschiede in den Systemen berücksichtigen die Massenverteilung in der Erdrinde, welche die Größe und Richtung der Schwerkraft örtlich beeinflusst. Die einzelnen Systeme sind nur für bestimmte Gegenden auf der Erdoberfläche genau. In Europa bringen das *Eu 1979, CRM Int.* und teilweise auch das *WGS84* die besten Ergebnisse.

8.3. Geografische Koordinaten

Empfängt ein GPS-Empfänger auf der Erde die Codierungen von mindestens drei Satelliten, dann kann er daraus seine eigene Position in seinem Bezugssystem auf wenige Meter genau bestimmen. Meist gibt der Empfänger die eigene Position im Längengrad-Breitengrad-System der Erde auf seinem Bildschirm aus. Sendet das GPS-Gerät seinerseits seine GPS-Position auf seiner eigenen Funkfrequenz wieder aus, so kann eine Empfangsstation feststellen, wo sich dieser Sender gerade befindet.

9. Optische Einflüsse bei Himmelsbeobachtungen

Die Himmelskörper befinden sich nicht dort, wo sie für den Beobachter zu sehen sind. Der scheinbare und der wirkliche Ort unterscheiden sich durch Winkelabweichungen. Nachfolgend wird beschrieben, wie die beobachteten Positionen korrigiert werden müssen, bevor die Werte in Berechnungen verwendet werden können.

9.1. Refraktion

(Siehe auch [14], Jahrbuch 2011, Seite 91)

Wenn der von einem Himmelskörper kommende Lichtstrahl (= elektromagnetische Welle) beim Beobachter ankommt, hat er viele Luftschichten mit unterschiedlichen physikalischen Eigenschaften durchlaufen und wurde dabei abgelenkt. Diese Verfälschung der Beobachtungsrichtung, *Refraktion* genannt, muss analysiert und die echten geometrischen Koordinaten des Himmelskörpers bestimmt werden, so als gäbe es die Lufthülle der Erde nicht.

Refraktion ist die atmosphärische Strahlenbrechung (von lat.: **refringere** = *brechen*). Sie hängt mit den optischen Eigenschaften der Lufthülle (Atmosphäre) zusammen, durch die hindurch beobachtet werden muss. Der Mensch beobachtet die Himmelskörper gleichsam vom Grund des Luftmeeres (= Lufthülle) aus durch eine dicke Luftschicht hindurch. Der Brechungsindex der Lufthülle wird durch die Luftdichte bestimmt. Die Lufthülle der Erde hat an der Erdoberfläche die größte Dichte. Die Dichte nimmt nach oben hin mit dem Luftdruck ab und wird ab einer Höhe von etwa 50 km unbedeutend. Die Schicht vom Erdboden bis etwa H = 50 km enthält 99,9% der Gesamtmasse der Lufthülle.

Bild 29: Grafische Darstellung der Refraktion

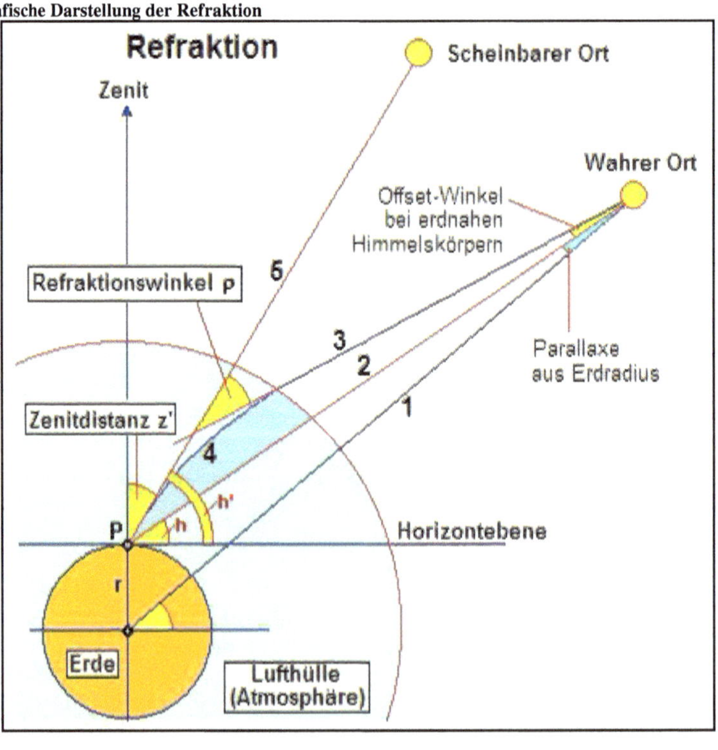

Damit die wesentlichen Zusammenhänge sichtbar werden sind in Bild 29 die Winkel übertrieben groß gezeichnet und auch die Lufthülle ist im Verhältnis zum Erddurchmesser zu dick gezeichnet.

Das einfallende Licht eines Himmelskörpers wird an den Luftschichten gebrochen. Der Lichtstrahl läuft außerhalb der Lufthülle in einer geraden Bahn (Linie 3) und innerhalb der Lufthülle in einer gekrümmten Bahn (Linie 4), bis er am Boden beim Beobachter ankommt (Punkt **P**).

Dem Beobachter erscheint der Himmelskörper höher (Linie 5), als er in Wirklichkeit (Linie 2) steht. Je näher am Horizont der Himmelskörper steht, desto größer ist die Strahlkrümmung.

9.1.1. Barometrische Höhenformel

Der Luftdruck und damit die Luftdichte nimmt mit der Höhe der Luftschicht logarithmisch ab. Dieser Zusammenhang wird durch die **barometrische Höhenformel** beschrieben. Diese ist in den Physik-Lehrbüchern in drei verschiedenen Formen angegeben, die mathematisch ineinander übergeführt werden können.

Formel 38: Barometrische Höhenformel

$$(1) \quad p = p_0 \cdot e^{-\left(\frac{\rho_0 \cdot g \cdot T_0 \cdot (H - H_0)}{p_0 \cdot T}\right)}$$

$$(2) \quad p = p_0 \cdot e^{-\left(\frac{H - H_0}{R \cdot T}\right)}$$

$$(3) \quad p = p_0 \cdot 10^{-\left(\frac{T_0 \cdot (H - H_0)}{T \cdot B}\right)}$$

Es gelten:

H_0 = 0 m über dem Meeresspiegel (= Normal-Null = NN),

H = geodätische Höhe am Beobachtungspunkt ([m] ü. NN),

p = Luftdruck in [hPa] in der Höhe H in [m],

p_0 = **1013,25 hPa** (Hektopascal = mbar) ist der Normaldruck bei H_0 = 0 m ü. NN,

e = **2,71828182846** = Basis der natürlichen Logarithmen,

ρ_0 = **1,293 kg/m³** Luftdichte am Boden bei H_0 = 0 m,

g = **9,809665 m/s²** Fallbeschleunigung (ändert sich mit der geografischen Breite),

T_0 = **273,16 K** (in Kelvin! 0°C = **273,16 K**),

T = absolute Temperatur der Luft in [K] am Beobachtungspunkt,

R ≈ **29,27 m/K** aus mehreren Konstanten zusammengefasster gerundeter Wert,

B = **18398 m** ist die Höhe, bei der der Luftdruck bei 0 °C auf ein Zehntel abgesunken ist.

$$R = \frac{p_0}{\rho_0 \cdot g \cdot T_0} = \frac{1013{,}25\,[\text{hPa}]}{1{,}293\,[\text{kg/m}^3] \cdot 9{,}80665\,[\text{m/s}^2] \cdot 273\,[\text{K}]}$$

$$= \frac{101325\,[\text{N/m}^2]}{(1{,}293 \cdot 9{,}80665)\,[\text{N/m}^3] \cdot 273\,[\text{K}]} \approx \mathbf{29{,}27\,[\text{m/K}]}$$

Zusammenhang zwischen R und B:

$$R = \frac{B}{T_0 \cdot \ln 10} = \frac{18398}{273 \cdot 2{,}3025851} \approx \mathbf{29{,}27}$$

9.1.2. Anwendung der Formel

In der Höhe H = **B** = 18398 m (**B** = Barometerkonstante) beträgt der Luftdruck nur mehr ein Zehntel des am Boden gültigen Wertes. Die Luftdruckabnahme mit der Höhe ist eine logarithmische Funktion, deren Werte mit zunehmender Höhe H abnehmen, deshalb ist der Exponent negativ. Auch die Temperatur spielt eine Rolle, wärmere Luft wiegt weniger (hat geringere Dichte). Beides ist in der Barometrischen Höhenformel berücksichtigt.

Allerdings geht diese Formel von einer einheitlichen Temperatur innerhalb der gesamten Luftsäule („Normalatmosphäre") aus. In Wirklichkeit ändert sich die vertikale Temperatur- und Feuchtigkeitsverteilung der Luft von Tag zu Tag und von Ort zu Ort. Dennoch liefert diese „Normalatmosphäre" einen ausreichenden Hinweis auf die im Durchschnitt zu erwartende Druckabnahme mit der Höhe.

Die barometrische Höhenformel liefert nur einen ungefähren Wert für den Luftdruck, weil die Parameter gerundete Werte enthalten. Die Meteorologen rechnen wesentlich genauer und berücksichtigen noch andere Einflüsse, die auf den Luftdruck wirken. Dies ist jedoch für Amateurastronomen nicht von Belang.

9.1.3. *Refraktionswert aus Höhenwinkel, Temperatur und Luftdruck*

Für den Beobachter auf der Erde ist der **wahre Horizont** (Horizontebene = Tangentialebene an die Erdkugel am Beobachtungspunkt **P**) von Bedeutung. Die Beobachtungen spielen sich über dieser Ebene ab.

Falls sich der Beobachter auf einem Berg oder Turm befindet, können auch der scheinbare Horizont und die Sichtweite von Bedeutung sein.

Der Beobachter sieht den Himmelskörper in einem Winkel h' zur Horizontebene. Er kann auch die **scheinbare Zenitdistanz** z' angeben. In Wirklichkeit steht der Himmelskörper in einem Winkel h über dem Horizont. Die Differenz beider Winkel ist der **Refraktionswinkel** ρ oder die **Refraktion**. Für sehr weit entfernte Objekte (Sterne) sind die Linien 1, 2 und 3 in Bild 29 als parallel anzunehmen, sodass $\rho = h' - h$ gelten kann. Für nähere Objekte muss die Geometrie, die in Bild 29 dargestellt ist, berücksichtigt werden.

Folgende zwei Formeln für die Abhängigkeit der Refraktion von der scheinbaren Zenitdistanz stammen aus Lit. [19], Seite 17:

Formel 39: Abhängigkeit der Refraktion von z'

$$\rho = \frac{p}{273+T} \cdot \left[3{,}430289 \cdot \left(z' - \mathbf{arcsin}[0{,}9986047 \cdot \mathbf{sin}(0{,}9967614 \cdot z')] \right) - 0{,}01115929 \cdot z' \right]$$

Formel 40: Näherungsformel für Refraktion

$$\rho = \frac{1'}{\tan(h')} \quad \text{für } h' > 5°$$

Für Formel 39 und Formel 40 gelten:

h = geometrischer Höhenwinkel in dezimalen Grad (°),
h' = scheinbarer Höhenwinkel in dezimalen Grad (°),
z' = scheinbare Zenitdistanz $z' = 90° - h'$ in dezimalen Grad (°),
T = Temperatur am Boden in [°C] (hier nicht in Kelvin!),
p = Luftdruck in [hPa] = [mbar] am Beobachtungsort,
ρ = Refraktion in dezimalen Bogenminuten, z.B.: 1,49' = 1' 29,4".

Beispiel:

h' = 40,00°,
z' = 90,00° - 40,00° = 50,00°,
T = 0°C,
p = 1013,25 hPa.

Nach Formel 39 ergibt sich: ρ = 1,19328' = 1' + 0,19328 · 60" = 1'12".
Nach Näherungsformel Formel 40 ergibt sich: ρ = 1,1917536' = 1' + 0,1917536 · 60" = 1'11,50".

9.1.4.   Normalrefraktionswerte

Tabelle 38: Normalrefraktion als Funktion von *h'*

h'	ρ_0	h'	ρ_0
0°	36'36"	40°	1'12"
1°	25'37"	45°	1'00"
2°	19'07"	50°	0'50"
3°	14'59"	60°	0'35"
5°	10'15"	70°	0'22"
10°	5'30"	80°	0'11"
20°	2'44"	85°	0'05"
30°	1'44"	90°	0'00"

Mit obiger Formel 39 können die Werte der Tabelle 38 berechnet werden. Die Tabelle enthält Werte für die mittlere Refraktion, die auch in Lit. [15] bzw. in Lit. [19] zu finden sind. Die mittlere Refraktion ρ_0 gilt bei 0°C und 1013,25 hPa Luftdruck. Die Tabellenwerte können mit Formel 41 für andere Luftdruck- und Temperaturwerte umgerechnet werden.

Die Gradangaben für *h'* in der Tabelle sind Winkelgrade (keine Temperaturgrade!).

9.1.5.   Refraktion in Abhängigkeit von Luftdruck und Temperatur

Mit abnehmender Temperatur und steigendem Luftdruck wird die Luft dichter und damit die Refraktion größer. Folgende Formel 41 stammt aus Lit. [15], Seite 55, und zeigt die Abhängigkeit der Refraktion von der Veränderung von Temperatur und Luftdruck.

Die Refraktion r_0 (Normalrefraktion) muss dabei bekannt sein. Sie wird für 0°C und für den Luftdruck von 1013,25 hPa aus Tabelle 38 entnommen oder über Formel 39 oder Näherungsformel Formel 40 berechnet.

Formel 41: Refraktionsänderung infolge von *p* und *T*

$$\rho = \rho_0 \cdot \frac{\dfrac{p}{1013}}{1 + \dfrac{T}{273}}$$

Hierfür gelten:

ρ_0 = mittlere Refraktion bei $T = 0$°C und $p = 760$ mm Hg (= 1013,25 hPa),
ρ = Refraktion bei Luftdruck *p* und Temperatur *T*
p = Druck in hPa,
T = Temperatur in °C (hier nicht in Kelvin!)

9.1.6.   Berücksichtigung der Refraktion

Für die meisten Amateurastronomen ist bei ihren groben Beobachtungen und Winkeleinstellungen die Refraktion in der Größenordnung von weniger als einem halben Grad vorerst unbedeutend, sodass sie in diesen Fällen vernachlässigt werden kann. Erfahrene Amateure berücksichtigen jedoch bei genauen Ortsbestimmungen die Refraktion.

Der Einfluss der **Refraktion** auf waagrechte Sichtlinien und bei bodennahen Beobachtungen von Objekten auf der Erde wird im Kapitel 14 ab Seite 147 abgehandelt.

9.2.   Extinktion

(Quelle: Lit. [14], Jahrbuch 2011, ab Seite 56).

Die Abschwächung des Lichts eines Himmelskörpers wird als **Extinktion** (von lat.: **exting[u]ere =** *auslöschen*) bezeichnet. Sie hängt von der Wellenlänge des Lichts, vom Höhenwinkel des Himmelskörpers (Zenitdistanz) und der Durchsichtigkeit der Luftschichten (Dunst) ab. Sie bewirkt auch eine Farbänderung des Lichts, weil kurzwelliges (blaues) Licht stärker abgeschwächt wird als langwelliges (rotes). Morgenröte und Abendröte sind eine Folge der Extinktion, weil bei niedrig stehender Sonne der Weg des Lichts durch die Atmosphäre wesentlich länger als bei höherem Sonnenstand ist und dabei die blauen Anteile des Sonnenlichts fast ganz ausgelöscht werden. Die Extinktion wirkt mit der Refraktion zusammen. Beim Maß wird zwischen absoluter und mittlerer relativer Extinktion unterschieden. Die absoluten Extinktionswerte geben an, wieviel Licht tatsächlich von der Lufthülle verschluckt wird, während die mittleren relativen Werte die Helligkeitsunterschiede zwischen einem Stern in Zenitposition und demselben Stern in kleinerer oder größerer Zenitdistanz angeben (Extinktionsrate). Die tatsächliche Extinktionsrate kann erheblich schwanken, abhängig vom Zustand der Atmosphäre.

Tabelle 39: Mittlere relative Extinktion (magnitudo)

Höhe	Abnahme	Höhe	Abnahme	Höhe	Abnahme
0°	$\approx 5^{m}$	20°	$0{,}45^{m}$	60°	$0{,}03^{m}$
3°	$2{,}61^{m}$	30°	$0{,}23^{m}$	70°	$0{,}01^{m}$
5°	$1{,}77^{m}$	40°	$0{,}12^{m}$	80°	0
10°	$0{,}99^{m}$	50°	$0{,}06^{m}$	90°	0

Die Werte der mittleren relativen Extinktion sind in Tabelle 39 zusammengestellt, sie stammen aus Lit. [14], Jahrbuch 2011, Seite 58 und aus Lit. [15], dort Seite 55.

Sie werden in der **Maßeinheit „magnitudo"** (^{m}) (von lat.: **magnitudo** = *Größe*) der scheinbaren Sternhelligkeiten gemessen.

Bei einem Winkel von 0° (Himmelskörper am Horizont) beträgt die Extinktion (Abnahme der Helligkeit) $\approx 5^{m}$. Bei 3° beträgt sie $2{,}61^{m}$, und bei 50° nur mehr $0{,}06^{m}$. Die theoretischen Grundlagen der Sternhelligkeiten sind in Lit. [15] auf den Seiten 28, 100 und 101 und in [19] auf Seite 111 erläutert. Die angegebenen Werte sind zu den wirklichen Sternhelligkeiten zu addieren, um die Helligkeit bei einem bestimmten Winkel zu erhalten.

Beispiel:
Wenn die Venus (scheinbare Helligkeit von etwa -4^{m}) am Horizont steht, wird das Licht auf 1/100 abgeschwächt, sie hat dann nur noch eine Helligkeit von $-4^{m} + 5^{m} = 1^{m}$. Hat sie dagegen eine Deklination von 25° und ist es nicht gerade heller Tag, so sehen wir sie in einer geografischen Breite von 50° in einem Winkel von etwa 90° - 25° = 65°. Die Extinktion beträgt dann nur noch $0{,}02^{m}$, sodass wir sie in voller Pracht mit etwa $-3{,}98^{m}$ sehen.

9.3.   Szintillation

Die zu beobachtenden kurzzeitigen (scheinbaren) Helligkeits- und Positionsänderungen von Sternen und Planeten, **Szintillation** genannt (von lat.: **scintillare** = *funkeln*), werden durch Turbulenzen in der Atmosphäre verursacht. Diese Luftunruhe kann in warmen Sommernächten über bewohntem Gebiet z. B. die Beobachtung des Saturns so beeinträchtigen, dass dieser wie ein Leuchtkäfer in der Luft tänzelt und sein Ring wie ein im Wind flatterndes ringförmiges Papierband aussieht. Genaue Messungen von Winkeln und Winkeldifferenzen sind dabei nicht mehr möglich.

Eine zu große Szintillation wird am besten vermieden, wenn der Beobachtungsort sorgfältig ausgewählt wird. Dankbare Beobachtungsorte liegen abseits von Wohngebieten in flachem Gelände oder in Waldflächen. Auch auf Bergen oder Hügeln ist meist eine ungestörte Beobachtung möglich, wenn es dort keine wetterbedingten Aufwinde und keine temperaturbedingten Luftunruhen gibt.

9.4.   Aberration

Der Beobachter ist gegenüber dem Weltall nicht unbeweglich, sondern bewegt sich mit der Erde, auf der er lebt, mit 29,77 km/s um die Sonne. Die Sonne wiederum bewegt sich mit ihren Planeten in unserer Galaxie (Milchstraße) mit etwa 20 km/s auf einen Punkt im All (Apex) zu.

Die Beobachtungsrichtung zu einem Himmelskörper ist unterschiedlich, je nachdem, ob der Beobachter sich im Januar mit der Erde bei einer Geschwindigkeit von 29,77 km/s (= 0,01% der Lichtgeschwindigkeit) bei Blick auf den Himmelskörper nach links oder im Juli mit fast derselben Geschwindigkeit nach rechts bewegt. Diese Winkelabweichung der Beobachtungsrichtung heißt **Aberration** (von lat.: **aberrare** = *abirren, abschweifen*); sie hängt davon ab, wie schnell sich der Beobachtungsort relativ zum beobachteten Himmelskörper bewegt.

Bild 30: Aberration

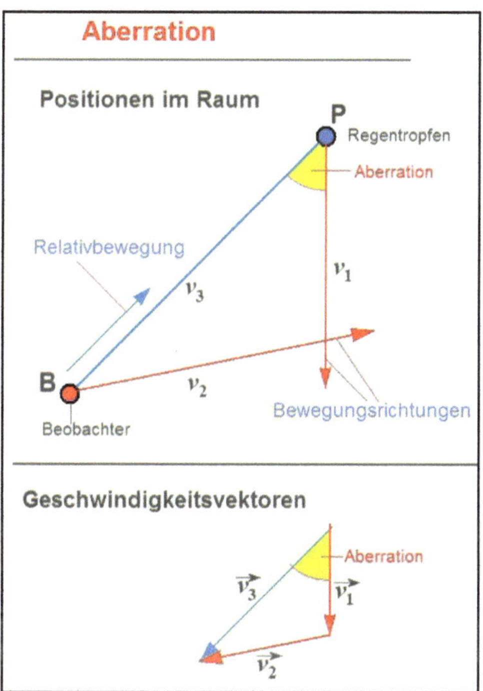

Die Aberration ist nicht von der Atmosphäre und nicht von irgendwelchen Entfernungen, aber von Geschwindigkeiten (endliche Lichtgeschwindigkeit und Umlaufgeschwindigkeit der Erde um die Sonne) abhängig.

Näheres zum Thema Aberration ist in Lit. [15] und Lit. [20] nachzulesen. Die Formeln zur Berechnung der Aberration sind in Lit. [19] auf Seite 30 bis 32 zu finden, sie werden hier nicht wiedergegeben.

Die Aberration wird am deutlichsten sichtbar bei fallenden Regentropfen. Die senkrecht fallenden Tropfen (bei Windstille) kommen auf einen sich bewegenden Beobachter zu bzw. entfernen sich auf seiner Rückseite von ihm. Der Winkel hängt von den Geschwindigkeiten ab, mit denen sich Tropfen und Beobachter aufeinander zu oder voneinander weg (Relativgeschwindigkeit) bewegen. Beim Blick aus einem fahrenden Zug oder durch das Seitenfenster eines Autos ist der Winkel bei Regen deutlich zu sehen.

Bild 30 stellt die Geschwindigkeiten mit Vektoren dar. $\vec{v}_1$, $\vec{v}_2$ und $\vec{v}_3$ sind die Vektoren in Richtung der Geschwindigkeiten v_1, v_2 und v_3, wobei für die Beträge der Vektoren gilt: $\left|\vec{v}_1\right| = v_1$, $\left|\vec{v}_2\right| = v_2$, $\left|\vec{v}_3\right| = v_3$. Das obere Teilbild von Bild 30 zeigt die Position **P** des Regentropfens in Relation zum Beobachter **B,** beide bewegen sich aufeinander zu.

Die schräge Linie ist der momentane Abstand zwischen **B** und **P,** der immer kleiner wird (Relativbewegung). Der Winkel dieser Linie wird durch die Geschwindigkeitsvektoren $\vec{v}_1$ und $\vec{v}_2$ bestimmt (siehe unteres Teilbild). Der Vektor $\vec{v}_2$ hat die Richtung zum Beobachter **B** hin, weil dieser als ruhend und der Punkt **P** auf ihn zukommend betrachtet wird.

Die Geschwindigkeit v_3 der Relativbewegung zwischen **B** und **P** ist der Betrag der Vektorsumme: $\left|\vec{v}_1 + \vec{v}_2\right| = \left|\vec{v}_3\right|$. Bei geringen Geschwindigkeiten trifft diese geometrische Betrachtung genau zu.

Relativistische Effekte bei der Aberration

Bei Lichtgeschwindigkeit ist die Aberration anders zu bewerten als bei niedrigen Geschwindigkeiten. Wenn eine der beiden Geschwindigkeiten die Lichtgeschwindigkeit ist, z. B. v_1, dann kann der Betrag $\left|\vec{v}_3\right|$ des Summenvektors $\vec{v}_3$ nicht größer als die Lichtgeschwindigkeit **c** sein, wie *Albert Einstein* (spezielle Relativitätstheorie) bewiesen hat. Also muss auch $\left|\vec{v}_3\right| = $ **c** sein. $\vec{v}_1$ und $\vec{v}_3$ sind dann die Schenkel eines gleichschenkeligen Dreiecks und $\vec{v}_2$ ist dessen Basis.

Dass die Lichtgeschwindigkeit zwischen dem sich bewegenden Beobachter und dem beobachteten Objekt den Wert **c** nicht überschreiten kann, obwohl sich aus der mathematischen Vektorsumme der beteiligten Geschwindigkeiten ein größerer Wert ergibt, ist der Grund, warum in astronomischen Lehrbüchern bei der Aberration von „relativistischen Effekten" die Rede ist.

Für die Amateurastronomen spielt die Größenordnung dieser Effekte aber kaum eine Rolle, weil die Geschwindigkeit der Erde ($v_2 = $ **29,77 km/s**) im Verhältnis zur Lichtgeschwindigkeit (**c = 299792,458 km/s**) sehr klein (< 0,01 %) ist. Das oben erwähnte gleichschenkelige Dreieck kann näherungsweise als Kreissektor mit Radius $v_1 = v_3 = $ **c = 299792,458 km/s** und einer Bogenlänge $v_2 = $ **29,77 km/s** berechnet werden. Der Zentriwinkel $\varDelta\alpha$ (= Aberration) dieses Kreissektors beträgt dann im Bogenmaß

$$\varDelta\alpha = \frac{29{,}77\ \text{km/s}}{299792{,}458\ \text{km/s}} = \mathbf{0{,}00009930203\ rad}\ ,$$

dies entspricht $\varDelta\alpha = $ **20,4825"** (Bogensekunden). Dieser Wert gilt bei der Bewegung des Beobachters auf der Bahn der Erde um die Sonne, wenn seine Blickrichtung rechtwinklig zur Erdbahn verläuft. In den Aberrationsformeln ist dieser Wert als Faktor zu finden.

Bei Näherungsberechnungen oder bei groben Winkelmessungen im Bereich von Bogenminuten kann die Aberration ganz vernachlässigt werden. Bei höheren Anforderungen an die Genauigkeit muss die Aberration aber berücksichtigt werden

Hinweis:

Relativistische Effekte aus der Ablenkung von Licht durch Schwerefelder von Galaxien und schwarzen Löchern braucht der Amateurastronom, der Himmelsmechanik im eigenen Sonnensystem betreibt, nicht zu berücksichtigen.

9.5.   Lichtlaufzeit

Bei weiter entfernten Objekten macht sich die Lichtlaufzeit vom Objekt zum Beobachter bemerkbar, die vom Abstand zwischen den beiden abhängig ist. Die Lichtlaufzeit hängt von der Lichtgeschwindigkeit ab und beträgt im Mittel auf der Strecke von der Sonne zur Erde 499 Sekunden (= $8^{\text{m}}\ 19^{\text{s}}$), vom Jupiter zur Erde 42 ± 8 Minuten und vom Saturn zur Erde 77 ± 8 Minuten).

Bei + 8 Minuten stehen Jupiter und Saturn in Opposition (von uns aus gesehen auf der anderen Seite der Sonne) und -8 Minuten gilt, wenn sie vor der Sonne auf unserer Seite stehen (Konjunktion).

Während der Laufzeit des Lichtstrahls bewegt sich das Objekt weiter. Wenn der Lichtstrahl beim Beobachter ankommt, steht das Objekt in Wirklichkeit nicht mehr an dem Ort, wo es der Beobachter gesehen hat. Diese Positionsverschiebung infolge der Lichtlaufzeit muss bei der Berechnung berücksichtigt werden.

Bild 31: Lichtlaufzeit

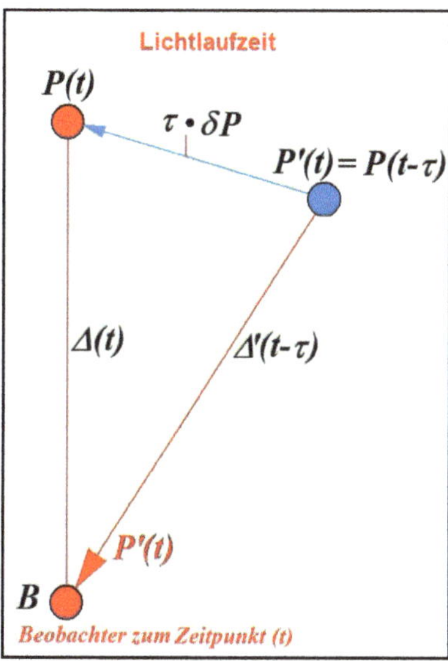

9.5.1.   Formeln

In erster und meist ausreichender Näherung ist die Lichtlaufzeit τ mit Formel 42 (Zeit = Abstand geteilt durch Lichtgeschwindigkeit) zu berechnen, wobei $\Delta(t)$ der Abstand des Objekts vom Beobachter zur Zeit t und c die Lichtgeschwindigkeit ist.

Formel 42: Lichtlaufzeit

$$\tau = \frac{\Delta(t)}{c}$$

c = 299792,458 km/s = 25902068371,2 km/d = 173,144633484 AE/d, wobei **1 AE** = 149597870 km.

Der Wert τ_{AE} = **0,00577551830443 d/AE** = 499,00478 Sekunden/AE ist die zum Durchlaufen einer AE nötige Lichtlaufzeit.

Bild 31 zeigt den geometrischen Zusammenhang. Bei Vernachlässigung der Krümmung der Umlaufbahn des Objekts gilt:

Formel 43: Positionsberechnung eines beobachteten Objekts

$$P'(t) = P(t - \tau) = P(t) - \tau \cdot \delta P$$

- τ ist die Lichtlaufzeit in Tagesbruchteilen, wobei
  1 s = $^1/_{86400}$d = 0,0000115740740741d.
- **$P'(t)$** ist die scheinbare Position (Koordinaten) des Objekts zum Zeitpunkt t.
- **$P(t)$** ist die tatsächliche Position (Koordinaten) des Objekts zum Zeitpunkt t.
- c ist die Lichtgeschwindigkeit

- $\Delta(t)$ ist der Abstand des Objekts von der Erde in [AE] oder in [km] zum Zeitpunkt t,
- $\Delta'(t - \tau)$ ist der Abstand des Objekts von der Erde in [AE] oder in [km] zum Zeitpunkt $(t - \tau)$.
- δP ist die Geschwindigkeit (**tägliche Änderung** der geometrischen Position) des Objekts in [AE/d] oder in [km/d].

> **Ziel der Berechnung:**
> Die heliozentrische (geometrische) Position P eines Objekts wird für den Zeitpunkt $(t - \tau)$ seiner Lichtaussendung berechnet: $P'(t) = P(t - \tau)$.

9.5.2.   Erläuterung

Der Beobachter (Bild 31) sieht das Objekt P zum Zeitpunkt t an der Position $P'(t)$, wo es zum Zeitpunkt $(t - \tau)$ der Lichtaussendung war: $P'(t) = P(t - \tau)$.

Die wahre geometrische Position des bewegten Objekts P zum Zeitpunkt t des beim Beobachter ankommenden Lichts des Objekts ist seit dem Zeitpunkt $(t - \tau)$ der Lichtaussendung entsprechend weiter fortgeschritten. Deshalb muss die während der Lichtlaufzeit τ erfolgte Bewegungsstrecke $\tau \cdot \delta P$ des Objekts abgezogen werden, um die geometrische Position $P(t - \tau)$ zum Beobachtungszeitpunkt zu bekommen.

Für Sternbedeckungen und Finsternisse muss die Lichtlaufzeit in der Art berücksichtigt werden, dass aus dem Zeitpunkt der sichtbaren Bedeckung auf die Positionen der beteiligten Objekte zum Zeitpunkt der Lichtaussendung zurückgerechnet wird.

9.5.3.   Berechnungsgang

(Lit. [19], Seiten 30 und 31).

Die Lichtlaufzeit τ ist aus der Berechnung nach Formel 42 bekannt. Die Geschwindigkeit δP des Objekts ist aus vorhergegangenen Messungen bekannt, vorerst nur als beobachtbare Winkeländerung (Winkelgeschwindigkeit), mit Kenntnis des Abstands Δ kann sie in eine lineare Geschwindigkeit [AE/d] oder [km/d] umgerechnet werden.

Sind die Koordinaten des Objekts P zum Zeitpunkt t und die Lichtlaufzeit τ bekannt, dann können die Koordinaten von P zum Zeitpunkt $(t - \tau)$ der Lichtaussendung (Beobachtung) berechnet werden. Aus den bekannten Winkeln und Seitenlängen des Dreiecks in Bild 31 können die fehlenden geometrischen Elemente berechnet werden. Diese Koordinaten sind noch aus täglicher und jährlicher Aberration zu korrigieren, Formeln dafür sind in Lit. [19], Seite 32, zu finden.

9.6.   Parallaxe

Die Veränderung der Position des Beobachters im Raum führt zu unterschiedlichen Richtungen der Sichtlinien auf das Objekt. Der Winkelunterschied dieser beiden Sichtlinien wird **Parallaxe** genannt.

Für erdnahe Objekte muss der Einfluss des **Erdradius** berücksichtigt werden, weil sich aus der Drehung der Erde um die eigene Achse eine Positionsänderung des Beobachters ergibt (**tägliche Parallaxe**). Auch bei der Umrechnung der Koordinaten von topozentrisch auf geozentrisch muss die Parallaxe berücksichtigt werden (siehe auch 16.8.1 auf Seite 173).

Für die beobachtete Position der Sterne ist es entscheidend, ob die Beobachtung im Januar oder im Juli erfolgt. Hier spielt die Position der Erde im Sonnensystem eine Rolle, die sich im Laufe eines halben Jahres um etwa 300 Millionen km (= $2 \cdot$ AE) im Raum verändert (**jährliche Parallaxe**). Auch die Sonne bewegt sich mit ihren Planeten mit etwa 20 km/s auf einen Punkt (Apex) im All zu (**säkulare Parallaxe**).

9.7.   Krümmung der Erdoberfläche

Insbesondere für die Beobachtung der Auf- und Untergänge von Himmelskörpern sind die Oberflächenkrümmung der Erde und die Ausblickhöhe von Bedeutung. Diese beiden Parameter bestimmen den Abstand (Sichtweite) des Beobachters vom Berührungspunkt seiner Sichtlinie mit der Erdoberfläche (Berechnungsort, Tangentenpunkt, scheinbarer Horizont). Für diese Punkte werden die Zeitpunkte der Auf- und Untergänge berechnet.

Je nach Abstand und Beobachtungshöhe müssen diese Zeitpunkte für den Beobachtungsort korrigiert werden. Näheres im Kapitel 14 ab Seite 147.

9.8.   Beeinträchtigung durch Gerätefehler und falsche Handhabung

Zu den oben besprochenen optischen Beobachtungsfehlern aus dem Einfluss der Relativbewegungen, Eigenschaften der Lufthülle und des Lichtes (Wellenlänge, Abschwächung, Lichtbrechung, Lichtlaufzeit), auf die der Mensch keinen Einfluss hat, kommen noch Beobachtungsfehler aus Einflüssen, die der Mensch unbeabsichtigt selbst verursacht. Es sind die Unzulänglichkeiten von optischen Geräten und Messeinrichtungen, Umwelteinflüsse und unsorgfältige Handhabung:

1. Optische Fehler der Beobachtungsgeräte und Messeinrichtungen.
2. Mechanische Fehler der Geräte.
3. Menschliche Unzulänglichkeiten beim Gebrauch der Geräte (Ablesefehler, Falscheinstellung und unsorgfältige Handhabung).
4. Direkte Umwelteinflüsse beim praktischen Einsatz (Temperatur, Feuchtigkeit, Erschütterungen, Verschmutzungen).
5. Mangelnde Pflege (Beeinträchtigung der Güte der damit erzielten Ergebnisse).
6. Filme, Fotoplatten und Magnetbänder können Schichtfehler aufweisen, die Auflösung und Empfindlichkeit beeinträchtigen. Beschädigungen und Verschmutzungen von unbenutztem Material (Lagerfehler) sind erst hinterher bei der Besichtigung der beeinträchtigten Aufnahmen feststellbar. Dann ist es jedoch zu spät. Heute bei digitalen Kameras ist dieser Fehler weitgehend vermeidbar.

Unwiederholbare Ereignisse sollten immer mit verschiedenen Geräten (Filmkamera, Digitalkamera, Videokamera) unter Verwendung verschiedener Speichermaterialien (Film, Magnetband, Speicherkarte) mehrfach nebeneinander und gleichzeitig, möglichst noch an verschiedenen Orten, dokumentiert werden (Diversifikation). Teamarbeit unter den Amateurastronomen hat sich hier bewährt.

Die fachgerechte Eliminierung der Gerätefehler wird hier nicht erläutert. Sie hängt von der Wirkungsweise der Geräte ab und kann in der Fachliteratur nachgelesen werden (Fachgebiete Astronomie, Geodäsie).

10. Gravitation und Keplersche Gesetze

10.1. Das Geheimnis der Anziehungskräfte

In der Astronomie spielen Anziehungskräfte eine wichtige Rolle.

Die Physiker versuchen immer noch, die Ursachen und Wirkungsvorgänge der Wechselwirkungskräfte zu beschreiben.

Man weiß aber immer noch nicht, was genau die physikalisch wirksame Kraft erzeugt, die bei der elektrostatischen und elektromagnetischen Anziehung und Abstoßung sichtbar wird. Noch rätselhafter ist die Massenanziehung (Gravitation), die für alle massenbehafteten Körper gilt. Man weiß lediglich, dass die Anziehungskraft unabhängig von der Art der Materialien ist und dass es keine Abstoßungskraft zwischen den Massen gibt. Man spürt sie sehr deutlich als Schwerkraft auf der Erdoberfläche. Sie hat auch eine „Fernwirkung" und beeinflusst die Bewegungen der Planeten über Millionen km hinweg.

10.2. Geschichtliches über die Gravitation

Die als **Gravitation** bezeichnete Wechselwirkung von Körpern spielt in der Himmelsmechanik die herausragende Rolle. Die Kräftefunktion dieser wechselseitigen Anziehung von Körpern, also das Gravitationsgesetz, hat *Isaac Newton* (1643 - 1727) im Jahre 1666 gefunden und in seiner *Philosophiae naturalis principia mathematica* (1687) formuliert.

Johannes Kepler (1571 - 1630) lebte 70 Jahre früher als Newton. Das Gravitationsgesetz war ihm noch nicht bekannt. Kepler fand (Lit. [1]) bei seiner Auswertung der umfassenden Planetenbeobachtungen von *Tycho Brahe* (1547 - 1601) durch Vergleich von Bahndaten die Zusammenhänge heraus und formulierte daraus die nach ihm benannten Gesetze. In seiner *Astronomia nova* (1609) sprach er die Vermutung aus, dass eine die Welt durchdringende Kraft (lat.: **gravitas**, *Gewicht, Schwere, Last*), welche von der Sonne ausgeht, auf jeden Planeten einwirkt. Seine Gesetze konnten später mit dem Gravitationsgesetz von Newton bestätigt und bewiesen werden. Man hatte erkannt, dass die Gravitation nicht ursächlich von der Sonne ausgeht.

10.3. Die Keplerschen Gesetze

Aus der Bewegung eines Planeten um die Sonne oder eines Satelliten um die Erde entsteht eine **Zentrifugalkraft** (Fliehkraft), die mit der **Gravitation**, also der Anziehungskraft zwischen beiden das Gleichgewicht hält. Bei kreisförmigen Bahnen ist das Gleichgewicht dauernd vorhanden, bei elliptischen Bahnen pendeln beide Kräfte aufgrund wechselseitiger Krafteinwirkung auf die Bewegung der Massen um einen bestimmten Wert.

Kepler formulierte aus den beobachteten Werten die Zusammenhänge von Bahnform, Bewegungsablauf und Wirkungen der Kräfte, ohne das Gravitationsgesetz zu kennen; dieses wurde erst 27 Jahre nach dem Tod Keplers formuliert und veröffentlicht.

Die drei Keplerschen Gesetze lauten:

1. Die Bahnen der Planeten sind Ellipsen, in deren einem Brennpunkt die Sonne steht (1609).
2. Der Radiusvektor oder Leitstrahl (Verbindungslinie Sonne - Planet) überstreicht in gleichen Zeiten gleiche Flächen (1609).
3. Die Quadrate der Umlaufzeiten der Planeten verhalten sich wie die dritten Potenzen der mittleren Abstände von der Sonne (1618).

10.4. Das Gravitationsgesetz von Newton

Bild 32: Gravitation

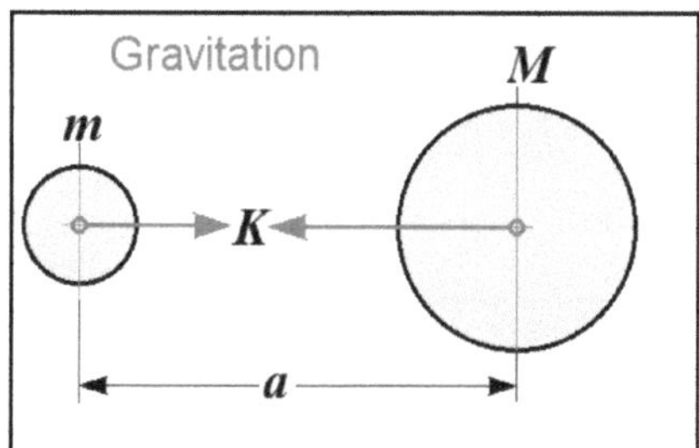

Zwei Massen m und M ziehen sich mit einer bestimmten Kraft K gegenseitig an. Newton fand heraus, dass diese Kraft den beiden Massen proportional und dem Quadrat des Abstandes a ihrer Schwerpunkte umgekehrt proportional ist. Der genaue Zahlenwert der Kraft hängt von einem konstanten Faktor G ab.

Das Gravitationsgesetz in mathematischer Form lautet:

Formel 44: Gravitationsgesetz

$$K = G \cdot \frac{m \cdot M}{a^2}$$

Der Proportionalitätsfaktor G wird als **Newtonsche Gravitationskonstante G** bezeichnet. Der numerische Zahlenwert von G hängt von den Maßeinheiten ab, in denen Länge, Zeit und Masse ausgedrückt werden.

In SI-Einheiten ausgedrückt:

Formel 45: Newtonsche Gravitationskonstante (Zahlenwert)

$$G = 6{,}67259 \cdot 10^{-11} \left[\frac{\mathrm{m}^3}{\mathrm{kg} \cdot \mathrm{s}^2} \right].$$

Es gibt auch eine Gaußsche Gravitationskonstante, siehe 11.1.3 auf Seite 113.

10.5. Gravitationskonstante

Im Gravitationsgesetz Formel 44 steht ein Proportionalitätsfaktor G. Man nennt G „Gravitationskonstante". Man hat durch Versuche und Messungen im Laufe der Zeit den Zahlenwert für G herausgefunden und ihn aufgrund von Erfahrungen für konstant erklärt. Allgemein wird angenommen, dass G universell (also im ganzen Universum) gilt und zeitunabhängig ist.

10.6. „Gravitationskonstante" doch nicht konstant?

Nach einer im Jahre 1937 veröffentlichten Hypothese des Engländers *Dirac* (Diracsche Hypothese) soll die „Gravitationskonstante" G keine wahre Naturkonstante sein, sondern sich mit der Zeit verändern. Sie soll in erster (roher) Annäherung vom Alter des Kosmos abhängen, und zwar im Laufe der kosmologischen Entwicklung monoton abnehmend sein. Der Wert G nimmt also nach dieser Hypothese mit der Zeit ab, die Gravitationskraft „altert" und „erlahmt". Im Internet sind unter den Stichwörtern „Gravitationskonstante" und „Erdexpansion" viele Beiträge zu finden, die sich damit befassen.

Die Zeitunabhängigkeit und die Konstanz dieses Wertes sind aber noch nicht bewiesen.

11. Kreisförmige Umlaufbahnen

Himmelskörper bewegen sich in geschlossenen Bahnen um eine zentrale Masse. Die Kreisbahn ist die am einfachsten zu berechnende Bahn. Sie ist ein Ausnahmefall einer elliptischen Bahn, die in der Natur am häufigsten vorkommt. Zur Vorbereitung auf die Berechnung der elliptischen Bahn im nächsten Kapitel müssen wir uns zuerst mit der Kreisbahn beschäftigen.

11.1. Einkörperproblem

Bild 33: Einkörperproblem

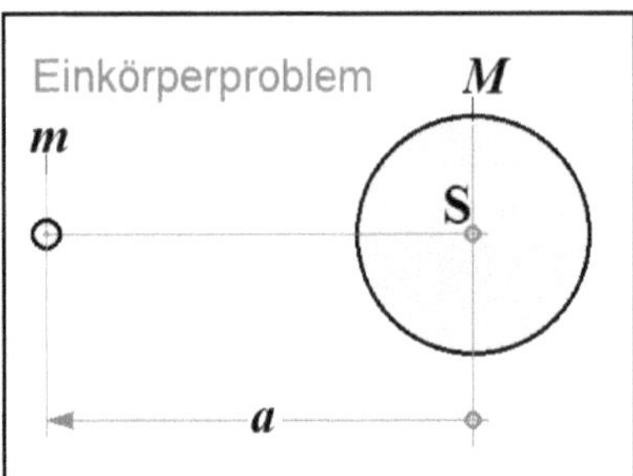

Kreist eine verhältnismäßig kleine Masse m (z. B. ein Satellit) um eine sehr große Masse M (z. B. die Erde), wird der Einfachheit halber der Bahnradius der Masse m dem Abstand a der beiden Schwerpunkte dieser Massen gleichgesetzt.

Dies ist ein **Einkörperproblem**, weil die kleine Masse m mit ihrer Bewegung auf die große Masse M keinen messbaren Einfluss ausübt. Die Tatsache, dass es sich eigentlich um ein Zweikörperproblem handelt, bei dem beide Massen um ihren gemeinsamen Schwerpunkt (siehe 11.2 auf Seite 114) kreisen, wird dabei vernachlässigt. Der gemeinsame Schwerpunkt ist hier praktisch identisch mit dem Schwerpunkt **S** der großen Masse.

Dass diese Näherung sinnvoll ist, zeigt die gute Übereinstimmung mit den realen Verhältnissen im Sonnensystem und bei Satellitenbahnen, wo das Verhältnis m/M sehr klein ist.

Die Zentrifugalkraft Z ergibt sich aus dem Umlauf der Masse m mit der Geschwindigkeit v um den Schwerpunkt der Masse M im Abstand a: $\boxed{Z = m \cdot \dfrac{v^2}{a}}$. Nach Einsetzen der Formel für die Geschwindigkeit $\boxed{v = \dfrac{2 \cdot \pi \cdot a}{T}}$, wobei T die Umlaufzeit für eine vollständige Umkreisung von 360° ist, ergibt sich:

Formel 46: Zentrifugalkraft

$$Z = \frac{m}{a} \cdot \left(\frac{2 \cdot \pi \cdot a}{T} \right)^2 = m \cdot a \cdot \frac{4 \cdot \pi^2}{T^2}$$

Bei stabilen kreisförmigen Umlaufbahnen ist die Gravitationskraft K (Formel 44) und die Zentrifugalkraft Z gleich. Dann ergibt sich $\boxed{G \cdot \dfrac{M \cdot m}{a^2} = m \cdot a \cdot \dfrac{4 \cdot \pi^2}{T^2}}$. Wird m herausgekürzt und diese Gleichung umgeformt, so ergibt sich:

Formel 47: Drittes Keplersches Gesetz (angenäherte Form)

$$\frac{T^2}{a^3} = \frac{4 \cdot \pi^2}{G \cdot M}$$

11.1.1. Gaußsche Gravitationskonstante

Die rechte Seite der Formel 47 ist ein konstanter Wert. Diese Gleichung stellt das dritte Keplersche Gesetz in seiner **angenäherten Form** dar, weil näherungsweise ein Einkörperproblem angenommen wurde, obwohl es ein Zweikörperproblem ist.

Wird $\boxed{\dfrac{2\pi}{T} = k}$ gesetzt, so ergibt sich nach weiterer Umformung:

Formel 48: Umgeformtes drittes Keplersches Gesetz

$$\boxed{G = k^2 \cdot \frac{a^3}{M}}$$

Wird darin für den Abstand Erde-Sonne $a = 1\ AE$ und für die Masse der Sonne $M = 1$ eingesetzt, so ergibt sich

Formel 49: Gaußsche Gravitationskonstante

$$\boxed{G' = k^2}$$

Der Apostroph in G' deutet darauf hin, dass hier mit astronomischen Maßeinheiten gerechnet wird.

Definition:

k^2 ist die **Gaußsche Gravitationskonstante**.

Der Zahlenwert für k wurde 1938 von der *Internationalen Astronomischen Union (IAU)* mit $k = 0{,}01720209895$ festgeschrieben und die **Einheitslänge AE** (= Astronomische Einheit) im Sonnensystem wie folgt definiert: Einheit **AE** der Länge ist der Bahnradius a eines fiktiven Planeten der Masse $m = 0$, der sich auf einer kreisförmigen Bahn in $\boxed{T = \dfrac{2\pi}{k}}$ Tagen um die Sonne bewegt.

Aus dem Zahlenwert k ergibt sich die Umlaufzeit der Erde um die Sonne bezogen auf einen Fixstern:

Formel 50: Umlaufzeit der Erde bezogen auf einen Fixstern

$$\boxed{T = \frac{2\pi}{k} = \frac{2\pi}{0{,}01720209895} = \mathbf{365{,}256898326}328164\ \text{d}}$$

Das entspricht ungefähr der Länge eines siderischen Jahres der Erde.

11.1.2. Siderisches Jahr

Das **siderische Jahr** der Erde ist die Zeitspanne zwischen zwei aufeinanderfolgenden Vorübergängen der **mittleren** Sonne an einem Fixstern, der eine verschwindende Eigenbewegung hat.

$$\boxed{\text{Das siderische Jahr der Erde hat die Länge von } 365{,}25636042 \text{ Tagen.}}$$

11.1.3. Zahlenwerte der beiden Gravitationskonstanten

Der jeweilige Zahlenwert der beiden Gravitationskonstanten hängt von den verwendeten Maßeinheiten für Länge, Zeit und Masse ab. Bei Verwendung von SI-Einheiten wird der Zahlenwert der Newtonschen Gravitationskonstante, in astronomischen Berechnungen jedoch der Zahlenwert der Gaußschen Gravitationskonstante verwendet.

Beide Zahlenwerte werden immer zusammen mit den Maßeinheiten angegeben:

Tabelle 40: Zahlenwerte der beiden Gravitationskonstanten

nach Newton mit SI-Einheiten:	$G = 6{,}672 \cdot 10^{-11}\ [\text{m}^3\ \text{kg}^{-1}\ \text{s}^{-2}]$
nach Gauß mit astronomischen Einheiten:	$G' = k^2 = 2{,}95912208286 \cdot 10^{-4} \left[\dfrac{AE^3}{M_{Sonne} \cdot d^2} \right]$

darin bedeuten:

AE = **149597870000 m** astronomische Einheitslänge,
M_{Sonne} = **1,9891 · 10^{30} kg** Masse der Sonne,
d = **86400 s** mittlerer Sonnentag.

Mit den entsprechenden Werten für **AE**, M_{Sonne} und d kann k^2 in G umgerechnet werden:

Formel 51: Umrechnung: Gaußsche in Newtonsche Gravitationskonstante

$$G = k^2 \cdot \frac{a^3}{M}$$

$$= 2,95912208286 \cdot 10^{-4} \cdot \frac{\left(149597870000 \text{ m}\right)^3}{1,9891 \cdot 10^{30} \text{ kg} \cdot \left(86400 \text{ s}\right)^2}$$

$$= 6,67198422296 \cdot 10^{-11} \approx 6,672 \cdot 10^{-11} \left[\frac{\text{m}^3}{\text{kg} \cdot \text{s}^2}\right]$$

Die Benutzung der Gaußschen Konstante hat den großen Vorteil, dass k^2 wesentlich genauer bestimmt werden kann als die Gravitationskonstante G des SI-Systems und die Sonnenmasse jeweils einzeln.

11.1.4. *Mittlere Umlaufgeschwindigkeit der Erde um die Sonne*

Der Wert $k = \dfrac{2\pi}{T}$ ist eine Winkelgeschwindigkeit $\left[\dfrac{\text{rad}}{\text{d}}\right]$, sie heißt: <u>mittlere tägliche Bewegung</u>.

Sie kann dazu verwendet werden, die mittlere Umlaufgeschwindigkeit der Erde um die Sonne zu berechnen. Das ist die auf das stillstehende All bezogene Geschwindigkeit bei einer vollständigen Umrundung der Sonne um 360°.

Formel 52: Mittlere Umlaufgeschwindigkeit der Erde um die Sonne

$$v = \frac{k \cdot AE}{86400}$$.

In Zahlenwerten angegeben:

Formel 53: Mittlere Umlaufgeschwindigkeit der Erde um die Sonne

$$v = \frac{0,01720209895 \cdot 149597870}{86400} = 29,7847 \left[\frac{\text{km}}{\text{s}}\right]$$.

11.2.   Zweikörperproblem

Beim Einkörperproblem ist das Verhältnis m / M sehr klein, das in guter Näherung für die Berechnung von Satellitenbahnen um die Erde verwendet wird.

11.2.1.   *Gemeinsamer Schwerpunkt zweier Massen*

Bei höheren Anforderungen an die Genauigkeit der Berechnung muss im Sonnensystem die Masse der Planeten in die Berechnung einbezogen werden. Es ist ein **Zweikörperproblem** zu lösen.

Für die Berechnung wird vereinfachend angenommen, es gäbe nur die Sonne mit der Masse M und den betreffenden Planeten mit der Masse m (Zweikörperproblem). Die störenden Einflüsse der anderen Planeten und eines evtl. vorhandenen Mondes auf die Bahn des Planeten seien hier vernachlässigt. Für die Bahnberechnung ist der gemeinsame Schwerpunkt **S** von Planetenmasse m und Sonnenmasse M maßgebend. Sonne und Planet bewegen sich mit gleicher Winkelgeschwindigkeit (**gebundene Bewegung**) um ihren gemeinsamen Schwerpunkt **S** (siehe Bild 34).

Bild 34: Zweikörperproblem

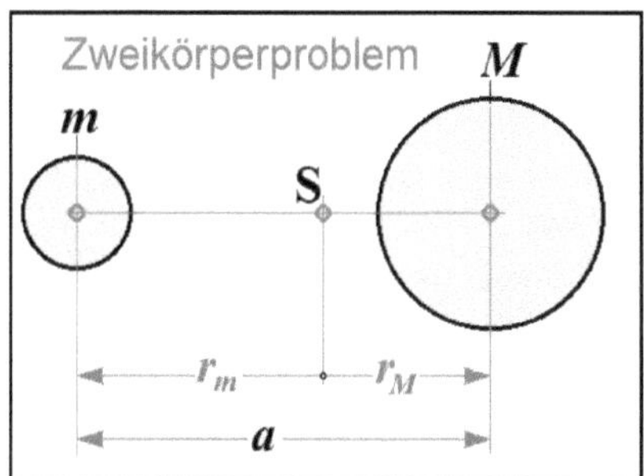

Aus dem statischen Moment der Massen um einen der Schwerpunkte ergeben sich die Radien r_m und r_M. Auch aus der Gleichsetzung der Zentrifugalkräfte der beiden Massen beim Umkreisen des gemeinsamen Schwerpunktes ergeben sich die Radien:

Formel 54: Radien bei gemeinsamem Schwerpunkt

$$r_M = a \cdot \frac{m}{M+m} \quad \text{und} \quad r_m = a \cdot \frac{M}{M+m}$$

Aus Formel 54 folgt: $\dfrac{r_M}{m} = \dfrac{r_m}{M} = \dfrac{a}{M+m}$.

Mit den Werten für die Masse der Erde und der Sonne aus Tabelle 2 ergibt sich daraus das Verhältnis Sonnenmasse zu Erdmasse und damit auch das Verhältnis der beiden Radien r_m und r_M:

Formel 55: Verhältnis Sonnenmasse zu Erdmasse

$$\frac{M}{m} = \frac{r_m}{r_M} = \frac{332948{,}345}{1{,}000} = 332948{,}345$$.

11.2.2. *Kräfte beim Zweikörperproblem*

Aus der Umkreisung des Schwerpunkts der Masse m im Abstand r_m und der Masse M im Abstand r_M ergeben sich nach Formel 46 die Zentrifugalkräfte:

$$Z_m = m \cdot r_m \cdot \frac{4 \cdot \pi^2}{T^2} = m \cdot a \cdot \frac{M}{M+m} \cdot \frac{4 \cdot \pi^2}{T^2} = a \cdot \frac{m \cdot M}{M+m} \cdot \frac{4 \cdot \pi^2}{T^2}$$

und

$$Z_M = M \cdot r_M \cdot \frac{4 \cdot \pi^2}{T^2} = M \cdot a \cdot \frac{m}{M+m} \cdot \frac{4 \cdot \pi^2}{T^2} = a \cdot \frac{m \cdot M}{M+m} \cdot \frac{4 \cdot \pi^2}{T^2}$$

Die Zentrifugalkräfte der beiden Massen bei der Bewegung um den gemeinsamen Schwerpunkt im jeweiligen Abstand sind also gleich groß, was zu erwarten war.

Nach Einsetzen des Schwerpunktabstandes r_m bzw. r_M nach Formel 54 bleibt bei der Berechnung der Zentrifugalkräfte der Abstand a maßgebend und das Zweikörperproblem lässt sich auf das Einkörperproblem zurückführen.

Die Zentrifugalkräfte Z_m und Z_M der beiden Massen m und M sind gleich und werden von der Gravitationskraft K nach der Formel 44 $\boxed{K = G \cdot \dfrac{m \cdot M}{a^2}}$ im Gleichgewicht gehalten. Bei Gleichsetzung der entgegengesetzt wirkenden Zentrifugalkräfte $Z_m = Z_M$ mit der Gravitationskraft K ergibt sich:

$$\boxed{G \cdot \frac{m \cdot M}{a^2} = a \cdot \frac{m \cdot M}{M+m} \cdot \frac{4 \cdot \pi^2}{T^2}}$$;

daraus folgt:

$$G = \frac{a^3}{M+m} \cdot \frac{4 \cdot \pi^2}{T^2}.$$

Nach Umformung dieser Gleichung ergibt sich daraus **die strenge Form des dritten Keplerschen Gesetzes** für das Zweikörperproblem:

Formel 56: Drittes Keplersches Gesetz (strenge Form)

$$\frac{T^2}{a^3} = \frac{4 \cdot \pi^2}{G \cdot (M+m)}$$

Darin gelten:

G Newtonsche Gravitationskonstante
M Masse der Sonne
m Masse des Planeten
T Umlaufzeit des Planeten
a Radius oder Halbachse der Planetenbahn

11.3.   Gültigkeit der Keplerschen Gesetze

Die ersten beiden Keplerschen Gesetze gelten streng. Die Beweise werden hier nicht gezeigt.

Das von Kepler formulierte dritte Gesetz gilt nicht streng, weil das Verhältnis T^2/a^3 beim Mehrkörperproblem nicht konstant ist, sondern für jeden Planeten einen anderen Wert hat.

Abweichend von der oben beim Einkörperproblem genannten angenäherten Form der Formel 47 $\frac{T^2}{a^3} = \frac{4 \cdot \pi^2}{G \cdot M}$ des dritten Keplerschen Gesetzes (mit konstantem Wert der rechten Seite) steht beim Zweikörperproblem nach Formel 56 $\boxed{\frac{T^2}{a^3} = \frac{4 \cdot \pi^2}{G \cdot (M+m)}}$ auf der rechten Seite der Gleichung im Nenner zusätzlich zur Masse M der Sonne auch die Masse m des Planeten, die für jeden Planeten einen anderen Wert hat. Die rechte Seite dieser Gleichung ist nicht für alle Planeten gleich.

Das Verhältnis T^2/a^3 hat also für jeden Planeten einen anderen Wert und hängt von der Summe $M + m$ (Sonnenmasse + Planetenmasse) der beteiligten Massen ab. Die Masse M der Sonne ist bei allen Planetenbahnen in gleicher Weise wirksam, aber jeder Planet hat eine andere Masse m. Die Abweichungen sind aufgrund des sehr kleinen Verhältnisses m/M der Planetenmasse zur Sonnenmasse jedoch so gering, dass die Unterschiede der Zahlenwerte für die verschiedenen Planeten von Kepler damals nicht bemerkt wurden und er das Verhältnis T^2/a^3 als konstant ansah.

11.4.   Mehrkörperproblem

Das Zweikörperproblem trifft nicht genau auf die in der Wirklichkeit ablaufenden Vorgänge im Sonnensystem zu. Da im Sonnensystem alle Planeten gleichzeitig um die Sonne laufen, ziehen sie sich auch gegenseitig an und bewegen sich um einen gemeinsamen Schwerpunkt. Wegen der unterschiedlichen Bewegungen der einzelnen Planeten beim Lauf um die Sonne verändert der Gesamtschwerpunkt des gesamten Sonnensystems laufend seine Lage, je nach Stellung der Planeten zueinander. Diese Lageveränderungen bewirken eine Veränderung des Umlaufverhaltens der Planeten. Die Planeten bewegen sich theoretisch auf elliptischen Bahnen, die tatsächlichen Umlaufbahnen weichen durch die gegenseitigen Störungen mehr oder weniger von der theoretischen Form ab.

Der oben beschriebene unkoordinierte Tanz der Planeten um die Sonne ist ein Mehrkörperproblem, für das keine geschlossene mathematische Lösung zur exakten Berechnung angegeben werden kann.

Da keine geschlossene mathematische Lösung zur exakten Berechnung des Mehrkörperproblems existiert, müssen die Bewegungen der Himmelskörper durch fortgesetzte (iterative) numerische Integration der Bewegungsgleichungen berechnet werden. Die Berechnung des Mehrkörperproblems erfolgt in Computersimulationen, wobei das Verhalten der Systeme unter verschiedenen Bedingungen studiert und die Lösungen mit guter Genauigkeit berechnet werden können.

In Lit. [8], Kapitel VI, ist die numerische Integration von Bewegungsproblemen ausführlich abgehandelt. Allerdings sind für das Verständnis dieses Kapitel gute Kenntnisse der numerischen Mathematik, insbesondere der numerischen Integration gewöhnlicher Differentialgleichungen, erforderlich.

Das Mehrkörperproblem geht weit über den in diesem Buch gesetzten theoretischen Horizont hinaus und wird deshalb hier nicht weiter behandelt. Trotzdem wird das Mehrkörperproblem in diesem Buch nicht weggelassen, weil auch der Amateur wissen soll, mit welchen Problemen sich Berufsastronomen befassen müssen.

Für die Amateurastronomen stehen solche Berechnungssysteme kaum zur Verfügung. Trotzdem werden wir die von den Astronomen für das Mehrkörperproblem berechneten Bahnelemente und die anderen Zahlenwerte gerne verwenden. Wo es möglich ist, verwenden wir Vereinfachungen und Näherungen und nehmen die dabei auftretenden kleinen Fehler in Kauf.

11.5. Gemeinsamer Schwerpunkt des Sonnensystems

Alle Planeten zusammen haben nur eine Masse von 1/745 der Sonnenmasse (berechnet aus den Zahlen der Tabelle 41). Die Zahlenangaben für die Abstände und Massen der Planeten stammen aus Lit. [10], Seite 55 und [11], Seiten 28 und 29.

Tabelle 41: Massen und Sonnenabstände aller Planeten

Himmelskörper	Abstand in AE vom Sonnenmittelpunkt	Masse in Erdmassen	Masse × Abstand
Sonne	0,000	332948,345	0,000000
Merkur	0,387	0,055	0,021285
Venus	0,723	0,815	0,598245
Erde	1,000	1,000	1,000000
Mars	1,524	0,107	0,163068
Jupiter	5,203	317,89	1653,981670
Saturn	9,539	95,18	907,922020
Uranus	19,191	14,54	279,037140
Neptun	30,061	17,13	514,944930
Pluto[9]	39,529	0,003	0,118587
Gesamtschwerpunkt[10]	0,01007114686494	333395,065	3357,777945

Da die Masse m_n des jeweiligen Planeten n im Verhältnis zur Masse M der Sonne sehr klein ist und sich nicht alle Planeten auf einer Seite der Sonne (in Konjunktion) befinden, sondern meist ringsum verteilt sind, wird der gemeinsame Schwerpunkt aller Planeten und der Sonne die meiste Zeit noch innerhalb der Sonne in der Nähe des Sonnenmittelpunkts liegen.

Es gibt allerdings auch eine Konstellation, bei der sich alle Planeten, wie auf einer Perlenkette aufgereiht, auf einer Seite der Sonne befinden. Diese Konstellation war am 10.3.1982 (mehr oder weniger genau) gegeben. Für diese kurzzeitige Situation ist der Abstand des gemeinsamen Schwerpunkts aller Planeten einschließlich der Sonne vom Sonnenmittelpunkt ein Maximum. Dieses Maximum wollen wir anhand der nachstehenden Tabelle berechnen.

Bei AE = 149597870 km ergibt sich für die oben genannte Extremkonstellation ein Schwerpunktabstand von 0,01007114686494 · 149597870 = 1506670,258 km.

---

[9] Pluto gilt inzwischen offiziell nicht mehr als Planet.

[10] Die berechnete Schwerpunktlage gilt nur, wenn sich alle Himmelskörper aufgereiht auf einer Seite der Sonne befinden.

Bei einem Radius der Sonne von 696000 km liegt in diesem Extremfall der gemeinsame Schwerpunkt des gesamten Planetensystems einschließlich der Sonne 1506670,258/696000 = 2,165 Sonnenradien vom Mittelpunkt der Sonne entfernt. Der gemeinsame Schwerpunkt pendelt also, je nach Konstellation der Planeten, zwischen dem Sonnenmittelpunkt und 2,165 Sonnenradien hin und her.

12. Elliptische Umlaufbahnen

Planeten bewegen sich in elliptischen Bahnen um die Sonne. Das Kapitel enthält die mathematischen Grundlagen der Ellipse und der Berechnungen innerhalb der Bahnebene eines Planeten.

12.1. Formelzeichen

Im folgenden Text gelten folgende Formelzeichen (siehe auch Tabellen auf Seite 20):

Tabelle 42: Formelzeichen für elliptische Bahnen

Zeichen	Bedeutung	phys. Einheit
T	Umlaufzeit eines Planeten in Formel 66	Zeitraum
T	Berechnungszeitraum, auf einen festen Anfangszeitpunkt (Äquinoktium) bezogen (siehe Definition im Text)	Zeitraum
t_0	Zeitpunkt des Periheldurchgangs des Planeten	Zeitpunkt
t	Berechnungszeitpunkt	Zeitpunkt
e	Exzentrizität (bestimmt die Bahnform)	Faktor
a	große Halbachse (bestimmt die Bahngröße)	Länge
r	Abstand des Planeten von der Sonne zum Zeitpunkt t	Länge
ω	Winkel zwischen Perihel und aufsteigendem Knoten	Bogenmaß oder °
Ω	Länge (Winkel) des aufsteigenden Knotens ☊	Bogenmaß oder °
i	Inklination = Winkel zwischen Ekliptik und Bahnebene des Planeten	Bogenmaß oder °
M	mittlere Anomalie (Winkel)	Bogenmaß
E	exzentrische Anomalie (Winkel)	Bogenmaß
v	wahre Anomalie (Winkel)	Bogenmaß
C	Mittelpunktsgleichung (Winkel)	Bogenmaß

12.2. Einleitung

Der Grieche *Claudius Ptolemäus* (87 - 165 n. Chr.) schrieb um das Jahr 150 n. Chr. die „große Zusammenstellung (des astronomischen Wissens)", die später von den Arabern in ihre Sprache übersetzt und als „die Größte" („**Almagest**") bezeichnet wurde. Insbesondere war es das Bestreben des Ptolemäus, die Theorie der Bewegungen von Sonne, Mond und der fünf ihm bekannten Planeten (Merkur, Venus, Mars, Jupiter und Saturn) um die Erde (**geozentrisches Weltbild**) auf gleichförmige Kreisbewegungen zurückzuführen. Um die beobachteten Unregelmäßigkeiten der Bewegungen am Himmelsgewölbe in Einklang zu bringen, benutzte er einige Kunstgriffe.

12.2.1. Der exzentrische Kreis

Da war zunächst der **exzentrische Kreis**, den dreihundert Jahre zuvor schon *Hipparch von Nikaia* (180 - 125 v. Chr.) zur Erklärung der ungleichförmigen Bewegung der Sonne in der Ekliptik benutzt hatte. Die Sonne bewegt sich danach auf einem Kreis um die Erde. Die Erde steht dabei nicht im Mittelpunkt des Kreises, sondern ist etwas davon abgerückt (Exzentrizität 1:24). Dadurch scheint bei Erdnähe die Sonne mit höherer Winkelgeschwindigkeit um die Erde zu laufen als bei Erdferne.

12.2.2. Der Epizykel

Ein weiteres Hilfsmittel war der **Epizykel**, um zusammengesetzte periodische Bewegungen darzustellen. Den Epizykel hatte der Mathematiker *Apollonios* etwa 200 v. Chr. erfunden und daraus die **Epizykeltheorie** entwickelt. Siehe auch den Artikel „Epizykeltheorie" in der deutschen Wikipedia.

Die **Epizykeltheorie** besagt, dass die Planeten sich auf kleinen Kreisbahnen bewegen, den **Epizykeln**, die ihrerseits auf einer großen Kreisbahn um die Erde wandern. Der *Epizykel* ist also ein „Kreis auf dem Kreis". Diese Theorie wurde rund 2000 Jahre lang vertreten – vom 3. Jahrhundert v. Chr. bis zum 17. Jahrhundert.

Epizykeln sind eng verwandt mit **Zykloiden.** Zykloiden sind Rollkurven (**Hypozykloiden, Epizykloiden**), die dadurch entstehen, dass ein Kreis innen oder außen auf einer Leitkurve (einem zweiten Kreis oder einer anderen Kurve) abrollt, ohne zu gleiten. Ein Punkt auf der Peripherie des rollenden Kreises (Umlaufpunkt) zeichnet die Kurve. Dabei haben die Kreisdurchmesser verschiedene Verhältnisse zueinander. Wird ein Schreibstift auf dem mitlaufenden Radiusvektor in einem bestimmten Abstand vom Mittelpunkt des rollenden Kreises als Schreibarm befestigt, so wird dabei die entsprechende Zykloide (verkürzte oder verlängerte Zykloiden = Trochoiden) als Kurve gezeichnet (Lit. [2], dort Kapitel 1.3.2).

Ein natürliches Beispiel ist die Mondbahn (Leitkurve: Erdbahn um die Sonne, Rollkreis: Mondbahn um die Erde).

Ptolemäus verwendete den Epizykel und die Epizykeltheorie, um die Ungleichmäßigkeiten in den Bewegungen des Mondes und der Planeten um die Erde in den Griff zu bekommen. Er kam den wirklichen Bewegungen des Mondes und der Planeten ziemlich nahe.

Nikolaus Kopernikus (1473 - 1543) kann als Wegbereiter des **heliozentrischen Weltbildes** angesehen werden. Seine Theorie ging konsequent von kreisförmigen Bahnen um die Sonne aus. Die komplizierten Bahnen des Ptolemäus wurden durch einfache Kreisbewegungen ersetzt, die Recht- und Rückläufigkeit der Planeten erschienen nun als Projektion auf das Himmelsgewölbe. Aber Kopernikus' Werk war nicht frei von Widersprüchen.

12.2.3. Die Ellipse

Erst *Johannes Kepler* (1571 - 1630) erkannte im Jahr 1609, dass sich die Planeten auf **elliptischen Umlaufbahnen** um die Sonne bewegen. Die Sonne steht dabei in einem der Brennpunkte der Ellipse (Erstes Keplersches Gesetz).

Das geometrische Bild der Planetenbewegung lässt sich in der Keplerschen Ellipse mit dem ptolemäischen Schema fast völlig zur Deckung bringen, wenn durch eine Koordinatentransformation von der Sonne als ruhender Weltmitte ausgehend, also von einem heliozentrischen Weltbild, wieder auf das geozentrische zurückgerechnet wird.

Wir werden uns im nachfolgenden Text mit den mathematischen Grundlagen der Ellipse in geometrischer Hinsicht befassen, wobei die Funktion der Ellipse im rechtwinkligen und im zugeordneten polaren Koordinatensystem der Bahnebene angegeben wird. Aufgrund dieser geometrischen Erkenntnisse und der Keplerschen Gesetze wird dann die Umlaufbahn als Funktion der Zeit (Bahndynamik) koordinatenmäßig berechnet.

Außer Kreis und Ellipse kommen auch noch Hyperbel und Parabel als Bahnformen vor. Diese werden hier nicht behandelt, weil sie keine geschlossenen Bahnen sind.

Zum Verständnis sind mathematische Kenntnisse der analytischen Geometrie und der ebenen und sphärischen Trigonometrie erforderlich.

Die Beispiele sind mit einem wissenschaftlichen HP-Taschenrechner berechnet worden.

12.3. Grundgleichungen von Kreis und Ellipse

Für die Ellipse gibt es viele Definitionen. Wir wiederholen den Stoff über die Ellipse und den Kreis aus dem Mathematikunterricht der Schule.

12.3.1. Kreisgleichungen

Die Ellipse ist ein zusammengedrückter Kreis. Mathematisch ergibt sich dies aus der Gleichung des Kreises, wie nachstehend gezeigt wird.

Der Kreisradius wird hier mit a bezeichnet. Das gewohnte Formelzeichen r für den Radius wird später für die variable Länge des Radiusvektors (Abstand des Planeten von der Sonne) verwendet.

Für einen Punkt P_k auf dem Kreis gilt Formel 57, wobei a der Radius des Kreises und x und y die Koordinaten der Punkte der Kreislinie sind. Der Ursprung des Koordinatensystems liegt dabei im Kreismittelpunkt.

Bild 35: Kreis und Ellipse

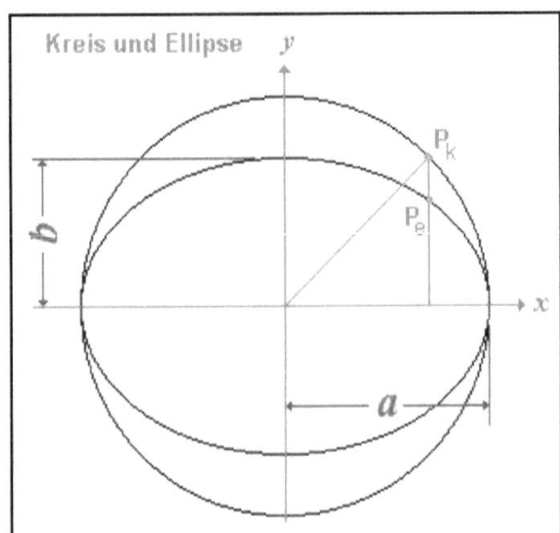

Formel 57: Kreisgleichung in Quadratform

$$x^2 + y^2 = a^2$$

Nach Auflösung dieser Formel nach y ergibt sich:

Formel 58: Kreisgleichung nach y

$$y = \pm\sqrt{a^2 - x^2}$$

Diese Gleichung des Kreises in Mittelpunktsform lautet:

Formel 59: Kreisgleichung in Mittelpunktsform

$$\frac{x^2}{a^2} + \frac{y^2}{a^2} = 1$$

12.3.2. Ellipsengleichungen

Wird nun die Kreislinie in Bild 35 gleichmäßig in y-Richtung zusammengedrückt, sodass sie zur Ellipse wird und der Punkt P_k in den Punkt P_e übergeht, dann bleiben die Maße in der x-Achse erhalten, alle Maße in der y-Achse werden aber um den Faktor b/a verkleinert.

Der „Radius" a in der x-Achse bleibt erhalten, er wird **große Halbachse** genannt, das neue Maß b in der y-Achse wird **kleine Halbachse** der Ellipse genannt. Die Gleichung der Ellipse lautet:

Formel 60: Ellipsengleichung

$$y = \frac{b}{a} \cdot \sqrt{a^2 - x^2}.$$

Definition der Ellipse:
Die Ellipse ist ein affines Abbild des Kreises, bei dem alle Ordinaten des Kreises mit dem Radius *a* mit dem Faktor *b/a* multipliziert wurden.

Aus dieser Gleichung ergibt sich nach Umwandlung die Ellipsengleichung in Mittelpunktsform:

Formel 61: Ellipsengleichung in Mittelpunktsform

$$\frac{x^2}{a^2} + \frac{y^2}{b^2} = 1.$$

12.3.3.   Ellipsenkonstruktion auf dem Papier

Bild 36: Ellipsenkonstruktion auf dem Papier

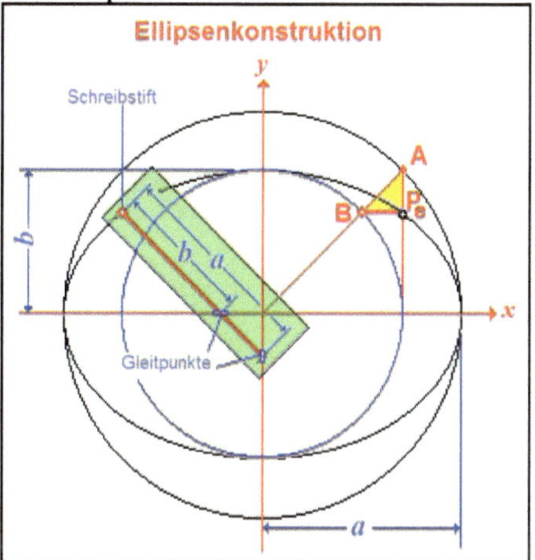

Wir können Punkte einer Ellipse mit Zirkel und Lineal zeichnen, indem wir zwei konzentrische Kreise mit den Radien *a* und *b* zeichnen. Wenn jeder Strahl vom Mittelpunkt aus den kleinen Kreis in Punkt **B** und den großen Kreis in Punkt **A** schneidet, dann schneiden sich die Senkrechte durch **A** und die Waagrechte durch **B** in einem Punkt P_e der Ellipsenlinie.

Definition: Die Ellipse ist also der geometrische Ort aller dieser Schnittpunkte.

Dieses Prinzip verwendet auch der **Ellipsenzirkel** oder **Ellipsograph**: Am Ende eines Lineals (in Bild 36 farblich unterlegt) ist ein Schreibstift angeordnet. Im Abstand *a* vom Schreibstift gleitet das Lineal auf der *y*-Achse und im Abstand *b* vom Schreibstift gleitet das Lineal auf der *x*-Achse. Diese drei Punkte liegen auf einer Geraden. Während das Lineal auf der *x*- und *y*-Achse gleitet, zeichnet der Schreibstift die Ellipsenlinie.

12.3.4. Exzentrizität und Brennpunkte der Ellipse

Bild 37: Brennpunkte der Ellipse

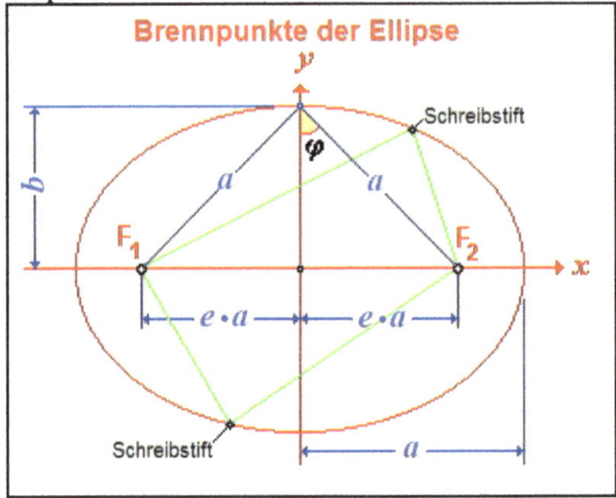

Definition:

Die Ellipse ist der geometrische Ort aller Punkte einer Ebene, für die die Summe der Abstände von zwei festen Punkten F_1 und F_2 gleich $2a$ und damit konstant ist. Diese beiden Punkte werden Brennpunkte der Ellipse genannt.

Der Abstand $e \cdot a$ eines Brennpunktes vom Zentrum der Ellipse ist durch die **Exzentrizität** e der Ellipse mit der Halbachse a bestimmt (Bild 37):

Formel 62: Exzentrizität

$$e = \frac{\sqrt{a^2 - b^2}}{a} = \sin(\varphi)$$

Der Winkel zwischen der Halbachse b und der Richtung zum Brennpunkt heißt **Exzentrizitätswinkel** φ. Aus Bild 37 ergibt sich dieser:

Formel 63: Verhältnis der Halbachsen, berechnet aus der Exzentrizität

$$\frac{b}{a} = \sqrt{1 - e^2} = \cos(\varphi)$$

Hinweis:

Die Exzentrizität e ist eine Eigenschaft der sogenannten Kegelschnitte. Der Kreis mit $e = 0$ und die Ellipse mit ($0 < e < 1$) sind geschlossene Bahnformen, während Parabel mit $e = 1$ und Hyperbel mit e > 1 keine geschlossenen Bahnformen bilden. Kegelschnitte werden hier nicht behandelt.

12.3.5. Fadenkonstruktion der Ellipse

Mit Hilfe der Brennpunkte kann die **Fadenkonstruktion der Ellipse** erfolgen:

Ein Faden (Linien zwischen Schreibstift und Brennpunkten in Bild 37) wird mit einem Ende am Punkt F_1 befestigt und über einen Schreibstift, der sich im Schnittpunkt der Ellipsenlinie mit der y-Achse befindet, weiter bis zum Punkt F_2 geführt und dort befestigt. Mit einem Schreibstift wird der Faden gespannt gehalten und durch Bewegung des Schreibstifts von einem Brennpunkt zum anderen die obere Hälfte der Ellipse gezeichnet. Genauso wird die untere Hälfte gezeichnet.

Werden Nadeln in die Brennpunkte gesteckt und der Faden als Schleife mit der Länge $2a + 2ea$ um diese Nadeln gelegt, dann kann bei gespanntem Faden die vollständige Ellipse in einem Zug gezeichnet werden.

12.3.6. Polarkoordinaten für einen Brennpunkt der Ellipse

Die Geometrie der Ellipse geht aus Bild 38 hervor. Aus der Definition der Ellipse mit der Summe $2a$ der Brennpunktabstände eines beliebigen Punktes P ergibt sich für P_4 als lotrechter Abstand über Brennpunkt F_2 das Maß p.

p ist der Parameter der Ellipse.

Die Länge von F_1 über P_4 nach F_2 ist also genau $2a$. Aus dem (strichlierten) rechtwinkligen Dreieck $F_1F_2P_4$ in Bild 38 ergibt sich der Ansatz:

$$\left(2 \cdot e \cdot a\right)^2 + p^2 = \left(2 \cdot a - p\right)^2$$

Daraus folgt dann für die Länge p:

Formel 64: Parameter p

$$p = a \cdot \left(1 - e^2\right)$$

Bild 38: Geometrie der Ellipse

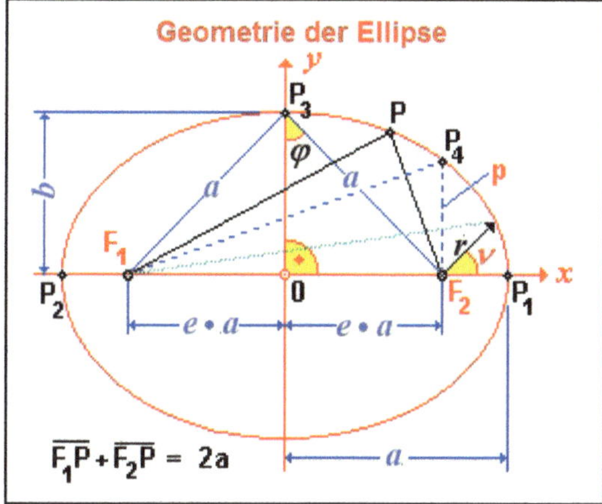

Für die Länge r eines beliebigen Radiusvektors vom Brennpunkt F_2 zur Ellipsenlinie unter dem Winkel ν (Formelzeichen ν = griechischer Buchstabe **Ny**) brauchen wir die Gleichung für die Polarkoordinaten in Brennpunktform.

Die Herleitung erfolgt mit dem pythagoreischen Lehrsatz für den Endpunkt des Radiusvektors:

$$\left(2 \cdot e \cdot a + r \cdot \cos(\nu)\right)^2 + \left(r \cdot \sin(\nu)\right)^2 = \left(2 \cdot a - r\right)^2$$

Daraus ergibt sich nach einigen Umformungen:

$$p = r \cdot \left(1 + e \cdot \cos(\nu)\right)$$

Das ist die Brennpunktgleichung der Ellipse, die wir noch nach r umformen:

Formel 65: Brennpunktgleichung der Ellipse

$$r = \frac{p}{1 + e \cdot \cos(\nu)} = \frac{a \cdot \left(1 - e^2\right)}{1 + e \cdot \cos(\nu)}$$

Aus dieser Gleichung ergibt sich die gesuchte Länge r des Radiusvektors, der vom Brennpunkt F_2 ausgeht. Damit können wir für jede Ellipse die Polarkoordinaten der Ellipsenlinie für den Brennpunkt F_2 berechnen, wenn e und a für die Ellipse und der Winkel ν des Radiusvektors gegeben sind.

12.3.7.   Polarkoordinaten für das Zentrum der Ellipse

Die Herleitung der Polarkoordinaten, bezogen auf den Ursprung im Zentrum der Ellipse (Mittelpunkt der Ellipse), ist in Abschnitt 14.2.6 auf Seite 150 gezeigt. Dieser Fall wird für das Rotationsellipsoid des Erdkörpers bei Berechnung des Erdradius für einen bestimmten Breitengrad benötigt.

12.4.   Die Ellipse als Planetenbahn

Falls die Bewegungsenergie eines Körpers nicht ausreicht um das Gravitationsfeld der Sonne zu verlassen, bewegt er sich in einer geschlossenen Bahn um die Sonne. Die Bahnform ist dann in den meisten Fällen eine Ellipse, kann aber auch ein Kreis sein.

Nach dem ersten Keplerschen Gesetz bewegen sich die Planeten in elliptischen Bahnen um die Sonne. Die Sonne steht dabei in einem der beiden Brennpunkte der Ellipse.

Die oben hergeleitete Brennpunkt-Gleichung einer Ellipse ermöglicht uns, den **Planetenort** auf einer durch a und e bestimmten elliptischen Planetenbahn koordinatenmäßig anzugeben.

Wenn wir den Winkel v zwischen dem von der Sonne zum Planeten zeigenden Radiusvektor und der Richtung zum sonnennächsten Punkt (P_1 in Bild 38) zu einem bestimmten Zeitpunkt wissen, dann können wir mit der Brennpunkt-Gleichung den Planetenabstand r berechnen.

12.4.1.   Dynamik des Planetenumlaufs

Die oben angegebenen Formeln stellen rein geometrische Beziehungen innerhalb einer Ellipse dar.

Bild 39: Bahndynamik elliptischer Bahnen

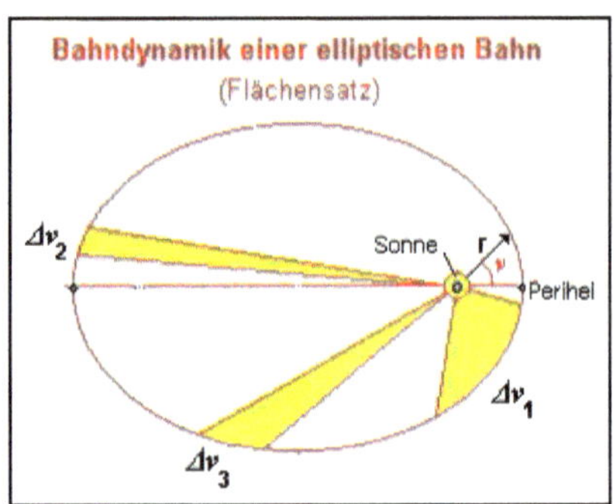

Bild 40: Ellipse als Planetenbahn

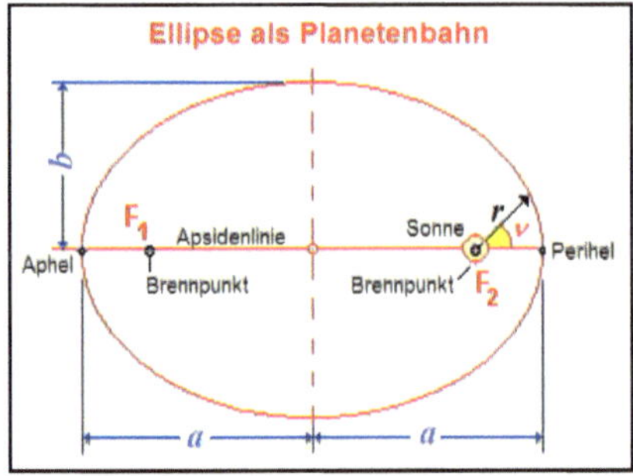

Da wir noch nicht wissen, welchen Winkel v ein Planet zu einem bestimmten Zeitpunkt t einnimmt, müssen wir zuerst eine Beziehung zwischen dem Zeitpunkt t und dem zu diesem Zeitpunkt geltenden Winkel v als Funktion $v = f(t)$ herstellen.

Weil der Winkel v nicht gleichmäßig um dasselbe Maß pro Tag zunimmt, kann $v = f(t)$ keine lineare Funktion sein. Nach dem zweiten Keplerschen Gesetz überstreicht der Radiusvektor eines Planeten in gleichen Zeiten gleiche Flächen (**Flächensatz**, siehe Bild 39).

Die Winkeländerung pro Zeiteinheit $\Delta v / \Delta t$ ist also nicht gleichmäßig, sondern bei Sonnennähe größer als bei Sonnenferne. Diese Bahndynamik muss in der Berechnung berücksichtigt werden (siehe unten).

12.4.2.   Benennungen und Begriffe

Die Planetenbahn liegt in einer Ebene, der **Bahnebene**, die durch die Richtung der beiden Halbachsen bestimmt ist. Alle Berechnungen des Planetenorts erfolgen für diese Bahnebene.

Jeder Planet hat seine eigene Bahnebene, deren Neigung und Parameter sich von den Bahnebenen der anderen Planeten unterscheiden. Die Lage dieser verschiedenen Bahnebenen werden in astronomischen Koordinatensystemen zueinander in Bezug gesetzt (siehe Kapitel 16 auf Seite 162).

Die Punkte einer elliptischen Bahn sind durch die Werte definiert:
r_{min} und $v = 0$ als **Perizentrum**,
r_{max} und $v = \pi$ als **Apozentrum** der Bahn.
Die Winkel für v sind hier im Bogenmaß angegeben.

Im Sonnensystem mit der Sonne als Koordinatennullpunkt (siehe Bild 40) heißt das Perizentrum **Perihel** und das Apozentrum **Aphel** (..hel von Helio... = *Sonne*), im System Erde/Mond **Perigäum** und **Apogäum** (...gäum von Geo... = *Erde*).

Tabelle 43: Benennungen und Begriffe der Bahnebene

Bezeichnung	Bedeutung
Aphel	sonnenfernster Punkt der Planetenbahn
Perihel	sonnennächster Punkt der Planetenbahn
Perigäum	erdnächster Punkt der Mondbahn
Apogäum	erdfernster Punkt der Mondbahn
Apsidenlinie	Verbindung von Perizentrum und Apozentrum.
Anomalie	Das Wort „**Anomalie**" bedeutet „Abweichung" und stellt in der Astronomie den Winkelabstand eines umlaufenden Himmelskörpers (Mond, Planet) vom Punkt seiner kürzesten Entfernung (Perizentrum) zum Zentralgestirn (Sonne für die Planeten oder Erde für den Mond) dar. Bei der Berechnung der elliptischen Bahn unterscheiden wir drei Anomalien: mittlere, exzentrische und wahre.
Mittlere Anomalie M	Die **mittlere Anomalie M** ist eine **mathematische Hilfsgröße**. Sie definiert den **Winkelabstand vom Perihel**, den der Planet zum Zeitpunkt t hätte, wenn er sich auf einem Kreis mit konstanter Winkelgeschwindigkeit um die Sonne bewegte. Die mittlere Anomalie M ergibt sich aus den Zeitpunkten t und t_0 über Formel 66 oder sie ist als Bahnelement einer elliptischen Bahn angegeben. Die mittlere Anomalie ist in der Wirklichkeit nicht zu beobachten, sondern sie ist nur eine theoretische Größe.
Exzentrische Anomalie E	Die **exzentrische Anomalie E** ist eine **mathematische Hilfsgröße**. Sie stellt über Formel 67 den mathematischen Bezug her zwischen mittlerer Anomalie und wahrer Anomalie.

Bezeichnung	Bedeutung
Wahre Anomalie v	Die **wahre Anomalie** v ist der **wirkliche Winkel zwischen Perihel und dem momentanen Planetenort**, von der Sonne aus gesehen. Die wahre Anomalie wird mit Formel 71 aus der mathematischen Hilfsgröße E berechnet, die über die Formel 67 aus M berechnet wurde. Zur Beschreibung eines Planetenortes in der Bahn werden die wahre Anomalie v und der Abstand r von der Sonne verwendet. Den Winkel v haben wir oben bei den Polarkoordinaten der Ellipse bei der Brennpunktgleichung (Formel 65) bereits verwendet.
Anomalistische Umlaufzeit T	ist der Zeitraum zwischen zwei aufeinanderfolgenden Durchgängen des Planeten durch das Perihel. Zur Berechnung der mittleren Anomalie M nach Formel 66 dient die **anomalistische Umlaufzeit** T.
Anomalistisches Jahr	In diesem Zusammenhang ist das **anomalistische Jahr** zu nennen, dessen Länge durch den Abstand zweier aufeinanderfolgender Periheldurchgänge der Erde gegeben ist. Es ist mit **365,25964134** mittleren Sonnentagen etwas länger als das tropische Jahr (Wert aus Lit. [15], Seite 33, entnommen).

12.5.   Berechnung des Bahnortes über Anomalien

Um den Ort eines Planeten auf seiner Bahn zu einem bestimmtem Zeitpunkt t angeben zu können, werden folgende 3 Berechnungsschritte erforderlich:

- Berechnung der mittleren Anomalie M,
- Berechnung der exzentrischen Anomalie E,
- Berechnung der wahren Anomalie v

12.5.1.   *Berechnung der mittleren Anomalie M*

Die **mittlere Anomalie** M ist der **Winkelabstand vom Perihel** im Bogenmaß oder in Altgrad, der aus dem Zeitpunkt t und dem Zeitpunkt t_0 des Periheldurchgangs berechnet wird:

Formel 66: Mittlere Anomalie

$$M = 2 \cdot \pi \cdot \frac{t - t_0}{T} \quad \text{(Bogenmaß) oder} \quad M = 360° \cdot \frac{\left(t - t_0\right)}{T} \quad \text{(Altgrad)}$$

Als Umlaufzeit T ist die anomalistische Umlaufzeit zwischen zwei Periheldurchgängen des Planeten einzusetzen. Für die Erdbahn gilt hier das anomalistische Jahr: T = **365,25964134 Tage.**

Das anomalistische Jahr der Erde hat 365,25964134 Tage.

12.5.2.   *Berechnung der exzentrischen Anomalie E*

Um den Flächensatz des zweiten Keplerschen Gesetzes zu berücksichtigen, wird eine mathematische Hilfsgröße, die exzentrische Anomalie E, eingeführt, die über die Keplersche Gleichung den Zusammenhang zwischen mittlerer und exzentrischer Anomalie herstellt. E und M sind Winkel im Bogenmaß oder Gradmaß, e ist die Exzentrizität der Ellipse. Die Keplersche Gleichung Formel 67 stellt einen transzendenten Zusammenhang zwischen E und M dar.

Formel 67: Keplersche Gleichung

$$E - e \cdot \sin(E) = M \quad \text{(Bogenmaß) oder} \quad E - \frac{180°}{\pi} \cdot e \cdot \sin(E) = M \ \text{(Gradmaß)}$$

Die Herleitung der Keplerschen Gleichung über den Flächensatz ist in der Literatur (z.B. in [19], [8]; [27]) ausführlich dargestellt. Darauf wird hier verzichtet.

Auflösung der Keplerschen Gleichung nach E:

Die Keplersche Gleichung ist eine transzendente Gleichung, weil der Winkel E im Bogenmaß und sein Sinus gemeinsam in der Gleichung vorkommen. Um E aus dieser Gleichung bei bekanntem M zu ermitteln, muss die Gleichung **iterativ** gelöst werden. Dies kann per Programm auf einem programmierbaren Taschenrechner oder auf einem PC nach folgendem Verfahren numerisch erfolgen:

Iterationsverfahren:

- Als Anfangswert für E_0 dient M oder null.
- Erster Schritt $i = 1$: $E_1 = M + e \cdot \sin(E_0)$
- Zweiter Schritt $i = 2$: $E_2 = M + e \cdot \sin(E_1)$
- Für jeden weiteren Iterationsschritt $i + 1$ gilt: $E_{i+1} = M + e \cdot \sin(E_i)$
- Die Iteration kann beendet werden, wenn $|E_{i+1} - E_i| < 10^{-7}$ ist.
  E_{i+1} erfüllt dann die Gleichung mit einer Genauigkeit von etwa 0,05".

12.5.3.   *Berechnung der wahren Anomalie und des Radius*

Bild 41: Zusammenhang zw. exzentrischer und wahrer Anomalie

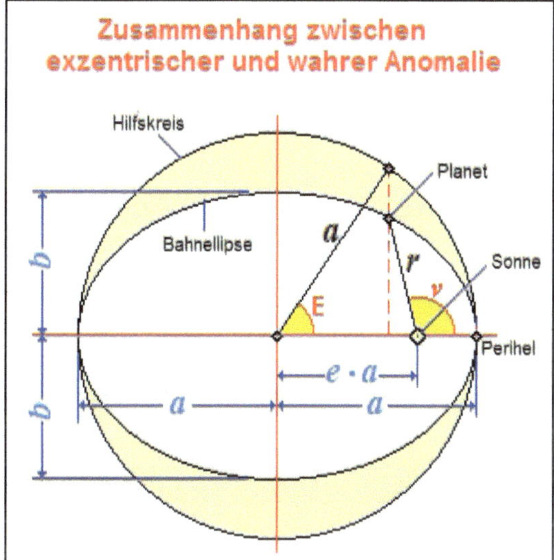

Aus der exzentrischen Anomalie E kann die wahre Anomalie v und der Abstand r von der Sonne bestimmt werden.

Die geometrischen Beziehungen zwischen E und v sind aus Bild 41 ersichtlich. Beide Winkel können sich zwischen 0 und 2π (bzw. 0° und 360°) bewegen.

Die Gleichungsansätze für r und v lassen sich aus Bild 41 und Formel 63 herleiten. E und die Halbachsen sind gegeben (Lit. [19], Seite 56):

Formel 68: Gleichungsansätze

$$r \cdot \cos(v) = a \cdot \left(\cos(E) - e\right)$$

$$r \cdot \sin(v) = a \cdot \sqrt{1 - e^2} \cdot \sin(E)$$

Aus dem Gleichungssystem der Formel 68 (zwei Gleichungen mit zwei Unbekannten) lassen sich Radius r und wahre Anomalie v als Lösungen berechnen.

12.5.3.1. Radius

Die beiden Gleichungen der Formel 68 werden quadriert und anschließend addiert. Daraus ergibt sich nach einigen Umformungen die Formel 69 für den Radius:

Formel 69: Radius

$$r = a \cdot (1 - e \cdot \cos(E))$$

12.5.3.2. Wahre Anomalie

Zur Herleitung der Formel 71 für die wahre Anomalie formen wir die beiden Gleichungen der Formel 68 um:

$$\sin(v) = \frac{a}{r} \cdot \sqrt{1 - e^2} \cdot \sin(E),$$

$$\cos(v) = \frac{a}{r} \cdot (\cos(E) - e)$$

und setzen darin aus Formel 69:

$$\frac{a}{r} = \frac{1}{(1 - e \cdot \cos(E))}.$$

12.5.3.3. Tangens des halben Winkels

Außerdem leiten wir zur Vorbereitung von Formel 71 die Beziehungen zwischen den Winkeln und ihren halben Winkeln her. Aus Bild 42 ergibt sich die Formel 70:

Formel 70: Tangens des halben Winkels

$$\tan\left(\frac{\varphi}{2}\right) = \frac{y}{x + \sqrt{x^2 + y^2}} = \frac{\sin(\varphi)}{1 + \cos(\varphi)}$$

Bei der Anwendung der Gleichung ist darauf zu achten, dass der Nenner nicht null wird, sonst gibt es undefinierte Ergebnisse.

Bild 42: Tangens des halben Winkels

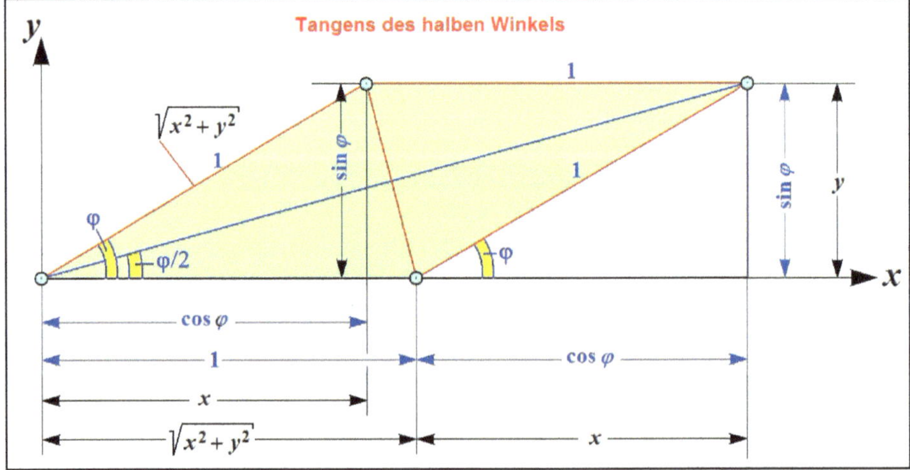

Für die Winkel ν und E aus Bild 41 ergeben sich daraus die Winkelbeziehungen

$$\tan\left(\frac{\nu}{2}\right) = \frac{\sin(\nu)}{1+\cos(\nu)} \quad \text{und} \quad \tan\left(\frac{E}{2}\right) = \frac{\sin(E)}{1+\cos(E)}.$$

Nach einigen Umformungen ergibt sich aus obigen Gleichungen der Tangens für den halben Winkel der wahren Anomalie:

Formel 71: Wahre Anomalie (Tangens)

$$\tan\left(\frac{\nu}{2}\right) = \sqrt{\frac{1+e}{1-e}} \cdot \tan\left(\frac{E}{2}\right).$$

Darin bedeuten:

E Exzentrische Anomalie im Bogenmaß,
e Exzentrizität der Ellipse,
a Große Halbachse der Ellipse,
r Abstand zur Sonne,
ν Wahre Anomalie im Bogenmaß.

Die Gleichung der Formel 71 kann über den Arkustangens direkt und eindeutig nach der wahren Anomalie ν aufgelöst werden:

Formel 72: Wahre Anomalie (Winkelwert)

$$\nu = 2 \cdot \arctan\left(\sqrt{\frac{1+e}{1-e}} \cdot \tan\left(\frac{E}{2}\right)\right)$$

Der Winkel ν liegt zwischen $-\pi$ und $+\pi$ (Bogenmaß) oder zwischen $-180°$ und $+180°$, je nach Einstellung des Winkelformats am Taschenrechner oder Computer.

12.6.   Berechnung des Bahnortes mittels Fourier-Reihen

Die Ergebnisse aus den nachstehend gezeigten Fourier-Reihen für die Mittelpunktsgleichung und den Radius können per Programm mit einem programmierbaren Taschenrechner oder einem PC berechnet werden. Als Eingabe sind nur e und M erforderlich.

12.6.1.   Mittelpunktsgleichung mit der mittleren Anomalie

Formel 73: Fourier-Reihe für Mittelpunktsgleichung (Bogenmaß)

$$
\begin{aligned}
C = (\nu - M) = &\left[2e - \frac{1}{4}e^3 + \frac{5}{96}e^5 + \frac{107}{4608}e^7 + \cdots\right] \cdot \sin(M) \\
&+ \left[\frac{5}{4}e^2 - \frac{11}{24}e^4 + \frac{17}{192}e^6 - \cdots\right] \cdot \sin(2M) \\
&+ \left[\frac{13}{12}e^3 - \frac{43}{64}e^5 + \frac{95}{512}e^7 - \cdots\right] \cdot \sin(3M) \\
&+ \left[\frac{103}{96}e^4 - \frac{451}{480}e^6 + \cdots\right] \cdot \sin(4M) \\
&+ \left[\frac{1097}{960}e^5 - \frac{5957}{4608}e^7 + \cdots\right] \cdot \sin(5M) \\
&+ \left[\frac{1223}{960}e^5 - \cdots\right] \cdot \sin(6M) \\
&+ \left[\frac{47273}{32256}e^7 - \cdots\right] \cdot \sin(7M) \\
&+ \cdots
\end{aligned}
$$

Etwas einfacher als über die Keplersche Gleichung ist die Ermittlung der wahren Anomalie v aus der mittleren Anomalie M über die Mittelpunktsgleichung. Formel 73 zeigt die Fourier-Reihen für die Mittelpunktsgleichung (Quelle: Lit. [19], dort auf Seite 66, 3.1.5.1). Hier entfällt der Umweg über die exzentrische Anomalie.
In den eckigen Klammern sind nur die wichtigsten Terme angegeben. Der Zusatz „+ …" oder „- …" soll jeweils zeigen, dass hier Terme mit höheren Potenzen als e^7 weggelassen wurden.

Wird diese Reihenentwicklung der Mittelpunktsgleichung auf die Erdbahn ($e = $ **0,016708159**) angewendet und werden alle Glieder, in denen e in höherer als dritter Potenz auftritt, gleich null gesetzt, so beträgt der Fehler gegenüber der strengen Lösung weniger als eine Bogensekunde. Im Beispiel unten verwenden wir jedoch alle in der Formel 73 angegebenen Terme.

Die **Mittelpunktsgleichung** ist keine „Gleichung", sondern eine Bezeichnung für die Winkeldifferenz zwischen der wahren und der mittleren Anomalie. Sie ist also eine **Abweichung**, die als Winkelwert $C = v$ - M (im Bogenmaß) angegeben wird.

Die Mittelpunktsgleichung wird aus einer Fourier-Reihenentwicklung gewonnen (Herleitung für (v-M) in Lit. [27], dort ab Seite 87 zu finden), die mit den Eingabewerten e und M durchgeführt wird. Die in Formel 73 gezeigte Reihenentwicklung für (v - M) sollte nur für Ellipsen mit sehr kleinen Exzentrizitäten ($e < $ **0,3**) verwendet werden, da die dort nicht aufgeführten Terme sonst nicht vernachlässigt werden können. Dort sind in den eckigen Klammern nur die wichtigsten Terme angegeben. Der Zusatz „+ …" oder „- …" soll jeweils zeigen, dass Terme mit höheren Potenzen als e^7 weggelassen wurden.

Wird diese Reihenentwicklung der Mittelpunktsgleichung auf die Erdbahn ($e = $ **0,016708159**) angewendet und werden alle Glieder, in denen e in höherer als dritter Potenz auftritt, gleich null gesetzt, so beträgt der Fehler gegenüber der strengen Lösung weniger als eine Bogensekunde. Im Beispiel unten verwenden wir jedoch alle in der Fourier-Reihe angegebenen Terme.

Hier sei noch die Mittelpunktsgleichung der Sonne (Quelle: Lit.[18], Seite 168) für die Erdbahn im Gradmaß (°) angegeben:

Formel 74: Mittelpunktsgleichung der Sonne (für Erdbahn in Grad)

$$C = +\left(1{,}914600° - 0{,}004817° \cdot T - 0{,}000014° \cdot T^2\right) \cdot \sin(M)$$
$$+\left(0{,}019993° - 0{,}000101° \cdot T\right) \cdot \sin(2M)$$
$$+ 0{,}000290° \cdot \sin(3M)$$

Aus C ergibt sich die wahre Anomalie:

Formel 75: Wahre Anomalie (Winkelwert)

$$v = C + M$$

12.6.2. *Entwicklung des Radius aus der mittleren Anomalie*

Auch der Quotient r/a kann direkt durch eine Fourier-Reihenentwicklung aus der mittleren Anomalie M und der Exzentrizität e ermittelt werden. Formel 76 zeigt die aus Lit. [19], Seite 66, 3.1.5.2, entnommene Reihenentwicklung.

In den eckigen Klammern sind nur die wichtigsten Terme angegeben. Der Zusatz „+ …" oder „- …" soll jeweils zeigen, dass hier Terme mit höheren Potenzen als e^7 weggelassen wurden.

Wie das nachfolgende Beispiel zeigt, erreichen diese gekürzten Reihen die erforderliche Genauigkeit.

Auch der umgekehrte Quotient a/r lässt sich über Fourier-Reihen (Herleitung für a/r in Lit. [27], dort ab Seite 89 zu finden) entwickeln.

Formel 76: Fourier-Reihe für Radius

$$
\begin{aligned}
\frac{r}{a} =\ & \left[1+\frac{1}{2}e^2\right] \\
&-\left[e-\frac{3}{8}e^3+\frac{5}{192}e^5-\frac{7}{9216}e^7+\cdots\right]\cdot\cos(M) \\
&-\left[\frac{1}{2}e^2-\frac{1}{3}e^4+\frac{1}{16}e^6-\cdots\right]\cdot\cos(2M) \\
&-\left[\frac{3}{8}e^3-\frac{45}{128}e^5+\frac{567}{5120}e^7-\cdots\right]\cdot\cos(3M) \\
&-\left[\frac{1}{3}e^4-\frac{2}{5}e^6+\cdots\right]\cdot\cos(4M) \\
&-\left[\frac{125}{384}e^5-\frac{4375}{9216}e^7+\cdots\right]\cdot\cos(5M) \\
&-\left[\frac{27}{80}e^6-\cdots\right]\cdot\cos(6M) \\
&-\left[\frac{16807}{46080}e^7-\cdots\right]\cdot\cos(7M) \\
&-\cdots
\end{aligned}
$$

12.7.   Berechnungsbeispiel

Wir wollen berechnen, welche wahre Anomalie v die Erde genau ein Vierteljahr nach dem Periheldurchgang erreicht. Dabei benutzen wir die oben angegebenen Formeln. Welches Kalenderdatum die beiden Punkte jeweils haben, ist für die Berechnung nicht von Bedeutung.

12.7.1.   *Angaben für die Erdbahn*

e = 0,016708159 (am 1.01.2002),

AE = 149597870000 m.

Nach Definition der *IAU* ist die große Halbachse **Erde-Sonne:**

a = 1,000000031 · AE = 149597874638 m

Wir nehmen hier als große Halbachse der Bahn der Erde nicht den Abstand des Erdmittelpunkts vom gemeinsamen Schwerpunkt Erde-Sonne, sondern verwenden die von der IAU definierte Halbachse Planet-Sonnenmittelpunkt mit a = **149597874638 m**. Dann ergibt sich mit r aus den Formeln der tatsächliche momentane Abstand der Erde von der Sonne (Erläuterung: siehe oben).

12.7.2.   *Zeitangaben*

Vorgabe: Mittlere Anomalie M = **90°** (exakt ein Vierteljahr).

Formel 66: $M = 2\pi \cdot (t - t_0) / T$,
nach Vorgabe gilt $(t - t_0) / T = \frac{1}{4}$;
daraus folgt:
$M = 2\pi/4 = \pi/2$ oder **90°**.

12.7.3.   *Beispiel für exzentrische Anomalie*

Mit der Keplerschen Gleichung Formel 67:

$$M = E - e \cdot \sin(E) = \pi/2$$

Iteration:

$E_0 = \pi/2 = 1{,}5707963268$

$E_1 = M + e \cdot \sin(E_0) = \pi/2 + 0{,}016708159 \cdot \sin(1{,}5707963268) = 1{,}5875044858.$
$E_2 = M + e \cdot \sin(E_1) = \pi/2 + 0{,}016708159 \cdot \sin(1{,}5875044858) = 1{,}58750215371.$
$E_3 = M + e \cdot \sin(E_2) = \pi/2 + 0{,}016708159 \cdot \sin(1{,}58750215371) = 1{,}58750215436.$
$E_4 = M + e \cdot \sin(E_3) = \pi/2 + 0{,}016708159 \cdot \sin(1{,}58750215436) = 1{,}58750215436.$

Bild 43: Iterationswerte für exzentrische Anomalie

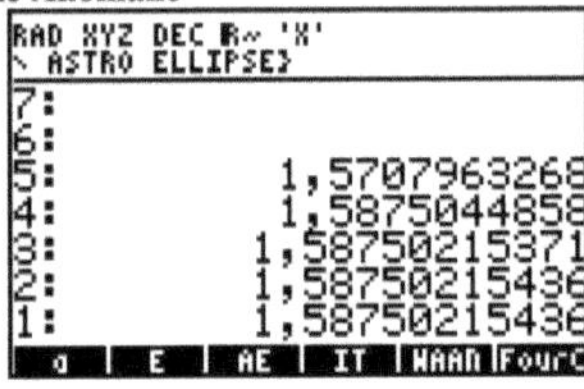

$E = 1{,}58750215436$ rad

Mit Formel 71 wird aus **E** die wahre Anomalie **v** berechnet:

$$\tan\left(\frac{v}{2}\right) = \sqrt{\frac{1+0{,}016708159}{1-0{,}016708159}} \cdot \tan\left(\frac{1{,}58750215436}{2}\right) = 1{,}03398091524 \; .$$

Daraus folgt:

$v = 2 \cdot \mathbf{arctan}(1{,}03398091524) = 1{,}60420642817$ rad

oder in Grad: $v = 91{,}9142578019° = 91°54'51{,}328087"$

Ergebnisse:

Bild 44: Elliptische Bahn (Berechnung)

Da die Erde in Sonnennähe schneller läuft als in Sonnenferne, ist die wahre Anomalie **v** genau ein Vierteljahr nach Periheldurchgang etwas größer als 90°, was zu erwarten war.

Radius aus Brennpunkt-Gleichung (Formel 65):

$$r = a \cdot \frac{\left(1-e^2\right)}{1+e \cdot \cos(v)} = 149597874638 \cdot 1{,}00027911064 = 149639628997 \text{ m.}$$

Radius aus **E** (Formel 69):
$r = a \cdot (1 - e \cdot \cos(E)) = 149597874638 \cdot 1{,}00027911064 = 149639628997$ m.

12.7.4. Beispiel für Mittelpunktsgleichung mit Fourier-Reihen

$M = 2\pi/4 = \pi/2$ oder $90°$.
$e = 0{,}016708159$,
$a = 149597874638$ m (wie oben)

Ergebnisse mit der Fourierreihe nach Lit. [19], 3.1.5.1, Seite 66:

> Hier in diesem Beispiel ergeben sich aufgrund des gewählten Wertes $M = 90°$ folgende Vereinfachungen: Die Terme mit **sin(2M)**, **sin(4M)** und **sin(6M)** müssen nicht ermittelt werden, weil die Sinuswerte null sind (**2M = 180°**, **4M = 360° 6M = 540°**).

$C = v - M$
$= [3{,}34151519946 \cdot 10^{-2}] \cdot \sin(M)$
$+ [5{,}05210900842 \cdot 10^{-6}] \cdot \sin(3M)$
$+ [1{,}48744601431 \cdot 10^{-9}] \cdot \sin(5M)$
$+ [5{,}32724720294 \cdot 10^{-13}] \cdot \sin(7M)$

$= [3{,}34151519946 \cdot 10^{-2}] \cdot 1$
$+ [5{,}05210900842 \cdot 10^{-6}] \cdot (-1)$
$+ [1{,}48744601431 \cdot 10^{-9}] \cdot 1$
$+ [5{,}32724720294 \cdot 10^{-13}] \cdot (-1)$
$= \mathbf{3{,}34101013725 \cdot 10^{-2}}$ **rad**

Umgerechnet in Grad: $C = \mathbf{1{,}91425780175°}$

$v = C + M = 1{,}91425780175° + 90° = 91{,}91425780175° = 91°54'51{,}328086''$.

Hier werden zum Vergleich mit obiger Berechnung nur die am Taschenrechner abgelesenen Ergebnisse angegeben:

Bild 45: Mittelpunktsgleichung aus Fourier-Reihen

12.7.5. Ergebnisvergleich der beiden Verfahren

Aus E:	$v = 91°54'51{,}328087''$
aus Reihen:	$v = 91°54'51{,}328086''$

Die Differenz $|\Delta v| = 0{,}000001''$ (Bogensekunden) zwischen beiden Ergebnissen ist sehr gering.

12.7.6. Radius aus Fourier-Reihen

$M = 2\pi/4 = \pi/2 = 1{,}5707963268$ rad oder $90°$.
$e = 0{,}016708159$,
$a = 149597874638$ m (wie oben)

Ergebnisse mit der Fourier-Reihe aus Lit.[19], 3.1.5.2, Seite 66:

Hier in diesem Beispiel ergeben sich aufgrund des gewählten Wertes $M = 90°$ folgende Vereinfachungen: Die Terme mit **cos(M)**, **cos(3M)**, **cos(5M)** und **cos(7M)** müssen nicht ermittelt werden, weil die Kosinuswerte null sind (**M = 90°**, **3M = 270° 5M = 450°**, **7M = 630°**).

$r / a =$

[1,00013958129]

- $[1{,}39555312696 \cdot 10^{-4}] \cdot \cos (2M)$
- $[2{,}59685459132 \cdot 10^{-8}] \cdot \cos (4M)$
- $[7{,}34252398951 \cdot 10^{-12}] \cdot \cos (6M)$

= [1,00013958129]

- $[1{,}39555312696 \cdot 10^{-4}] \cdot (-1)$
- $[2{,}59685459132 \cdot 10^{-8}] \cdot 1$
- $[7{,}34252398951 \cdot 10^{-12}] \cdot (-1)$

= 1,00027911064

Daraus ergibt sich:

$r = a \cdot 1{,}00027911064 = 149597874638 \cdot 1{,}00027911064 = 149639628997$ m

Hier zum Vergleich die Taschenrechner-Ergebnisse:

Bild 46: Radius aus Fourier-Reihen

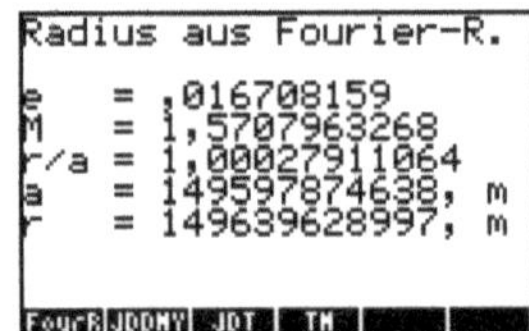

Dieses Ergebnis stimmt mit dem Ergebnis der Berechnung aus E (Bild 44) überein.

Die Übereinstimmung der Ergebnisse aus zwei verschiedenen Verfahren (Diversifikation) ist der Beweis dafür, dass die berechnete Lösung, die sich aus den Angaben ergeben muss, richtig ist.

12.7.7. *Bemerkungen zu den Taschenrechner-Ergebnissen*

Die Menüleisten am unteren Rand der Bildschirm-Darstellungen von Bild 43 bis Bild 46 enthalten die Variablen und Programme, die per Menütasten abgerufen werden können.

a	Große Halbachse,
E	Iterationswert E_n (Abschnitt 12.7.3),
AE	Abstand Sonne - Erde,
IT	Programm für Iteration für *E* (Abschnitt 12.7.3),
WAAN	Programm für Wahre Anomalie (Abschnitt 12.7.3),
FourC	Programm für Fourier-Reihe C Mittelpunktsgleichung (Abschnitt 12.7.4),
FourR	Programm für Fourier-Reihe Radius (Abschnitt 12.7.6),
JDDMY	Programm zur Umrechnung des *JD* in das Kalenderdatum D.M.Y (Tag, Monat, Jahr).

12.8. **Lage der Bahnebene im Raum**

Bei den obigen Berechnungen haben wir uns innerhalb der **Bahnebene der Erde** bewegt.

Um die Positionen der anderen Planeten gegenüber der Erde in Bezug zur Sonne angeben zu können, mussten die Astronomen ein Bezugssystem schaffen, auf das sich alle Planetenbahnen stützen können.

12.8.1. *Die Ekliptik*

Die Astronomen haben als **Bezugsebene im Sonnensystem** die Bahnebene ihres eigenen Heimatplaneten Erde gewählt. Diese Bezugsebene heißt **Ekliptik**. Eine anschauliche Zeichnung ist auf Bild 47 zu sehen. Es ist nur eine Prinzipdarstellung: Die gezeichnete Ellipse ist nicht mit der Bahnellipse identisch, weil hier die Sonne im Zentrum der Ellipse und nicht im Brennpunkt gezeichnet ist.

Bild 47: Lage von Ekliptik und Äquatorebene

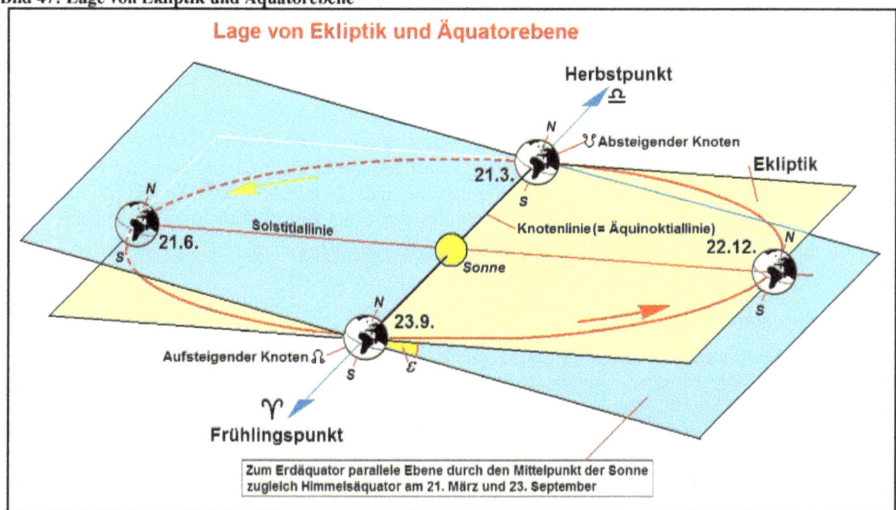

Die Erde bewegt sich in ihrer Bahnebene (Ekliptik) um die Sonne. Zusätzlich gibt es eine zweite Bezugsebene. Sie ist die Äquatorebene der Erde. Zu den Äquinoktien geht sie durch den Mittelpunkt der Sonne. Dann schneiden sich beide Ebenen in einer Linie unter dem Winkel ε. Dieser Winkel heißt **Schiefe der Ekliptik ε**. Die Schnittlinie läuft durch den Mittelpunkt der Sonne; sie wird Knotenlinie genannt wird, weil die Bahn der Erde an zwei Stellen (Knoten) auf dieser Linie die Ebene durchstößt.

12.8.2. Die Schiefe der Ekliptik

Die Schiefe der Ekliptik schwankt mit einer mittleren Periode von 40000 Jahren zwischen den Extremwerten 21°55' und 24°18'. Für J2000,0 gilt der Winkel $\varepsilon = 23°26'21,45"$, er nimmt pro Julianisches Jahrhundert um etwa 46,82" ab.

Der genaue Wert der Ekliptikschiefe für J2000,0 als Funktion der Zeit lautet (siehe Lit. [20], Seite 18 und Lit. [18], Seite 149, Gleichung 21.2.):

Formel 77: Ekliptikschiefe als Funktion der Zeit

$$\varepsilon = 23°26'21,448" - 46,8150" \cdot T - 0,00059" \cdot T^2 + 0,001813" \cdot T^3$$
$$= 23,43929111° - 0,01300416667° \cdot T - 0,00000016389° \cdot T^2 + 0,00000050361° \cdot T^3$$

wobei $T = \dfrac{JD - 2451545}{36525}$ die Zeit in Julianischen Jahrhunderten bedeutet, die seit dem 1.1.2000, 12^h vergangen ist.

12.8.3. Frühlingspunkt und Herbstpunkt

Der **Frühlingspunkt ♈** ist eine Stelle am Himmelsgewölbe, wo sich die Sonne am 21. März (Frühlingsanfang), von der Erde aus gesehen, (scheinbar) befindet. Die Sonne kreuzt zu diesem Zeitpunkt den Himmelsäquator von der Südseite zur Nordseite. Deshalb heißt dieser Kreuzungspunkt auch **aufsteigender Knoten ☊**.

Der **Herbstpunkt** ♎ ist eine Stelle am Himmelsgewölbe, wo sich die Sonne, am 23. September (Herbstanfang), von der Erde aus gesehen, (scheinbar) befindet. Die Sonne kreuzt zu diesem Zeitpunkt den Himmelsäquator im **absteigenden Knoten**☋, weil sie dort von der Nordseite zur Südseite des Himmelsäquators wechselt.

Die Verbindungslinie von Frühlingspunkt zum Herbstpunkt heißt Knotenlinie. Wenn die Sonne auf ihrem (scheinbaren) Lauf um die Erde zweimal im Jahr durch die Knotenlinie läuft, dann ist auf der Erde Tagundnachtgleiche (**Äquinoktium**). Diese Linie heißt auch Äquinoktiallinie. Die Knotenlinie gibt die Richtung zum Frühlingspunkt an ist definiert durch die Schnittlinie der Ekliptik mit der Äquatorebene der Erde, die an den beiden Äquinoktien durch den Sonnenmittelpunkt geht (siehe Bild 47).

Die Verbindungslinie des Winterpunktes mit dem Sommerpunkt (21. Juni und 22. Dezember) heißt Solstitiallinie.

Bemerkungen zum Frühlingspunkt

Bedingt durch die Präzession (siehe 13.2.1 auf Seite 144) der Erdachse ändert sich im Laufe der Zeit die Äquatorebene der Erde, sodass die Knotenlinie auf der Ekliptik und damit der Frühlingspunkt wandert. Auch die Ekliptik verändert aufgrund der gegenseitigen Gravitation der Planeten ihre Lage im Raum. Es fehlen also feste Bezugsebenen und Bezugsrichtungen. Diese ändern sich zeitabhängig im Raum. Dieses Problem ist im Kapitel 18 auf Seite 187 beschrieben.

Um einen festen Bezugspunkt zu haben, verwenden Astronomen denjenigen Frühlingspunkt, der zu einem bestimmten Zeitpunkt gegolten hat und beziehen alle Berechnungen auf diesen Zeitpunkt. Siehe dazu Abschnitt 16.2 auf Seite 162.

12.9.   Die Jahreszeiten der Erde

Die Schiefe der Ekliptik ist die Ursache der Jahreszeiten auf der Erde.

12.9.1.   *Tagundnachtgleiche*

Die Sonne läuft im Jahr zweimal durch die Knotenlinie: am 21. März (Frühlingsanfang) und am 23. September (Herbstanfang). An diesen beiden Tagen herrscht Tagundnachtgleiche. Der Tag (das Tageslicht) und die Nacht (die Dunkelheit) sind also zeitlich gleich lang. Zu diesen Zeitpunkten steht die Erdachse genau rechtwinklig zu der Knotenlinie, die genau auf den Sonnenmittelpunkt zeigt.

Die Sonne steht also genau 90° über dem Äquator, beide Halbkugeln der Erde erhalten gleich viel Sonnenschein (Energie).

Sonnenaufgang (Refraktion vernachlässigt) ist an diesen beiden Tagen auf der ganzen Erde um 6.00 Uhr morgens (Ortszeit) und Sonnenuntergang um 18.00 Uhr abends (Ortszeit). Am Nordpol und am Südpol steht die Sonne genau am Horizont (wegen der Refraktion um 34 Bogenminuten höher).

Liefe die Erde in ihrer Äquatorebene um die Sonne, oder stünde die Erdachse senkrecht auf der Bahnebene (Normalenvektor zur Ekliptik), so wäre das ganze Jahr jeden Tag Tagundnachtgleiche und es gäbe keine Jahreszeiten.

Da aber die Erde in der Ekliptik um die Sonne läuft und die Erdachse schräg zur Ekliptik steht (siehe Bild 47), neigt sie sich zu Sommeranfang mit dem Nordpol um 23,5° zur Sonne und zu Winteranfang mit dem Südpol um 23,5° zur Sonne.

12.9.2.   *Wechsel zwischen Winter und Sommer*

Bei Betrachtung des Umlaufs der Erde um die Sonne auf Bild 47 ist zu sehen, dass am 21. März die Richtung zur Sonne, von der Erde aus gesehen, vom Süden der Äquatorebene zum Norden wechselt. Die Richtung zur Sonne liegt damit nördlich des Äquators. Dies dauert bis zum 23. September, an dem die Richtung zur Sonne vom Norden der Äquatorebene zum Süden wandert.

Die Sonne wandert also (vom Äquator aus gesehen), beginnend am Frühjahrs-Äquinoktium (Frühlingsanfang), an dem sie genau 90° über dem Äquator steht, um 23,5° nach Norden und steht am 21. Juni genau 90° über dem nördlichen Wendekreis (Sommeranfang, nördliche Sonnenwende), wandert dann zurück zum Herbst-Äquinoktium (Herbstanfang) am 23. September, wo sie wieder 90° über dem Äquator steht. Dann wandert sie weiter nach Süden und steht am 21. Dezember 90° über dem südlichen Wendekreis (Winteranfang, südliche Sonnenwende). Von dort wandert sie wieder zum Frühjahrs-Äquinoktium.

12.9.3.   Unterschiede zwischen Nord- und Südhalbkugel

Wenn sich die Sonne nördlich der Äquatorebene der Erde befindet, hat die Nordhalbkugel Sommer und die Südhalbkugel Winter. Befindet sich die Sonne südlich der Äquatorebene der Erde, ist es umgekehrt. Kleine Unterschiede ergeben sich noch aus dem Sonnenabstand, der zu Jahresbeginn am kleinsten (Perihel 147100000 km) und im Juli am größten ist (Aphel 152100000 km), siehe Bild 48.

Durch den unterschiedlichen Sonnenabstand erhält die Erde eine unterschiedlich starke Energieeinstrahlung, die zu Jahresbeginn größer ist als im Juli, weil die Erde im Januar (Winter auf der Nordhalbkugel) näher an der Sonne ist. Für die Nordhalbkugel werden die Winter dadurch etwas milder und die Sommer etwas kühler. Für die Südhalbkugel ergeben sich zu Jahresbeginn durch die höhere Sonneneinstrahlung heißere Sommer und im Juli durch geringere Sonneneinstrahlung strengere Winter als auf der Nordhalbkugel.

Die Südhalbkugel ist momentan im Nachteil. Durch Präzession und Perihelwanderung (siehe 13.2 auf Seite 144) wird die Nordhalbkugel in etwa zwölftausend Jahren diesen Vorteil verlieren und den Nachteil übernehmen. Die Eiszeiten, die es vor elftausend Jahren auf der Nordhalbkugel gegeben hat, hängen vermutlich damit zusammen.

Der Lauf der Erde auf ihrer Bahn um die Sonne zwischen 21. März und 23. September (Herbst und Winter auf der Südhalbkugel) dauert wegen des größeren Abstands zur Sonne 182 Stunden länger als vom 23. September bis 21. März (Herbst und Winter auf der Nordhalbkugel). Tabelle 44 zeigt die unterschiedlichen Längen der Jahreszeiten (Quelle: [10], Seite 43) auf der Nord- und Südhalbkugel.

Tabelle 44: Länge der Jahreszeiten

Jahreszeit	Nordhalbkugel	Südhalbkugel
Frühling	$92^d\,18^h$ = 2226 h	$89^d\,20^h$ = 2156 h
Sommer	$93^d\,16^h$ = 2248 h	$89^d\,0^h$ = 2136 h
Herbst	$89^d\,20^h$ = 2156 h	$92^d\,18^h$ = 2226 h
Winter	$89^d\,0^h$ = 2136 h	$93^d\,16^h$ = 2248 h

12.10.   Bahnelemente der Erde

Wir kennen aus den obigen Betrachtungen des Bahnortes in der Bahnebene folgende Größen:

- **Wahre Anomalie v** ist der Winkel zwischen der Richtung zum Perihel und zum momentanen Ort des Planeten zu einem bestimmten Zeitpunkt t.

- **Parameter p** der Ellipse ist die Länge der Senkrechten zur Apsidenlinie von der Planetenbahn zum Zentralgestirn im Brennpunkt. Die Apsidenlinie verbindet Aphel und Perihel.

- **Mittlere Anomalie M** ist der Winkel, den der Planet hätte, wenn er sich mit gleicher Winkelgeschwindigkeit vom Zeitpunkt des Periheldurchgangs t_0 bis zum Zeitpunkt t gleichmäßig vorwärts bewegte.

Bild 48: Bahnebene der Erde (Ekliptik)

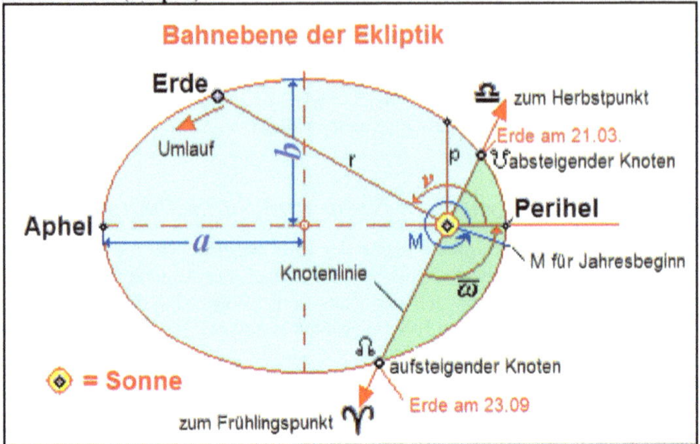

In Bild 48 gilt die Winkelangabe der mittlere Anomalie M für den Zeitpunkt des Jahresbeginns ab dem Perihel. Der südlich der Äquatorebene befindliche Bereich der Ekliptik ist hell gekennzeichnet, der nördlich der Äquatorebene befindliche Teil ist dunkler gekennzeichnet.

Die Bezugsrichtung der Ekliptik im polaren Koordinatensystem zeigt zum **Frühlingspunkt ♈**.

12.11. Bahnelemente für die elliptische Bahn

Alle Planeten haben die Sonne als Zentralgestirn. Die Monde der Planeten haben den jeweiligen Planeten als Zentralgestirn. Die Ebenen der Planetenbahnen und auch die Ebene unseres Mondes weichen in der Lage nur geringfügig voneinander und von der Ekliptik (Bahnebene der Erde) ab. Der Name „Ekliptik", der mit „Verfinsterung" übersetzt werden kann, ist auf die Tatsache zurückzuführen, dass bei der konzentrischen und nahezu parallelen Lage der Bahnebenen die Planeten sich gelegentlich gegenseitig abschatten können (z. B. Durchgang eines Planeten vor einem anderen) oder unser Mond die Sonne verdecken oder von der Erde abgeschattet werden kann (Finsternisse).

Die Bezugsrichtung der Bahnellipse für die Umlaufbewegung ist die Apsidenlinie mit der positiven Richtung von der Sonne zum Perihel. Diese Richtung wird über den Winkel ϖ (zwischen der Richtung zum aufsteigenden Knoten ☊ und dem Periheldurchgang) an die Ekliptik „angehängt". Damit ist auch die (Dreh-)Richtung innerhalb einer Planetenebene in der Lage zur Ekliptik bestimmt. Der Winkel ϖ heißt **Perihellänge** (Längengrad des Perihels ab Frühlingspunkt).

Die Größen, die für die Berechnung eines Planetenortes benötigt werden, sind die 7 Bahnelemente. Wir betrachten hier nur die Bahnelemente der Planeten.

Tabelle 45: Bahnelemente der Planeten

e	Exzentrizität (bestimmt die Bahnform)
a	große Halbachse (bestimmt die Bahngröße)
T	Umlaufzeit
t_0	Zeitpunkt des Periheldurchgangs des Planeten auf seiner Bahn (Angabe durch Datum und Uhrzeit)
ϖ	Winkel zwischen Perihel und aufsteigenden Knoten in der Bahnebene
Ω	Länge des aufsteigenden Knotens ☊ in der Ekliptik
i	Winkel zwischen Ekliptik und Bahnebene (Inklination)

Dabei legen die ersten vier Elemente den Ort **innerhalb der Bahnebene** fest; die restlichen Elemente dienen zur räumlichen Orientierung der Planetenebene zur Ekliptik.

Theoretisch wären nur 6 Bahnelemente nötig, weil die Umlaufzeit T und die Halbachse a über die Gravitation nach dem dritten Keplerschen Gesetz gekoppelt sind.

Erläuterung der Bahnelemente elliptischer Bahnen

- e ist die Exzentrizität der Ellipse; sie bestimmt die Form der Ellipse.

- Die große Halbachse a bestimmt die Größe der Bahn, daraus werden Entfernungen berechnet.

- Die Umlaufzeit T kann ersatzweise auch durch den Wert der mittleren Anomalie M für einen bestimmten Zeitpunkt t und der zeitlichen Änderung dieses Wertes pro Zeiteinheit angegeben werden. Damit ist auch der Zeitpunkt t_0 des Periheldurchgangs festgelegt, weil die mittlere Anomalie auf das Perihel bezogen ist, denn für das Perihel gilt: $M \bmod 360° = 0°$

- Da sich jede Planetenebene mit der Ekliptik wegen des gemeinsamen Zentralgestirns schneiden muss, muss nur die Lage der Knotenlinie zum Frühlingspunkt (**Länge Ω des aufsteigenden Knotens**) und der Winkel zwischen den Normalenvektoren beider Ebenen (Schnittwinkel = **Inklination i**) angegeben werden, um den Bezug zwischen der Planetenebene und der Ekliptik anzugeben. Für die Bahn der Erde ist $\Omega = 0$, weil die Richtung zum aufsteigenden Knoten als Frühlingspunkt definiert ist.

12.12. Bemerkungen zu den Bahnelementen der Erde

Die meisten Bahnelemente in der Tabelle 46 sind auf das Äquinoktium J2000 bezogen und haben daher einen Zeit-Term mit dem Formelzeichen T. (T ist ein Berechnungszeitpunkt. Bitte nicht mit der Umlaufzeit T bei Formel 66 verwechseln!).

JD ist das Julianische Datum des Berechnungszeitpunktes.

$$T = \frac{JD - 2451545{,}0}{36525}$$. T sind Julianische Jahrhunderte zu 36525 Tagen, die seit dem **1. Januar 2000,** 12^h TT, vergangen sind (Äquinoktium J2000).

12.12.1. Inklination

Die Inklination i und i_0 ist die Bahnneigung bezogen auf die Ekliptik. Die Bahnebene der Erde ist aber immer mit der Ekliptik identisch, sie ist die zu jedem Berechnungszeitpunkt gültige Erdbahn, deshalb ist die aktuelle Inklination der Erdbahn immer $i = 0{,}0°$.

Da sich die Ekliptik im Laufe der Zeit ändert, ergibt sich ein Winkel zu der Ekliptik, die zum Zeitpunkt der Epoche J2000 gegolten hat, dieser wird in der Literatur mit $i_0 = 0{,}0° + 0{,}0131° \cdot T$ angegeben.

12.12.2. Zeitpunkt des Periheldurchgangs

Wenn die Erde auf ihrer Bahn das Perihel durchläuft, nennt man diesen Vorgang Periheldurchgang. Aus Formel 84 $\boxed{M = 357{,}5256° + 35999{,}0498° \cdot T}$ lässt sich der Zeitpunkt t_0 des Periheldurchgangs berechnen, wenn $M = n \cdot 360°$ mit $\boxed{n = \text{(Jahreszahl - 1999)}}$ ($n = 1$ für Jahr 2000, $n = 2$ für Jahr 2001, $n = 3$ für Jahr 2002, usw.) gesetzt und nach T aufgelöst wird. Aus T ergibt sich dann JD, aus dem sich mit den bekannten Formeln (siehe Seite 65) Datum und Uhrzeit ergeben. Damit lassen sich die Angaben in den Jahrbüchern nachrechnen.

Beispiel:

Der Zeitpunkt t_0 des Periheldurchgangs für das Jahr 2011 soll berechnet werden.

$n = 12$, $M = 12 \cdot 360° = 4320°$, wird in Formel 84 eingesetzt:

$4320° = 357{,}5256° + 35999{,}0498 \cdot T$.

Die Auflösung nach T ergibt: $T = 0{,}110071638613$, daraus wird berechnet: $JD = 2455565{,}3666$.

Aus diesem JD ergibt sich der 03.01.2011, $20^h47^m54{,}24^s$ UT.

12.12.3. *Umlaufzeit*

Aus Formel 84 lässt sich auch die Umlaufzeit der Erde berechnen. Der Term **35999,0498°** $\cdot$ *T* enthält die Winkelbewegung pro Julianisches Jahrhundert in Grad.

Die mittlere tägliche Bewegung gibt sich aus

$$\frac{35999,0498°}{36525\ \text{d}} = 0,985600268309°/\text{d}, \text{ woraus sich mit } \frac{360°}{0,985600268309°/\text{d}} = 365,259640825\ \text{d}$$

die Umlaufzeit der Erde in einem anomalistischen Jahr (siehe 12.5.1 auf Seite 126) ergibt.

Die Ungenauigkeit dieses Ergebnisses ab der 6. Kommastelle ist hinnehmbar, weil der Term in Formel 84 mit 9 signifikanten Stellen angegeben ist und das Ergebnis in 8 signifikanten Stellen mit dem „genauen" Wert (365,25964134) übereinstimmt.

12.12.4. *Tabelle der Bahnelemente der Erde*

In Lit. [19], Seite 139, sind für die Erde folgende Bahnelemente angegeben, dabei ist *T* ein Berechnungszeitpunkt, der über das *JD* mit dem Kalenderdatum zusammenhängt.

Tabelle 46: Bahnelemente der Erde

Bahnelement	Erläuterung	Werte (Erde)
a	große Halbachse der Erdbahn	**Formel 78: Halbachse a** $a = 1,000000031 \cdot AE = \mathbf{149597874638\ m}$
e	Exzentrizität	**Formel 79: Exzentrizität** $e = 0,016709 - 0,000042 \cdot T$ (siehe auch Formel 87)
i	Inklination Bahnneigung für Ekliptik des Datums	$i = \mathbf{0,0°}$
i_0	Inklination Bahnneigung für Ekliptik von J2000,0	**Formel 80: Inklination** $i_0 = 0,0° + 0,0131° \cdot T$
Ω	Länge des aufsteigenden Knotens ☊ für Äquinoktium des Datums	$\Omega = \mathbf{0}$, für die Erde nicht definiert
Ω_0	Länge des aufsteigenden Knotens ☊ für Äquinoktium von J2000,0	**Formel 81: Länge aufsteigender Knoten** $\Omega_0 = 174,876° - 0,242° \cdot T$
ϖ	Länge des Perihels Äquinoktium des Datums	**Formel 82: Länge des Perihels** $\varpi = 102,9400° + 1,7192° \cdot T$
ϖ_0	Länge des Perihels für Äquinoktium von J2000,0	**Formel 83: Länge des Perihels** $\varpi_0 = 102,9400° + 0,3222° \cdot T$
M	mittlere Anomalie	**Formel 84: Mittlere Anomalie** $M = 357,5256° + 35999,0498° \cdot T$
L	mittlere Länge für Äquinoktium des Datums	**Formel 85: Mittlere Länge** $L = M + \varpi = 100,4656° + 36000,7690° \cdot T$
L_0	mittlere Länge für Äquinoktium von J2000,0	**Formel 86: Mittlere Länge** $L_0 = M + \varpi_0 = 100,4656° + 35999,3720° \cdot T$

Der genauere Wert für die Exzentrizität der Erdbahn ist nach Lit.[18], Seite 167, Gleichung 24.4:

Formel 87: Exzentrizität e der Erdbahn

$$e = 0,016708617 - 0,000042037 \cdot T - 0,0000001236 \cdot T^2$$

12.13. Beispiel: Berechnung der wahren Anomalie und des Radius

12.13.1. Berechnungszeitpunkt

Man berechne mit den angegebenen Bahnelementen der Erde die wahre Anomalie der Erde für den **1. September 2002, 12^h UT.**

Dynamische Zeit (Ephemeridenzeit):
Zuerst muss aus der Weltzeit UT die Dynamische Zeit TT berechnet werden, weil die Bahnelemente für das Äquinoktium J2000,0 auf diese bezogen sind.
Wegen **TT = UT + ΔT** und **ΔT = 65,5 s** (siehe Tabelle 12 auf Seite 51) müssen 65,5 Sekunden addiert werden.
Für **12^h UT** ergibt sich damit die Dynamische Zeit **12^h 01^m 05,5^s Uhr TT.**

Julianisches Datum:
Die Bahnelemente sind für den **1.01.2000, 12^h TT** angegeben.
Dafür gilt: *JD* = 2451545,0
Für **01.09.2002, 12^h TT** gilt: *JD* = 2452519,0.
Die Korrektur um 65,5 Sekunden ergibt für dieses Datum die
Dynamische Zeit 12^h 01^m 05,5^s Uhr TT:
JD = 2452519,0 + 65,5/(3600·24) = **2452519,00076**

12.13.2. Wahre Anomalie aus E

Für die Berechnung des Bahnortes (*v* und *r*) müssen *e, a* und *M* als aktuelle Bahnelemente ermittelt werden.

$$T = \frac{JD - 2451545,0}{36525} = (2452519,00076 - 2451545,0000)/36525 =$$
974,00076/36525 = 0,0266666874743 (auf TT bezogen).

Daraus nach Formel 79 (Seite 140):
e = 0,016709 - 0,000042 · *T* = 0,0167078799991 und nach Formel 84:
M = 357,5256° + 35999,0498° · *T* = 1317,50101039° MOD 360° = 237,50101039°,
umgerechnet ins Bogenmaß: *M* = 4,14517460811 rad.

a = 1,000000031 · **AE** = 149597874638 m (wie oben im Beispiel).

Mit *e* und *M* wird nun *E* durch Iteration nach Formel 67 $\boxed{E - e \cdot \sin(E) = M}$ ermittelt:
E = 4,13120989631 rad.

E und *e* werden nun in Formel 72 eingesetzt. Daraus ergibt sich *v* = -124,095617308° als negativer Winkel, dieser wird in einen positiven Winkel im Bereich 0° bis 360° umgerechnet:
v = 360° - 124,095617308° = 235,904382692°.

Nun wird der Radius aus *E* mit Formel 69 berechnet: *r* = 150970104543 m.

Hier zum Vergleich das zusammengefasste Ergebnis aus dem Taschenrechner:

Bild 49: Elliptische Bahn

12.13.3.   Mittelpunktsgleichung aus Fourier-Reihen

Für M = 237,50101039° und e = 0,0167078799991 muss sich ergeben:

Bild 50: Mittelpunktsgleichung

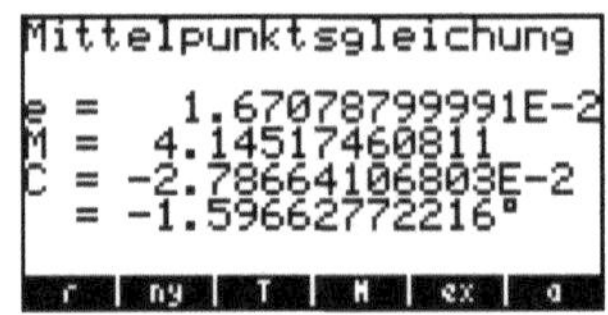

C = -2,78664106803 · 10^{-2} rad = -1,59662772216° = -1°35'47,8597 998".

12.13.4.   Mittelpunktsgleichung aus mittlerer und wahrer Anomalie

C = v - M = 235,904382692° - 237,50101039° = **-1,596627698°** = **-1°35'47,8597 128"**,
oder im Bogenmaß: - 2,78664102586 · 10^{-2} rad.

12.13.5.   Abweichung der Ergebnisse beider Verfahren

|ΔC | = |(-1°35'47,8597128") - (-1°35'47,8597998")| = 0,0000870" (Bogensekunden).

12.13.6.   Radius aus Fourier-Reihe

Die Fourier-Reihe für *r/a* ergibt:

Bild 51: Radius aus Fourier-Reihen

r = 1,00917279012 · 149597874638 = 150970104544 m (Differenz 1 m gegenüber der Lösung mit E
in Bild 49).

12.14.   Zusammenfassung

12.14.1.   Berechnungsverfahren

In diesem Kapitel haben wir die elliptische Bahn **in der Bahnebene des Planeten** betrachtet und die
Polarkoordinaten des Planetenortes nach zwei verschiedenen Verfahren (über die exzentrische Anomalie und über Fourier-Reihen) in einem Beispiel berechnet.

Außerdem haben wir die Bahnelemente kennengelernt und damit gearbeitet. Für die Berechnungsergebnisse wurde Taschenrechnergenauigkeit mit 12 signifikanten Stellen gewählt.

12.14.2.   Bestimmung des Bahnortes

Wenn die Bahnelemente e und a und der Zeitpunkt t_0 des Periheldurchgangs oder die Bahnelemente
gegeben sind, so lassen sich mit diesen beiden Verfahren die wahre Anomalie v und der Abstand r des
Planeten von der Sonne in der Bahnebene für jeden beliebigen Zeitpunkt t berechnen.

Die Winkelangaben der mittleren Anomalie M und der wahren Anomalie v zählen vom Periheldurchgang bis zum momentanen Ort des Planeten. Der Periheldurchgang lässt sich für jedes Jahr genau berechnen, wie das oben in 12.12.2 berechnete Beispiel zeigt.

12.14.3. Berechnung des Zeitpunktes für einen bestimmten Bahnort

Ist der Bahnort (wahre Anomalie v) auf einer durch a und e gegebenen Bahn bekannt, so lässt sich nach

Umstellen der Formel 71 $\boxed{\tan\left(\dfrac{v}{2}\right) = \sqrt{\dfrac{1+e}{1-e}} \cdot \tan\left(\dfrac{E}{2}\right)}$ nach E die exzentrische Anomalie E leicht be-

rechnen. Durch Einsetzen von E in die Keplersche Gleichung Formel 67 $\boxed{E - e \cdot \sin(E) = M}$ ergibt sich (direkt, ohne Iteration) die mittlere Anomalie M und damit nach Formel 66 die Zeitdifferenz $t_0 - t$.

12.14.4. Bahnbestimmung

Aufgabe der Bahnbestimmung ist, die Bahnelemente der Planeten und anderer Himmelskörper aus den Beobachtungen herzuleiten.

Für eine provisorische Bahnbestimmung eines Himmelskörpers genügen bereits drei Beobachtungen mit Positionsangaben (Rektaszension und Deklination oder ekliptikale Länge und Breite), die zeitlich ausreichend weit auseinander liegen, damit die Winkeldifferenzen nicht zu klein sind. Es sind insgesamt 6 Werte für die Bestimmung der 6 Bahnelemente erforderlich.

Gegenüber dem oben geschilderten Vorgehen müssen aus den zu einem bestimmten Zeitpunkt beobachteten Positionen eines Himmelskörpers die Bahnelemente berechnet werden. Dazu werden die gegebenen Formeln umgestellt und nach den Variablen der Bahnelemente aufgelöst.

Unter der Voraussetzung, dass die beobachteten drei Punkte in einer Ebene (Bahnebene) mit dem Zentralgestirn (Sonne) liegen, ergeben sich unter Anwendung des zweiten Keplerschen Gesetzes durch schrittweise Annäherung die Abstände des Himmelskörpers von der Erde für die Beobachtungszeitpunkte. Daraus können die Bahnelemente des Himmelskörpers bestimmt werden.

Beispielberechnungen sind in Lit. [19] am Ende jedes Kapitels zu finden.

13.   Bahnstörungen

Die Keplerschen Gesetze beschreiben die Umlaufbahnen der Planeten als Ellipsen. Die Bahnen der Planeten um die Sonne sind aber in Wirklichkeit keine exakten Ellipsen. Gegenseitige Gravitation aller Planeten und sonstige physikalische Einflüsse verzerren die Bahnen. Diese wirklichen Bahnen können, wenn überhaupt, nur durch komplexe Formeln beschrieben werden. Die Störungen sind im Wesentlichen bekannt und können bei den Berechnungen berücksichtigt oder eliminiert werden.

Der Mathematiker *Joseph Louis Lagrange* (1736 - 1836) hat diese Störungen im Wesentlichen erforscht und die „Störungsrechnung" entwickelt. In [14], Jahrbuch 2006, Seite 224, sind die Leistungen dieses Mathematikers beschrieben. Die genauen Berechnungsmethoden sind in der astronomischen Literatur zu finden.

Für Amateurzwecke reichen aber einfachere Formeln aus, die nur die wichtigsten Einflüsse und Störungen auf die theoretischen Umlaufbahnen berücksichtigen. Im nachfolgenden Text werden nur die wichtigsten Einflüsse erwähnt.

13.1.   Genauigkeit der Ereigniszeitpunkte

Der technisch interessierte Laie fragt sich, wie Astronomen die Zeitpunkte der beobachteten Ereignisse (z.B. den Meridiandurchgang eines Himmelskörpers) auf Bruchteile von Sekunden genau angeben können.

Um die übliche „**persönliche Gleichung**" (= persönliche Abweichung durch unterschiedliche Reaktionszeiten beim Drücken einer Stoppuhr) auszuschalten, wurden schon sehr früh die aktuellen technischen Möglichkeiten genutzt. So wurden Filmkameras benutzt, um während des zu beobachtenden Ereignisses das Teleskopbild mit Fadenkreuz und eingeblendeter genauer Uhrzeit zu filmen.

Heutzutage werden hochwertige elektronische Kameras als „Durchgangsinstrumente" verwendet, wobei jedes Einzelbild einen digitalen Zeitstempel einer Atomuhr erhält. Auf diese Weise sind die Aufnahmen auch von der Ungleichmäßigkeit der Bildfolge einer Filmkamera unabhängig. Anhand der Bilder kann dann aufgrund der aufgedruckten Uhrzeiten das Ereignis zeitlich ausreichend genau zugeordnet werden.

13.2.   Störungen der Erdumlaufbahn

Beim Lauf der Erde um die Sonne (Erdrevolution) treten mehrere verschiedenartige Störungen gleichzeitig auf. Hier werden nur die wichtigsten aufgezählt.

13.2.1.   Präzession und Nutation

Die Erdachse weicht der aufrichtenden Kraft von Sonne und Mond auf den Äquatorwulst der Erde aus und läuft wie ein Kreisel in der Mantelform eines Doppelkegels (Lunisolar-Präzession) von etwa $2 \times 23{,}5°$ Öffnung in **gegenläufiger Richtung zur Erddrehung** in 25784 (tropischen) Jahren (**platonisches Jahr**) einmal um 360°.

Dieser Effekt, **Präzession** genannt, führt zu einer Verschiebung des Himmelsnordpoles und einer Änderung der Lage des Himmelsäquators. Damit ändert sich auch der Frühlingspunkt und wandert um 50,4" (Bogensekunden) pro Jahr entgegen der Sonnenbewegung auf der Ekliptik.

Da die Linie vom Sonnenmittelpunkt zum Frühlingspunkt als Bezugsachse des ekliptikalen Koordinatensystems verwendet wird, muss daher stets angegeben werden, auf welchen Frühlingspunkt sich die Koordinaten und Daten beziehen (Jahresangabe des **Äquinoktiums**). Die Umrechnung der Koordinaten eines bestimmten Äquinoktiums für ein anderes ist im Kapitel 18 ab Seite 187 erwähnt.

Die Kräfte, die die Präzession erzeugen, ändern sich laufend nach Betrag und Richtung aufgrund der ständig wechselnden Positionen der Himmelskörper.

Dadurch treten periodische Schwankungen auf, die unter dem Begriff **Nutation** zusammengefasst werden. Den Hauptanteil der Nutation liefert der Mond (ausführliche Beschreibung in Lit. [15], dort ab Seite 55).

Präzession und Nutation werden durch zeitabhängige Glieder in den Formeln der Bahnelemente berücksichtigt.

13.2.2.   Periheldrehung

Durch Störungen von außen wird die Lage einer Umlaufbahn (periodisch) verändert. Eine elliptische Bahn kann sich im Laufe der Zeit langsam in ihrer Ebene (um den Normalenvektor der Ebene) drehen. Dabei verändert sich die Lage der Apsidenlinie.

Die **Apsidenlinie** der Erdbahn dreht sich rechtläufig, also in gleicher Richtung wie der Planetenlauf. Das Perihel läuft damit gewissermaßen der Sonne ein Stückchen pro Umlauf davon (Vorrücken des Erdbahnperihels). Das Perihel der Erdbahn läuft rechtläufig gegenüber dem „festen" Sternenhimmel in 111270 (tropischen) Jahren einmal um 360° (siderische Umlaufzeit des Erdbahnperihels). Dieser Zeitraum heißt **euklidisches Jahr**.

Dagegen beträgt die tropische Umlaufzeit des Erdbahnperihels (rechtläufig) 20934 (tropische) Jahre (**pythagoreisches Jahr**). Das pythagoreische Jahr ist am kürzesten, da Erdbahnperihel und Frühlingspunkt sich gegenläufig aufeinander zu bewegen.

13.2.3.   Die „großen Jahre" der Erde

Die durch Lunisolarpräzession, Drehung der Apsidenlinie und der Wanderung des Erdbahnperihels verursachten oben beschriebenen „großen Jahre" der Erde sind (nach [15], Seite 33):

Platonisches Jahr	a_{Pl}	$=$	25784 a
Euklidisches Jahr	a_{Eu}	$=$	111270 a
Pythagoreisches Jahr	a_{Py}	$=$	20934 a

Nach den verschiedenen Quellen weichen die Längen dieser „großen Jahre" der Erde in der letzten Ziffer voneinander ab. Bei der Ermittlung der Jahreslängen der „großen Jahre" sind Winkelabweichungen in der Größenordnung von 1/100 einer Bogensekunde pro Jahr maßgebend. Diese Abweichungen sind so winzig, dass die Messgeräte an ihre Grenzen stoßen.

Die Angaben können gegeneinander abgeglichen werden, wenn der mathematische Zusammenhang (synodischer Bezug) der „großen Jahre" berücksichtigt wird:

Formel 88: Mathematischer Zusammenhang der „großen Jahre"

$$\frac{1}{a_{Pl}} + \frac{1}{a_{Eu}} = \frac{1}{a_{Py}},$$

in Zahlen:

$$\frac{1}{25784} + \frac{1}{111270} = \frac{1}{20933,25}$$

In den Bahnelementen ist die Periheldrehung durch einen zeitabhängigen Term berücksichtigt. Näheres dazu in der Literatur: [15] und [19].

13.2.4.   Störungen durch Mehrkörperproblem

Siehe dazu auch Abschnitt 11.4 ab Seite 116.

Die Erde läuft in einer ellipsenförmigen Bahn um die Sonne. Wenn nur Erde und Sonne allein vorhanden wären, wäre dies ein Zweikörperproblem und die Umlaufbahn wäre eine exakte Ellipse.

Der Einfluss der anderen Planeten wirkt sich durch gegenseitige Gravitation so aus, dass die elliptische Umlaufbahn der Erde gestört, verformt, eingedellt, ausgebaucht und mitgezogen wird. Dies bewirkt eine Schwingung der Ekliptik (Veränderungen der Schräglage der Ellipse) oder eine Drehung der Erdbahn (planetare Präzession, Drehung des Perizentrums).

Diese Störungen lassen sich nicht durch eine geschlossene mathematische Formel berechnen, sondern erfordern Reihentwicklungen mit vielen Berechnungstermen. Die Amateurastronomen verwenden die von den Berufsastronomen angegebenen Reihen in gekürzter Form, wobei die höheren Terme meist weggelassen werden.

13.2.5.   Zeitliche Änderung der Bahnparameter

Aufgrund oben erwähnter Bahnstörungen und sonstiger periodischer Einflüsse sind die meisten Parameter der Planetenbahnen nicht konstant, sondern verändern sich mit der Zeit. Das trifft u. a. zu auf die

Exzentrizität der Bahnen,
Richtung des Perihels der Bahnen,
Richtung des aufsteigenden Knotens,
Ekliptikschiefe bzw. Inklination,
Richtung des Frühlingspunktes.

Für diese Parameter wird der Wert zu einem bestimmten Zeitpunkt und die zeitliche Änderung pro Jahrhundert angegeben.

13.2.6.   Berechnungsfehler

Nach Eliminierung aller oben beschriebenen Störeinflüsse und Beeinträchtigungen können am Schluss noch die Ergebnisse bei der Berechnung selbst verfälscht werden. Unzureichende Genauigkeit der verwendeten Hilfsmittel (Rechner), Unachtsamkeit, ungeprüfte Beobachtungswerte oder fehlende Sorgfalt sind die häufigsten Ursachen.

Auch ungeeignete Rechner, unzulässige Rundung von Zahlenwerten, unzulässige Näherungsformeln, ungeeignete oder falsche Programme, Programmfehler, Fehler im Algorithmus, fehlerhafte Formeln, falsche Eingaben, Vorzeichenfehler und falsche Interpretation können zu ungenauen Berechnungsergebnissen führen. Hier müssen der Fachmann und auch der Amateur wissen, wo die Grenzen der Gültigkeit der Formeln und der Algorithmen liegen, um brauchbare Ergebnisse zu erhalten.

Kontrolle durch Diversifikation

Die oben genannten Auswerte- und Berechnungsfehler lassen sich durch Diversifikation vermeiden. Wichtige Arbeiten werden am besten durch Verwendung von zwei verschiedenen Programmen, Algorithmen oder Verfahren durchgeführt. Dieselben Eingabewerte müssen dann bei verschiedenen äquivalenten Verfahren zu identischen Ergebnissen führen. Differenzen müssen aufgeklärt werden.

14. Krümmung der Erdoberfläche

Im Altertum glaubten die Menschen, die Erde sei eine flache Scheibe. Heute wissen wir, dass die Erde ein kugelförmiger Himmelskörper ist.

Obwohl die Erdoberfläche auf kurze Entfernungen flach (als Ebene) erscheint, ist auf dem Meer die Kugelform durchaus zu erkennen, denn dort ist ein näherkommendes Schiff in weiter Entfernung nicht zu sehen, wenn es sich unter dem Horizont befindet. Erst beim Näherkommen taucht es allmählich am Horizont auf, zuerst sind die Aufbauten zu sehen und allmählich das ganze Schiff.

Dies ist ein Problem der Oberflächenkrümmung, die für die Sichtweite auf einer gewölbten Oberfläche maßgebend ist. Auch der Ausdruck „Erdkrümmung" ist gebräuchlich, nur ist nicht die Erde, sondern deren Oberfläche gekrümmt. In diesem Kapitel werden die mit der Oberflächenkrümmung in Zusammenhang stehenden Probleme behandelt.

14.1. Daten des Erdkörpers

Die Erde ist keine exakte Kugel, sondern sie ist an den Polen abgeplattet. Der Unterschied zwischen Polradius und Äquatorradius beträgt 21385 m. Die Erde hat annähernd die Form eines **Rotationsellipsoids**. Die Abplattung beträgt, auf die Halbachsen a und b des Rotationsellipsoids Erde bezogen:

$(a\text{-}b)/a = 1{:}298{,}257 = 0{,}003352860$.

Ein Schnitt durch die Erde längs der Erdachse (Polschnitt) zeigt eine leichte Birnenform, die vom Äquator bis zu den Polen **zusätzlich zur Abplattung** bis zu ±25 m von der Ellipse abweicht (Lit. [15]). Aufgrund dieser Unregelmäßigkeiten wird der Erdkörper als **Geoid** bezeichnet.

Da die Oberfläche des Geoids sehr unregelmäßig ist, werden geodätische Berechnungen auf ein **gemitteltes Rotationsellipsoid** (Referenzellipsoid) bezogen, das mathematisch erfasst werden kann. Die große Halbachse (Äquatorradius) wurde 1979 von der *Internationalen Union für Geodäsie und Geophysik (I.U.G.G.)* durch internationale Vereinbarung auf **6378137 m** festgelegt.

Die **Meeresspiegelhöhe NN** (Normal-Null) wird durch die Oberfläche des Rotationsellipsoids bestimmt. Der mittlere Meeresspiegel setzt sich theoretisch unter den Kontinenten fort. Alle Höhenangaben in NN sind darauf bezogen. Der Abstand vom Erdmittelpunkt ist der Erdradius r_E (siehe Bild 52).

Tabelle 47: Daten des Erdkörpers

Begriffe	Zahlenwerte
Äquatorradius (große Halbachse des Ellipsoids)	$a = 6378{,}137$ km
Polradius (kleine Halbachse des Ellipsoids)	$b = 6356{,}752$ km
Mittlerer Radius $r_m = (a + a + b)/3$	$r_m = 6371{,}009$ km
Abplattung (Verkürzung der Drehachse): $a\text{-}b$	21,385 km
Abplattung/Äquatorradius = $(a\text{-}b)/a$	1:298,257
Äquatorumfang	40075 km
Mittlerer Erdumfang	40030 km
Polumfang (Meridianellipse)	40008 km
Exzentrizität der Meridianellipse: $e = \dfrac{\sqrt{a^2 - b^2}}{a}$	$e = 0{,}081819790997$
Länge eines Äquatorgrades (Abstand der Längengrade)	111,319 km
Mittlere Länge eines Meridiangrades (Abstand der Breitengrade)	111,133 km

Begriffe	Zahlenwerte
Masse der Erde	$5{,}9742 \cdot 10^{24}$ kg
Oberflächengeschwindigkeit am Äquator: $v_{\ddot{A}} = 40075000 / 86164{,}090538$	$v_{\ddot{A}} = 465{,}101$ m/s
Oberflächengeschwindigkeit am (geozentrischen) Breitengrad Φ:	$v_{\Phi} = v_{\ddot{A}} \cdot \cos\Phi$

14.2. Rotationsellipsoid und Geoid

14.2.1. Geodäsie

Die Geodäsie ist (nach Lit. [29], Seite 9, Zitat) *nach der klassischen Definition von F. R. Helmert (1880) die „Wissenschaft von der Ausmessung und Abbildung der Erdoberfläche". Diese Definition hat bis heute Gültigkeit behalten, sie schließt die Bestimmung des äußeren Schwerefeldes der Erde und des Meeresbodens ein* (Zitatende).

Weiter heißt es in Lit. [29] (Seite 10, Zitat): *Die Geodäsie hat „die Aufgabe, die Figur und das äußere Schwerefeld der Erde und anderer Himmelskörper als Funktion der Zeit sowie das mittlere Erdellipsoid aus den an der Erdoberfläche und im Außenraum beobachteten Größen zu bestimmen."* (Zitatende)

Die Bestimmung der Form der Erdoberfläche ist somit eine Aufgabe der Geodäten und weniger eine Aufgabe der Astronomen. Ausgelöst durch die Entwicklung der Weltraumforschung arbeiten diese Wissenschaften jedoch bei der Messung der Oberflächen von Himmelskörpern (Erde, Mond, übrige Planeten) zusammen, die entsprechenden Disziplinen werden als Selenodäsie und planetarische Geodäsie bezeichnet. Nachdem die Erdoberfläche (Erdfigur) hauptsächlich von Geodäten angegeben wird, werden im folgenden Text hauptsächlich geodätische Verfahren betrachtet.

14.2.2. Geografische und geozentrische Breite

In Bild 52 ist der Schnitt (Quelle: [10], Seite 43) durch das Rotationsellipsoid im Erdmittelpunkt parallel zur Erdachse zu sehen. Das Verhältnis der Halbachsen *a/b* ist hier übertrieben groß gezeichnet worden, um die Zusammenhänge deutlich zeigen zu können.

Bild 52: Geografische und geozentrische Breite

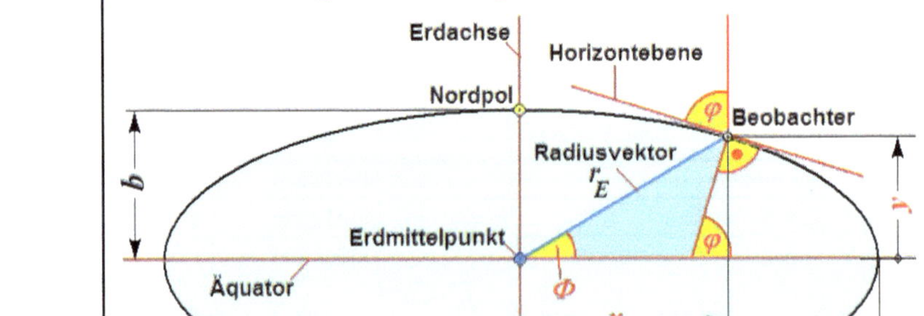

Auf der Erdoberfläche kann ein Punkt durch seine Koordinaten (geografische Länge λ, geografische Breite φ und Höhe H über Normal-Null) genau angegeben werden.

Diese geografischen Koordinaten werden verwendet, um sich auf der Erde zu orientieren. Diese Koordinaten werden auch von den GPS-Geräten (siehe 8.3 auf Seite 99) angezeigt.

Bei Verwendung der Koordinaten **Länge** und **Breite** in der Astronomie ist wegen der Abplattung der Erde zwischen **geografischer Breite** φ und **geozentrischer Breite** Φ zu unterscheiden. Die **geografische Breite** φ ist der Winkel, den die Horizontebene (Tangentialebene an das Rotationsellipsoid am Beobachtungsort) mit der Erdachse bildet. Auch das Lot auf die Horizontebene (Zenit-Nadir, Schwerkraftvektor) bildet mit der Äquatorebene den Winkel φ.

Dagegen ist die **geozentrische Breite** Φ der Winkel, den der vom Mittelpunkt der Erde ausgehende Radiusvektor zum Standpunkt des Beobachters mit der Äquatorebene bildet.

14.2.3.   *Umrechnung der geografischen in die geozentrische Breite*

Die mathematische Abhängigkeit der beiden Winkel φ und Φ voneinander wird durch die Exzentrizität der Meridianellipse bestimmt. Wir leiten den Zusammenhang zwischen den beiden Winkeln φ und Φ aus den geometrischen Verhältnissen der Ellipse nach Bild 52 her. Dabei gilt, dass der Differentialquotient der Ellipsengleichung (Formel 60 auf Seite 121) der Tangens des Winkels ist, den die Horizontebene mit der Äquatorebene einschließt.

Daraus ergibt sich der Zusammenhang zwischen der geografischen und der geozentrischen Breite:

Formel 89: Tangens der geografischen und geozentrischen Breite

$$\boxed{\tan(\Phi) = \frac{b^2}{a^2} \cdot \tan(\varphi)}.$$

Wir setzen die Werte $a = 6378{,}137$ km und $b = 6356{,}752$ km aus Tabelle 47 ein, dann gilt für die Erde als Rotationsellipsoid auf Meeresspiegelhöhe :

Formel 90: Umrechnung geografische in geozentrische Breite

$$\boxed{\Phi = \arctan\left(\frac{b^2}{a^2} \cdot \tan(\varphi)\right) = \arctan(0{,}993305521802 \cdot \tan(\varphi)), \quad \text{wobei gilt} : 0 \le \varphi < 90°}.$$

Beispiel:
   Geozentrische Breite Φ in München bei $\varphi = 48°$ nördlicher geografischer Breite:
   $\Phi = \arctan(0{,}993305521802 \cdot \tan(48°)) = 47{,}80856°$

Die Formel 90 kann leicht nach φ umgestellt werden:

Formel 91: Umrechnung geozentrische in geografische Breite

$$\boxed{\varphi = \arctan\left(\frac{a^2}{b^2} \cdot \tan(\Phi)\right) = (1{,}00673959627 \cdot \tan(\Phi)), \quad \text{wobei gilt} : 0 \le \Phi < 90°}$$

Für die beiden Pole der Erde und für den Äquator gilt: $\Phi = \varphi$. Für alle anderen Breitengrade gilt: $|\Phi| < |\varphi|$. Die maximale Differenz der beiden Winkel beträgt bei $\varphi = 45°$ nur $0{,}192425°$.

Erwähnt werden soll noch eine andere Formel, die in Lit. [18], dort in Kapitel 10, zu finden ist:

Formel 92: Geografische und geozentrische Breite nach [Meeus]

$$\boxed{\begin{aligned} &\Phi = \varphi - 0{,}192425° \cdot \sin(2\varphi) + 0{,}0003222° \cdot \sin(4\varphi) \\ &\text{oder} \\ &\Phi = \varphi - 692{,}73'' \cdot \sin(2\varphi) + 1{,}16'' \cdot \sin(4\varphi) \end{aligned}}$$

Abweichungen in den Ergebnissen der Formel 90 gegenüber der Formel 92 treten erst in der 6. Stelle nach dem Komma auf. Diese Genauigkeit ist für beide Formeln ausreichend.

14.2.4. Anwendung der geozentrischen Breite

Normalerweise werden alle Höhenwinkel der Himmelsobjekte von der Horizontebene (wahrer Horizont) aus gemessen, deren Winkel zur Erdachse durch die geografische Breite φ bestimmt wird. Die geozentrische Breite Φ wird nur dann gebraucht, wenn von topozentrischen auf geozentrische Koordinaten unter Berücksichtigung der Parallaxe umgerechnet werden muss (siehe 16.8.1 auf Seite 173).

14.2.5. Erdradius

Bei genauen Berechnungen wird die Abplattung der Erde berücksichtigt, wobei der Radius r_E des Rotationsellipsoids am Beobachtungsort berechnet werden muss (siehe Bild 52). Dieser wirkliche Erdradius r_E (Radiusvektor) an einem bestimmten Breitengrad φ ist von der Gestalt des Rotationsellipsoids abhängig.

14.2.6. Berechnung des Erdradius

Die Formel für den Erdradius r_E leiten wir nach Bild 52 her, wobei wir den Winkel der geozentrischen Breite Φ und die Exzentrizität e des Rotationsellipsoids benötigen. Wir verwenden die Ellipsenformeln aus Abschnitt 12.3 auf Seite 120.

Bild 52 liefert die Beziehungen:

$$r_E{}^2 = x^2 + y^2 \, ,$$

$$x = r_E \cdot \cos(\Phi) \text{ und}$$

$$y = r_E \cdot \sin(\Phi) \, .$$

Außerdem verwenden wir Formel 60: $y = \dfrac{b}{a} \cdot \sqrt{a^2 - x^2}$ und Formel 63: $\dfrac{b}{a} = \sqrt{1 - e^2}$.

Formel 63 umgeformt ergibt: $\dfrac{b^2}{a^2} = 1 - e^2$.

Wir gehen von folgendem Ansatz aus:

$$y^2 = \frac{b^2}{a^2} \cdot \left(a^2 - x^2\right), \text{ daraus folgt:}$$

$$r_E{}^2 \cdot \sin^2(\Phi) = \left(1 - e^2\right) \cdot \left(a^2 - r_E{}^2 \cdot \cos^2(\Phi)\right) = a^2 - r_E{}^2 \cdot \cos^2(\Phi) - e^2 \cdot a^2 + e^2 \cdot r_E{}^2 \cdot \cos^2(\Phi)$$

Nach einigen Umformungen erhalten wir:

$$r_E{}^2 \cdot \left(1 - e^2 \cdot \cos^2(\Phi)\right) = a^2 \left(1 - e^2\right)$$

Daraus ergibt sich für den Beobachtungsort und Meeresspiegelhöhe der Erdradius r_E:

Formel 93: Erdradius (allgemeine Formel)

$$\boxed{\; r_E = a \cdot \sqrt{\frac{1 - e^2}{1 - e^2 \cdot \cos^2(\Phi)}} \;}$$

Um eine praktische Formel zu bekommen, werden anstelle der Formelzeichen Zahlenwerte eingesetzt. Mit der Exzentrizität $e = 0{,}081819790997$ und der großen Halbachse $a = 6378{,}137$ km aus Tabelle 47 ergibt sich eine in der Praxis leicht anwendbare Formel, die nur die geozentrische Breite Φ als Eingabe benötigt:

Formel 94: Erdradius (praktische Formel)

$$r_E = 6378,137 \cdot \sqrt{\frac{0,993305521801}{1-0,0066944782 \cdot \cos^2(\Phi)}}$$

Hinweis:

Hier wird als Eingabewert <u>nicht</u> die geografische Breite φ, sondern die geozentrische Breite Φ verwendet. Es wäre nicht zweckmäßig gewesen, auch die Umrechnung von φ in Φ in die Formel 93 einzubauen, nur um φ als Eingabewert verwenden zu können. Die Formel wäre unübersichtlich geworden.

Es ist einfacher, vorher in einer eigenen Berechnung aus der geografischen Breite φ die geozentrische Breite Φ nach Formel 90 zu berechnen und dann in die Formel 94 einzusetzen.

Auch hier soll noch eine in Lit. [18] für r_E für Meeresspiegelhöhe angegebene Formel erwähnt werden:

Formel 95: Erdradius nach [Meeus]

$$r_E = \left[0,9983271+0,0016764 \cdot \cos(2\varphi)-0,0000035 \cdot \cos(4\varphi)\right] \cdot 6378,137\,\text{km}$$

Nähere Ausführungen dazu sind in Lit. [18], dort im Kapitel 10 „Der Erdglobus", zu finden. Die oben erwähnte Unregelmäßigkeit von ±25 m zusätzlich zur Abplattung ist in dieser Formel nicht berücksichtigt.

Für die meisten Amateurberechnungen reicht folgende Näherungsformel aus:

Formel 96: Erdradius (Näherung) nach Lit. [19], Seite 15

$$r_E \approx 6378,137\,\text{km} - 21,385\,\text{km} \cdot \sin^2(\varphi)$$

Beispiel:

Wir berechnen den Erdradius r_E für München bei φ = 48° nördlicher Breite (für Meereshöhe gültig):

Nach Formel 90 erhalten wir: $\Phi = \textbf{arctan}(0,993305521802 \cdot \textbf{tan}(48°)) = 47,80856°$,

Φ eingesetzt in Formel 94: $\qquad\qquad r_E$ = 6366,37124728 km.

In die Formel 95 wird φ = 48° eingesetzt: $\qquad r_E$ = 6366,37119966 km.

Auch in die Formel 96 wird φ = 48° eingesetzt: $r_E \approx$ 6366,32682941 km (Näherung).

Die Ergebnisse der genauen Formeln weichen nur 4,762 cm voneinander ab. Dagegen weicht die Näherung vom genauen Wert um -44,37 m ab.

14.2.7.   *Berücksichtigung der Höhe des Beobachters über NN*

Der Winkel des Radiusvektors und die Richtung der Senkrechten auf die Horizontebene weichen maximal nur 0,192425° voneinander ab, deshalb kann ohne messbaren Fehler die Meereshöhe eines Ortes einfach zum berechneten Erdradius addiert werden.

Für München auf H = 520 m über Normalnull (NN) ergibt sich dann ein Abstand vom Erdmittelpunkt von 6366,371 + 0,520 = 6366,891 km (genauer Wert).

Wenn genaue Ergebnisse erforderlich sind, muss der Erdradius einschließlich der Höhenlage des Beobachtungsortes genau ermittelt werden.

14.2.8.   *Krümmung und Krümmungsradius*

Die Krümmung ist mathematisch als $(1/r_k)$ definiert, wobei r_k der an der betreffenden Stelle vorhandene Krümmungsradius in Meridianebene ist. Der Krümmungsradius der Erdoberfläche ist nicht identisch mit dem an einem bestimmten Ort vorhandenen Abstand r_E der Oberfläche vom Erdmittelpunkt.

Die Länge r_E des **Radiusvektors** nimmt vom Äquator des Ellipsoids zum Pol hin ab, während der Krümmungsradius zunimmt. Bild 53 zeigt einen Meridianschnitt durch das Geoid (Meridianellipse).

Hinweis: Zur Verdeutlichung ist im Bild 53 das Verhältnis *a/b* der Ellipsenhalbachsen etwa **2:1** gewählt worden.

Im Bild 53 werden für zwei verschiedene Punkte **P1** und **P2** die Krümmungsradien in Nord-Süd-Richtung gezeigt, die jedoch nicht in Ost-West-Richtung gelten.

Bei den Punkten **P1** und **P2** sind auch die Tangentialebenen an das Ellipsoid zu sehen.

Bild 53: Krümmungsradius des Rotationsellipsoids

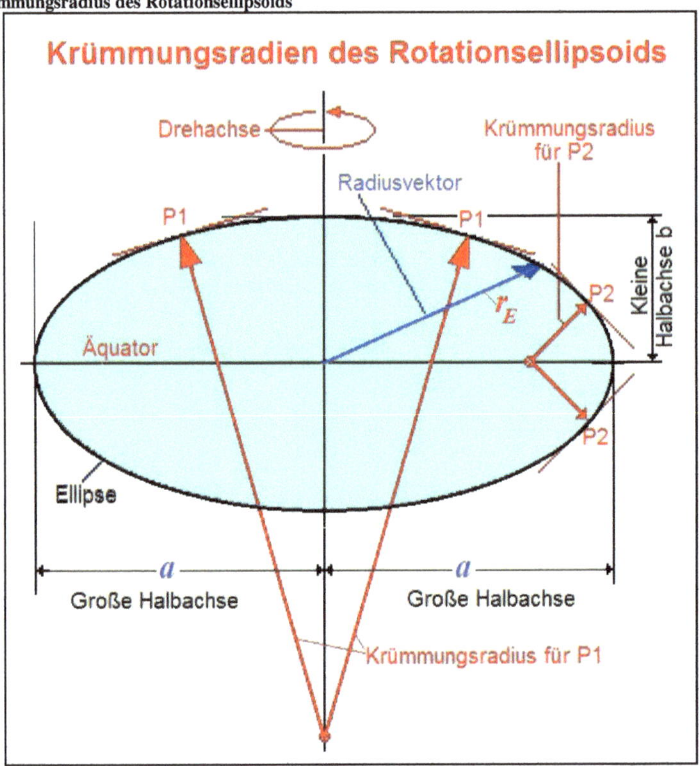

Beim Rotationsellipsoid gilt: Erdradius und Krümmungsradius für einen bestimmten Ort sind nicht identisch!

Auf einem Ellipsoid ist der Krümmungsradius richtungs- und ortsabhängig und lässt sich für gegebene Punkte in kleinen Abschnitten berechnen. Krümmungsradien von schrägen Bogenstücken (schräg zu den Längen- und Breitengraden) des Ellipsoids können nur stückweise berechnet werden, da sich die Krümmungsradien mit jeder Ortsveränderung laufend ändern. Dies ist ein mathematisches Problem des Ellipsoids und wird hier nicht behandelt.

Für Näherungsberechnungen in der Praxis kann die **Erde als Kugel** betrachtet werden, wobei der **mittlere Erdradius r_m = 6371,009 km** als Krümmungsradius eingesetzt wird.

15. Sichtweiten auf der Oberfläche der Erdkugel

15.1. Wahrer und scheinbarer Horizont

Der Beobachter muss zwischen wahrem und scheinbarem Horizont unterscheiden (siehe Bild 54).

Der **wahre Horizont** liegt in der waagrechten Ebene (Horizontebene), die durch das Auge des Beobachters geht und rechtwinklig zur Senkrechten (= Linie Beobachter - Zenit) liegt. Von dieser genau waagrechten Ebene aus sind alle Höhenwinkel zu Sternen, zur Sonne und zu den Planeten zu messen. Der wahre Horizont ist nicht begrenzt und erstreckt sich bis zur Sternensphäre (= Innenfläche der scheinbaren Himmelskugel).

Der **scheinbare Horizont** ist die Trennlinie zwischen Erdoberfläche und Lufthülle und liegt immer tiefer als der wahre Horizont.

15.2. Kimmtiefe und Horizontpunkt

Der Seemann misst alle Höhenwinkel zu Sternen und zur Sonne über der **Kimm**, der sichtbaren Grenze zwischen Meer und Himmel. Dies ist sein scheinbarer Horizont, der durch seinen **Horizontpunkt** begrenzt ist. Die **Kimmlinie** ist die Linie vom Beobachter zur Kimm, sie ist nicht waagrecht, sondern etwas nach unten geneigt.

Der Winkel κ ist die sogenannte **Kimmtiefe**. Der Seemann muss von den gemessenen Winkeln die Kimmtiefe abziehen, um die Winkel über dem wahren Horizont zu erhalten.

Die Kimmtiefe ist abhängig von der Höhe H_A des Seemann-Auges über dem Wasserspiegel (siehe Bild 54). Die mit der Kimmtiefe zusammenhängenden Berechnungen sind auf Seite 155 zu finden.

15.3. Großkreisbogen

Jeder ebene Schnitt durch eine Kugel, der durch den Kugelmittelpunkt geht, erzeugt auf der Kugeloberfläche einen **Großkreis** als Schnittlinie. Da die Großkreise **geodätische Linien** sind und die kürzesten Verbindungen auf der Kugeloberfläche darstellen, werden Entfernungen auf der Erdkugel auf Großkreisen gemessen. Die Sichtlinie zwischen zwei Punkten auf der Erdoberfläche liegt immer in einer Großkreisebene. Die Berechnung der Großkreise erfolgt in Kapitel 19 ab Seite 188.

15.4. Geometrische Sichtweite

Die Länge der Tangente von einem außerhalb in der Höhe H_A über der Erdoberfläche (einer Kugel) gelegenen Punkt (Beobachterauge) bis zum Berührungspunkt mit der Kugeloberfläche (Horizontpunkt) ist die geometrische Sichtweite S. Die Sichtweite S ist der Abstand des Beobachterauges von seinem Horizontpunkt.

Die Sichtweite ist für den Beobachter von Bedeutung, wenn er Himmelsereignisse (Aufgänge, Untergänge) am (scheinbaren) Horizont von einem erhöhten Ort aus beobachtet. Für die Berechnung des Ereignisses braucht er den genauen Abstand bis zu seinem Horizontpunkt und Berechnungsort. Die Sichtlinie des Beobachters zum Horizontpunkt ist **sein scheinbarer Horizont**.

Diese Sichtlinie liegt in der Tangentialebene seines Horizontpunktes.

Der geometrische Ort der Horizontpunkte aller möglichen Sichtlinien des Beobachters ist die Horizontlinie, das ist der Berührungskreis eines Kegels mit der Erdkugel. Der Beobachter befindet sich in der Kegelspitze, die Sichtlinien sind die Falllinien[11] auf dem Kegelmantel. Bild 54 zeigt die Verhältnisse für den Schnitt durch die Erdkugel.

---

[11] Falllinie ist die gerade Linie, die ein Wassertropfen bei Ablaufen von der Kegelspitze beschreibt.

Wir stellen uns die Horizontlinie auf der Erdkugel auch als Schnittlinie vor, die ein Kugelsegment (Kugelkappe) von der Erde abschneidet (siehe Bild 54).

Bild 54: Geometrische Sichtweite (Prinzip)

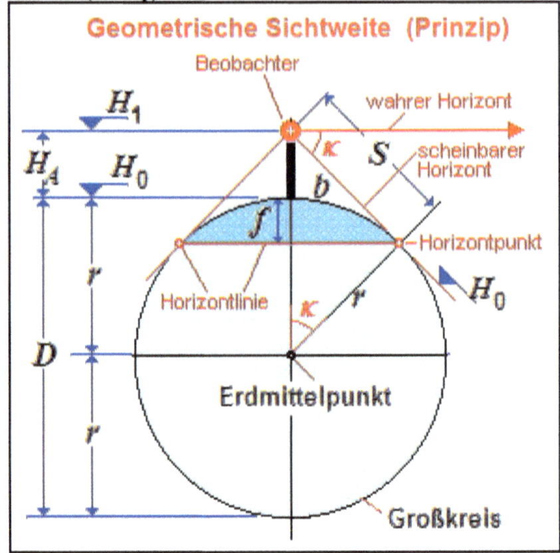

15.5. Herleitung der Formeln

Für die Sichtweite S auf der Erdoberfläche (Erdkugel) ist die Ausblickhöhe H_A und der Krümmungsradius r_k am Beobachtungsort bestimmend. Der Krümmungsradius ist von den geodätischen Höhen am Beobachtungsort (H_1) und am Horizontpunkt (H_0) abhängig.

In Bild 54 sind die geometrischen Verhältnisse aufgezeigt, das Verhältnis H_A/D ist im Bild übertrieben groß gewählt, um das Prinzip deutlich darstellen zu können.

15.5.1. Sichtlinie

Die Sichtweite ist ein geometrisch ermittelter Wert. Die Formel lässt sich über den pythagoreischen Lehrsatz oder den Sekanten-Tangentensatz eines Kreises herleiten.

$D = 2 \cdot r$ sei der Großkreisdurchmesser und H_A sei die Ausblickhöhe über dem Standpunkt, dann ist die geometrische Sichtweite S:

Formel 97: Länge der Sichtlinie

$$S = \sqrt{D \cdot H_A + H_A{}^2} = \sqrt{D \cdot \left(H_A + \frac{H_A{}^2}{D} \right)}$$

wobei gilt:

H_1 und H_0 sind die geodätischen Höhen am Beobachtungsort,

$H_A \quad = H_1 - H_0$
$r \qquad$ Krümmungsradius
$r_m \qquad$ mittlerer Erdradius **6371,009 km**.
$r \qquad = r_m + H_0$
$D \qquad = 2 \cdot r_m$

Wenn bei kleineren Höhen H_A das Verhältnis $H_A{}^2/D$ sehr klein wird, wenn z. B. D der Erddurchmesser ist, lassen wir diesen Summanden in der Formel weg, so dass sich die Formel vereinfacht auf

Formel 98: Länge der Sichtline (Näherung)

$$S = \sqrt{D \cdot H_A} = \sqrt{2 \cdot r \cdot H_A}$$

15.5.2. *Stichhöhe des Kugelsegments*

Für die Stichhöhe f des Kugelsegments gilt:

Formel 99: Höhe des Kugelsegments

$$f = \frac{r \cdot H_A}{r + H_A} = \frac{H_A}{1 + (H_A/r)}$$

Normalerweise ist $f < H_A$, bei sehr kleinem Verhältnis H_A/r setzen wir ohne großen Fehler $f = H_A$.

15.5.3. *Kimmtiefe und Horizontabrückung*

Aus der Sichtweite S und r kann der Winkel κ und damit die Bogenlänge b zwischen Beobachter und seinem Horizontpunkt ausgerechnet werden. Der Winkel κ zwischen Beobachtungs- und Berechnungsposition ist erforderlich, um z. B. bei Sonnenaufgängen den Längengrad des Horizontpunktes berechnen zu können. κ heißt auch **Kimmtiefe** (siehe oben unter 15.2 auf Seite 153).

Nach Bild 54 ist:

Formel 100: Kimmtiefe (Definition)

$$\tan(\kappa) = \frac{S}{r} \quad \Rightarrow \quad \kappa = \arctan\left(\frac{S}{r}\right)$$

wobei gelten:

- S ist die berechnete Sichtweite,
- r ist in erster Näherung der Erdradius (siehe Bild 54),
- κ Kimmtiefe als Winkel.

Aus diesem Winkel wird über die Beziehung $\kappa = b/r$ die Bogenlänge $b = \kappa \cdot r$ (hier muss der Winkel κ im Bogenmaß eingesetzt werden) berechnet. Sie ist die Entfernung auf der Erdoberfläche zwischen dem Beobachter und dem Horizontpunkt. Je höher sich der Beobachter über der Erdoberfläche befindet, desto weiter ist der Horizontpunkt von ihm entfernt (Horizontabrückung).

15.6. Anwendungen

Die für die Berechnung maßgebende Ausblickhöhe H_A wird als **Differenz der geodätischen Höhen** von Beobachtungspunkt **B** und Horizontpunkt **P** angegeben. Diese Höhen wechseln mit der Höhe des Geländes und können ausreichend genau aus den Höhenlinien der topografischen Karten (Maßstab 1:25000 und 1:50000) der Landesvermessungsämter entnommen werden (diese Karten gibt es im Buchhandel, auch auf CD-ROM).

Bild 55 zeigt (stark überhöht gezeichnet) die geometrischen Verhältnisse. Die grau hinterlegte Fläche ist die Differenz zwischen Erdoberfläche (Gelände) und Meeresspiegelhöhe (= NN = Oberfläche des Rotationsellipsoids).

Die geodätische Höhe H_1 (m über NN) des Beobachtungspunktes **B** ist meistens bekannt (NN-Höhen) oder kann leicht bestimmt werden (Höhenmesser).

Ist die Sichtweite S unbekannt, dann ist auch die Höhe H_0 des Horizontpunktes in Beobachtungsrichtung unbekannt. Deshalb wird die Sichtweite S durch Iteration berechnet.

Bild 55: Geodätische Höhen und Sichtweite

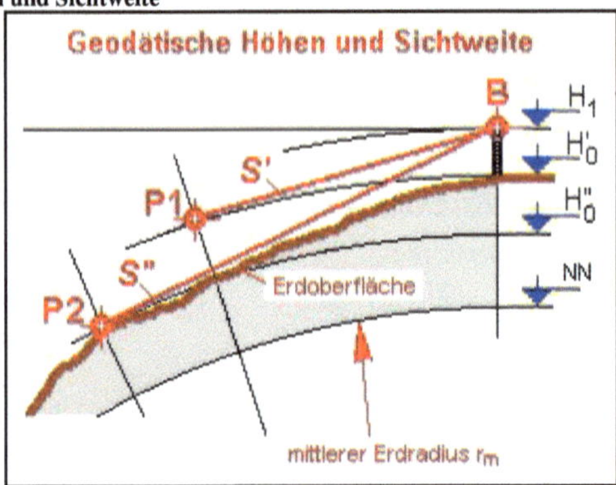

Iteration:

Für die erste Näherung nehmen wir als geodätische Höhe des unbekannten Horizontpunktes **P1** die Geländehöhe H_0' (m über NN) am Beobachtungsort an und berechnen mit $H_A' = H_1 - H_0'$ und $r = r_m + H_0'$ die Sichtweite S', wobei r_E der oben erwähnte mittlere Erdradius ist.

Für diesen berechneten Horizontpunkt **P1** bestimmen wir die geodätische Höhe H_0'' (z.B. aus topografischen Karten). Besteht zwischen der angenommenen Höhe und der wirklichen Höhe an diesen Punkt eine Differenz, dann wiederholen wir die Berechnung mit $H_A'' = H_1 - H_0''$ und $r = r_m + H_0''$ und erhalten die Sichtweite S'' bis zum Horizontpunkt **P2**.

Ergibt sich dort erneut eine Differenz zwischen der angenommenen und der wirklichen Höhe, dann bestimmen wir für den neuen Horizontpunkt **P2** die geodätische Höhe und wiederholen Schritt 1 und 2 so lange, bis die Sichtweite sich nicht mehr ändert.

Die Berechnung durch Iteration darf nicht übertrieben werden. Meist genügt schon der erste Näherungswert für die Sichtweite S, dann ist nur eine einzige Berechnung mit H_1 und dem Schätzwert H_0 erforderlich.

Hinweis:
In Bayern setzen wir als erste Näherung $H_0' = 500$ m NN, so dass wir r auf **6371500 m** runden können. In Norddeutschland kann $H_0' = 0$ m NN gesetzt und r auf **6371000 m** gerundet werden

---

15.7.   Refraktion in bodennahen Luftschichten

Ein Lichtstrahl von der Sonne oder einem Stern wird beim **Durchgang durch alle Luftschichten** der Atmosphäre stetig gekrümmt, bis er beim Beobachter ankommt. Die Tangenten der Endpunkte dieser gekrümmten Linie schneiden sich in einem bestimmten Winkel, der **Refraktion** genannt wird. Die Refraktion bei Beobachtungen von Himmelskörpern ist im Kapitel 9.1 ab Seite 100 behandelt.

Bei horizontal ankommenden Strahlen (Sterne am Horizont) in bodennahen Luftschichten beträgt dieser Winkel 34 Bogenminuten (**Horizontalrefraktion**). Der Beobachter kann deshalb einen aufgehenden Stern schon sehen, wenn dieser noch 34' unter dem Horizont steht. Über dem Horizont sieht er die Höhe des Sterns größer als sie in Wirklichkeit ist.

15.7.1. Krümmung der Sichtlinie durch Refraktion

Auch bei Beobachtungen auf der Erdoberfläche wird die Sichtlinie durch Refraktion gekrümmt.

Bild 56: Oberflächenkrümmung und Refraktion

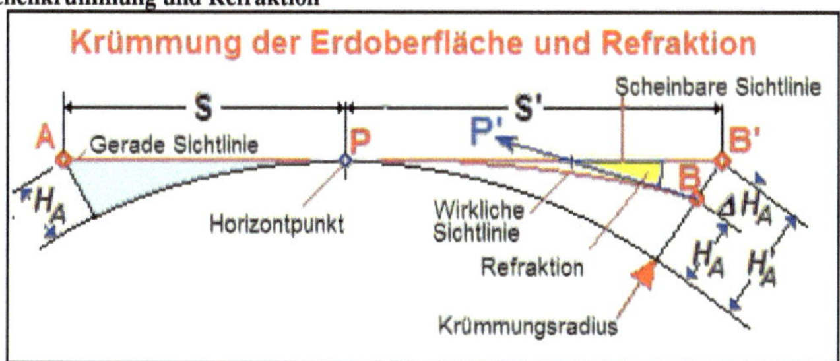

In Bild 56 sind in der linken Hälfte die geometrische Sichtlinie (ohne Refraktionswirkung) und in der rechten Hälfte die durch Refraktion gekrümmte Sichtlinie dargestellt.

Durch die Refraktion vergrößert sich die Sichtweite, weil der Tangentenpunkt (Horizontpunkt **P**) durch die Krümmung der wirklichen Sichtlinie vom Beobachter etwas weiter wegrückt (Anschmiegung der Kurve an den Kreis). Die Sichtlinie verläuft vom Beobachter weg zuerst fast parallel zur Oberflächenkrümmung und neigt sich dann dem Horizontpunkt **P** zu, wo sie die Erdoberfläche tangential berührt. Man kann, sozusagen, um die Kurve schauen.

Der Beobachter **B** sieht den Horizontpunkt **P** in Richtung **P'** (in Bild 56). Wäre die Refraktion nicht wirksam, dann müsste sich der Beobachter **B** in der Position **B'** befinden, um den Horizontpunkt **P** zu sehen.

Die Refraktion bewirkt, dass der Beobachter **B** den Punkt **P** als **P'** bereits von der Höhe H_A aus sieht. Die Wirkung der Oberflächenkrümmung wird also durch die Refraktion um ΔH_A reduziert, als Folge davon erscheint der Krümmungsradius der Erdoberfläche vergrößert.

15.7.2. Berechnung der Refraktion

Wie wird der Einfluss der Refraktion auf die Sichtlinie bei Beobachtungen auf der Erde berechnet?

Die Refraktionstheorien der Astronomie (astronomische Refraktion, siehe oben unter 9.1 auf Seite 100) können für Beobachtungen in bodennahen Luftschichten kaum angewandt werden, weil der Lichtstrahl innerhalb der Sichtweite **nicht alle Luftschichten** durchläuft.

Die **Geodäsie** hat einige Theorien für die **Beobachtung in bodennahen Luftschichten** entwickelt, sie sind in der Literatur (z. B. in [6], [13], [7] und [29]) angegeben.

Bild 57: Einfluss der Refraktion

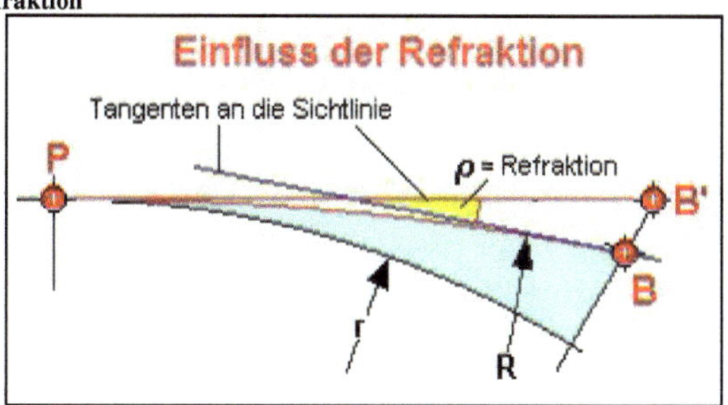

Die Refraktion entsteht dadurch, dass die Dichte der Luft mit zunehmender Höhe abnimmt. Die Luft-hülle besteht aus vielen aufeinanderliegenden Schichten, deren Dichte nach oben zu immer geringer wird. Ein von **P** ausgehender Lichtstrahl wird fortlaufend zum dichteren Medium hin gebrochen. Die entstehende Lichtkurve (gekrümmte Linien in Bild 56 und Bild 57) ist in erster Näherung ein Kreisbo-gen mit dem Radius **R**.

Die Geodäten wissen, dass dieser Radius im groben Mittel etwa das 8-fache des Krümmungsradius der Oberflächenkrümmung beträgt, also $R = 8 \cdot r$, wobei gilt: $r = r_m + H_0$ (siehe oben bei Formel 97).

15.7.3.   *Refraktionskoeffizient*

Gerechnet wird jedoch nicht mit R, sondern mit $k = r/R = 1/8 = 0{,}125$; k wird **Refraktionskoeffizient** genannt. Die Refraktion beträgt also $k = 1/8$ oder das k-fache der Oberflächenkrümmung.

Wenn keine Refraktion aufträte, wäre die Krümmung $1/R$ der Sichtlinie gleich null und $R = \infty$; damit wäre $k = 0$.

Die Wirkung der Oberflächenkrümmung wird also durch die Refraktion **näherungsweise** um $1/8 =$ 12,5 % vermindert. Diese sehr einfache Näherung wird weiter unten bei den Formeln für die Sichtwei-te berücksichtigt.

Hinweis:
Bei Beobachtungen im Mikrowellenfunkbereich (Funkpeilungen, Radioastronomie) muss wegen der Mikrowellenlänge mit einem Refraktionskoeffizienten k zwischen **0,25** und **0,50** gerechnet werden.

15.7.4.   *Refraktion in der Wirklichkeit*

Nach Lit. [13] gilt der Refraktionskoeffizient $k = 0{,}125$ am Tage bei ungestörter Atmosphäre, also bei schönem (wolkenlosem) Wetter und normalen Sichtbedingungen. Tagsüber und nachts bei bedecktem Himmel während des ganzen Jahres kann $k = 0{,}20$ und in klaren Nächten sogar $k = 0{,}30$ angesetzt werden. Die Veränderung des Refraktionskoeffizienten bei Nacht ist mit der nachts veränderten Luft-temperatur und Luftfeuchtigkeit zu erklären.

In Wirklichkeit ist die Wirkung der Refraktion wesentlich komplizierter. Der Refraktionskoeffizient k ist abhängig von der Luftdichte, die wiederum ihrerseits eine Funktion des Luftdrucks, der Temperatur und der Luftfeuchtigkeit ist. In Bodennähe wird k ferner durch die Form und durch den Bewuchs der Erdoberfläche, ferner durch die Einstrahlung der Sonnenwärme bzw. die Abstrahlung der Gelände-wärme an die Luft in schwer übersehbarer Weise beeinflusst.

Untersuchungen (Lit. [7]) haben ergeben, dass k am meisten schwankt in geringer Höhe über offenen Wasserflächen, Wäldern und Industriegelände, aber im Hochgebirge bei großem Bodenabstand am stabilsten bleibt.

Außerdem hängt die Refraktion auch von der Neigung der Ziellinie (Blickrichtung) ab. Deshalb wird in der Astronomie, wo man steiler nach oben blickt, die Refraktion als Funktion des Zenitabstands (Winkel) angegeben.

Bei den Formeln und der Berechnung der Refraktion kommt es nur auf die Größenordnung, nicht auf den genauen Wert an, den wir ohnehin nicht berechnen können.

15.7.5.   *Formeln für die Sichtweite*

H_A ist die Höhe des Beobachters über dem Gelände. Zur Berücksichtigung der Refraktion wird in den obigen Formeln H_A durch H_A' ($=H_A + \Delta H_A$) ersetzt (siehe Bild 56). Bei Verwendung des Refraktions-koeffizienten gilt: $\Delta H_A = k \cdot H_A' = H_A' / 8$.
Damit wird $H_A' = H_A + \Delta H_A = H_A + k \cdot H_A'$. Daraus folgt für $k = 1/8$:

Formel 101: Korrigierte Höhe

$$H_A' = \frac{H_A}{1-k} = \frac{8}{7} \cdot H_A$$

Die durch Refraktion vergrößerte Sichtweite S' ist:

Formel 102: Vergrößerte Sichtweite

$$S' = \sqrt{\frac{H_A}{1-k} \cdot D + \left(\frac{H_A}{1-k}\right)^2} = \sqrt{\frac{8}{7} \cdot D \cdot H_A + \left(\frac{8}{7} \cdot H_A\right)^2}$$

Für Näherungsberechnungen verwenden wir die vereinfachte Formel:

Formel 103: Vereinfachte Formel für die vergrößerte Sichtweite

$$S' = \sqrt{\frac{D \cdot H_A}{1-k}} = \sqrt{\frac{2 \cdot r \cdot H_A}{1-k}} = \sqrt{\frac{8}{7} \cdot D \cdot H_A} = \sqrt{\frac{8}{7} \cdot 2 \cdot r \cdot H_A}$$

$$= 1{,}069 \cdot \sqrt{D \cdot H_A} = 1{,}069 \cdot \sqrt{2 \cdot r \cdot H_A} = 1{,}069 \cdot S$$

Die nach Formel 98 berechnete Sichtweite S kann also an schönen Tagen um 6,9 % erhöht werden, wenn die Refraktion vereinfacht mit $k = 1/8 = 0{,}125$ berücksichtigt wird.

15.7.6. *Kimmtiefe bei Refraktion*

Beziehen wir diese Sichtweite S' auf den Erdradius, so können wir nach Formel 100 und Bild 54 den Zentriwinkel κ berechnen, der auch Kimmtiefe genannt wird.

Hinweis für die praktische Rechnung:

Da die Sichtweite S' gegenüber dem Krümmungsradius sehr klein ist, ist der Zentriwinkel κ (siehe Bild 54) ebenfalls sehr klein (< 1°). Für kleine Winkel kann der Sinus, der Tangens und das Bogenmaß annähernd gleichgesetzt werden, weil die Sichtweite S' als Tangentenlänge sich von der Bogenlänge der gekrümmten Sichtlinie und von der Bogenlänge auf der Erdoberfläche im Zahlenwert nur wenig unterscheidet.

Anstelle von Formel 100 kann dann gesetzt werden:

Formel 104: Kimmtiefe: Näherung für kleine Winkel

$$\hat{\kappa} \approx \sin(\kappa) \approx \tan(\kappa) = \frac{S'}{r}$$

Für diesen Winkel im Bogenmaß setzen wir S' aus Formel 103 ein und für den Erdradius $r = 6378000$ m:

$$\hat{\kappa} \approx \frac{S'}{r} = \frac{1}{r} \cdot \sqrt{\frac{2 \cdot r \cdot H_A}{1-k}} = \sqrt{\frac{2 \cdot r \cdot H_A}{r^2(1-k)}} = \sqrt{\frac{2}{r}} \cdot \sqrt{\frac{1}{1-k}} \cdot \sqrt{H_A} = 5{,}6 \cdot 10^{-4} \cdot \sqrt{\frac{1}{1-k}} \cdot \sqrt{H_A}$$

Nach Umformen des Winkels vom Bogenmaß in Bogenminuten ['] erhalten wir:

Formel 105: Kimmtiefe: Näherungswerte für die Praxis

$$\kappa' \approx \frac{180 \cdot 60'}{\pi} \cdot 5{,}6 \cdot 10^{-4} \cdot \sqrt{\frac{1}{1-k}} \cdot \sqrt{H_A} = 1{,}9251 \cdot \sqrt{\frac{1}{1-k}} \cdot \sqrt{H_A}$$

Näherungswerte nach Formel 105 für die Praxis:

Den Winkel κ' erhalten wir in Bogenminuten, die Höhe H_A des Beobachters über dem Boden oder dem Meeresspiegel muss in Metern [m] eingesetzt werden.

Im Normalfall rechnen wir mit dem Wert $k = 1/8 = 0{,}125$, dann ergibt sich:

$$\boxed{\kappa' \approx 2{,}06 \cdot \sqrt{H_A}}.$$

Astronomen beobachten hauptsächlich nachts, dann gilt der Wert $k = \mathbf{0{,}176}$ und wir erhalten:

$$\boxed{\kappa' \approx 2{,}12 \cdot \sqrt{H_A}}.$$

Ohne Berücksichtigung der Refraktion rechnen wir mit $k = 0$, dann ergibt sich:

$$\boxed{\kappa' = 1{,}9251 \cdot \sqrt{H_A}}$$

Die Kimmtiefe dient den Seeleuten zur Korrektur ihrer zwischen (scheinbarem) Horizont und Stern gemessenen Winkel. Die Kimmlinie ist die Trennlinie zwischen Wasserspiegel und Himmel.

15.7.7. *Refraktionswinkel*

Der Refraktionswinkel ρ ergibt sich als Zentriwinkel der durch die Lichtbrechung erzeugten bogenförmigen Sichtlinie. Es ist der Winkel zwischen den beiden Tangenten an die Endpunkte dieser Linie (siehe Bild 57).

Formel 106: Refraktionswinkel

$$\boxed{\rho = \arctan\!\left(\frac{S'}{R}\right) = \arctan\!\left(\frac{S'}{r/k}\right) = \arctan(k \cdot \tan(\kappa)) \approx k \cdot \kappa}$$

dabei ist:

- ρ Refraktionswinkel
- r Krümmungsradius der Erdoberfläche,
- S' Sichtweite unter Einwirkung der Refraktion,
- k Refraktionskoeffizient,
- κ Kimmtiefe nach Formel 104 und Formel 105.

Hinweis:

Der Refraktionswinkel ρ für waagrechte Sichtlinien zwischen zwei Punkten auf der Erdoberfläche ist kleiner als der in der Astronomie angegebene Winkel von etwa 36' (Bogenminuten), der für eine Durchquerung der gesamten Lufthülle entlang einer Tangente an die Erdoberfläche gilt.

Auf der Erde bei einer wesentlich kürzeren waagrechten Sichtlinie zwischen zwei Punkten werden nicht alle Luftschichten vom Licht durchquert. Die Refraktion ist deshalb von der Sichtweite abhängig.

15.8. Berechnungsbeispiele

15.8.1. *Beispiel für einfache Sichtweitenberechnung*

Zugspitze $H_1 = 2963$ m ü. NN (Blickrichtung nach Norden):

$H_0 = 500$ m ü. NN (angenommen)
$H_A = 2463$ m, $r = 6371009 + 500 = 6371509$,

nach Formel 97: $S_1 = 177{,}178$ km,

nach Formel 102: $S_7 = 189{,}414$ km,
ergibt eine Sichtweite bis Denkendorf, Kipfenberg, Weißenburg, Greding an der Autobahn München-Nürnberg.

Dort ist $H_0' = 509$ bis 535 m ü. NN. Die Abweichung von der geschätzten Höhe ist unbedeutend. **Eine Iteration ist nicht nötig.**

Bei guten Sichtbedingungen muss (von der Zugspitze aus) der Aussichtspunkt Kindinger Berg (mit Feldstecher, Teleskop), Höhe 514 m ü. NN zu sehen sein. Umgekehrt muss von Weißenburg aus noch der oberste Teil der Zugspitze zu sehen sein.

15.8.2. *Beispiel für zusammengesetzte Sichtweite*

Starnberger See (Bild 58)

Bild 58: Zusammengesetzte Sichtweite

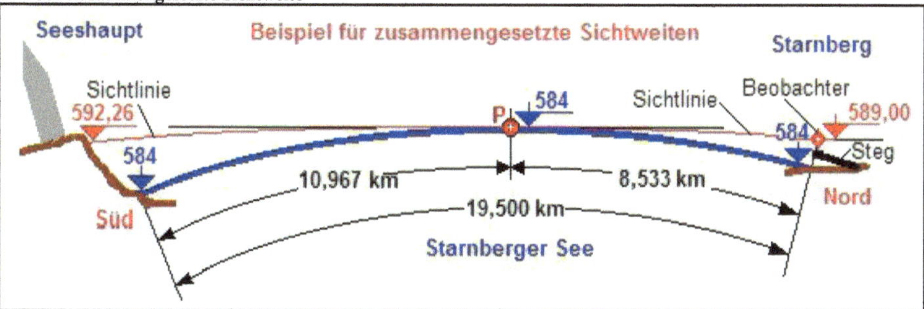

Ort: Starnberg, mittlerer Wasserspiegel H_0 = 584 m ü. NN.

Aufgabe: Was ist sichtbar von Seeshaupt am südlichen Ufer, wenn wir vom Badesteg in Starnberg aus dorthin blicken? Augenhöhe 5 m über dem Wasser (H_1 = 589 m ü. NN) Distanz = **19,5** km.

Berechnung mit Berücksichtigung der Refraktion

r = 6371009 + 584 = **6371593 m.**

Berechnung von Norden her:

H_A = 5 m, bis Horizontpunkt P (im See), nach Formel 102: S' = 8,533 km.
Berechnung des Abstandes bis zum südlichen Ufer = 19,500 - 8,533 = 10,967 km.

Berechnung von Süden her:

Welche Höhe in Seeshaupt ist von diesem Horizontpunkt P aus bei dem Abstand von 10,967 km zu sehen?

Umstellung der Formel 103: $H_A = S'^2 / (1{,}069^2 \cdot 2 \cdot r)$, nach Einsetzen der Werte ergibt sich:
$H_A = 10967^2 / (1{,}069^2 \cdot 2 \cdot 6371593)$ = 8,26 m, daraus H_0 = 584 + 8,26 = 592,26 m ü. NN. Alles was diese Höhe überragt, ist vom Starnberger Badesteg aus zu sehen.

Da der Ort Seeshaupt auf 595 m liegt, sind auch noch 2,74 m von der Uferböschung und der ganze Ort mit Kirchturm zu sehen.

Bemerkung: Der Ostteil des Südufers ist von Starnberg aus nicht mehr zu sehen, weil das höhere Gelände am Ostufer in die Sichtlinie ragt und die weitere Sicht verdeckt.

16. Koordinatensysteme in der Astronomie

16.1. Vorbemerkung

In der Astronomie sind verschiedene Koordinatensysteme in Gebrauch, die in diesem Kapitel behandelt werden.

Als erste Einführung in diese Thematik sollte das Kapitel 1 „Koordinatensysteme" in Lit. [19] gelesen werden, das die erforderlichen Grundlagen enthält. Der hier nachfolgende Text dient der Erläuterung der Grundlagen und enthält ergänzende Hinweise zu diesem Thema. Die Bilder und Skizzen aus Lit. [19] werden hier nicht wiederholt und sind dort nachzuschlagen.

Zum Verständnis und zur Anwendung dieser Koordinatensysteme sollten Grundkenntnisse der analytischen Geometrie sowie der ebenen und sphärischen Trigonometrie vorhanden sein. Eine elegante Methode (insbesondere bei grafischen wissenschaftlichen Taschenrechnern) ist die Vektordarstellung der Koordinaten und deren Berechnung über Vektorfunktionen. Die Kenntnis der Vektorrechnung wird aber hier nicht vorausgesetzt.

Da das Sonnensystem mit seinen Planeten frei im All schwebt, sind auch die Koordinatensysteme nicht ortsfest und verändern sich im Laufe der Zeit. Deshalb sind bestimmte Zeitpunkte ausgewählt worden, zu denen die Koordinatensysteme eine genau bekannte Lage im Raum hatten, für die die Angaben und Koordinaten gelten sollen. Die Koordinaten gelten also für einen bestimmten Zeitpunkt, der *Epoche* oder *Äquinoktium* genannt wird. Was für die Umrechnung auf einen anderen Zeitpunkt zu beachten ist, ist im Kapitel 18 ab Seite 187 beschrieben.

16.2. Bezugszeitpunkte, Standardepochen und Besseljahr

Bei vielen Berechnungen wird der Frühlingspunkt als Nullrichtung eines Koordinatensystems verwendet. Das ist die Richtung der Sonne zu Frühlingsanfang, wenn sie, von der Erde aus gesehen, im Frühlingspunkt steht.

Da aber der Frühlingspunkt im Laufe der Zeit auch seine Lage verändert, ist als Bezug ein fester Zeitpunkt (Bezugszeitpunkt, Epoche, Äquinoktium) zu wählen, von dem die Richtungsdaten des Frühlingspunktes genau bekannt sind. Die Astronomen geben die Koordinaten von Sternen und Planeten in Sternkatalogen und Jahrbüchern einheitlich und vergleichbar an, indem sie die Epoche mit den zugehörigen Daten angeben.

Die Astronomen nehmen Zeitpunkte, zwischen denen genau <u>ein</u> Julianisches Jahrhundert (36525 Tage) liegt und sprechen von Standardepochen.

Es gelten folgende **Standardepochen**:

Definition:

Äquinoktium J1900: Alle Berechnungen beziehen sich auf die Lage des Frühlingspunkts, der am Januar $0,5^d$ 1900 (= 31.12.1899 12^h TT) gegolten hat. Dafür gilt: JD = 2415020,0.

Äquinoktium J2000: Alle Berechnungen beziehen sich auf die Lage des Frühlingspunktes, der am Januar $1,5^d$ 2000 (= 01.01.2000 12^h TT) gegolten hat. Dafür gilt: JD = 2451545,0.

Hier ist als Zeit nicht die Weltzeit UT, sondern die Dynamische Zeit TT (Ephemeridenzeit) angegeben, die von UT bis zu 68 Sekunden abweicht, der genaue Wert ist aus Tabelle 12 auf Seite 51 zu entnehmen.

Das „J" vor der Jahreszahl weist darauf hin, dass die Epochen in Julianischen Jahrhunderten zu 36525 Tagen gezählt werden. Zwischen J1900 und J2000 liegen also genau 36525 Tage.

Die Standardepochen mit „J" ersetzen das frühere **Besseljahr** „B". Es ist definiert als ein Umlauf der (fiktiven) mittleren Sonne (*annus fictus*) und beginnt, wenn die Rektaszension der Sonne $18^h\,40^m$ (Länge der Sonne 280°) ist. Für praktische Berechnungen kann die Länge eines Besseljahres gleich der Länge des tropischen Jahres gesetzt werden. Zur Unterscheidung vom normalen Jahresbeginn wird beim Besseljahr ein „B" vor die Jahreszahl gesetzt.

Das Julianische Datum des Jahresbeginns eines beliebigen Besseljahres Y_B kann durch folgende Formel berechnet werden (die Formel stammt aus [19], dort Seite 48):

Formel 107: Jahresbeginn Besseljahr

$$JD = 2415020{,}31352 + 365{,}242198781 \cdot \left(Y_B - 1900\right)$$

Beispiele (Ergebnisse genau gerechnet und dann auf 5 Stellen gerundet):

B1950: JD = 2433282,42344 = Jan. 0,92344 d 1950 = 31.12.1949, $22^h\,09^m\,45^s$.
B1982: JD = 2444970,17380 = Jan. 0,67380 d 1982 = 31.12.1981, $16^h\,10^m\,16^s$.
B2000: JD = 2451544,53338 = Jan. 0,53338 d 2000 = 01.01.2000, $00^h\,48^m\,04^s$.

Manchmal wird auch der Jahresbeginn 1950 noch als Standardepoche benutzt. Hier darf aber kein „J" davorgesetzt werden, weil eben nur ein halbes Jahrhundert seit J1900 vergangen ist. Hier wird das Besseljahr genommen. Der Jahresbeginn 1950 heißt dann **B1950**.

16.3. Orientierung im Raum durch Koordinaten

In der Astronomie werden verschiedene Koordinatensysteme mit unterschiedlichen räumlichen Punkten als Ursprung (Nullpunkt) und mit verschiedener räumlicher Orientierung benutzt:

Topozentrische Koordinaten (siehe 16.6 auf Seite 167) haben ihren Ursprung im Auge des Beobachters bzw. im Achsenschnittpunkt der Fernrohrmontierung. Je nach Orientierung der Fernrohrachsen können verschiedene Bezugsebenen (Horizontebene, Äquatorebene, Meridianebene) gelten. **Topozentrische Koordinaten sind die einzigen Koordinaten, die tatsächlich beobachtet und gemessen werden.** Alle anderen Koordinaten sind davon abgeleitet.

Geozentrische Koordinaten (siehe 16.7 auf Seite 170) haben ihren Ursprung im Erdmittelpunkt. Die Bezugsebene ist die Äquatorebene, die Bezugsrichtung ist die Richtung zum Frühlingspunkt.

Heliozentrische Koordinaten (siehe 16.9 auf Seite 175) haben ihren Ursprung im Mittelpunkt der Sonne. Die Bezugsebene ist die Ekliptik, die Bezugsrichtung ist die Richtung zum Frühlingspunkt.

Baryzentrische Koordinaten haben ihren Ursprung im Schwerpunkt des Systems Erde-Mond. Das Baryzentrum umkreist die Sonne in einer Kepler-Ellipse.

Galaktozentrische Koordinaten haben ihren Ursprung im Zentrum der Galaxis „Milchstraße", zu der unser Sonnensystem gehört. Diese Koordinaten interessieren hier nicht.

Wir verwenden folgende Abkürzungen für die Koordinatensysteme:

th topozentrisch horizontales System,
tä topozentrisch äquatoriales System,
gä geozentrisch äquatoriales System,
ge geozentrisch ekliptikales System,
he heliozentrisch ekliptikales System,
hb heliozentrisches System der Bahnebene.

16.4. Festlegung der Koordinatensysteme

Um die Lage eines Punktes P im dreidimensionalen Raum anzugeben, wird ein Koordinatensystem benötigt, das durch folgende Bestimmungsgrößen festgelegt ist:

- Ein orthogonales rechtwinkliges System ist durch den Nullpunkt (Ursprung O) und die Richtung der drei Koordinatenachsen festgelegt. Dazu wird eine Längenmaßeinheit vorgegeben, in der die Koordinaten gemessen werden.
- Ein Polarkoordinatensystem ist durch den Nullpunkt (Ursprung O), die Bezugsebene und die Bezugsrichtung in dieser Ebene festgelegt. Dazu kommen Winkelmaßeinheiten für die Angabe der Winkel und eine Längenmaßeinheit für den Abstand des Punktes vom Koordinatenursprung.

Ein Punkt P im dreidimensionalen Raum wird dann durch drei Angaben eindeutig in seiner Lage bestimmt:

- im kartesischen Koordinatensystem durch die Koordinaten x, y und z;
- im Polarkoordinatensystem durch den Abstand (Radius) r des Punktes vom Ursprung O und zwei Winkel λ und β.

Die Orientierung auf der Erdoberfläche erfolgt durch die Angabe der geografischen Lage über den Längengrad λ, den Breitengrad φ und die Höhe H über dem Meeresspiegel (Normalnull NN); dieses Thema ist im Abschnitt 14.2.2 ab Seite 148 behandelt.

Ebenfalls durch je zwei Winkel (und manchmal zusätzlich noch durch einen Abstand r) können die Positionen (Örter) von Himmelskörpern (Planeten, Objekte, Sterne) am Sternenhimmel (Himmelskugel, Himmelsgewölbe, Fixsternsphäre) bestimmt werden.

16.5. Rechtwinkliges Koordinatensystem (Grundsystem)

Im Mathematikunterricht in der Schule haben wir das rechtwinklige Koordinatensystem der Ebene (zweidimensional = 2D) und des Raumes (dreidimensional = 3D) kennengelernt. Die Achsen stehen im rechten Winkel aufeinander (orthogonal). Die genannten Koordinatensysteme sind **orthogonale (rechtwinklige) Rechtssysteme** (siehe Bild 59).

16.5.1. Definition eines räumlichen orthogonalen Rechtssystems

Schraubenregel:

Wenn eine Schraube mit **Rechtsgewinde** in die Richtung der positiven z-Achse gelegt wird und damit eine Drehung von der positiven x-Achse in Richtung der positiven y-Achse erfolgt, dann schraubt sie sich bei einem Rechtssystem in Richtung der positiven z-Achse.

Dreifinger-Regel der rechten Hand:

Spreizen wir Daumen, Zeigefinger und Mittelfinger der **rechten** Hand rechtwinklig auseinander, so dass jeder dieser Finger mit den beiden anderen einen rechten Winkel bildet, dann ist

- der Daumen die positive x-Achse,
- der Zeigefinger die positive y-Achse und
- der Mittelfinger die positive z-Achse

eines **orthogonalen Rechtssystems**.

16.5.2. *Kartesisches Koordinatensystem*

Der Name „kartesisch" erinnert an *René Descartes* (1596 - 1650), einen französischen Mathematiker, der sich auch *Renatus Cartesius* nannte. Er ist der Begründer der analytischen Geometrie.

Bild 59: Orthogonales Koordinatensystem

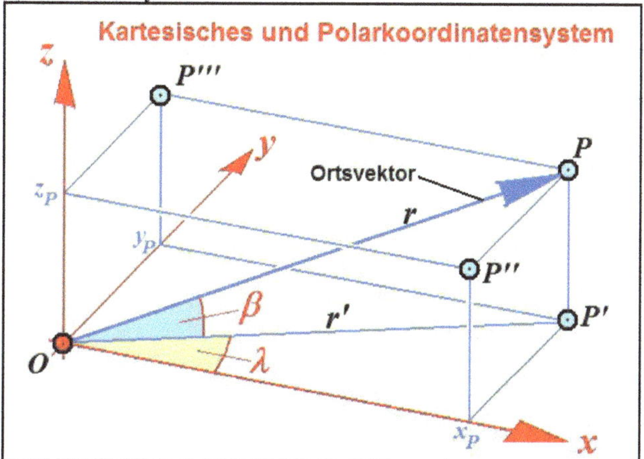

Im **kartesischen Koordinatensystem** gibt es drei orthogonal zueinander angeordnete gerade Koordinatenachsen x, y und z (Rechtssystem, siehe Bild 59). Jeder Punkt P des Raumes kann rechtwinklig auf die Achsen projiziert werden. Dann ergeben sich an diesen drei Achsen die Koordinaten x_P, y_P und z_P. Dadurch ist die Lage des Punktes P in diesem Koordinatensystem eindeutig bestimmt.

In Bild 59 liegt der Punkt P im Raum, der Punkt P' liegt als Lotpunkt in der x,y-Ebene, der Punkt P'' liegt als Lotpunkt in der x,z-Ebene und der Punkt P''' liegt als Lotpunkt in der y,z-Ebene.

16.5.3. *Polarkoordinatensystem*

Die oben beschriebenen rechtwinkligen Koordinaten des kartesischen Koordinatensystems können in polare Koordinaten umgewandelt werden. Der Koordinatenursprung des Polarkoordinatensystem ist *O;* dieser ist mit dem Ursprung des kartesischen Systems identisch.

Im **zweidimensionalen System** (Ebene) gibt es eine Bezugsrichtung, die meist mit der x-Achse identisch ist. Von dieser Bezugsrichtung aus kann jeder Punkt P' der x,y-Ebene durch einen Winkel λ und einen Abstand r' festgelegt werden.

Im **dreidimensionalen System** wird ein Punkt P im Raum durch zwei Winkel λ (Längengrad oder Länge) und β (Breitengrad oder Breite) und einen Abstand r (Radius) beschrieben (sphärische Koordinaten, Kugelkoordinaten).

Diese Koordinaten gelten in einem orthogonalen Rechtssystem und in dem daraus abgeleiteten **Polarkoordinatensystem** (Polarkoordinaten in der 2D-Ebene, Zylinder- und Kugelkoordinaten im 3D-Raum).

Um ein Linkssystem zu bekommen, muss nur die Richtung einer Achse negiert werden.

16.5.4. Koordinatenumrechnung kartesisch in polar und umgekehrt

Werden kartesische Koordinaten in polare Koordinaten mit demselben Ursprung umgewandelt, so ist dies eine **Umrechnung**. Dagegen ist es eine **Transformation**, wenn die Koordinaten eines Punktes von einem gegebenen System in ein anderes Koordinatensystem (Zielsystem) mit einem anderen Ursprung und anderer Richtung der Achsen umgerechnet werden.

Die nachfolgenden Grundformeln (Formel 108 und Formel 109) gelten für die Umrechnung von kartesischen in polare (sphärische) Koordinaten (und umgekehrt), die beide denselben Ursprung und dieselbe Orientierung (x-Achse, xy-Bezugsebene) haben.

16.5.5. Umrechnung von polar in kartesisch

Die Gleichungen für die Koordinaten x, y und z lassen sich aus Bild 59 herleiten.

Formel 108: Umrechnung Polarkoordinaten in kartesische Koordinaten

$$x = r \cdot \cos(\beta) \cdot \cos(\lambda)$$
$$y = r \cdot \cos(\beta) \cdot \sin(\lambda)$$
$$z = r \cdot \sin(\beta)$$

16.5.6. Umrechnung von kartesisch in polar

Formel 109: Umrechnung kartesischer Koordinaten in Polarkoordinaten

Radius (Entfernung):
$$r = \sqrt{x^2 + y^2 + z^2}$$
$$r' = \sqrt{x^2 + y^2}$$

– – – – – – – – – – –

Hilfswinkel : $\varphi = 2 \cdot \arctan\left(\dfrac{y}{|x| + \sqrt{x^2 + y^2}} \right)$

– – – – – – – – – – –

Breite (Breitengrad) :
$$\beta = \arctan\left(\frac{z}{r'} \right) \quad \text{für} \quad r' \neq 0$$
$$\beta = +90° \qquad \text{für} \quad r' = 0 \text{ und } z > 0$$
$$\beta = 0° \qquad \text{für} \quad r' = 0 \text{ und } z = 0$$
$$\beta = -90° \qquad \text{für} \quad r' = 0 \text{ und } z < 0$$

– – – – – – – – – – –

Länge (Längengrad) :
$$\lambda = 0° \qquad \text{für} \quad x = 0 \text{ und } y = 0$$
$$\lambda = \varphi \qquad \text{für} \quad x = 0 \text{ und } y > 0$$
$$\lambda = \varphi \qquad \text{für} \quad x > 0 \text{ und } y \geq 0$$
$$\lambda = 360° + \varphi \qquad \text{für} \quad x \geq 0 \text{ und } y < 0$$
$$\lambda = 180° - \varphi \qquad \text{für} \quad x < 0$$

Die Definition der einzelnen Größen geht aus Bild 59 hervor.

Als Maßeinheiten werden meist reine Maßzahlen („dimensionslose" Zahlen) oder Längeneinheiten verwendet. Winkel werden in Altgrad (°) oder im Bogenmaß (rad) angegeben.

Der auf die Richtung der positiven x-Achse bezogene Winkel in der x,y-Ebene wird **Länge** (erinnert an Längengrad) genannt. Der auf die x,y-Ebene bezogene Winkel in z-Richtung heißt **Breite** (erinnert an Breitengrad). Für die Länge (= Längengrad) sind keine negativen Winkel zugelassen, der Bereich läuft von 0° bis 360°. Für die Breite läuft der Bereich von -90° (Südpol) bis +90° (Nordpol).

Erläuterungen zu den Gleichungen der Formel 109:

Bei der Umrechnung von kartesischen in polare Koordinaten ist durch die Vorzeichen von x und y festgelegt, in welchem Quadranten der Ebene der Winkel liegt. Deshalb wird für die Länge zuerst ein Hilfswinkel φ berechnet, der nach Fallunterscheidungen für die Kombinationen von x und y dem richtigen Quadranten zugeordnet wird.

Die Herleitung der Gleichung für den Hilfswinkel φ erfolgt nach Bild 42 und Formel 70 (Seite 128).

Der Weg führt über die Verdoppelung des halben Winkels, weil sich dadurch der richtige Quadrant ergibt, auch wenn x oder y null ist.

Der Nenner in der Gleichung für den Hilfswinkel φ darf nicht null werden, deshalb wird hier der Absolutwert $|x|$ verwendet. Über die Fallunterscheidungen ergibt sich für die Länge λ dann der richtige Winkel.

16.6.   Topozentrisches horizontales Koordinatensystem (th)

16.6.1.   Astrometrische und geometrische Koordinaten

Geometrische Koordinaten sind die nach den mathematischen Methoden der Geometrie berechneten Längenmaße und Winkel. Für geometrische Koordinaten gelten alle mathematischen Gesetze der ebenen und räumlichen Geometrie und der Trigonometrie.

Die an den Beobachtungsinstrumenten abgelesenen Werte oder die auf dem Teleskopbild fotografisch festgehaltenen Daten sind **astrometrische (gemessene, beobachtete) topozentrische Koordinaten**, gleichgültig ob das Teleskop horizontal oder parallaktisch montiert ist.

Die **Astrometrie** (Positionsastronomie) hat Methoden und Verfahren entwickelt, die Position von Objekten am Himmel genau zu messen. Diese gemessenen Koordinaten sind durch optische Einflüsse (Refraktion, Aberration, Parallaxe und Lichtlaufzeit, siehe Abschnitt 9 ab Seite 100) verfälscht. Deshalb sollten immer Beobachtungszeitpunkt (Datum, Uhrzeit) und Beobachtungort (geografische Länge, geografische Breite und Höhe) angegeben werden, um diese Einflüsse korrekt berücksichtigen zu können.

Merke:
Astrometrische Koordinaten ergeben sich aus Beobachtungen.
Geometrische Koordinaten sind die aus den Beobachtungen berechneten wirklichen Koordinaten.
Die geometrischen geozentrischen Koordinaten geben den Ort im Raum an, an dem sich das Objekt, unabhängig vom Beobachter, zu einem bestimmten Zeitpunkt **tatsächlich befindet**.
Bei Berechnung von Örtern und bei Koordinatentransformation wird immer mit geometrischen Koordinaten gerechnet.

16.6.2.   Umrechnung astrometrisch auf geometrisch

Um aus den beobachteten die wahren, echten Positionen (Örter) der Objekte zu erhalten, müssen die verfälschenden optischen Einflüsse „herausgerechnet" werden.

Dann ergeben sich

- **geometrische topozentrische Koordinaten** (= tatsächliche Positionen bezogen auf den Beobachtungsort) oder

- **geometrische geozentrische Koordinaten** (= tatsächliche Positionen bezogen auf den Erdmittelpunkt und die Äquatorebene), die unabhängig vom Beobachtungsort sind und mit denen in Koordinatensystemen gerechnet werden kann und die auch, für alle Beobachter gültig, in Sternkatalogen und Jahrbüchern angegeben werden.

16.6.3. *Umrechnung von geometrisch auf astrometrisch*

Wenn berechnete geometrische Koordinaten von Objekten als beobachtbare Positionen am Himmel aufgesucht werden sollen, muss die vorher erfolgte Eliminierung der optischen Einflüsse (Refraktion, Lichtlaufzeit, usw.) wieder rückgängig gemacht werden, um die Beobachtungspositionen zu bekommen. Dieser Vorgang wird „Reduktion auf den scheinbaren Ort" genannt.

Insbesondere bei fotografischen Aufnahmen müssen die durch Berechnung gefundenen Koordinaten von Objekten auf den scheinbaren Ort umgerechnet werden, um sie in den Bildern richtig positionieren und wiederfinden zu können. Auf solchen Bildern sollten immer Beobachtungszeitpunkt (Datum, Uhrzeit TT oder UT) und Beobachtungort (geografische Länge und Breite) angegeben werden.

16.6.4. *Horizontsystem und topozentrische horizontale Koordinaten*

Das topozentrische horizontale Koordinatensystem verwendet auf die Horizontebene des Beobachters **B** bezogene **topozentrische Koordinaten**. Hier wird der Einfachheit halber die Erde als Kugel betrachtet und die geografische Breite auf den Erdmittelpunkt bezogen.

Die Horizontebene ist die Tangentialebene an die Erde am Ort des Beobachters **B** (siehe Bild 60).

Bild 60: Horizontebene auf der Erde

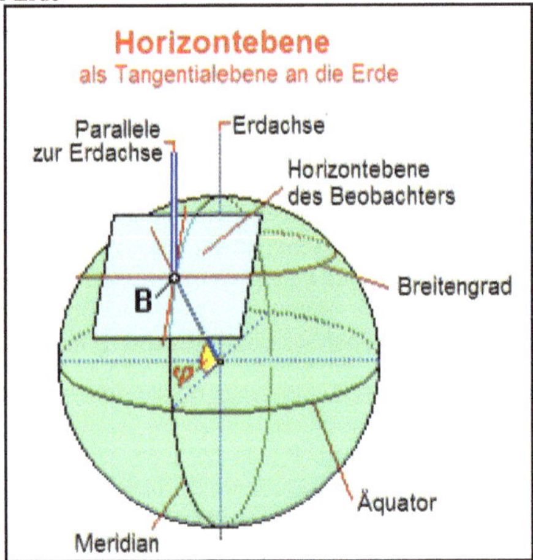

Sie schneidet aus der Himmelskugel den Großkreis des Horizonts heraus. Die Senkrechte auf der Horizontebene durchstößt oben (über dem Kopf des Beobachters) die Himmelskugel, dieser Punkt heißt **Zenit** (Scheitelpunkt), der Gegenpunkt in der anderen Richtung heißt **Nadir** (Fußpunkt) und ist meist mit dem Erdmittelpunkt identisch. Die Punkte **Süden, Osten** und **Westen** werden die **Kardinalpunkte des Horizonts** genannt (siehe Bild 61).

Die **Höhe h** ist der Winkel der Sichtlinie vom Beobachter zum Objekt P ab Horizontebene (siehe Bild 61). Für den Zenit gilt $h = 90°$, für den Nadir gilt $h = -90°$.

Die **Zenitdistanz z** ist der Komplementärwinkel zum Winkel h, es gilt $z = 90° - h$. Ein Objekt am Horizont hat somit die Zenitdistanz $z = 90°$. Zenitdistanzen $z > 90°$ geben die Lage der Objekte unter dem Horizont an.

Der Großkreis vom Nordpol zum Südpol durch den Beobachtungsort (Bild 60) ist der **Meridian dieses Ortes**.

Der Großkreis Zenit-Objekt-Horizont ist der **Vertikalkreis**.

Zwischen Vertikalkreises und Meridian wird der Horizontalwinkel, **das Azimut A**, gemessen. Dieser Winkel wird **in der Astronomie im Uhrzeigersinn auf der Horizontebene ab Südrichtung gemessen**.

Bild 61: Horizontales Koordinatensystem

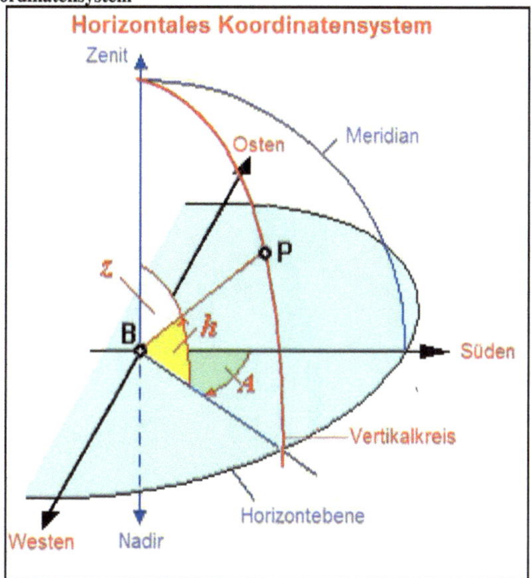

Bei der **Navigation auf der Erde** wird dagegen von der Nordrichtung nach Osten (Windrose auf dem Kompass) gezählt, die Bezugsrichtung ist also um 180° gegenüber der astronomischen Zählrichtung verschoben.

Topozentrische horizontale Koordinaten:

Die beiden Winkel **Höhe h** (bezogen auf die Horizontebene des Beobachters, auch **Elevation** genannt) und **Azimut A** (bezogen auf die Südrichtung) geben im topozentrischen horizontalen Koordinatensystem die Richtung zu einem Objekt **P** an. Der Abstand zum Objekt ist hier selten von Interesse.

16.6.5.   Praktische Anwendung

Topozentrische Koordinaten werden verwendet, um bei Teleskopen mit horizontaler (azimutaler) Montierung für einen bestimmten Standort auf der Erde die Position von Himmelskörpern oder Satelliten (**Azimut A** und **Elevation h**) anzugeben bzw. zu ermitteln.

Für geostationäre Satelliten kann die Richtung der Parabol-Antenne auf die vorher berechneten Koordinaten fest eingestellt werden, weil diese Satelliten in der Äquatorebene in etwa 36000 km Höhe über der Erdoberfläche auf einem bestimmten Längengrad „geostationär" positioniert sind, sie stehen relativ zur Erdoberfläche still. Die Umlaufrichtung und die Winkelgeschwindigkeit ihres Umlaufs um die Erde entsprechen genau der Rotation der Erde, deshalb heißen sie auch „Synchronsatelliten". Siehe dazu das Thema „Satellitenpeilung" im Kapitel 20 ab Seite 193 gezeigt.

16.7. Geozentrisches äquatoriales Koordinatensystem (gä)

Durch die Drehung des Sternenhimmels ändern sich die horizontalen Koordinaten laufend mit der Zeit. Sie sind für die Einstellung des Teleskops oder die Angabe der Position von Himmelskörpern nicht geeignet.

16.7.1. Koordinatenursprung

Bild 62: Äquatorialkoordinaten

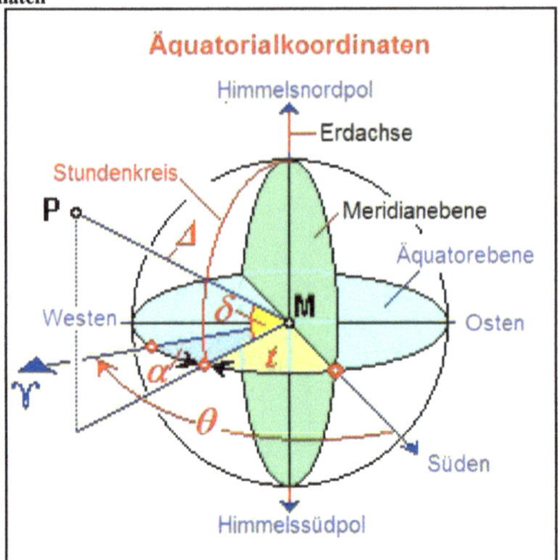

Hier werden Koordinaten verwendet, bei denen der **Erdmittelpunkt M der Koordinatenursprung** und die **Ebene des Äquators die Bezugsebene** ist (siehe Bild 62). Dieses Koordinatensystem wird als Äquatorialsystem bezeichnet und ist ein geozentrisches Koordinatensystem.

Definition Himmelsäquator:

Die Äquatorebene der Erde zeichnet auf der Innenseite der Himmelskugel den **Himmelsäquator** als Großkreis. Der Himmelsäquator ist also der auf die Himmelskugel projizierte Erdäquator.

Der Koordinatenursprung äquatorialer Koordinatensysteme wird daher immer entweder in den Erdmittelpunkt (gä) oder in das Auge des Beobachters (tä) verlegt. Die Bezugsebene der äquatorialen Koordinatensysteme liegt immer parallel zur Äquatorebene der Erde.

Für die geozentrischen äquatorialen Koordinaten (gä) ist immer der Erdmittelpunkt der Ursprung, von dem aus alle Himmelsobjekte vermessen werden. Bei Himmelsbeobachtungen wird die Erde als im All stillstehend angenommen.

Die Erde bewegt sich bei ihrem Lauf um die Sonne mit ihrer Äquatorebene während eines Jahres um die Strecke $\Delta z = 2 \cdot AE \cdot \sin(23{,}5°) = 2 \cdot 149597870 \text{ km} \cdot \sin(23{,}5°) = 119304023 \text{ km}$ parallel zur Erdachse im All in nord-südlicher Richtung. Auch die Verbindungslinie Himmelsnordpol-Himmelssüdpol wandert in dieser Zeit mit der Erde um die Sonne und verändert ihre Lage um die Strecke $\Delta x = 2 \cdot AE = 2 \cdot 149597870 \text{ km} = 299195740 \text{ km}$.

Diese beiden Strecken werden aber bei Beobachtung und Berechnung von Sternörtern als „jährliche Parallaxe" berücksichtigt. Dabei wird auch die Bewegung der Sonne im All mit berücksichtigt.

Senkrecht auf der Äquatorebene steht die **Rotationsachse der Erde**. Ihre Verlängerungen in beiden Richtungen durchstoßen die Himmelskugel im Himmelsnord- und Himmelssüdpol.

Der durch den Himmelsnordpol und das Objekt P gehende vertikale Großkreis ist der **Stundenkreis des Objekts**. Δ ist der Abstand des Objekts vom Erdmittelpunkt.

Ein Nachteil dieser Koordinaten ist, dass der Himmelsnordpol und der Himmelssüdpol wegen der Präzession der Erdachse in 25784 Jahren einmal im Kreis wandern. Die Erdachse beschreibt dabei die Form eines Doppelkegels, dessen Mitte im Erdmittelpunkt liegt. Die Äquatorebene „wankt" dabei. Der Himmelsnordpol befindet sich momentan in der Nähe des Polarsterns (Stern α **UMi**). Die Präzession muss bei Berechnungen, die sich auf verschiedene Zeitpunkte beziehen, berücksichtigt werden.

16.7.2.   Bezugslinien für Winkel

Die Bezugsebene für die **senkrechten Winkel** ist die Äquatorebene der Erde; diese wird auch Himmelsäquator genannt (siehe oben).

Bei den **horizontalen Winkeln** müssen wir zwei Bezugslinien in der Äquatorebene unterscheiden:

- Die ortsfeste oder erdverbundene waagrechte Bezugslinie für den Beobachter auf der Erde ist die Schnittlinie der **Meridianebene** mit der Äquatorebene, die genau nach Süden zeigt.

  Die Position des Meridians zum Sternenhimmel wird durch die **Sternzeit** θ angegeben, die den Winkel zwischen Meridian und Richtung zum Frühlingspunkt in Sternzeitstunden angibt ($15° = 1$ Stunde, $1° = 4$ Zeitminuten). Die Sternzeit ist immer positiv, weil der Winkel zwischen Meridian und Frühlingspunkt mit der Zeit immer größer wird. Das heißt, der Frühlingspunkt wandert, von der sich drehenden Erde aus gesehen, immer weiter nach Westen.

- Die zweite Bezugslinie ist der **Stundenkreis des Objekts P** (siehe Bild 62); dieser bewegt sich mit der Drehung des Sternenhimmels nach Westen, pro Sternzeitstunde um $15°$. Das Maß ist die Sternzeit-Stunde und der Winkel ist der **Stundenwinkel** t des Objekts **P**.

16.7.3.   Rektaszension und Deklination

Die Richtung zum Frühlingspunkt Υ ist (vom Beobachter aus gesehen) die sich mit dem Sternenhimmel **waagrechte bewegende Bezugslinie**. Der Winkel zwischen der Richtung zum Frühlingspunkt und dem Stundenkreis des Objekts **P** heißt **Rektaszension** α. Er ist positiv, wenn sich das Objekt **P** östlich vom Frühlingspunkt (von Himmelsnordpol aus gesehen gegen den Uhrzeigersinn) befindet.

Der **vertikale Winkel** auf dem Stundenkreis von der Äquatorebene zum Objekt **P** wird **Deklination** δ genannt (Bild 62 und Bild 63). Der Winkel ist positiv, wenn das Objekt nördlich der Äquatorebene steht und negativ, wenn es südlich davon steht.

Messung von Deklination, Rektaszension, Sternzeit und Stundenwinkel:

- Die **Sternzeit** θ des Meridians wird berechnet; sie ist das Maß vom Meridian nach Westen bis zum Frühlingspunkt. Sie ist immer positiv und wächst mit der Zeit.

- Der **Stundenwinkel** t wird vom Meridian aus bis zum Objekt **P** positiv gemessen. Der Stundenwinkel wächst mit der laufenden Zeit in positiver Richtung. Der Meridian wandert in Bezug auf das Objekt **P** immer nach Osten, kulminiert bei $t = 0°$ ($= 360°$) und wandert nach Osten weiter. Werden $360°$ überschritten, dann wird modulo 360 gerechnet (die Winkelmessung beginnt von vorn).

- Die **Rektaszension** α ist die waagrechte Koordinate des Objekts und wird vom Frühlingspunkt aus nach Osten bis zum Objekt **P** positiv gemessen. Es ist zu beachten, dass die Rektaszension in entgegengesetzter Richtung zu Stundenwinkel und Sternzeit gemessen wird.

  Sie ergibt sich aus Sternzeit und Stundenwinkel nach der Formel 110.

- Die **Deklination** δ ist der senkrechte Winkel, er wird vom Himmelsäquator aus nach Norden positiv und nach Süden negativ gerechnet.

Stundenwinkel und Sternzeit ändern sich relativ schnell entsprechend der Rotationsgeschwindigkeit der Erde, während sich die Rektaszension nur langsam (bei Planeten) oder gar nicht (bei Fixsternen) gegenüber dem Frühlingspunkt ändert.

Die Zusammenhänge sind aus Bild 62 und Bild 63 zu entnehmen.

Bild 63: Stundenwinkel, Rektaszension, Sternzeit und Deklination

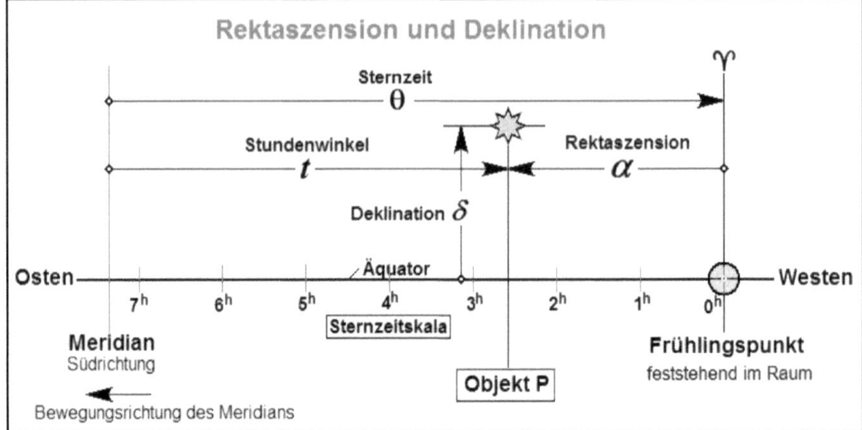

Stundenwinkel t und Rektaszension α sind über die Sternzeit miteinander gekoppelt. Es gelten die Gleichungen der Formel 110 mit ihren Umkehrungen:

Formel 110: Stundenwinkel und Rektaszension

$$\theta = t + \alpha$$
$$t = \theta - \alpha$$
$$\alpha = \theta - t$$

Alle drei Größen werden in Sternzeit (15° = 1 Stunde, 1° = 4 Minuten) angegeben. Formel 110 ist die Grundformel zur Bestimmung der Sternzeit bei bekannter Rektaszension eines Sterns und umgekehrt. Da beim Meridiandurchgang eines Sterns $t = 0$ ist, gilt $\theta = \alpha$. Die Rektaszension eines Sterns ergibt sich also als Sternzeit beim Durchgang durch den Meridian des Beobachters. Die Berechnung der Sternzeit für einen bestimmten Ort auf der Erde ist im Kapitel 6.13.7 ab Seite 80 behandelt.

16.7.4. Geozentrische äquatoriale Koordinaten

Die beiden Winkel **Rektaszension α** (als Winkel im Stundenmaß, bezogen auf den Frühlingspunkt) und **Deklination δ** (als Winkel in Grad, bezogen auf die Äquatorebene) geben im geozentrischen äquatorialen Koordinatensystem die Richtung zu einem Objekt **P** an (siehe Bild 62 auf Seite 170).

Für die geozentrischen kartesischen Koordinaten eines Objekts **P** gilt:

- Die positive x-Achse weist zum Frühlingspunkt♈,
- die positive y-Achse liegt 90° östlich zur x-Achse in Äquatorebene,
- die positive z-Achse weist in Richtung des Himmelsnordpols.

Die Umrechnung der geozentrischen äquatorialen Koordinaten in kartesische Koordinaten erfolgt durch die Gleichungen, die sich aus Bild 62 herleiten lassen, wobei die Rektaszension α im Winkelmaß eingesetzt wird:

Formel 111: Geozentrische Koordinaten eines Objekts

$$x = \Delta \cdot \cos(\delta) \cdot \cos(\alpha)$$
$$y = \Delta \cdot \cos(\delta) \cdot \sin(\alpha)$$
$$z = \Delta \cdot \sin(\delta)$$

Der Abstand Δ (Erdmittelpunkt-Objekt) ist nur bei erdnahen Objekten von Interesse. Bei anderen Objekten wird $\Delta = 1$ gesetzt, dann ergeben sich mit x, y und z die Vektorkomponenten des Einheits-Ortsvektors. Die Rückrechnung von kartesischen in polare Koordinaten erfolgt über die Formel 109, wobei δ anstelle von β und α anstelle von λ gesetzt wird.

Die Örter von Sternen werden in Sternkatalogen und die Örter von Sonne, Mond und Planeten in den astronomischen Jahrbüchern mit Rektaszension α und Deklination δ angegeben, bezogen auf einen Himmelsäquator, der zu einem bestimmten Zeitpunkt gegolten hat (Äquinoktium **J1900** oder **J2000**).

16.8. Topozentrisches äquatoriales Koordinatensystem (tä)

Das topozentrische äquatoriale Koordinatensystem hat seinen Ursprung im Auge des Beobachters bzw. im Achsenschnittpunkt der Fernrohrmontierung. Bezugsebene ist die zur Äquatorebene parallele Ebene durch den Ursprung im Auge des Beobachters. Sie bildet die x,y-Ebene. Die x-Richtung zeigt zum Frühlingspunkt, die y-Richtung zeigt 90° vom Frühlingspunkt nach Osten und die z-Richtung zeigt zum Himmelsnordpol.

Dieses topozentrisch äquatoriale Koordinatensystem (**tä**) kann durch eine Parallelverschiebung seines Ursprungs vom Standpunkt des Beobachters zum Erdmittelpunkt in das geozentrisch äquatoriale Koordinatensystem (**gä**), das in Abschnitt 16.7 besprochen wurde, übergeführt werden. Diese Tatsache werden wir bei der Koordinatentransformation **gä/tä** bzw. **tä/gä** heranziehen.

16.8.1. Parallaxe

16.8.1.1. Objekt in Meridianebene

Ob die am Teleskop abgelesenen topozentrischen äquatorialen Koordinaten auch als geozentrische äquatoriale Koordinaten verwendet werden können, ist vom Einfluss der Parallaxe abhängig. Bei **erdnahen Objekten** (Mond, Satelliten) muss die Parallaxe berücksichtigt werden. Bild 64 zeigt das Objekt P **in der Meridianebene** (bei $\theta = \alpha$) des Beobachters.

Der Winkel φ ist die **geografische Breite** am Beobachtungsort B. Der Winkel δ ist die **Deklination** und α' die Rektaszension des Objekts P am Beobachtungsort. Um die Deklination für den Erdmittelpunkt zu bekommen, muss die Parallaxe berücksichtigt werden.

Bild 64: Parallaxe

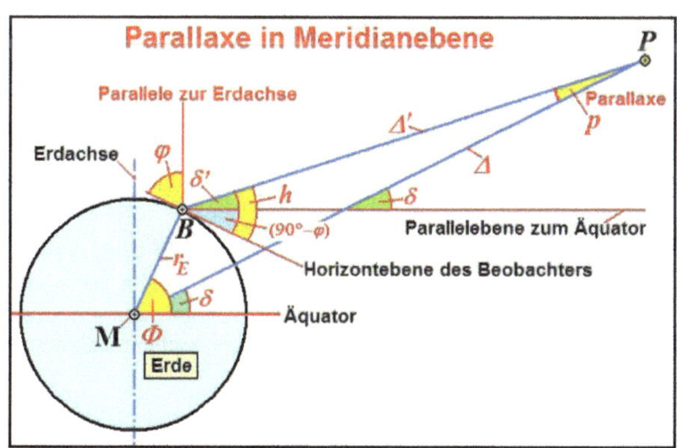

Die Parallaxe p ist der Winkel am beobachteten Objekt P, der maximal einen Wert von $\boxed{\arcsin(r_E/\Delta)}$ haben kann. Bei Beobachtung der Sonne beträgt dieser 8,79" und beim Mond 57'.

Für die Berechnung der Parallaxe ist das Dreieck MPB maßgebend. Δ, Δ' und rE sind die Seitenlängen. Die Innenwinkel des Dreiecks ergeben sich aus den geometrischen Verhältnissen in Bild 64.
Von den sechs Elementen eines Dreiecks (3 Innenwinkel + 3 Seitenlängen) müssen drei bekannt sein, um das Dreiecks eindeutig berechnen zu können.

- Der Innenwinkel bei P ist die Parallaxe p, die nicht bekannt ist und berechnet werden soll.
- Die geozentrische Breite Φ ergibt sich aus der geografischen Breite φ durch Berechnung nach Formel 90: $\boxed{\Phi = \arctan\left(0{,}993305521802 \cdot \tan(\varphi)\right), \text{ wobei gilt}: 0 \le \varphi < 90°}$ (Herleitung siehe 14.2.2 auf Seite 148).
- Der Innenwinkel bei M beträgt $\Phi - \delta$.
- Der Innenwinkel bei B beträgt $90° + h + \varphi - \Phi$, weil die Differenz $(\varphi - \Phi)$ zwischen der geografischen und der geozentrischen Breite berücksichtigt werden muss.
- h ist dabei der geometrische Höhenwinkel zum wahren Ort des Objekts P, wobei die Refraktion bereits eliminiert ist (siehe auch Bild 29 auf Seite 100).
- r_E ist der Radius der Erde am Beobachtungsort nach Formel 94 auf Seite 151:

$$\boxed{r_E = 6378{,}137 \cdot \sqrt{\frac{0{,}993305521801}{1 - 0{,}0066944782 \cdot \cos^2(\Phi)}}}$$

Bekannt sind meist r_E und aus Messungen der Innenwinkel bei B. Das fehlende dritte Bestimmungsstück des Dreiecks ist entweder die Deklination δ oder der Abstand Δ des Himmelskörpers vom Erdmittelpunkt. Eines davon muss aus einer vorhergehenden Berechnung bekannt sein.

16.8.1.2. Objekt außerhalb der Meridianebene

Liegt das Objekt P nicht in der Meridianebene (bei $\theta \neq \alpha$), dann liegt die Ebene des Dreiecks MBP schräg zur Meridianebene. Für die Berechnung ist dann der Zentriwinkel b des Großkreisbogens **b** für die Parallaxe maßgebend, der durch die Ebene des Dreiecks **MPB** gegeben ist. Dies ist insbesondere bei der Ausrichtung einer Satellitenantenne auf die Satellitenposition maßgebend, für die die Koordinaten (Azimut und Elevation) berechnet werden müssen (siehe auch Kapitel 20).
Dabei kann die Refraktion der Funkwellen vernachlässigt werden, da die Feineinstellung der Antenne auf Maximum der Empfangsfeldstärke erfolgt.

Die Berücksichtigung der Parallaxe erfolgt bei der Koordinatentransformation zwischen geozentrisch-äquatorialen (**gä**) und topozentrisch-äquatorialen (**tä**) Koordinaten in 17.5.4 auf Seite 185 (auch Lit. [19], Seite 15).

16.8.2. Topozentrische äquatoriale Koordinaten

Die beiden Winkel **Rektaszension** α' (als Winkel im Stundenmaß, bezogen auf den Frühlingspunkt) und **Deklination** δ' (als Winkel in Grad, bezogen auf die Ebene durch den Beobachtungspunkt parallel zur Äquatorebene, siehe Bild 64) geben im topozentrischen äquatorialen Koordinatensystem die Richtung zu einem Objekt P an. r_E ist der Erdradius am Beobachtungsort.

Der Abstand Δ' (Beobachtungspunkt-Objekt) ist nur bei erdnahen Objekten von Interesse.

Wenn die Objekte (Fixsterne, Planeten, Sonne) weit genug entfernt sind, dann ist die Parallaxe verschwindend klein, so dass sie vernachlässigt werden kann. Die Linien **BP** und **MP** in Bild 64 sind dann als parallel anzusehen. Dann kann eine Gleichsetzung von gemessenen topozentrischen mit geozentrischen äquatorialen Koordinaten (**tä = gä**) erfolgen, so als befände sich der **Beobachter im Erdmittelpunkt (geozentrisch)**.

16.9.   Heliozentrisches ekliptikales Koordinatensystem (he)

16.9.1.   Ursprung und Orientierung im Raum

Für ein gemeinsames Koordinatensystem aller Planetenbahnen wurde die **Sonne als Ursprung** gewählt. Die Astronomen haben als **Bezugsebene im Sonnensystem** die Bahnebene ihres eigenen Heimatplaneten Erde gewählt. Diese Bezugsebene heißt **Ekliptik**. Die Erde bewegt sich in dieser Ebene um die Sonne. Im Abschnitt 12.8.1 ab Seite 134 ist die Ekliptik näher beschrieben.

Die Schnittlinie der Ekliptik mit der durch den Sonnenmittelpunkt gehenden parallelen Ebene zum Himmelsäquator heißt Knotenlinie.

Die **Neigung der Ekliptik** ε zur Ebene des Himmeläquators (Schiefe der Ekliptik) betrug am 1. Januar 2000 12^h UT: $\varepsilon = 23°26'21,45''$. Sie vermindert sich pro Jahrhundert um $46,82''$ (siehe genaue Formel im Abschnitt 12.8.2 auf Seite 135).

Die Richtung der Knotenlinie der Erde von der Sonne zum aufsteigenden Knoten ☊ wurde als **Bezugsrichtung** festgelegt und heißt **Frühlingspunkt ♈**.

Definitionsgemäß ist bei der Bahn der Erde der Winkel vom Frühlingspunkt ostwärts bis zum aufsteigenden Knoten (Ω = Länge des aufsteigenden Knotens) gleich null, weil der aufsteigende Knoten mit dem Frühlingspunkt übereinstimmt.

16.9.2.   Heliozentrische Koordinaten in der Ekliptik

Bild 65: Heliozentrisches ekliptikales Koordinatensystem

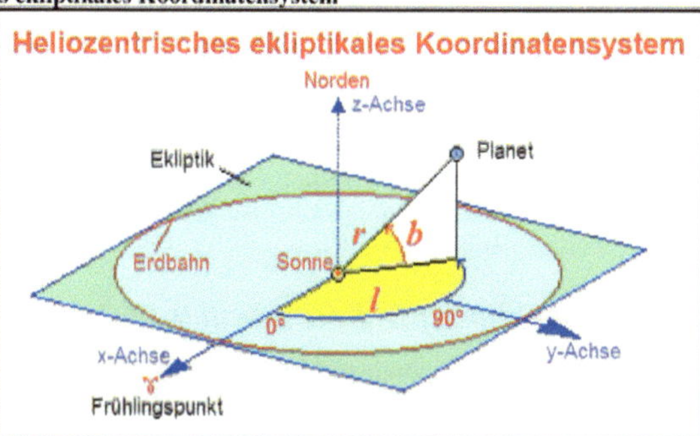

Die **ekliptikale Breite** b gibt den Winkelabstand eines Objekts von der Ekliptik (von der Sonne aus gesehen) an, und zwar positiv nach Norden und negativ nach Süden. Die Erde hat definitionsgemäß $b = 0$, weil sie in der Ekliptik liegt.

Die **ekliptikale Länge** l wird auf der Ekliptik als Winkel der Projektionslinie Planet-Sonne zur Richtung des Frühlingspunktes angegeben, der ostwärts positiv im Bogenmaß gerechnet wird.

r ist der Abstand der Mittelpunkte von Sonne und Planet.
x, y und z sind die kartesischen Koordinaten.
Aus Bild 65 kann Formel 112 hergeleitet werden:

Formel 112: Heliozentrische ekliptikale Koordinaten

$$x = r \cdot \cos(b) \cdot \cos(l)$$
$$y = r \cdot \cos(b) \cdot \sin(l)$$
$$z = r \cdot \sin(b)$$

16.9.3. Aufsteigende Knoten in Ekliptik und Planetenbahn

Bei der Erde ist der aufsteigende Knoten der Punkt, wo die Sonne am 21. März, von der Erde aus gesehen, den Himmelsäquator von Süden nach Norden (aufsteigend) durchstößt.

Die Sonne befindet ab 21. März nördlich des Himmelsäquators, also befindet sich die Erdbahn (Ekliptik) südlich des Äquators. Das ist also die Stelle, wo die Ekliptik von der Nordseite zur Südseite des Himmelsäquators wechselt. Der aufsteigende Knoten ist bei der Erde definitionsgemäß die Richtung von der Sonne zum Frühlingspunkt, wo sich die Erde am 23. September (von der Sonne aus gesehen) befindet (siehe 12.8 auf Seite 134).

Da auch alle anderen Planetenbahnen die Sonne als Zentralgestirn im Brennpunkt haben, schneiden sich deren Bahnebenen mit der Ekliptik jeweils in ihrer Knotenlinie. Bei der Bahnebene eines Planeten (außer der Erde) ist der aufsteigende Knoten ☊ die Richtung von der Sonne zu dem Punkt, in dem der Planet die Ekliptik von Süden nach Norden durchstößt (also aufsteigend). Die Neigung der Bahnebene eines Planeten (außer Erde) zur Ekliptik wird **Inklination i** genannt.

Die Schnittlinie der Planetenbahnen (Erdbahn ausgenommen) mit dem Himmelsäquator sind für die Berechnung nicht von Bedeutung, weil der Bezug dieser Bahnen zum geozentrischen äquatorialen Koordinatensystem über die Ekliptik hergestellt wird.

16.10. Geozentrisches ekliptikales Koordinatensystem (ge)

16.10.1. Ursprung und Orientierung im Raum

Das geozentrische ekliptikale Koordinatensystem hat die Ekliptik als Bezugsebene und den Ursprung des Koordinatensystems im Mittelpunkt der Erde. Die Bezugslinie (x-Achse) in Richtung des Frühlingspunktes wird dabei beibehalten.

Die Sonne als ein im heliozentrischen System ruhender Punkt erscheint im geozentrischen System bewegt, da sich ihre Stellung relativ zur Erde ständig ändert. Die Bahnen der anderen Planeten relativ zur Erde sind dann keine Ellipsen mehr, sondern laufen zeitweise in Schleifen, wie sie *Ptolemäus* im Jahr 150 n. Chr. in seinem „Almagest" schon beschrieben hat.

16.10.2. Geozentrische ekliptikale Koordinaten

Im geozentrischen System werden die Bezeichnungen **Länge** und **Breite** für die Koordinaten verwendet, wie bei der Navigation auf der Erde. Alle Koordinaten, die auf die Ekliptik bezogen sind, heißen **ekliptikale Koordinaten**.

Bild 66: Geozentrisches ekliptikales Koordinatensystem

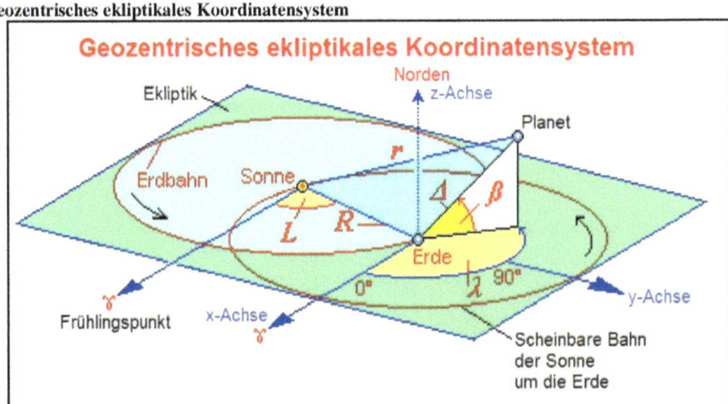

Die geozentrischen ekliptikalen Koordinaten sind β, λ und Δ. Der Winkel β zwischen der Linie Erde-Planet und der Ekliptik ist die **ekliptikale Breite**. Winkel nach Norden (nach oben) werden positiv (bis +90°), Winkel nach Süden (nach unten) werden negativ (bis -90°) angegeben. Der Winkel λ zwischen dem Frühlingspunkt ♈ und der Projektion der Linie Erde-Planet auf die Ekliptik ist die **ekliptikale Länge**, gemessen von 0° bis 360° in Bewegungsrichtung der Erde. Δ ist der Abstand Planet-Erde.

x, y, z sind die kartesische Koordinaten für das Ekliptiksystem mit Ursprung im Erdmittelpunkt.

Es gilt nach Bild 66:

Formel 113: Geozentrische ekliptikale Koordinaten

$$x = \Delta \cdot \cos(\beta) \cdot \cos(\lambda)$$
$$y = \Delta \cdot \cos(\beta) \cdot \sin(\lambda)$$
$$z = \Delta \cdot \sin(\beta)$$

Für Berechnungen in diesem Zusammenhang sind noch von Bedeutung:

- Seitenlängen R, r und Δ des Dreiecks Planet-Sonne-Erde.
- Länge L der Erde (Winkel von der Sonne aus gesehen), bezogen auf den Frühlingspunkt.
- Die Länge der Sonne (Winkel von der Erde aus gesehen) beträgt **180° + L**.
- Abstand R Erde-Sonne.
- Abstand r Sonne-Planet.

16.11. Koordinatensystem der heliozentrischen Bahnebene (hb)

16.11.1. Lage der Bahnebene zur Ekliptik

Bild 67: Lage der Bahnebene zur Ekliptik

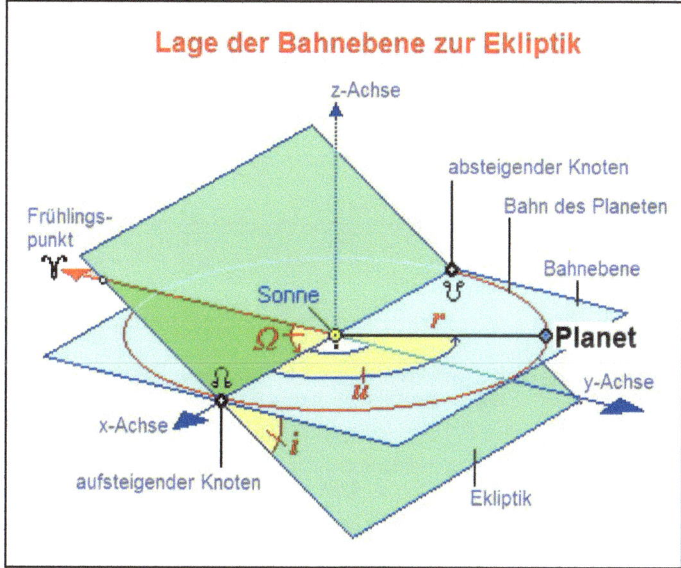

Die einfachste Möglichkeit zur Beschreibung der Bahn eines Planeten um die Sonne ist, die **Bahnebene selbst als Bezugsebene** zu wählen.

Der Bezug der Bahnebene zur Ekliptik wird über den Winkel zwischen den beiden Ebenen (**Inklination** i) und dem Winkel Ω auf der Ekliptik zwischen **Frühlingspunkt** ♈ und aufsteigendem Knoten der Bahnebene hergestellt (siehe Bild 67).

Als Bezugsrichtung der Bahnberechnung (siehe 12.8 auf Seite 134) dient die Richtung von der Sonne zum **Perihel** in der Bahnebene. Für die Koordinaten der Bahnebene wird der Bezug zwischen Perihel und **aufsteigenden Knoten** über den Winkel ω (siehe Bild 68) hergestellt.

16.11.2. Koordinaten der Bahnebene

Beschreibung der Bahnelemente:

☊ (aufsteigender Knoten) ist die Richtung von der Sonne bis zum Punkt, wo der Planet die Ekliptik von Süden nach Norden durchstößt.

r ist der Abstand des Planeten von der Sonne.
v ist die wahre Anomalie des Planeten,
ω ist der Winkel (im Bereich von $0°$ bis $360°$) vom aufsteigenden Knoten ostwärts bis zum Perihel,
u ist der Winkel zwischen der Verbindungslinie Planet-Sonne und dem aufsteigenden Knoten ☊ (gemessen im Bereich von $0°$ bis $360°$ in Bewegungsrichtung des Planeten). Es gilt: $u = \omega + v$.

Bild 68: Koordinaten der Bahnebene

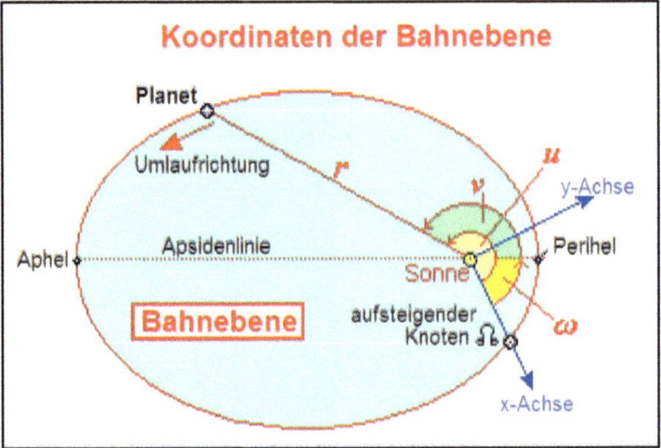

Es gilt nach Bild 68:

Formel 114: Koordinaten der Bahnebene

$$x = r \cdot \cos(u)$$

$$y = r \cdot \sin(u)$$

Die x-**Achse** ist die Richtung zum aufsteigenden Knoten in Bahnebene,
die y-**Achse** ist $90°$ ostwärts von der x-Achse in Bahnebene,
die z-**Achse** kommt hier nicht vor, weil in der Bahnebene zweidimensional gerechnet wird.

$\varpi = \Omega + \omega$ ist die Perihellänge der Bahn in Bezug auf den Frühlingspunkt. Er wird als mittleres Bahnelement der inneren Planeten in Lit. [19], dort ab Seite 137, angegeben.

Der Winkel ϖ ist kein echter Winkel, da er als Summe aus Winkeln zweier verschiedener Ebenen gebildet wird. Der Winkel Ω ist der Winkel auf der Ekliptik (siehe Bild 67) vom Frühlingspunkt bis zur Knotenlinie (aufsteigender Knoten ☊) der Bahnebene und ω gibt den Winkel von der Knotenlinie (siehe Bild 68) zum Perihel auf der Bahnebene an. Zur Berechnung des Ortes auf der Bahnebene siehe den Abschnitt 3.1 in Lit. [19], dort ab Seite 51.

16.12. Tabellarische Zusammenstellung der Koordinatensysteme

In folgender Übersicht sind die wichtigsten Daten der oben behandelten Koordinatensysteme zusammengestellt. Die angegebene Bezugsrichtung ist zugleich die x-Achse der zugehörigen kartesischen Koordinaten.

Tabelle 48: Mathematische Koordinaten (Grundsystem)

Mathematische Koordinaten (Grundsystem)		
System		**Grundsystem**
	Koordinatenbasis	**Nullpunkt bei** $x = 0, y = 0, z = 0$
Kartesische orthogonale Koordinaten	Orthogonales 3D-Bezugssystem: *x-Achse, y-Achse, z-Achse*	siehe Grundsystem x, y, z
Polare (sphärische) Koordinaten	Bezugsebene: *x,y*-**Ebene** Bezugsrichtung: *x*-**Achse**	siehe Grundsystem λ, β, r

Tabelle 49: Zusammenstellung der Koordinatensysteme

Koordinatensysteme in der Astronomie				
Die Abkürzungen **th, gä, tä, he, ge** und **hb** dienen zur leichteren Kennzeichnung im Text				
System		**topozentrisch** (t_)	**geozentrisch** (g_)	**heliozentrisch** (h_)
	Koordinatenbasis: Bezugsebene und Bezugsrichtung	Ursprung: *Beobachter*	Ursprung: *Erdmittelpunkt*	Ursprung: *Sonnenmittelpunkt*
horizontal (_h)	*Horizontebene* *Südrichtung*	System (**th**) h, A		
äquatorial (_ä)	*Äquatorebene* *Frühlingspunkt* ♈	System (**tä**) δ, α', Δ'	System (**gä**) δ, α, Δ	
ekliptikal (_e)	*Ekliptik* *Frühlingspunkt* ♈		System (**ge**) Δ, λ, β	System (**he**) r, l, b
Bahnebene (_b)	*Bahnebene* *Aufst. Knoten* ☊	Die Berechnung der Umlaufbahnen ist im Kapitel 12 (ab Seite 118) abgehandelt.		System (**hb**) r, u

16.13. Ermittlung der geometrischen Koordinaten

Die Koordinatentransformation wird immer mit den **wahren (geometrischen) Werten** durchgeführt. Bevor transformiert werden kann, müssen die gegebenen (beobachteten) Koordinaten auf ihre wahren geometrischen Werte umgerechnet werden.

Vor allem müssen **optische Einflüsse** (Refraktion, Aberration, Lichtlaufzeit) eliminiert und **zeitliche Unterschiede** (Äquinoktium) berücksichtigt werden.

16.13.1. Refraktion

Die Refraktion bewirkt einen positiven Höhenfehler, das Objekt erscheint höher als es geometrisch zutrifft. Die Korrektur erfolgt mit den in Kapitel 9 ab Seite 100 angegebenen Formeln. Die Anforderungen an die Genauigkeit der Berechnung entscheiden, ob die Refraktion vernachlässigt werden kann oder nicht.

16.13.2. Aberration

Die Aberration beträgt maximal 21" (Bogensekunden). Die Anforderungen an die Genauigkeit der Berechnung entscheiden, ob die Aberration vernachlässigt werden kann oder nicht.

Die Formeln für die jährliche und tägliche Aberration siehe [19], Seite 32.

16.13.3. Lichtlaufzeit

Die Lichtlaufzeit ist abhängig vom Abstand Δ des Objekts und muss berücksichtigt werden. Der Abstand Δ kann aus dem Dreieck Planet-Sonne-Erde (siehe Bild 66 auf Seite 176) ermittelt werden. Formeln und nähere Erläuterung siehe Kapitel 9 ab Seite 100.

16.13.4. Zeitabhängige Einflüsse

Präzession, Nutation und die Periheldrehung sind zeitabhängig. Bei Koordinatentransformationen müssen alle Koordinaten auf dasselbe Äquinoktium bezogen sein. Koordinaten verschiedener Bezugszeitpunkte müssen auf ein einheitliches Äquinoktium umgerechnet werden (siehe Kapitel 18 ab Seite 187). Bahnelemente müssen auf das Äquinoktium des Beobachtungszeitpunktes umgerechnet werden, wenn mit beobachteten (gemessenen) Werten gerechnet wird.

17.   Koordinatentransformationen

Sind zwei räumliche kartesische Koordinatensysteme, die sich nicht decken, als rechtwinklige Rechts-systeme mit gleicher Längeneinheit gegeben und sollen die Koordinaten eines Punktes P im Raum in den Koordinaten beider Systeme angegeben werden, so besteht die Aufgabe, die Koordinaten x, y, z des Punktes P des einen Systems in die Koordinaten x^*, y^*, z^* desselben Punktes im anderen System umzurechnen. Diese Umrechnung wird **Koordinatentransformation** genannt.

Dabei sind drei Fälle zu unterscheiden:

1. **Translation** (Verschiebung): Die beiden Systeme liegen so im Raum, dass sie durch eine Parallelverschiebung ineinander übergeführt werden können. Der Ursprung O des einen Systems geht dabei über in den Ursprung O^* des anderen Systems.
2. **Rotation** (Drehung): Die beiden Koordinatensysteme haben denselben Punkt als Ursprung: $O = O^*$, aber die Koordinatenachsen haben verschiedene Richtungen. Jede Achse des einen Systems bildet mit jeder des anderen Systems einen bestimmten Winkel.
3. **Kombination** (Überlagerung): Die beiden Koordinatensysteme lassen sich nur durch Kombination einer Verschiebung und einer Drehung ineinander überführen.

Die Transformationen dieser drei Möglichkeiten führen zu sehr umfangreichen Gleichungssystemen. Die Lösung dieser Gleichungssysteme erfolgt meist in Vektor- oder Matrizenschreibweise. Diese Berechnungsmethoden sind Teil der linearen Algebra und können in den mathematischen Lehrbüchern nachgeschlagen werden (siehe z. B. [4], Seiten 554 bis 557, oder [2], ab Seite 145). Sie sind für Amateurastronomen zur Transformation von astronomischen Koordinatensystemen nicht geeignet.

17.1.   Gleichungssysteme lösen

Die Transformation von Polarkoordinatensystemen, die meist für astronomische Systeme verwendet werden, lassen sich auf die Transformation von kartesischen Systemen zurückführen.

Genau diese Tatsache wird normalerweise benutzt, um jeweils zwei polare Koordinatensysteme auf ein gemeinsames drittes kartesisches Koordinatensystem zu beziehen. Dabei ergeben sich Gleichungssysteme mit jeweils drei Gleichungen, bei denen auf jeder Seite des Gleichheitszeichens sich polare Terme mit trigonometrischen Funktionen gegenüberstehen.

Jede Koordinatentransformation im 3D-Raum erfolgt durch ein solches Gleichungssystem mit drei Gleichungen. Die Koordinaten sind als Argumente von trigonometrischen Funktionen oder als Faktoren enthalten.

Ein Gleichungssystem verknüpft die 3 bekannten Koordinaten des einen Systems mit den 3 unbekannten Koordinaten des anderen Systems durch die bekannten Transformationskonstanten (z.B. Inklination, Ekliptikschiefe, aufsteigender Knoten, Abstand des Nullpunktes der Systeme). Die gewünschten Koordinatenwerte ergeben sich bei Auflösung des betreffenden Gleichungssystems nach den unbekannten Größen.

17.2.   Genauigkeitsanforderungen

Die Transformationsgleichungen enthalten nur die rein mathematisch-geometrischen Umrechnungen ohne Berücksichtigung der optischen und zeitabhängigen Einflüsse. Selbst die Berücksichtigung dieser Größen, wie sie oben beschrieben worden ist, liefert keine strenge Berechnung, die den Anforderungen der Astronomen gerecht würde. Für Amateurzwecke sind die Gleichungen jedoch ausreichend.

17.3. Transformationsketten

Manchmal sind bis zu 4 Transformationen hintereinander (Kette) nötig, um von den gegebenen zu den gewünschten Koordinaten zu kommen, weil beide an der Transformation beteiligten Koordinatensysteme keinen direkten Bezug zueinander haben. Die Tabelle 50 zeigt die aufeinanderfolgenden Einzeltransformationen.

Tabelle 50: Transformationsketten

Beobachtete und gemessene Koordinaten	
im System **th**	im System **tä**
werden nacheinander in folgende Systeme transformiert:	
th →**gä** →**ge** →**he** →**hb** und umgekehrt: **hb** →**he** →**ge** →**gä** →**th**	**tä** →**gä** →**ge** →**he** →**hb** und umgekehrt: **hb** →**he** →**ge** →**gä** →**tä**

Für die gezeigten Transformationen ergeben sich Paarungen von Systemen, für die Transformationsgleichungen formuliert werden müssen:

Tabelle 51: Transformations-Paarungen

hb ↔ **he**	Heliozentrische Bahnebene	↔	heliozentrisch ekliptikal
he ↔ **ge**	Heliozentrisch ekliptikal	↔	geozentrisch ekliptikal
ge ↔ **gä**	Geozentrisch ekliptikal	↔	geozentrisch äquatorial
gä ↔ **th**	Geozentrisch äquatorial	↔	topozentrisch horizontal
gä ↔ **tä**	Geozentrisch äquatorial	↔	topozentrisch äquatorial

Beispiel:

Um den Sonnenstand aus Beobachtersicht auszurechnen, ist die Transformationskette **ge** →**gä** →**th** erforderlich, um die geozentrischen ekliptischen Koordinaten λ und β der Sonne in die äquatorialen Koordinaten Rektaszension α und Deklination δ zu transformieren, die dann noch in die Koordinaten Höhenwinkel h und Azimut A für den Sonnenstand transformiert werden müssen.

17.4. Vereinfachungen der Transformationen

Die Transformationen gestalten sich nicht so kompliziert, wie es aussieht, denn die Koordinatensysteme haben Gemeinsamkeiten.

1. Ekliptikale und äquatoriale Koordinatensysteme (**tä, gä, ge, he**) haben eine gemeinsame x-Achse, nämlich die Richtung zum Frühlingspunkt, die zugleich die Schnittlinie der Ekliptik mit der zur Äquatorebene der Erde parallelen Ebene durch den Sonnenmittelpunkt ist.
2. Daraus ergibt sich, dass die y-Achsen und auch die z-Achsen dieser Systeme um den Winkel ε der Ekliptikschiefe um die x-Achse gegeneinander gedreht sind.
3. **tä**- und **gä**-Systeme können durch Parallelverschiebung um die Strecke r_E ineinander übergeführt werden.
4. **he**- und **ge**-Systeme können durch eine Parallelverschiebung um die Strecke Sonne-Erde (AE) ineinander übergeführt werden, wie aus Bild 66 ersichtlich ist.
5. Aus dem Rahmen dieser Gemeinsamkeiten fällt lediglich das Horizontsystem **th**, das sich mit der Erdrotation gegenüber den anderen Systemen bewegt. Deshalb spielen auch der Stundenwinkel und die Sternzeit dabei eine Rolle.

Auf die Herleitung der Transformationsgleichungen für die oben genannten Paarungen zweier Koordinatensysteme verzichten wir hier. Sie sind in verschiedenen Büchern zu finden. Hier wird einheitlich als Quelle Lit. [19] verwendet (siehe auch Lit. [8], dort ab Seite 149).

17.5. Eigenschaften der Transformationspaarungen

17.5.1. Heliozentrische Bahnebene - heliozentrisch ekliptikal (hb-he)

Um aus den Koordinaten r und u der Bahnebene (Bild 67) eines Planeten die heliozentrischen ekliptikalen Koordinaten r, l und b berechnen zu können, muss die Lage der Bahn des Planeten zur Ekliptik bekannt sein. Diese ist, wie Bild 67 zeigt, durch den Winkel Ω zwischen dem Frühlingspunkt ♈ und dem aufsteigenden Knoten ☊ in der Ekliptik und den Winkel i zwischen Bahnebene und Ekliptik bestimmt.

Ω ist die Länge des aufsteigenden Knotens im heliozentrischen ekliptikalen Koordinatensystem eines bestimmten Äquinoktiums. Die x-Achse des ekliptikalen Systems wird um den Winkel Ω gedreht und geht in die x-Achse der Bahnebene über, die die Richtung der Knotenlinie hat. Die Knotenlinie ist die Drehachse, in der beide Systeme durch die Inklination i verbunden sind.

i (Inklination) ist der Winkel zwischen der Ekliptik und der Bahnebene, gemessen von 0° bis 90° im Falle rechtläufiger Bewegung (Drehsinn wie Erdumlauf) und von 180° bis 90° im Falle rückläufiger Bewegung (Drehsinn entgegen Erdumlauf).

r bezeichnet in beiden Systemen den Abstand des Planeten von der Sonne.

Die folgenden Transformationsgleichungen stammen aus Lit. [19], Seiten 11 und 12, dort sind auch die dazugehörigen Lageskizzen der Systeme abgedruckt.

Formel 115: he/hb und hb/he

Transformation **he** ↔ **hb**:

$$\cos(b) \cdot \cos(l - \Omega) = \cos(u)$$
$$\cos(b) \cdot \sin(l - \Omega) = \sin(u) \cdot \cos(i)$$
$$\sin(b) = \sin(u) \cdot \sin(i)$$

Formel 116: Kartesische Koordinaten für he/hb

Transformation **he** ↔ **hb**:

$$x = r \cdot \left[\cos(u) \cdot \cos(\Omega) - \sin(u) \cdot \cos(i) \cdot \sin(\Omega)\right]$$
$$y = r \cdot \left[\cos(u) \cdot \sin(\Omega) + \sin(u) \cdot \cos(i) \cdot \cos(\Omega)\right]$$
$$z = r \cdot \left[\sin(u) \cdot \sin(i)\right]$$

Gaußsche Vektoren

In diesem Zusammenhang sei auf die Gaußschen Vektoren hingewiesen, die eine besonders bequeme Darstellung der Koordinaten erlauben, wenn viele Punkte einer Bahn nacheinander bestimmt werden sollen. In Lit. [19], Seite 12 und Lit. [20] sind die Gaußschen Vektoren für die Transformation innerhalb der Bahnebene angegeben. Hier wird nicht darauf eingegangen.

17.5.2. *Heliozentrisch ekliptikal zu geozentrisch ekliptikal (he-ge)*

Benötigt werden die heliozentrischen Koordinaten der Erde bzw. die geozentrischen Koordinaten der Sonne. Die Gleichungen ergeben sich aus dem Dreieck Planet-Sonne-Erde, das im Bild 66 dargestellt ist.

- L ist die heliozentrische ekliptikale Länge der Erde. Das ist der Winkel vom Frühlingspunkt bis zur Linie Sonne-Erde.
- B ist die heliozentrische ekliptikale Breite der Erde. Das ist der Winkel zwischen der Linie Sonne-Erde und der Projektion dieser Linie auf die Ekliptik. Definitionsgemäß muss $B = 0°$ sein, weil die Linie Sonne-Erde in der Ekliptik liegt. Aber bei Verwendung eines früheren Äquinoktiums kann die Bahnebene der Erde eine Inklination $i_0 \neq 0$ (siehe Bahnelemente der Erde auf Seite 137 und Formel 80) bekommen und daraus folgt dann $B \neq 0°$.
- R ist der Abstand zwischen den Mittelpunkten von Erde und Sonne.
- l, b und r sind die heliozentrischen ekliptikalen Planetenkoordinaten (siehe Bild 65).
- λ, β und Δ sind die geozentrischen ekliptikalen Planetenkoordinaten (siehe Bild 66).

Die gegebenen und die berechneten Koordinaten haben dasselbe Äquinoktium. Folgende Transformationsgleichungen stammen aus Lit. [19], Seite 13. Das **he**-System kann durch Parallelverschiebung in das **ge**-System übergeführt werden.

Formel 117: he/ge und ge/he

Transformation **he** $\leftrightarrow$ **ge:**

$$r \cdot \cos(b) \cdot \cos(l) \quad = R \cdot \cos(B) \cdot \cos(L) + \Delta \cdot \cos(\beta) \cdot \cos(\lambda)$$
$$r \cdot \cos(b) \cdot \sin(l) \quad = R \cdot \cos(B) \cdot \sin(L) + \Delta \cdot \cos(\beta) \cdot \cos(\lambda)$$
$$r \cdot \sin(b) \qquad\qquad = R \cdot \sin(B) + \Delta \cdot \sin(\beta)$$

17.5.3. *Geozentrisch ekliptikal zu geozentrisch äquatorial (ge-gä)*

Da hier der Übergang von der Ekliptik zur Äquatorebene über die **Ekliptikschiefe** ε berechnet wird, muss auch die zeitliche Veränderung von ε berücksichtigt werden (siehe 13.2.1 auf Seite 144).

Beide Systeme haben die Knotenlinie als gemeinsame x-Achse, die zugleich als Rotationsachse bei der Transformation dient.

Die Ekliptikschiefe beträgt nach Formel 77 auf Seite 135:

$$\varepsilon = 23{,}43929111° - 46{,}8150'' \cdot T - 0{,}00059'' \cdot T^2 + 0{,}001813 \cdot T^3$$

$T = (JD - 2451545{,}0) / 36525$ ist dabei das Julianische Jahrhundert, das seit dem 1. Januar 2000, 12^{h} TT (Äquinoktium J2000) vergangen ist. JD ist das Julianische Datum.

Geozentrische Koordinaten:

Ekliptikales System (ge): λ, β, Δ
Äquatoriales System (gä): α, δ, Δ

Die folgenden Transformationsgleichungen stammen aus Lit. [19], Seite 14 (siehe auch Lit. [8], Seiten 157 und 158). Der Abstand Δ des Objekts vom Erdmittelpunkt wird nicht transformiert, er gilt bei gleichen Maßeinheiten in beiden Systemen.

Formel 118: ge/gä

Transformation **ge** $\rightarrow$ **gä**

$$(1) \quad \cos(\delta) \cdot \cos(\alpha) = \cos(\beta) \cdot \cos(\lambda)$$
$$(2) \quad \cos(\delta) \cdot \sin(\alpha) = \cos(\varepsilon) \cdot \cos(\beta) \cdot \sin(\lambda) - \sin(\varepsilon) \cdot \sin(\beta)$$
$$(3) \quad \sin(\delta) \qquad\quad = \sin(\varepsilon) \cdot \cos(\beta) \cdot \sin(\lambda) + \cos(\varepsilon) \cdot \sin(\beta)$$

Formel 119: gä/ge

Transformation $g\ddot{a} \rightarrow ge$
(4) $\cos(\beta)\cdot\cos(\lambda) = \cos(\delta)\cdot\cos(\alpha)$
(5) $\cos(\beta)\cdot\sin(\lambda) = \cos(\varepsilon)\cdot\cos(\delta)\cdot\sin(\alpha) + \sin(\varepsilon)\cdot\sin(\delta)$
(6) $\sin(\beta) \quad = \cos(\varepsilon)\cdot\sin(\delta) \quad - \sin(\varepsilon)\cdot\cos(\delta)\cdot\sin(\alpha)$

17.5.4. *Geozentrisch äquatorial - topozentrisch äquatorial (gä-tä)*

Bei weit entfernten Himmelskörpern können die Systeme **tä** und **gä** gleichgesetzt werden. Bei erdnahen Objekten muss bei Bedarf umgerechnet werden, wenn die Koordinaten im System **tä** gebraucht werden.

Beide Systeme werden über eine Parallelverschiebung ineinander übergeführt (siehe Bild 64).
Bekannte Größen:

θ ist die Sternzeit des Beobachters (siehe 7.6.6 auf Seite 98) und

φ und Φ sind die geozentrische und die geografische Breite des Beobachtungsortes (siehe Formeln auf Seite 149),

r_E ist der Abstand des Beobachtungsortes vom Erdmittelpunkt unter Berücksichtigung der Erdabplattung, siehe Abschnitt 14.2.5 auf Seite 150.

Δ und Δ' sind die Abstände des Objekts.

Die geozentrischen und topozentrischen Koordinaten eines Objekts unterscheiden sich maximal um die Horizontalparallaxe $p_{max} = \arcsin(r_E/\Delta)$, die bei der Sonne im Mittel 8,79" und beim Mond rund 57' beträgt. Diese tritt auf, wenn das Objekt geometrisch am Horizont steht, also die (geometrische) Sichtlinie eine Tangente zur Erdoberfläche bildet (siehe auch Seite 173)

Alle Koordinaten beziehen sich auf das Äquinoktium des Beobachtungszeitpunktes.

Äquatoriale Koordinaten:

Geozentrisches System (gä): $\alpha,\ \delta,\ \Delta$
Topozentrisches System (tä): $\alpha',\ \delta,\ \Delta',\ r_E$

Die Transformationsgleichungen lauten (Quelle: Lit. [19], Seite 15):

Formel 120: gä/tä und tä/gä

Transformation $g\ddot{a} \leftrightarrow t\ddot{a}$
$\Delta\cdot\cos(\delta)\cdot\cos(\alpha) = \Delta'\cdot\cos(\delta')\cdot\cos(\alpha') + r_E\cdot\cos(\Phi)\cdot\cos(\theta)$
$\Delta\cdot\cos(\delta)\cdot\sin(\alpha) = \Delta'\cdot\cos(\delta')\cdot\sin(\alpha') + r_E\cdot\cos(\Phi)\cdot\cos(\theta)$
$\Delta\cdot\sin(\delta) \quad = \Delta'\cdot\sin(\delta') \quad + r_E\cdot\sin(\Phi)$

Für große Abstände ($\Delta \gg r_E$, siehe Bild 64) können auch folgende Näherungen (aus [19], Seite 15) verwendet werden:

Formel 121: Näherungen für gä/tä

$$\alpha - \alpha' = \frac{8,79''}{\Delta}\cdot\frac{\cos(\Phi)\cdot\sin(\theta-\alpha)}{\cos(\delta)}$$

$$\delta - \delta' = \frac{8,79''}{\Delta}\cdot\left[\cos(\delta)\cdot\sin(\Phi) - \sin(\delta)\cdot\cos(\Phi)\cdot\cos(\theta-\alpha)\right]$$

Der Abstand Δ wird in AE angegeben (deshalb wird als Ausgangswert der Reduktion die Parallaxe 8,79" der Sonne zugrunde gelegt). Die Winkeldifferenzen ($\alpha - \alpha'$) und ($\delta - \delta'$) ergeben sich **in Bogensekunden.**

17.5.5.　　*Geozentrisch äquatorial - topozentrisch horizontal (gä-th)*

Wenn von einem Objekt am Beobachtungsort

> einerseits die Sternzeit θ, die Rektaszension α und die Deklination δ oder
>
> andererseits die geografische Breite φ, das Azimut A und der Höhenwinkel h

bekannt sind, können daraus die horizontalen Koordinaten eines des Objekts in geozentrische äquatoriale Koordinaten (oder umgekehrt) transformiert werden. Die beobachtete Höhe h' muss vorher unter Berücksichtigung der Refraktion in die wahre Höhe h umgerechnet worden sein.

Variablen des äquatorialen Systems:

θ　　　　ist die Sternzeit des Beobachters,

α　　　　ist die Rektaszension des Objekts,

$t = \theta - \alpha$　ist der Stundenwinkel des Objekts,

δ　　　　ist die Deklination des Objekts.

Variablen des Horizontsystems:

φ　　　　ist die geografische Breite des Beobachtungsortes,

A　　　　ist das Azimut des Objekts,

h　　　　ist der Höhenwinkel des Objekts

Für beide Systeme gilt das Äquinoktium des Berechnungszeitpunktes.

Koordinaten:

Geozentrisches äquatoriales System (**gä**):　　δ, t

Topozentrisches horizontales System (**th**):　　φ, h, A

Die Transformationsgleichungen lauten (hier aus Lit. [19] Seite 16 zitiert, weitere Quellen: Lit. [10], Seite 47; Lit. [8], Seite 154; Lit. [5], Seite 21) :

Formel 122: Transformationsgleichungen th/gä

Transformation **th** $\rightarrow$ **gä**

$(1):\quad \cos(\delta) \cdot \cos(t) = \cos(\varphi) \cdot \sin(h) + \sin(\varphi) \cdot \cos(h) \cdot \cos(A)$

$(2):\quad \cos(\delta) \cdot \sin(t) = \cos(h) \cdot \sin(A)$

$(3):\quad \sin(\delta) \qquad\ = \sin(\varphi) \cdot \sin(h) - \cos(\varphi) \cdot \cos(h) \cdot \cos(A)$

Formel 123: Transformationsgleichungen gä/th

Transformation **gä** $\rightarrow$ **th**

$(4):\quad \cos(h) \cdot \cos(A) = \sin(\varphi) \cdot \cos(\delta) \cdot \cos(t) - \cos(\varphi) \cdot \sin(\delta)$

$(5):\quad \cos(h) \cdot \sin(A) = \cos(\delta) \cdot \sin(t)$

$(6):\quad \sin(h) \qquad\ = \sin(\varphi) \cdot \sin(\delta) + \cos(\varphi) \cdot \cos(\delta) \cdot \cos(t)$

18. Raumkoordinaten in der Zeit

18.1. Alles in Bewegung

Für die Koordinatensysteme unseres Planetensystems verändert sich im Laufe der Zeit die Lage ihres Bezugspunktes. Ein raumfestes Koordinatensystem existiert nicht.

Wie im Kapitel 13 auf Seite 144 angedeutet, ist alles in Bewegung. Nichts ist fest. Selbst die Bezugsrichtungen und Nullpunkte der Koordinatensysteme sind in Bewegung, weder der Himmelsäquator noch die Ekliptik stehen fest im Raum. Selbst die Erdachse innerhalb der Erde „schlottert" wie in einem ausgeschlagenen Lager.

Da kein raumfestes Bezugssystem existiert, müssen die Koordinaten eines Objekts auf den räumlichen Zustand des Himmelsäquators und des Frühlingspunktes bezogen werden, der zu einem bestimmten Zeitpunkt bestanden hat. Dieser Zeitpunkt wird **Äquinoktium** oder **Epoche** genannt. Als festes Bezugssystem gilt momentan in der Astronomie der Äquator und die Ekliptik der Standardepoche J2000 (= 1,5 Januar 2000 = 1. Januar 2000, 12.00 Uhr TT). Siehe Standardepochen und Besseljahr im Abschnitt 16.2 auf Seite 162.

18.2. Transformationen in der Zeit

Koordinatentransformationen von einem räumlichen Koordinatensystem in ein anderes (siehe 17 ab Seite 181) müssen immer für einen bestimmten (einheitlichen) Zeitpunkt erfolgen. Liegen die Koordinaten für einen anderen Zeitpunkt vor, müssen sie vorher in die Koordinaten für das Äquinoktium des Berechnungszeitpunktes transformiert werden.

Ausführliche allgemeine Erläuterungen über

- die Wirkungen der Präzession und der Nutation,
- den wahren und mittleren Himmelspol,
- den wahren und mittleren Frühlingspunkt,
- die wahre und mittlere Sternzeit.

sind in Lit. [15], [19] und [20] zu finden. Diese Ausführungen werden hier nicht wiederholt.

Jede Koordinatentransformation für den 3D-Raum des Berechnungszeitpunktes auf den Zeitpunkt eines Äquinoktiums erfolgt durch ein Gleichungssystem mit drei Gleichungen. Die Koordinaten sind als Argumente von trigonometrischen Funktionen oder als Faktoren enthalten. Das Gleichungssystem verknüpft die 3 bekannten Koordinaten des einen Systems (Äquinoktium alt) mit den 3 unbekannten Koordinaten des anderen Systems (Äquinoktium neu). Die gewünschten Koordinatenwerte ergeben sich, wenn das betreffende Gleichungssystem nach den unbekannten Größen aufgelöst wird.

Der Amateurastronom wird nur in den seltensten Fällen eine zeitliche Umrechnung seiner Koordinaten für erforderlich halten. Meist enthalten schon die Bahnelemente zeitbezogene Terme, die einen Bezug des Berechnungszeitpunkts *Äquinoktium(t)* auf das *Äquinoktium(J2000)* ermöglichen.

Auf die Angabe der genauen Formeln wird deshalb hier verzichtet. Der Vollständigkeit halber wird aber hier auf Lit. [19] (dort auf die Seiten 21 bis 29) verwiesen, wo die vollständigen Formeln zur zeitlichen Umrechnung der Koordinaten aus den zeitlichen Veränderungen durch Präzession und Nutation abgedruckt sind und im Bedarfsfall dort nachgeschlagen werden kann. Zur Anwendung der dortigen Transformationsformeln sind nicht unbedingt das anschauliche Verständnis aller Zusammenhänge und die Herleitung der Formeln erforderlich. Die räumlichen Änderungen von Himmelsäquator und Ekliptik als Funktion der Zeit sind aus Reihenentwicklungen gewonnene Terme, die als Hilfsgrößen verwendet werden. Sind die Koordinaten eines Objekts für J2000 bekannt, dann können mit diesen Formeln von diesem Zeitpunkt aus die Koordinaten (desselben Objekts) für einen anderen Zeitpunkt berechnet werden.

19.   Das sphärische Dreieck und der Großkreisbogen

In diesem Kapitel soll gezeigt werden, wie die Länge eines **Großkreisbogens** zwischen zwei Orten auf der Erdoberfläche, deren geographische Koordinaten genau bekannt sind, und die Kurswinkel für die Meridiane des Start- und Zielpunkts berechnet werden können.

19.1.   Einleitung

Jeder ebene Schnitt durch eine Kugel, der durch den Kugelmittelpunkt geht, erzeugt auf der Kugeloberfläche einen **Großkreis** als Schnittlinie.

Da die Großkreise **geodätische Linien** sind und die kürzesten Verbindungen auf der Kugel darstellen, werden Abstände auf der Erdkugel auf Großkreisen gemessen. Großkreise werden **Orthodrome** genannt. Die „Luftlinie" ist (genaugenommen) keine gerade Linie, sondern ein Teil eines Großkreisbogens.

Wer auf dem kürzesten Weg vom Ort A zum Ort B auf der Erde kommen will, muss sich auf einem Großkreis bewegen. In Nord-Süd-Richtung sind die Großkreise mit den Längengraden (Meridiane) identisch. Bei Bewegungen auf einem Großkreis in anderen Richtungen ist der Kurswinkel, bezogen auf die Nordrichtung, an jedem Punkt des Weges anders. **Kurswinkel** sind die Winkel, unter denen sich Großkreise mit den Längengraden schneiden.

Die **Großkreis-Navigation** ist für den Flugbetrieb eine wichtige Angelegenheit, weil damit kürzeste Flugverbindungen realisiert werden können. Zum Beispiel die Pol-Routen von Moskau am Nordpol vorbei nach San Francisco oder von Südamerika nach Australien am Südpol vorbei.

Ein Kompass zeigt (in etwa) die Nordrichtung, also die Richtung der Meridiane (genaugenommen die Richtung vom magnetischen Südpol zum magnetischen Nordpol). Ein Flugzeug auf einem Großkreis kann keinen Kompasskurs verwenden, weil der Kurswinkel sich laufend ändert. Mit einer um einen Globus gelegten Schnur kann das jeder zuhause leicht selbst feststellen. Der Winkel der Schnur zur Nordrichtung ist bei jedem Längengrad anders.

Ein Schiff oder ein Flugzeug, das sich längs einer Orthodrome (auf einem Großkreis) bewegt, hat den Vorteil, auf kürzestem Weg das Ziel zu erreichen, aber auch den Nachteil, den Kurswinkel in jedem Augenblick ändern zu müssen.

Da diese Großkreis-Navigation mit dem Kompass allein und ohne spezielle Berechnungshilfsmittel kaum möglich ist, kann der Pilot auch eine andere Navigation benutzen und immer im gleichen Kurswinkel gegenüber der Nordrichtung nach Kompass beibehalten.

Diese Kurve, die alle Meridiane im gleichen Kurswinkel schneidet, wird **Loxodrome** genannt. Die Loxodrome zwischen zwei Punkten ist wesentlich länger als die Verbindung auf einem Großkreis.

Ein Breitenkreis ist kein Großkreis, sondern eine Loxodrome für den Kurswinkel 90° (Sonderfall). Im zweiten Sonderfall einer Loxodrome mit Kurswinkel 0° liegt der Kurs direkt auf dem Meridian (Großkreis).

Liegt der Kurswinkel zwischen 0° und 90°, ergeben sich für die Loxodrome Spiralen mit den Grenzpunkten Nord- und Südpol, die theoretisch nie erreicht werden können, weil sie die asymptotischen Endpunkte der Loxodrome sind. Die Theorie der Loxodrome ist in Lit. [4] auf den Seiten 332 und 333 zu finden.

19.2. Die Formeln für den Großkreisbogen

19.2.1. *Begriffe und Bezeichnungen*

Bild 69: Sphärisches Dreieck (Poldreieck)

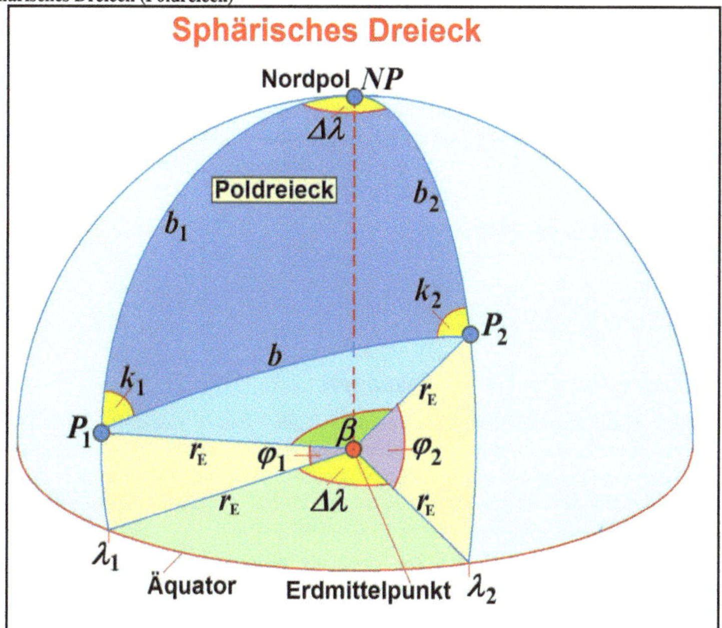

Wir nennen das sphärische Kugeldreieck, dessen oberen Eckpunkt der Nordpol (NP) bildet, **Poldreieck** (siehe Bild 69). Für dieses gelten:

Eckpunkte

- *NP* als Eckpunkt am Nordpol.
- P_1 als Eckpunkt mit der geographischen Länge $L_1 = \lambda_1$ und der geographischen Breite $B_1 = \varphi_1$.
- P_2 als Eckpunkt mit der geographischen Länge $L_2 = \lambda_2$ und der geographischen Breite $B_2 = \varphi_2$.

Dreieckseiten

- Bogen des Meridians vom *NP* zu P_1 als Seite b_1 (als Zentriwinkel),
- Bogen des Meridians vom P_2 zum *NP* als Seite b_2 (als Zentriwinkel).
- Großkreisbogen zwischen den beiden Punkten P_1 und P_2 als zu berechnende Dreieckseite b (als Zentriwinkel).

Eckwinkel

- Winkel $\Delta\lambda = \lambda_1 - \lambda_2$ als die Winkeldifferenz zwischen den beiden Meridianen am Nordpol *NP* (Differenz der Längengrade),
- Winkel k_1 als Eckwinkel am Punkt P_1
- Winkel k_2 als Eckwinkel am Punkt P_2

Zu beachten ist, dass die Seitenlängen im sphärischen Dreieck Bogenlängen sind, deren Zentriwinkel angegeben werden. Die tatsächlichen Bogenlängen der Seiten können über den Kugelradius jederzeit berechnet werden.

Nun muss noch der Bezug zu den Längen- und Breitengraden festgelegt werden.

Beim Poldreieck sind gegeben:

- Geographische Längen der Punkte P_1 und P_2:

  $L_1 = \lambda_1$ und $L_2 = \lambda_2$,

  für Gradangaben (°) östlicher Länge gelten positive Winkel mit dezimalen Bruchteilen,

  für Gradangaben (°) westlicher Länge gelten negative Winkel mit dezimalen Bruchteilen.

- Geographische Breiten der Punkte P_1 und P_2:

  $B_1 = \varphi_1$ und $B_2 = \varphi_2$,

  für Gradangaben (°) nördlicher Breite gelten positive Winkel mit dezimalen Bruchteilen,

  für Gradangaben (°) südlicher Breite gelten negative Winkel mit dezimalen Bruchteilen.

- Der Punkt P_1 muss westlich von Punkt P_2 liegen, sodass gilt: $\lambda_1 < \lambda_2$.

Aus diesen Angaben wird der Eckwinkel $\Delta\lambda$ am Nordpol und die Zentriwinkel b_1 und b_2 der beiden Bögen vom Nordpol zu den beteiligten Punkten berechnet:

Formel 124: Gegebene Elemente im Poldreieck

$$\begin{aligned} \Delta\lambda &= \lambda_2 - \lambda_1 \\ b_1 &= 90° - \varphi_1 \\ b_2 &= 90° - \varphi_2 \end{aligned}$$

19.2.2.   *Erdradius für Großkreisbogen*

Die Erde ist keine genaue Kugel, sondern ein Geoid. Wer den Abstand zweier Punkte auf der Erdoberfläche ganz genau berechnen will, muss die Abplattung der Erde und die Höhe der Punkte über dem Meeresspiegel in die Rechnung einbeziehen. Berechnungsformeln für den genauen Erdradius sind im Abschnitt 14.2.5 ab Seite 150 zu finden. Für jeden der Punkte P_1 und P_2, deren Abstand berechnet werden soll, muss der genaue Erdradius (r_1 und r_2) ermittelt werden.

In die Formeln für die Großkreisberechnung wird als Erdradius dann das geometrische Mittel $r_E = \sqrt{r_1 \cdot r_2}$ der beiden berechneten Erdradien eingesetzt.

Bei Näherungsberechnungen wird die Erde als Kugel mit einem mittleren Radius von 6371 km betrachtet. Abplattung und Höhenlage werden dann vernachlässigt.

19.2.3.   *Formeln für das Poldreieck*

Die Formeln für den Großkreisbogen ergeben sich aus einem sphärischen Dreieck (Kugeldreieck) auf der Erdoberfläche, das durch die beiden gewünschten Punkte und den Nordpol bestimmt ist (Poldreieck, siehe Bild 69).

Die Formeln für das sphärische Kugeldreieck können mathematischen Formelsammlungen entnommen werden (z. B. Lit. [12]). Für die drei Seiten des sphärischen Dreiecks NP, P_1, P_2 aus Bild 69 lautet der Seitenkosinussatz, bei dem die Dreieckseiten des sphärischen Dreiecks eingesetzt werden:

Formel 125: Sphärischer Seitenkosinussatz

$$\begin{aligned} \text{(a)} \quad & \cos(b_1) = \cos(b) \cdot \cos(b_2) + \sin(b) \cdot \sin(b_2) \cdot \cos(k_2) \\ \text{(b)} \quad & \cos(b) = \cos(b_1) \cdot \cos(b_2) + \sin(b_1) \cdot \sin(b_2) \cdot \cos(\Delta\lambda) \\ \text{(c)} \quad & \cos(b_2) = \cos(b_1) \cdot \cos(b) + \sin(b_1) \cdot \sin(b) \cdot \cos(k_1) \end{aligned}$$

Wir verwenden die Gleichung (b) der Formel 125 und setzen dort die Angaben aus Formel 124 ein, weil wir dadurch wieder die Beziehung zu den geografischen Breiten herstellen:

$$\begin{aligned} \cos(b) &= \cos(b_1) \cdot \cos(b_2) + \sin(b_1) \cdot \sin(b_2) \cdot \cos(\Delta\lambda) \\ &= \cos(90° - \varphi_1) \cdot \cos(90° - \varphi_2) + \sin(90° - \varphi_1) \cdot \sin(90° - \varphi_2) \cdot \cos(\Delta\lambda) \\ &= \sin(\varphi_1) \cdot \sin(\varphi_2) + \cos(\varphi_1) \cdot \cos(\varphi_2) \cdot \cos(\Delta\lambda) \end{aligned}$$

Die vereinfachte Gleichung für den $\cos(b)$ lautet also:

Formel 126: Formel für cos b

$$\cos(b) = \sin(\varphi_1)\cdot\sin(\varphi_2) + \cos(\varphi_1)\cdot\cos(\varphi_2)\cdot\cos(\Delta\lambda)$$

Mit der Arkuskosinus-Funktion ergibt sich daraus der Zentriwinkel b (im Bild 69 auch mit β bezeichnet) in der gewünschten Maßeinheit Altgrad oder im Bogenmaß (je nach Voreinstellung des Taschenrechners):

Formel 127: Formel für den Zentriwinkel b

$$\beta = b = \arccos\left(\sin(\varphi_1)\cdot\sin(\varphi_2) + \cos(\varphi_1)\cdot\cos(\varphi_2)\cdot\cos(\Delta\lambda)\right)$$

Mit dem Erdradius r_E kann die Bogenlänge **b** zwischen den beiden Punkten P_1 und P_2 aus dem Zentriwinkel β (in [rad]) der (sphärischen) Dreieckseite b berechnet werden:

Formel 128: Bogenlänge b

$$\mathbf{b} = \widehat{\beta}\cdot r_E$$

Die Winkel k_1 und k_2 sind die Kurswinkel (bezogen auf die Nordrichtung) in den Punkten P_1 und P_2, sie ergeben sich durch Umstellung der Gleichungen (a) und (c) der Formel 125.

Formel 129: Kurswinkel

$$\cos(k_1) = \frac{\cos(b_2) - \cos(b_1)\cdot\cos(b)}{\sin(b_1)\cdot\sin(b)}$$

$$\cos(k_2) = \frac{\cos(b_1) - \cos(b)\cdot\cos(b_2)}{\sin(b)\cdot\sin(b_2)}$$

Mit den Werten für die Zentriwinkel der Dreieckseiten b, b_1 und b_2 können die Kurswinkel k_1 und k_2 zahlenmäßig berechnet werden. Die Kurswinkel können auch zur Ausrichtung von Richtantennen auf einen Gegenpunkt verwendet werden. Dies erfolgt in Richtung eines Großkreises.

19.3.   Berechnungsbeispiele mit dem Taschenrechner

19.3.1.   *Bogenlänge und Kurswinkel*

Der hier verwendete HP-Taschenrechner rechnet mit Kugelkoordinaten und Ortsvektoren vom Kugelmittelpunkt zu den Punkten P_1 und P_2. Dadurch wird die Programmierung des Großkreisbogens besonders einfach. Ein Taschenrechnerprogramm GKBDIR (Großkreisbogen) zur Berechnung des Großkreisbogens steht auf der Internetseite des Verfassers zur Verfügung.

Beispiel:

Wir berechnen den Abstand der beiden Flughäfen München und London auf dem Großkreis auf Höhe der Erdoberfläche. Dabei werden die genauen Erdradien und die Geländehöhen über NN berücksichtigt.

P_1: **London Heathrow Airport** $L_1 = -0{,}28°$ und $B_1 = 51{,}27°$

Erdradius: $r_E = 6365{,}165$ km, Höhe über NN $= 0$ m

P_2: **München neuer Flughafen** $L_2 = 11{,}76°$ und $B_2 = 48{,}35°$.

Erdradius: $r_E = 6366{,}241$ km $+ 450$ m über NN $= 6366{,}691$ km

Geometrisches Mittel: $r_E = \sqrt{6365{,}165\cdot 6366{,}691} = 6365{,}928\,\text{km}$.

Bild 70: Großkreisbogen München-London

Bild 70 zeigt die Ergebnisse mit 2 Kommastellen auf dem Taschenrechnerbildschirm:

Zur Kontrolle werden die Eingaben L_1, B_1, L_2 und B_2 angezeigt. **b** ist der gesuchte Abstand der beiden Orte (Bogenlänge) in km. Für den Bogen $P_1 \rightarrow P_2$ ist β der Zentriwinkel dieses Bogens. *k1* ist der Kurswinkel bei P1 Richtung nach P2 zur Nordrichtung. *k2* ist der Kurswinkel bei P2 Richtung nach P1 zur Nordrichtung.

Bild 71: Großkreisbogen an der Datumsgrenze

Bei Orten, die so weit voneinander entfernt sind, dass die Differenz der Längengrade 180° übersteigt, ist die Bogenlänge „hinten herum" kürzer als die vom westlichen Punkt P_1 über den Nullmeridian zum östlichen Punkt P_2. Das Programm erkennt dies und berechnet die kürzere Entfernung und die richtigen Kurswinkel. Lediglich die Richtung zum jeweils anderen Punkt (nach links oder rechts) ist dann vertauscht, wird aber geometrisch richtig angegeben (siehe Bild 71).

Beispiel:

Großkreisbogen an der Datumsgrenze: $L_1 = -175°$, $B_1 = -5°$ und $L_2 = +175°$, $B_2 = +5°$.

Als Erdradius wird der Äquatorradius 6378,137 km genommen.

Ergebnis: P_2 liegt links von P_1, wenn die Sicht von hinten auf den 180. Breitengrad erfolgt. Diese Sicht ist gegenüber der normalen Ost-Westbetrachtung seitenverkehrt. Der Winkel k_2 ist rechts und der Winkel k_1 links von der Nordrichtung zu wählen.

20.   Satellitenpeilung

20.1.   Einführung

Fernsehprogramme werden nicht nur über Sendemasten auf der Erdoberfläche, sondern auch über geostationäre Satelliten (Synchronsatelliten) ausgestrahlt. „Geostationär" heißt, dass der Satellit mit der Erdrotation synchron umläuft, so als ob er an der Spitze einer langen starren Stange über dem Äquator befestigt wäre. Er steht immer an derselben Stelle relativ zur Erdoberfläche.

Um den Parabolspiegel (auch „Satellitenschüssel" genannt) einer Empfangsantenne genau auf den Satelliten ausrichten zu können, sind die genauen Richtungsdaten (horizontale Koordinaten) für die Peilung erforderlich. Zur Berechnung dieser Daten müssen die Koordinaten der Satellitenposition und die geografischen Koordinaten (Längengrad λ, Breitengrad φ) des Antennenstandorts bekannt sein.

Die Kenntnis der ebenen und sphärischen Trigonometrie wird hier vorausgesetzt.

20.2.   Berechnung der Satellitenbahn

20.2.1.   Wo befindet sich der Satellit?

Der geostationäre Satellit befindet sich genau über dem Äquator (in Äquatorebene). Sein Breitengrad $0°$ ist also bekannt, deshalb genügt die Angabe des Längengrades. So befinden sich zum Beispiel die Fernsehsatelliten der ASTRA-Gruppe auf $19{,}2°$ Ost.

Die Frage ist nur, wie hoch über dem Äquator der Satellit „befestigt" ist. Der Radius der kreisförmigen Umlaufbahn muss berechnet werden.

20.2.2.   Umlaufzeit T

Eine volle physikalische Erdumdrehung um $360°$ und damit die Umlaufzeit T eines geostationären Satelliten beträgt genau **einen Sterntag**. Das ist die Zeit, die nach Anpeilen eines Fixsterns vergeht, bis dieser wieder an derselben Stelle erscheint (siderische Umlaufzeit des Satelliten).

Die Sternzeit und der Sterntag sind im Abschnitt 7.2.3 auf Seite 85 abgehandelt.

Länge eines Sterntages: 1 Sterntag = 86164,090538 Sekunden= $23^h56^m4{,}1^s$.

20.2.3.   Bahnradius R

Die Satellitenbahn muss eine exakte Kreisbahn in der Äquatorebene der Erde sein. Die Bahn des Satelliten um die Erde wird durch die **Zentrifugalkraft** des Satelliten bestimmt, die durch die entgegenwirkende **Gravitationskraft** im Gleichgewicht gehalten werden muss. Für eine bestimmte Umlaufzeit ergibt sich ein ganz bestimmter Bahnradius R.

Vereinfachungen der Berechnung

Für die nachfolgende Berechnung berücksichtigen wir nur die beiden Körper **Erde** und **Satellit**.

Alle sonstigen Einflüsse (Mond, Sonne) auf die Satellitenbahn werden vernachlässigt. Außerdem wird vorausgesetzt, dass die in die Berechnung eingehenden Größen zeitlich und örtlich nicht veränderlich sind.

Da die Masse des Satelliten verschwindend klein gegenüber der Masse der Erde ist, wird vernachlässigt, dass die beiden Massen um einen gemeinsamen Schwerpunkt kreisen. Es wird vereinfachend angenommen, dass der Satellit um den Mittelpunkt der Erde kreist (Einkörperproblem).

Die Erde wird als exakte Kugel ohne Abplattung angenommen. Deshalb wird die geografische Breite φ vom Erdmittelpunkt aus gemessen, eine geozentrische Breite gibt es hier nicht.

Der Erdradius wird hier als konstant angenommen, wir rechnen mit dem mittleren Erdradius von 6371,009 km am Antennenstandort.

Die Fliehkraft eines umlaufenden Körpers und die Gravitation haben wir in ihrem Zusammenwirken beim Einkörperproblem in Abschnitt 11.1 auf Seite 112 kennengelernt.

Da der Satellit auf einer exakten Kreisbahn umläuft, sind Zentrifugalkraft und Gravitation genau gleich. Nach Gleichsetzen von Fliehkraft und Gravitationskraft ergibt sich auf Seite 112 die Formel 47. Wir setzen anstelle von *a* (Halbachse) den Bahnradius *R* der kreisförmigen Satellitenbahn ein:

Formel 47: $\boxed{\dfrac{T^2}{R^3} = \dfrac{4 \cdot \pi^2}{G \cdot M}}$.

Wir stellen diese Formel nach *R* um und erhalten:

Formel 130: Bahnradius

$$\boxed{R = \sqrt[3]{\dfrac{M \cdot G \cdot T^2}{4 \cdot \pi^2}}}.$$

Darin bedeuten:

R $\qquad$ = gesuchter Bahnradius der Satellitenbahn in [m],
$M = 5,9742 \cdot 10^{24}$ kg $\qquad$ = Masse der Erde (siehe Tabelle 2, Seite 22),
$G = 6,67259 \cdot 10^{-11}$ m³/(kg·s²) = Gravitationskonstante aus Formel 45 von Seite 111,
$T = 86164,090538$ s $\qquad$ = Länge des Sterntags.

Diese bekannten Werte werden in die Formel 130 für den Radius *R* der Satellitenbahn eingesetzt:

$$R = \sqrt[3]{\frac{M \cdot G \cdot T^2}{4 \cdot \pi^2}} = \sqrt[3]{\frac{5,9742 \cdot 10^{24} \cdot 6,67259 \cdot 10^{-8} \cdot 86164,090538^2}{4 \cdot \pi^2}} = 42165348,3499 \text{ m}$$

Der Bahnradius ist $R = 42165,348$ km.

Der Radius der wirklichen Satellitenbahn kann von diesem theoretischen Wert abweichen, weil die Masse der Erde *M* und auch die Gravitationskonstante *G* für die Berechnung nicht genau genug sind. Die vielen Kommastellen im Ergebnis täuschen eine Genauigkeit vor, die nicht vorhanden ist.

Kleine Abweichungen in den Werten können den Radius um einige Kilometer verändern. Auch die Störungen von Sonne und Mond machen sich bemerkbar. In der Praxis muss die Bahn des Satelliten durch den Satellitenbetreiber laufend korrigiert werden. Dazu wird die Position des Satelliten genau vermessen und über kleine Korrekturtriebwerke nachjustiert, bis sie stimmt.

Das Verhältnis *r/R* = 6371,009 / 42165,348 = **0,151095846455** des (mittleren) Erdradius *r* am Antennenstandort zum Bahnradius *R* des Satelliten ist für die weitere Berechnung von Bedeutung.

Der Abstand eines geostationären Satelliten von der Erdoberfläche am Äquator (*r* = 6378,137 km) beträgt: *R* - *r* = 42165,348 - 6378,137 = **35787,211 km.**

20.2.4. *Position des Satelliten (Längengrad)*

Da alle Synchronsatelliten auf der gleichen Kreislinie (geostationäre Satellitenbahn) mit **R = 42165,348 km** „befestigt" sind, genügt es, den Längengrad anzugeben, über dem sich der anzupeilende Satellit befindet.

Außer Fernsehsatelliten tummeln sich auf der geostationären Bahn noch viele andere Satelliten (für Fernmeldedienste, Militär, Meteorologie, Radiorelaisdienste, Forschung, usw.), so dass es ein ziemliches Gedränge dort gibt.

Der Vorteil dieser Bahn liegt darin, dass Antennenanlagen auf der Erdoberfläche fest montiert und justiert werden können, während für Antennen zu umlaufenden Satelliten ein Nachführsystem installiert werden müsste.

Die Positionen und Frequenzen der Satelliten sind in Listen zusammengestellt, die im Internet veröffentlicht sind. Siehe Auszug aus der Liste der Synchronsatelliten auf Seite 277 (Angaben ohne Gewähr).

20.3. Ausrichtung der Satellitenantenne (Peilung)

Bild 72: Schnitt in Meridianebene des Antennenstandorts

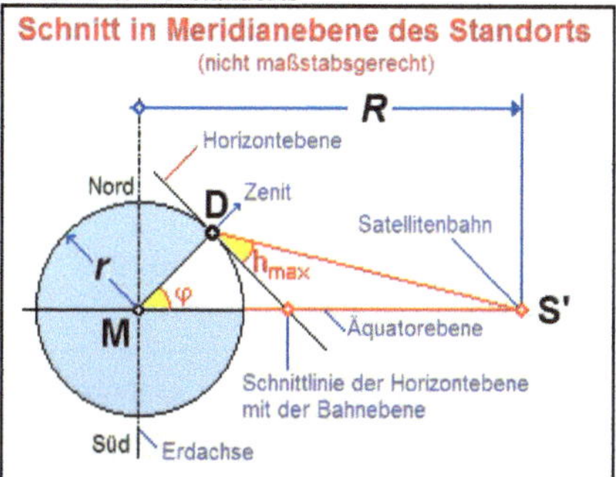

Wenn Bahnradius und Position des Satelliten bekannt sind, können die Winkel für die Peilung berechnet werden. Die zu berechnenden Richtungsdaten bestehen aus dem

> **Höhenwinkel h = Elevation und dem**
> **waagrechten Richtungswinkel = Azimut A,**

beide bezogen auf die Horizontebene des Standorts. Die Neigung der Horizontebene gegenüber der Erdachse hängt von der **geografischen Breite φ** des Standorts ab.

Bild 72 zeigt einen Schnitt durch den Mittelpunkt **M** der Erde in der Meridianebene des Antennenstandorts **D**.

Dargestellt ist die Peilung genau nach Süden zur Satellitenbahn. Dies ist der maximale Wert der Elevation für diesen Breitengrad, weil sich dort der Scheitelpunkt **S'** der Umlaufbahn befindet.

Gezeigt ist auch der Schnittpunkt der Horizontebene mit der Bahnebene des Satelliten (Äquatorebene). Beide Ebenen bilden eine Schnittlinie senkrecht zur Bildebene der Zeichnung.

20.4. Berechnung von Azimut und Elevation

20.4.1. *Sphärisches Dreieck*

Für die Berechnung von Azimut und Elevation wird ein **sphärisches Dreieck BCD** auf der Oberfläche der Erdkugel gebildet. In Bild 73 ist die zu diesem Dreieck gehörende Kugeloberfläche grün gekennzeichnet.

Die **Eckpunkte** dieses sphärischen Dreiecks sind:

B Nordpol
C Lotpunkt des Satelliten auf dem Äquator.
D Standort der Antenne.

Bild 73: Sphärisches Dreieck

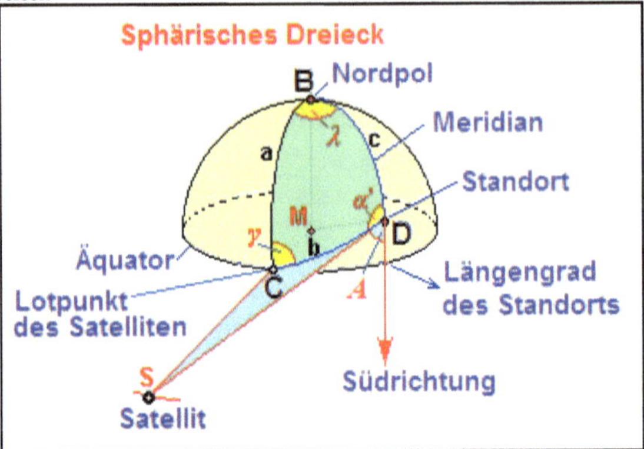

Die **Innenwinkel** an den Eckpunkten des sphärischen Dreiecks (tangential zur Kugeloberfläche) sind:

- Innenwinkel λ am Punkt **B** (Nordpol). Dieser Winkel ist durch die Längengraddifferenz von Antennenstandort und Satellitenposition gegeben.
- Innenwinkel α' und Außenwinkel A (Azimut) bei Punkt **D**,
  dabei gilt $A = (180° - \alpha')$ und $\cos(A) = \cos(180° - \alpha') = -\cos(\alpha')$.
  Der Winkel A wird berechnet.
- Innenwinkel γ am Punkt **C** (wird nicht benötigt).

20.4.2. *Die Variablen*

Für die Berechnung werden folgende Variablen verwendet:

Gegeben:	
φ	Breitengrad des Antennenstandorts, positiv vom Äquator nach Norden
λ_0	Längengrad des Antennenstandorts, positiv nach Osten
λ_S	Längengrad der Satellitenposition, positiv nach Osten, Breitengrad des Satelliten ist immer 0° (Äquator)
R	Radius der Satellitenbahn = 42165,348 km (wie oben berechnet)
r	(mittlerer) Erdradius am Antennenstandort = 6371,009 km
λ	Längengraddifferenz: $\lambda = \lambda_S - \lambda_0$
Gesucht:	
$A = 180° - \alpha'$	Azimut (Horizontaler Peilwinkel, von Süden nach Westen positiv)
h	Elevation (Höhen-Peilwinkel)
b	Zentriwinkel (Antennenstandort - Erdmittelpunkt - Lotpunkt Satellit am Äquator)

In den Formeln der sphärischen Trigonometrie wird für die Zentriwinkel a, b und c das Bogenmaß verwendet. Für den Kugelradius gilt immer $r = 1$, dann sind die Maßzahlen für Bogenlänge und Zentriwinkel gleich.

20.4.3. *Formeln*

Im sphärischen Poldreieck nach Bild 73 gelten folgende Gleichungen (sphärischer Seitenkosinussatz):

(a) $\cos(a) = \cos(b) \cdot \cos(c) + \sin(b) \cdot \sin(c) \cdot \cos(\alpha')$

(b) $\cos(b) = \cos(c) \cdot \cos(a) + \sin(c) \cdot \sin(a) \cdot \cos(\lambda)$

(c) $\cos(c) = \cos(a) \cdot \cos(b) + \sin(a) \cdot \sin(b) \cdot \cos(\gamma)$

Da $a = 90°$ und $c = (90° - \varphi)$ gelten, vereinfachen sich die Gleichungen:

(a) $0 = \cos(b) \cdot \sin(\varphi) + \sin(b) \cdot \cos(\varphi) \cdot \cos(\alpha')$

(b) $\cos(b) = \cos(\varphi) \cdot \cos(\lambda)$

(c) $\sin(\varphi) = \sin(b) \cdot \cos(\gamma)$

Gleichung (c) wird nicht gebraucht. Aus den Gleichungen (a) und (b) ergeben sich unter Berücksichtigung der Beziehung $\cos(A) = -\cos(\alpha')$:

$$(1) \quad \cos(A) = \frac{\cos(b) \cdot \sin(\varphi)}{\sin(b) \cdot \cos(\varphi)}$$

$$(2) \quad \cos(b) = \cos(\varphi) \cdot \cos(\lambda)$$

Aus den Gleichungen (1) und (2) ergibt sich nach einigen Umformungen der Tangens des Azimutwinkels A bei Punkt D, der von der Südrichtung aus in der Horizontebene in Westrichtung positiv gemessen wird, während die geografische Länge in Ostrichtung positiv gemessen wird, deshalb das Minuszeichen: $\tan(A) = -\dfrac{\tan(\lambda)}{\sin(\varphi)}$.

Mit der Arkustangensfunktion wird daraus das Azimut A berechnet:

Formel 131: Azimutwinkel

$$A = \arctan\left(-\frac{\tan(\lambda)}{\sin(\varphi)}\right)$$

Aus Gleichung (2) ergibt sich der Zentriwinkel b:

Formel 132: Zentriwinkel im Dreieck MAS

$$b = \arccos\left(\cos(\varphi) \cdot \cos(\lambda)\right)$$

20.4.4. *Das Azimut*

Der außenliegende Winkel der Dreiecksseite **b** zur Südrichtung beim Punkt **D** ist das Azimut A (siehe Bild 73). Das Azimut hängt nur von der geographischen Breite des Standorts und der Position des Satelliten ab und wird nach der Formel 131: $A = \arctan\left(-\dfrac{\tan(\lambda)}{\sin(\varphi)}\right)$ berechnet.

Ist der Satellit östlich der Antennenposition, so wird das Azimut von der Südrichtung nach Osten negativ gemessen, ist er westlich, so wird von der Südrichtung nach Westen positiv gemessen. Werden Vorzeichen für die Längengrade (z.B. nach Osten positiv, nach Westen negativ) benutzt, so ergibt sich für das Azimut das richtige Vorzeichen aus der Formel.

20.4.5. Die Elevation

Bild 74: Schnitt in Großkreisebene

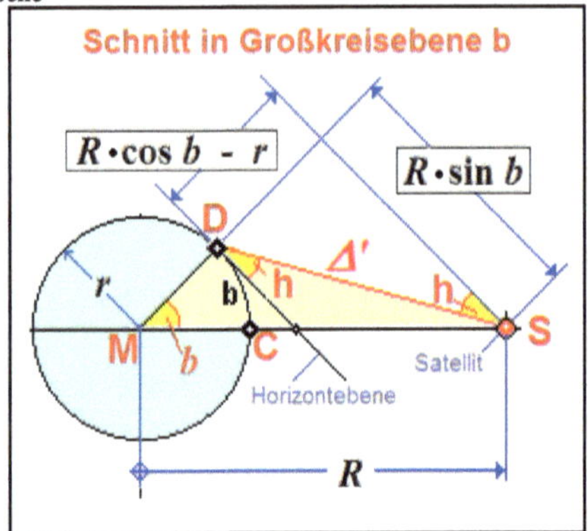

Um die Elevation **h** zu bekommen, muss das ebene Dreieck **DMS** berechnet werden. Dieses ebene Dreieck liegt in der Großkreisebene des Bogens **b**, der sich von **D** nach **C** spannt. Diese Großkreisebene und die Äquatorebene haben die gemeinsame Schnittlinie **MS**.

Für das Dreieck **DMS** gelten:

- Radius **R** der Satellitenbahn als Strecke **MS**,
- Radius *r* der Erde als Strecke **MD**,
- Bogen **b** (Zentriwinkel **b**).

Der Zentriwinkel **b** wird nach Formel 132: $\boxed{b = \arccos\left(\cos(\varphi)\cdot\cos(\lambda)\right)}$ berechnet.

Daraus können die restlichen Winkel einschließlich der Elevation **h** berechnet werden. Bild 74 zeigt einen Schnitt in der Ebene des Großkreises **b**, der durch Punkt **D** und **C** auf der Erdoberfläche läuft (siehe dazu auch Dreieck **DMS** in Bild 73).

Die Formel für den Höhenwinkel **h** (Tangens der Elevation) ergibt sich aus Bild 74:

$$\tan(h) = \frac{\cos(b) - r/R}{\sin(b)}$$. Daraus folgt die Elevation:

Formel 133: Elevation

$$h = \arctan\left(\frac{\cos(b) - r/R}{\sin(b)}\right)$$

20.4.6. Wie weit ist der Satellit von der Antenne entfernt?

Der Abstand Antenne-Satellit wird mit dem pythagoreischen Lehrsatz nach Bild 74 berechnet:

Formel 134: Abstand des Satelliten

$$\Delta' = R\cdot\sqrt{\left(\cos(b) - \frac{r}{R}\right)^2 + \sin^2(b)}$$

20.5. Berechnungsbeispiel

Für den Standort München der in Bild 80 gezeigten Antenne (11°34′ Ost; 48°08′ Nord,) und für die Satellitenposition 19,2° Ost (ASTRA) sollen die Peilwinkel berechnet werden.

Zusammenstellung der gegebenen Werte, die Minutenangaben der Winkel werden dabei in Dezimalbruchteilen angegeben, die Variablennamen des Taschenrechnerprogramms werden in `anderer Schrift` dargestellt:

λ_S	$= \text{Orb} = 19{,}2° \text{ Ost} = +19{,}2°$	Längengrad des Satelliten
λ_0	$= \text{Lg} \;\; = 11°34' \text{ Ost} = 11 + 34/60 = +11{,}57°$	Längengrad des Antennenstandortes
φ	$= \text{Br} \;\; = 48°08' \text{ Nord} = 48 + 8/60 = 48{,}13°$	Breitengrad des Antennenstandortes
λ	$= \text{Dif} = \lambda_S - \lambda_0 = 19{,}20° - 11{,}57° = 7{,}63°$	Längengraddifferenz
R	$= 42165{,}348$ km	Bahnradius des Satelliten ab Erdmittelpunkt
r	$= 6371{,}009$ km	Erdradius am Antennenstandort (Mittelwert)
A	$= \text{Azi}$	Azimut, positiv von Süd nach West gemessen
h	$= \text{Ele}$	Höhenwinkel (Elevation)
r/R	$= 6371{,}009 \, / \, 42165{,}348 = \mathbf{0{,}151095846455}$	

1. Berechnung des Azimuts:

$$A = \arctan\left(-\frac{\tan(\lambda)}{\sin(\varphi)}\right) = \arctan\left(-\frac{\tan 7{,}63°}{\sin 48{,}13°}\right) = -10{,}20° \textbf{ (von Süd nach Ost)}.$$

2. Berechnung des Zentriwinkels b:

$$b = \arccos\big(\cos(\varphi)\cdot\cos(\lambda)\big) = \arccos(\cos 48{,}13° \cdot \cos 7{,}63°) = \mathbf{48{,}5830832676°}.$$

3. Berechnung der Elevation:

$$h = \arctan\left(\frac{\cos(b) - r/R}{\sin(b)}\right) = \arctan\left(\frac{\cos 48{,}5830832676° - 0{,}151095846455}{\sin 48{,}5830832676°}\right) = \mathbf{34{,}24°}$$

4. Länge b des Großkreisbogens:

$$b = b \cdot \frac{\pi}{180°} \cdot r = 48{,}5830832676° \cdot \frac{\pi}{180°} \cdot 6371{,}009 \text{ km} = \mathbf{5402{,}2\,km}$$

5. Abstand zum Satelliten:

$$\Delta' = R \cdot \sqrt{\left(\cos(b) - \frac{r}{R}\right)^2 + \sin^2(b)} = 38250{,}27 \text{ km}$$

Ergebnis:
Der Satellit ASTRA auf der Position 19,2° Ost ist von München aus mit **Elevation** $h = $ **34,24°** und **Azimut** $A = $ **-10,20°** (von Süd nach Ost) anzupeilen.

20.6. Taschenrechnerprogramm SATPEIL

Zur Berechnung von Azimut und Elevation steht ein Taschenrechnerprogramm **SATPEIL** für den HP 50g zur Verfügung. Das Programm sollte nicht im HOME-Verzeichnis gespeichert werden, da es globale Variablen anlegt.

Eingabewert ist die Orbitposition des Satelliten. Berechnet werden Azimut und Elevation. Das Ergebnis der Berechnung des obigen Beispiels wird auf dem Taschenrechnerbildschirm (siehe Bild 75) angezeigt. Die Position des Ortes (Antennenstandort) ist mit **Lg = 11.57°** und **Br = 48.13°** voreingestellt. Die Voreinstellung kann im Programm geändert werden. Aber auch temporär können die Koordinaten des Standorts in den Variablen **Lg** und **Br** im aktuellen Taschenrechnermenü eingespeichert werden. Sie gelten so lange, bis sie von Hand gelöscht werden. Alle Eingabewerte und Berechnungsergebnisse sind in den Variablen gespeichert und können für weitere Berechnungen verwendet werden (siehe Bild 76). Mit **LOE** können alle Variablen (außer **Lg** und **Br**) gelöscht werden.

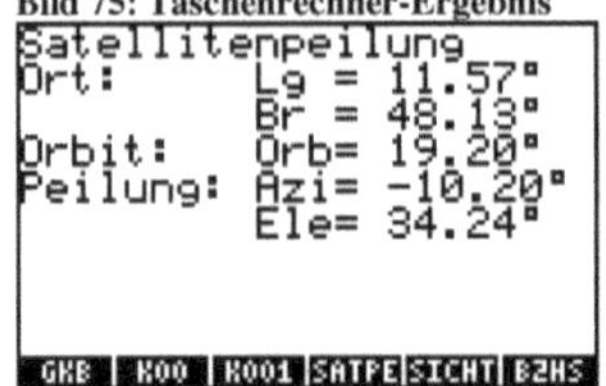

Bild 75: Taschenrechner-Ergebnis   Bild 76: Menü und Variableninhalte

20.7. Sichtbarkeit der Satelliten

Von (theoretischer) Sichtbarkeit wird gesprochen, wenn die Verbindungslinie (Sichtlinie) vom Beobachter zum Satelliten über der Erdoberfläche liegt. Eine echte optische Sichtbarkeit in einem Fernrohr ist nicht gegeben, da dieses sehr hoch auflösen müsste, denn der Satellit mit einer Ausdehnung von 10 m wäre bei einer Entfernung von etwa 36000 km nur in einer Größe (Auflösung) von **arc**(10/36000000) = 0,06" (Bogensekunden) zu sehen. So fein löst kein normales Fernrohr auf. Aber ein Lichtblitz aus einer Spiegelung der Sonne an der Außenseite des Satelliten könnte vielleicht beobachtet werden, wenn die Sonne genau in Richtung des Satelliten steht.

20.7.1. Längengrad (Grenzwinkel)

Der Satellit ist theoretisch unsichtbar, wenn die Elevation null oder negativ ist. Der **Grenzwinkel** ergibt sich aus der größten Längengraddifferenz zwischen den Längengraden der Antenne und des Satelliten.

Wir setzen $h = 0°$ und berechnen:

$h = \mathbf{arctan}\left(\dfrac{\cos(b) - r/R}{\sin(b)}\right) = 0$. Die Gleichung ist erfüllt, wenn der Zähler null ist, daraus leiten wir

her: $\boxed{\cos(b) = \dfrac{r}{R} = \cos(\varphi) \cdot \cos(\lambda_{Gr})}$.

Nach Umformung in $\cos(\lambda_{Gr}) = \dfrac{r/R}{\cos(\varphi)}$ wird der Grenzwinkel λ_{Gr} berechnet: $\lambda_{Gr} = \mathbf{arccos}\left(\dfrac{r/R}{\cos(\varphi)}\right)$

Die Längengrade $\lambda_S = \lambda_0 \pm \lambda_G$ des Schnittpunkts der Satellitenbahn mit der Horizontebene ergeben sich **vom Längengrad des Standorts aus** mit dem Grenzwinkel nach Osten und nach Westen gerechnet.

Diese beiden Satellitenpositionen liegen genau auf der Horizontebene des Antennenstandorts, wo die Satellitenbahn diese Horizontebene durchstößt.

Beispiel:

Berechnung des Grenzwinkels für den Standort München:

$$\lambda_{Gr} = \mathbf{arccos}\left(\frac{r/R}{\cos(\varphi)}\right) = \mathbf{arccos}\left(\frac{0,151095846455}{\cos 48,13°}\right) = 76,92°$$

Für das obige Beispiel für München gilt:

Grenzwinkel im Osten: $11,57° + 76,92° = \mathbf{88,49°}$
Grenzwinkel im Westen: $11,57° - 76,92° = \mathbf{-65,35°}$

Das heißt: Alle Satellitenpositionen zwischen diesen Längengraden sind von München aus sichtbar. An den Grenzwinkeln selbst sind die Satelliten vom Standort der Antenne aus nicht mehr sichtbar.

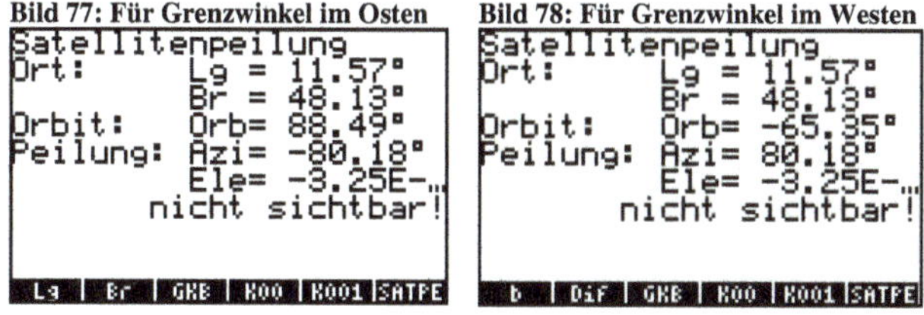

Bild 77: Für Grenzwinkel im Osten

Bild 78: Für Grenzwinkel im Westen

20.7.2. Breitengrad (Grenzwinkel)

Die Sichtbarkeit wird nicht nur durch die Position des Satelliten, sondern auch von der geographischen Breite des Antennenstandorts bestimmt.

Das feste Verhältnis r/R = 6371,009 / 42165,348 = **0,151095846455** des Erdradius r am Antennenstandort zum Bahnradius **R** des Satelliten bestimmt den Kosinus der geographischen Breite, ab der ein Satellit auf dem Meridian seines Standorts (Scheitelpunkt der Satellitenbahn) nicht mehr sichtbar ist.

In Bild 72 ist die Meridianebene gezeichnet, dort hat die Satellitenbahn ihren Scheitelpunkt. Wird φ so weit vergrößert, dass $h = 0°$ wird, dann gilt:

cos(φ) = r/R = 0,151095846455, daraus folgt φ = 81,3095622052° ≈ 81,31°.

Alle Standorte mit größerer geographischer Breite als φ = ±81,31° haben keine Sichtverbindung zu geostationären Satelliten. Dies trifft insbesondere für die Polregionen (Arktis und Antarktis) zu.

20.7.3. Gesamtsichtbarkeit (Strahlungskegel)

Bild 79: Strahlungskegel

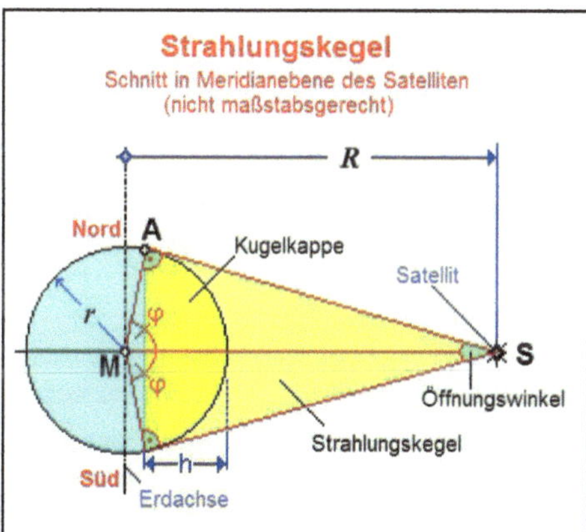

Von allen Orten des Teiles der Erdoberfläche, den der Satellit „sieht", kann der Satellit angepeilt werden.

Für den maximal möglichen Strahlungskegel des Satelliten ergibt sich bei **r/R = 0,151095846455** ein Öffnungswinkel von α = 2 · (90° - 81,31°) = **17,38°** (siehe Bild 79). Der Kegel berührt die beiden Breitengrade ±81,31° und „sieht" von seiner Position aus gerade noch die Längengrade [λ_0 + 81,31°] oder [λ_0 - 81,31°].

20.8. Empfangbarkeit von Satellitensignalen

Die Fernseh-Synchronsatelliten strahlen ihre Sendungen in einem **Richtkegel** (wie ein Scheinwerfer) nur auf bestimmte Teile der Erdoberfläche (Versorgungsgebiet, Footprint, Ausleuchtzone, Beam) ab. Der maximal mögliche Strahlungskegel (Bild 79) wird dabei nicht ausgenutzt. Der Strahlungskegel wird auf das zu versorgende Gebiet auf der Erdoberfläche konzentriert, wobei Parabolspiegel als Richtstrahler verwendet werden. Dieses Gebiet wird ellipsenförmig „ausgeleuchtet" (Ausleuchtzonen), ist aber trotz der Richtstrahler nicht scharf abgegrenzt. Die zu empfangende Leistung (Empfangsfeldstärke) nimmt von der Kernzone zum Rand hin ab. Außerhalb der Ausleuchtzone (Randzonen) kann auch eine korrekt auf einen Satelliten ausgerichtete Antenne die Sendungen nur mit wesentlich geringerer Feldstärke empfangen.

Satelliten mit größerem Abstand, z. B. die auf Asien oder Amerika ausgerichteten Satelliten (siehe Liste der Synchronsatelliten), können trotz guter Anpeilbarkeit bei uns in Europa nicht empfangen werden, weil die Empfangsantenne weit außerhalb der Ausleuchtzonen liegt. In Fachbüchern und im Internet können die nötigen Informationen über die Ausleuchtzonen gefunden werden.

Bei sehr flachen Peilwinkeln macht sich die Refraktion der elektromagnetischen Wellen bemerkbar. Die Elevation muss etwas nach oben korrigiert werden.

20.9. Wettersatelliten

Für Wettersatelliten gilt die Einschränkung auf ein elliptisches Versorgungsgebiet nicht. **Meteosat** auf Position 0° nutzt den maximal möglichen Strahlungskegel und „bestrahlt" die gesamte für ihn sichtbare Oberfläche der Erde von 81,31° Ost bis 81,31° West, von 81,31° Nord bis 81,31° Süd.

20.10. Hinweise zur Montage der Satellitenantenne

Die Satellitenantenne besteht aus einem Parabolspiegel (Reflektor oder Schüssel genannt) und einem LNB. Bild 80 zeigt einen Spiegel mit **Offsetmontierung**.

Im LNB[12] ist der eigentliche Empfänger untergebracht. Es gibt auch LNBs, in denen zwei Empfänger (TWIN-LNB) oder vier Empfänger (QUAD-LNB) untergebracht sind. Der LNB wird in einem bestimmten Winkel (Offsetwinkel) unter der Spiegelachse montiert, damit der Spiegel etwas senkrechter stehen kann als dies nötig wäre, wenn er mit der Achse in Satellitenrichtung ausgerichtet werden müsste. Die Ablagerung von Schnee und Eis im Winter wird dadurch vermieden.

Wenn die Schüssel zu klein ist, dann können Low-Power-Satelliten (= LPS), deren Transponder mit kleinen Leistungen senden (< 50 W), nur schlecht empfangen werden. Medium-Power-Satelliten (= MPS) senden mit einer Leistung von 100 bis 120 W und High-Power-Satelliten (= HPS) senden mit 120 bis 250 W. Die TV-Satelliten gehören zur MPS-Gruppe.

Für die Satelliten der Astra-Gruppe auf 19,2° Ost, welche die für Europa wichtigen Fernsehprogramme übertragen, genügt in Mitteleuropa eine Schüssel mit 60 cm Durchmesser.

Um auch bei Schneegestöber, Regen und Nebel einen störungsfreien Empfang zu haben, ist eine Reserve einzuplanen und eine Schüssel mit 80 cm Durchmesser zu wählen.

Zwischen der Antenne und dem Satelliten muss **freie Sicht** möglich sein. Dazwischen liegende Hindernisse (Gebäude, Berge, Bäume) schatten die Übertragung ab. Satelliten mit kleinem Höhenwinkel *h* knapp über dem Horizont können deshalb nur im freien Gelände oder in Ortschaften von hochgelegenen Punkten aus angepeilt werden.

---

[12] LNB ist die Abkürzung für *Low Noise Block; Low Noise* ist die Kennzeichnung für rauscharme Empfangsteile.

Bild 80: Parabolspiegel für den Empfang von Satellitensignalen

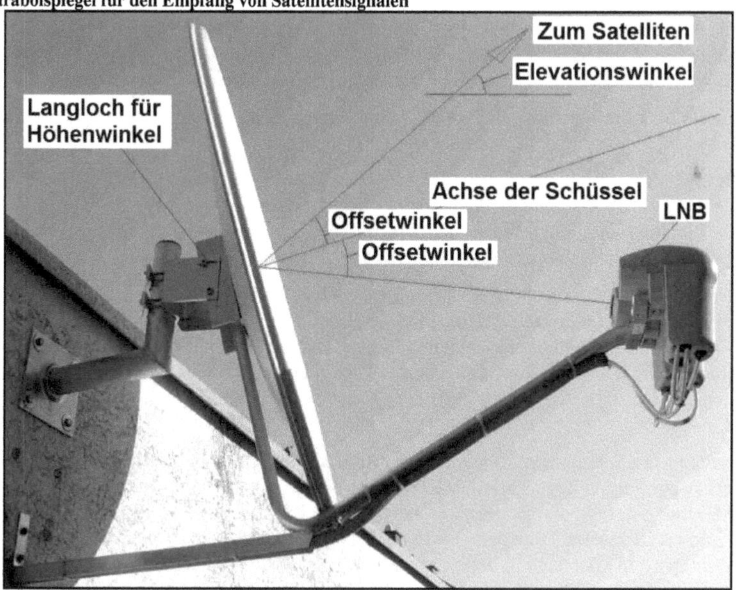

Bild 81: LNB-Anordnung bei „schielendem Empfang"

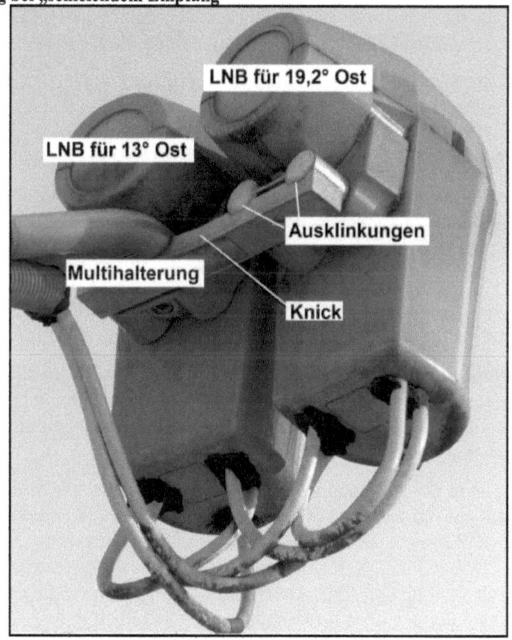

Bei der Satellitenantenne kommt es nicht auf die Höhe über dem Erdboden an, denn die Winkel sind bei uns so günstig, dass die Antenne sogar im Garten auf dem Boden, auf einem Balkon oder an der Garagenwand montiert werden kann. Bild 80 zeigt die Montierung an einer Garagenwand 2,50 m über dem Boden und Bild 81 zeigt die LNB-Montierung für den Mehrsatellitenempfang.

Die Einstellung der berechneten Winkel Azimut und Elevation erfolgt an der Masthalterung des Parabolspiegels.

Die Peilrichtung ist in Bild 80 eingezeichnet. Wenn der Offsetwinkel nicht bekannt ist, muss er sorgfältig gemessen werden. Dieser Winkel muss dann von der Spiegelachse nach oben gerechnet werden, um die Richtung zum Satelliten zu bekommen. Die Vertikalneigung des Spiegels wird dann so eingestellt, dass diese Richtung zum Satelliten zeigt.

Bei der Montage wird zuerst der Höhenwinkel *h* (Elevation) eingestellt. Dazu wird ein mit den richtigen Winkeln vorgezeichnetes Papier auf einen Tisch gelegt. Die Spiegelhalterung (ohne Spiegel) wird auf das Papier gelegt und der Höhenwinkel eingestellt. Anschließend wird der Spiegel in die Halterung eingehängt und festgeschraubt. Das Ganze wird dann am Mast oder Wandarm montiert. Die Mastschellen werden noch nicht ganz festgezogen, damit der Spiegel in der Azimutrichtung leicht drehbar bleibt.

Die berechneten Werte zum Anpeilen sind **nur Richtwerte zur Ausrichtung der Empfangsantenne**. Die Feinjustierung erfolgt über das Maximum des Empfangs eines schwachen Transpondersignals. Das Maximum der Empfangsfeldstärke kann z.B. mit einem „Satellitenfinder" (Kosten etwa 10 Euro) oder durch Anzeige der Transponderwerte des betreffenden Senders über den Receiver gefunden werden. Dazu wird die Antenne in horizontaler Richtung hin und her geschwenkt. Nach jeder horizontalen Bewegung wird der Höhenwinkel korrigiert und der Spiegel wieder hin und her geschwenkt, bis das Empfangsmaximum gefunden ist. Nach dem Ausrichten auf Empfangsmaximum werden alle Schrauben festgezogen.

20.10.1. Mehrsatellitenempfang mit einer Antenne

Sollen außer der Astra-Gruppe noch die Satelliten von Eutelsat (Hotbird auf 13° Ost) zusätzlich empfangen werden, ist auf jeden Fall eine Schüsselgröße von 80 cm notwendig, weil Hotbird mit geringerer Leistung sendet. Für die Befestigung beider LNBs an einem Spiegel ist eine Multihalterung erforderlich, die den richtigen Winkelabstand der beiden LNBs gewährleistet.

Mit dem gezeigten Parabolspiegel werden zwei Satelliten empfangen. Der Spiegel wird fest auf 13° Ost ausgerichtet, Azimut und Elevation werden für 13° Ost berechnet. Der links in Bild 81 sichtbare LNB befindet sich genau im Brennpunkt des Parabolspiegels und ist dafür zuständig, die Signale des Hotbird zu empfangen.

Die Signale der Astra-Gruppe auf 19,2° Ost werden mit dem zweiten LNB (rechts im Bild) empfangen, der auf der Multihalterung nach Westen versetzt ist (schielender Empfang).

Da beim Spiegel immer die Ausfallswinkel gleich den Einfallswinkeln sind und wegen der Spiegelung die östlicheren Signale beim westlicheren und die westlicheren Signale beim östlicheren LNB ankommen, muss der für 19,2° Ost zuständige LNB weiter westlich liegen als der für 13° Ost zuständige LNB (also rechts davon, vom Spiegel aus gesehen).

Die Multihalterung ist in der Mitte um 8,28° waagrecht geknickt, wie in Bild 81 zu erkennen ist, damit der rechte LNB auch auf das Zentrum des Spiegels zeigt. Die 8,28° ergeben sich aus dem Unterschied der Azimutwerte [-10,20° - (-1,92°) = -8,28°] für die Orbitpositionen 19,2° (A = -10,20°, h = 34,24°) und 13,0° (A = -1,92°, h = 34,72°), der Unterschied der Elevationswerte h der beiden Satelliten beträgt nur 0,48°, was durch verschieden tiefe Ausklinkung der Multihalterung berücksichtigt ist. Auch hier sitzt wegen der Spiegelung der LNB für den „höheren" Satelliten tiefer.

Diese berechneten Werte gelten für die geografischen Koordinaten `Lg = 11.57°` und `Br = 48.13°`, die oben bei den Taschenrechner-Beispielen verwendet wurden.

Jeder LNB ist ein TWIN-LNB und besitzt zwei getrennte Empfangsteile. Die in Bild 80 und Bild 81 gezeigte Satellitenempfangsanlage kann damit zwei SAT-Receiver bedienen, die unabhängig voneinander auf alle Sender beider Satelliten zugreifen können.

Die Umschaltung zwischen den beiden Satelliten erfolgt durch je einen Umschalter (DiSEqC[13]-Schalter), der bei der Senderauswahl mit Fernbedienung automatisch vom jeweiligen Receiver auf den richtigen Satelliten geschaltet wird.

Bild 81 zeigt zwei Kunststoffgehäuse, in denen je ein TWIN-LNB und ein DiSEqC-Umschalter enthalten sind. Die Schleifen für die Verdrahtung mit den starren Koaxkabeln hatten keinen Platz mehr in den Gehäusen, sie mussten deshalb nach außen geführt werden. Der Betrieb der robusten Anlage läuft seit mehreren Jahren störungsfrei. Es ist nur eine gelegentliche Reinigung vom Umweltschmutz erforderlich.

20.10.2. *Literaturhinweise zum Satellitenempfang*

Theoretische und technische Einzelheiten über den Satellitenempfang sind in den folgenden Büchern zu finden:

Lit.[21] enthält Informationen über Theorie und Praxis des Satellitendirektempfangs, Satellitensysteme in Europa, Theorie der Übertragungsverfahren, Frequenzen, Ausleuchtzonen der Astra-Gruppe, Theorie und Aufbau einer Empfangsantenne, Peilwinkel, Montagehinweise, Wettersatelliten, Amateursatelliten, Tabellen, Internetadressen.

Lit. [3] enthält Informationen über Planung, Montage, Inbetriebnahme und Nachrüstung von digitalen Empfangsanlagen einschließlich der Tabellen für Frequenzen, Ausleuchtzonen und Peilwinkel.

---

[13] DiSEqC ist die Abkürzung für *Digital Satellite Equipment Control,* ausgesprochen: „Daisäk".

21.   Auf- und Untergänge von Himmelkörpern

Die für die Berechnung der Auf- und Untergangszeiten und der Koordinaten der Auf- und Untergangspunkte von Himmelskörpern erforderlichen mathematischen Verfahren sind in der astronomischen Fachliteratur abgedruckt. Hier wird lediglich die Berechnung für die Auf- und Untergänge der Sonne genauer erläutert und wiedergegeben. Für andere Himmelskörper (z. B. Mond und Planeten) kann der genaue Berechnungsgang in der astronomischen Fachliteratur (z. B. in Lit.[19], Abschnitt 1.3.7 auf Seite 18 oder Lit. [20]) nachgeschlagen werden.

Außerdem wird aufgezeigt, welche Begleitumstände und Randbedingungen bei der Berechnung eine Rolle spielen und wie sie berücksichtigt werden. Auch die in der Literatur verstreut vorhandenen Informationen darüber werden hier zusammengefasst.

21.1.   Definitionen

21.1.1.   Aufgang

Als Aufgang eines Himmelskörpers wird der Zeitpunkt bezeichnet, an dem der Himmelskörper über dem Horizont des Beobachters gerade sichtbar wird. Dieser Zeitpunkt ist von der Lage (Längengrad, Breitengrad) und Höhe des Beobachtungsorts über dem Meeresspiegel (NN) abhängig.

21.1.2.   Untergang

Als Untergang eines Himmelskörpers wird der Zeitpunkt bezeichnet, an dem der Himmelskörper hinter dem Horizont des Beobachters gerade verschwindet. Dieser Zeitpunkt ist von der Lage (Längengrad, Breitengrad) und Höhe des Beobachtungsorts über dem Meeresspiegel (NN) abhängig.

21.1.3.   Kulmination, Meridian

Die geografische Länge (Längengrad) am Beobachtungsort ist der Meridian. Der Meridian zeigt genau nach Süden. Wenn ein Himmelskörper genau in dieser Richtung steht und seinen Höchststand erreicht hat, dann ist dies der Durchgang oder die obere Kulmination des Himmelskörpers.

Hat der Himmelskörper beim Durchgang durch den Meridian seinen niedrigsten Höhenwinkel, so ist dies die untere Kulmination. Er steht in diesem Punkt am niedrigsten. Die untere Kulmination ist erfolgt meist unter dem Horizont und ist nicht zu beobachten. Lediglich bei zirkumpolaren Objekten (siehe unten) liegt sie über dem Horizont und kann beobachtet werden.

21.1.4.   Dämmerungen

Wenn sich die Sonne vor dem Aufgang oder nach dem Untergang knapp unter dem Horizont befindet, dann spricht der Astronom von Dämmerung. Bei der Dämmerung werden drei Zustände unterschieden (Quelle: Lit[10], Seite 45):

a) **Bürgerliche Dämmerung**: Der Sonnenmittelpunkt steht $6°$ unter dem Horizont ($h = -6°$). Die Sterne 1. Größe sind zu sehen. Dauer der Dämmerung (bei $\varphi = 50°$) beträgt 35^m (bei Tagundnachgleiche), am 21. Juni 45^m und am 21. Dezember 40^m.

b) **Nautische Dämmerung**: Der Sonnenmittelpunkt steht $12°$ unter dem Horizont ($h = -12°$). Die Sterne 3. Größe und die Umrisse der Sternbilder können erkannt werden. Dauer der Dämmerung (bei $\varphi = 50°$) beträgt 70^m (bei Tagundnachgleiche), am 21. Juni 110^m und am 21. Dezember 80^m.

c) **Astronomische Dämmerung**: Der Sonnenmittelpunkt steht $18°$ unter dem Horizont ($h = -18°$). Es ist völlige Nacht, alle Sterne sind sichtbar. Dauer der Dämmerung (bei $\varphi = 50°$) bei Tagundnachtgleiche 110^m und am 21. Dezember 120^m.

Im Sommer befindet sich die Sonne nachts nur 16,5° unter dem Horizont. Das Ende dieses Dämmerungszustandes wird nicht erreicht, denn bevor es völlig Nacht werden kann, wird es wieder hell.

Die Dauer der Dämmerung vom Eintritt eines Dämmerungszustandes bis zum Sonnenaufgang oder vom Sonnenuntergang bis zum Ende der jeweiligen Dämmerung schließt die nachfolgenden oder vorherigen kürzeren Dämmerungen ein.

21.1.5.   Zirkumpolare Objekte

Himmelskörper, die nicht untergehen, heißen zirkumpolar. Am Nachthimmel bleiben sie immer über dem Horizont des Beobachters. Auch am Taghimmel befinden sie sich über dem Horizont, sind aber wegen Überstrahlung durch die Sonne (Tageslicht) nicht sichtbar. Erst ein halbes Jahr später, wenn der heutige Taghimmel zum Nachthimmel wird, werden sie sichtbar. Man unterscheidet zwischen Wintersternhimmel und Sommersternhimmel

Anschauliche Erläuterung:

Steht der Beobachter am Äquator bei $\varphi = 0°$, so gehen alle Himmelsobjekte aus seiner Sicht auf und unter, es gibt keine zirkumpolaren Himmelsobjekte, weder im Norden noch im Süden.

Steht der Beobachter nördlich des Äquators auf einem Breitengrad $\varphi > 0°$, dann erscheinen alle Himmelsobjekte in der Nähe des Himmelnordpols mit der Deklination $\delta > (90° - \varphi)$ zirkumpolar, wobei δ und φ vorzeichenrichtig positiv einzusetzen sind.

Steht der Beobachter genau auf dem Nordpol bei $\varphi = +90°$, dann erscheinen ihm alle Himmelsobjekte mit $\delta > 0°$ zirkumpolar. Er sieht zu jeder Zeit alle Sterne der nördlichen Himmelskugel.

Steht der Beobachter südlich des Äquators auf einem Breitengrad $\varphi < 0°$, dann erscheinen alle Himmelsobjekte in der Nähe des Himmelsüdpols mit der Deklination $\delta < (-90° - \varphi)$ zirkumpolar, wobei δ und φ vorzeichenrichtig negativ einzusetzen sind.

Steht er genau auf dem Südpol bei $\varphi = -90°$, dann erscheinen ihm alle Himmelsobjekte mit $\delta < 0°$ zirkumpolar. Er sieht zu jeder Zeit alle Sterne der südlichen Himmelskugel.

Die Sonne wird im Sommer für Beobachter nördlich des nördlichen Polarkreises ($\varphi > 66,5°$) und im Winter südlich des südlichen Polarkreises ($\varphi < -66,5°$) zirkumpolar, weil sie sich vom Äquator zum nördlichen ($\delta = 23,5°$) bzw. südlichen ($\delta < -23,5°$) Wendekreis bewegt.

Daraus ergeben sich folgende Formeln, wobei δ die Deklination des Himmelsobjekts und φ die geografische Breite des Beobachters ist:

Formel 135: Definition: Zirkumpolar

Zirkumpolar sind Himmelsobjekte, wenn gilt :

$$\delta > (90° - \varphi) \quad \text{bei } \delta > 0° \text{ und } \varphi > 0°$$

oder

$$\delta < (-90° - \varphi) \quad \text{bei } \delta < 0° \text{ und } \varphi < 0°$$

21.2. Koordinaten der Sonne

Für die Auf- und Untergangszeitpunkte der Sonne benötigen wir die genauen Koordinaten der Sonne, Länge λ_S und Breite β_S, in der Bahnebene der Erde (Ekliptik, siehe Bild 66 auf Seite 176), weil wir daraus die Deklination δ und die Rektaszension α der Sonne für einen bestimmten Zeitpunkt ermitteln müssen.

Wichtiger Hinweis: Wir verwenden für die Koordinaten der Sonne den Index S, um keine Verwechslung mit dem Formelzeichen λ für den Längengrad auf der Erde zu riskieren.

Die Breite β_S der Sonne ist definitionsgemäß null, weil die Sonne immer in der Bahnebene der Erde liegt.

Die wahre Länge λ_S der Sonne (von der Erde aus gesehen) ist für die Berechnung der Deklination δ erforderlich, weil davon der Winkel abhängt, den die Sonne mit der Äquatorebene zu einem bestimmten Zeitpunkt bildet. Dazu brauchen wir die momentane Schiefe ε der Ekliptik, die in die Berechnung eingeht.

Die wahre Länge l der Erde, von der Sonne aus gesehen (Bild 65 auf Seite 175), ist der Winkel zwischen dem Frühlingspunkt und der Projektion der Linie Sonne-Erde auf die Ekliptik, gemessen von 0° bis 360° in Bewegungsrichtung der Erde. Dieser Winkel ist die Summe aus der Länge des Perihels ϖ der Erdbahn vom Frühlingspunkt (siehe Formel 82 Seite 140) und der wahren Anomalie ν der Erde zum Berechnungszeitpunkt. Also: $l = \varpi + \nu$. Mit der Berechnung der wahren Anomalie haben wir uns in 12.5.3 ab Seite 127 beschäftigt

Um die wahre Länge der Sonne zu bekommen, müssen 180° zu diesem Winkel addiert werden, denn die Blickrichtung von der Erde zur Sonne ist genau entgegengesetzt zur Blickrichtung von der Sonne zur Erde.

Nachdem wir den Weg zum Ziel skizziert haben, verwenden wir nun fertige Formeln. Bei der Berechnung der Koordinaten der Sonne halten wir uns an das Kapitel 27 (Koordinaten der Sonne) aus Lit.[18] und verwenden die dortigen Formeln.

21.2.1. Berechnungszeitpunkt

Aus Kalenderdatum und Uhrzeit (UT) wird das Julianische Datum (*JD*) berechnet (nach Abschnitt 6.9 auf Seite 64). Aus dem *JD* wird dann der Berechnungszeitpunkt T in Julianischen Jahrhunderten berechnet, die seit dem 1. Januar 2000, 12^h TT (Äquinoktium **J2000**) vergangen sind.

Formel 136: Julianisches Jahrhundert

$$T = \frac{JD - 2451545,0}{36525}.$$

Wenn das *JD* ganzzahlig ist, dann gilt für den Berechnungstag immer 12^h UT.

In Deutschland sollte das JD immer für 11^h UT = 12^h MEZ berechnet werden.

21.2.2. Ekliptikschiefe

Die Ekliptikschiefe beträgt nach Formel 77 auf Seite 135:

$$\varepsilon = 23°26'21,448'' - 46,8150'' \cdot T - 0,00059'' \cdot T^2 + 0,001813'' \cdot T^3$$
$$= 23,43929111° - 0,01300416667° \cdot T - 0,00000016389° \cdot T^2 + 0,00000050361° \cdot T^3.$$

21.2.3. Mittlere Länge der Sonne

Formel 137: Mittlere Länge der Sonne

$$L_0 = 280{,}46645° + 36000{,}76983° \cdot T + 0{,}0003032° \cdot T^2$$

21.2.4. Mittlere Anomalie der Sonne

Formel 138: Mittlere Anomalie der Sonne

$$M = 357{,}52910° + 35999{,}05030° \cdot T - 0{,}0001559° \cdot T^2 - 0{,}00000048° \cdot T^3$$

21.2.5. Mittelpunktsgleichung der Sonne (Erdbahn)

Die Mittelpunktsgleichung der Sonne wird nach Formel 74 (Seite 130) im Gradmaß (°) berechnet:

$$\begin{aligned}
C = &+\left(1{,}914600° - 0{,}004817° \cdot T - 0{,}000014° \cdot T^2\right)\cdot \sin(M) \\
&+ \left(0{,}019993° - 0{,}000101° \cdot T\right)\cdot \sin(2M) \\
&+ 0{,}000290° \cdot \sin(3M)
\end{aligned}$$

21.2.6. Wahre Anomalie der Sonne

Formel 139: Wahre Anomalie der Sonne

$$v = C + M$$

21.2.7. Radius Sonne-Erde

Formel 140: Radius Sonne-Erde

$$R = \frac{1{,}000001018 \cdot \left(1 - e^2\right)}{1 + e \cdot \cos(v)}$$

Die Länge des Radiusvektors **R** von der Sonne zur Erde ergibt sich in astronomischen Einheiten **AE**.

Siehe dazu auch Formel 65 auf Seite 123 und das Berechnungsbeispiel im Abschnitt 12.7 auf Seite 131.

21.2.8. Exzentrizität der Erdbahn

Die Exzentrizität der Erdbahn wird nach Formel 87 (Seite 140) berechnet:

$$e = 0{,}016708617 - 0{,}000042037 \cdot T - 0{,}0000001236 \cdot T^2$$

21.2.9. Wahre Länge der Sonne

Formel 141: Wahre Länge der Sonne

$$\lambda_S = L_0 + C$$

21.2.10. Rektaszension und Deklination der Sonne

Die Rektaszension α der Sonne ist bei der Kulmination der Sonne ($t = 0°$) mit der der örtlichen Sternzeit θ identisch (siehe Formel 110 auf Seite 172). Die Sternzeit ist in Abschnitt 7.5 auf Seite 92 behandelt.

Formel 142: Rektaszension der Sonne

$$\alpha = \theta \text{ bei } t = 0°$$

Für die Berechnung der Sternzeit in Greenwich ist Formel 35

$$\theta_0 = 280{,}460618375 + 13185000{,}77 \cdot T + \frac{T^2}{2577{,}7625} - \frac{T^3}{38709677} \quad \text{in Grad}$$

und für die Sternzeit am Längengrad λ ist Formel 36 $\boxed{\theta_\lambda = \theta_0 + \lambda}$ zu verwenden.

Mit der wahren Länge λ_S der Sonne können wir die Deklination δ der Sonne berechnen. Aus Formel 118 verwenden wir Gleichung (3), um die Deklination zu berechnen:

Formel 143: Deklination eines Himmelskörpers

$$\sin(\delta) = \sin(\varepsilon) \cdot \cos(\beta_S) \cdot \sin(\lambda_S) + \cos(\varepsilon) \cdot \sin(\beta_S)$$

Nachdem wir für die Sonne $\beta_S = 0°$ setzen können, vereinfacht sich die Gleichung:

Formel 144: Deklination der Sonne

$$\sin(\delta) = \sin(\varepsilon) \cdot \sin(\lambda_S)$$

21.2.11. *Elevation (Sonnenstand) und Azimut zum Zeitpunkt t*

Die Kulminationshöhe h_k der Sonne um 12^h wahrer Ortszeit ergibt sich nach Formel 154:
$$h_k = 90° - |\varphi| + \delta$$

Aus den geozentrischen äquatorialen Koordinaten ergeben sich durch Koordinatentransformation nach Formel 123 **gä → th** die horizontalen Koordinaten.

$$
\begin{aligned}
&\text{Transformation } \mathbf{g\ddot{a}} \rightarrow \mathbf{th} \\
(4):\quad & \cos(h) \cdot \cos(A) = \sin(\varphi) \cdot \cos(\delta) \cdot \cos(t) - \cos(\varphi) \cdot \sin(\delta) \\
(5):\quad & \cos(h) \cdot \sin(A) = \cos(\delta) \cdot \sin(t) \\
(6):\quad & \sin(h) \qquad\;\; = \sin(\varphi) \cdot \sin(\delta) + \cos(\varphi) \cdot \cos(\delta) \cdot \cos(t)
\end{aligned}
$$

Aus Gleichung (6) der Formel 123 ergibt sich der Sinus des Höhenwinkels h direkt:

Formel 145: Sinus des Höhenwinkels (Elevation)

$$\sin(h) = \sin(\varphi) \cdot \sin(\delta) + \cos(\varphi) \cdot \cos(\delta) \cdot \cos(t)$$

wobei der Stundenwinkel t, die geografische Breite φ und die Deklination δ der Sonne eingesetzt werden müssen. Den Stundenwinkel t berechnen wir aus dem halben Tagbogen H oder aus der wahren Ortszeit **WOZ**.

Bei der Kulmination der Sonne bei $t = 0°$ ist das Azimut $A = 0°$. Das Azimut zählt immer von der Südrichtung nach Westen über Norden und Osten im positiven Sinne von $0°$ bis $360°$.

Die Formel für das Azimut A ergibt sich durch Umstellung der Gleichungen aus Formel 123.

Wir wollen $\cos(A)$ berechnen, weil sich dadurch der Winkel A von $0°$ bis $180°$ direkt ergibt.

Wir stellen Gleichung (4) aus Formel 123 nach $\cos(A)$ um und erhalten:

$$\cos(A) = \frac{\sin(\varphi) \cdot \cos(\delta) \cdot \cos(t) - \cos(\varphi) \cdot \sin(\delta)}{\cos(h)}$$

Der Nenner $\cos(h)$ liegt nicht in der richtigen Form vor, wir müssen ihn aus dem $\sin(h)$ der Gleichung (6) aus Formel 123 berechnen:

$$\cos(h) = \sqrt{1 - \sin^2(h)} = \sqrt{1 - \left(\sin(\varphi) \cdot \sin(\delta) + \cos(\varphi) \cdot \cos(\delta) \cdot \cos(t)\right)^2}$$

Dieser Ausdruck wird nun in den Nenner der vorherigen Gleichung eingesetzt:

Formel 146: Absoluter Azimutwert

$$\cos(A') = \frac{\sin(\varphi)\cdot\cos(\delta)\cdot\cos(t)-\cos(\varphi)\cdot\sin(\delta)}{\sqrt{1-\left(\sin(\varphi)\cdot\sin(\delta)+\cos(\varphi)\cdot\cos(\delta)\cdot\cos(t)\right)^2}}$$

$$A' = \arccos\left(\frac{\sin(\varphi)\cdot\cos(\delta)\cdot\cos(t)-\cos(\varphi)\cdot\sin(\delta)}{\sqrt{1-\left(\sin(\varphi)\cdot\sin(\delta)+\cos(\varphi)\cdot\cos(\delta)\cdot\cos(t)\right)^2}}\right)$$

Da sich für positive und negative Stundenwinkel t derselbe Wert für $\cos(A')$ ergibt, muss eine Fallunterscheidung getroffen werden, um den richtigen Wert für das Azimut A im Wertebereich zwischen 0° und 360° zu erhalten:

Formel 147: Wertebereich für das Azimut

$$\text{Für } t \geq 0°\text{gilt}: A = A'$$
$$\text{Für } t < 0°\text{gilt}: A = 360° - A'$$

21.2.12.   Zeitgleichung

Bei der Behandlung der Zeitgleichung im Abschnitt 4 auf Seite 39 wurde auf die Formel 148 verwiesen, denn die für eine Berechnung benötigten Begriffe waren dort noch nicht behandelt.

Wir verwenden die in Lit. [18], Kapitel 27, Seite 192, (27.3), abgedruckte Formel nach *Smart*. Diese hat eine geringere Genauigkeit als die in Lit.[18] auf Seite 191 angegebene Gleichung 27.1, erspart dem Amateur aber die genaue Berechnung von Aberration und Nutation.

Formel 148: Näherungsformel für Zeitgleichung (Bogenmaß)

$$E = y\cdot\sin(2L_0)-2\cdot e\cdot\sin(M)+4\cdot e\cdot y\cdot\sin(M)\cdot\cos(2L_0)-0{,}5\cdot y^2\cdot\sin(4L_0)-1{,}25\cdot e^2\cdot\sin(2M)$$

dabei gelten:

E ist der Wert der Zeitgleichung im Bogenmaß [rad] für den Berechnungszeitpunkt T,

$y = \tan^2(\varepsilon/2)$,

e Exzentrizität der Erdbahn nach Formel 87 (Seite 140), siehe auch oben unter 21.2.8

ε ist die Schiefe der Ekliptik nach Formel 77 auf Seite 135 (siehe auch oben unter 21.2.2),

L_0 ist die mittlere Länge der Sonne nach Formel 137,

M ist die mittlere Anomalie der Sonne nach Formel 138.

Der Wert ZGL der Zeitgleichung in Zeitminuten wird aus dem Bogenmaß E der Formel 148 berechnet:

Formel 149: Zeitgleichung in Zeit-Minuten

$$ZGL = \frac{E}{\pi}\cdot 180°\cdot 4^{m/°}$$

21.2.13.   *Kulminationszeitpunkt der Sonne in MEZ*

Zur Berechnung des Kulminationszeitpunktes wird Formel 5 $\boxed{WOZ = ZGL + MEZ - (15°-\lambda)\cdot 4^{m/°}}$ nach MEZ umgestellt:

$$MEZ = WOZ - ZGL + (15°-\lambda)\cdot 4^{m/°}$$

Nachdem $WOZ = 12^h$ der Kulminationszeitpunkt ist, lautet die Formel für den Kulminationszeitpunkt in MEZ:

Formel 150: Kulminationszeitpunkt der Sonne in MEZ

$$MEZ = 12^h - ZGL + (15°-\lambda)\cdot 4^{m/°}$$ Das Vorzeichen von ZGL ist zu beachten.

21.2.14. Tagbogen eines Himmelskörpers

Als Tagbogen wird in der Astronomie der geometrische Bogen bezeichnet, den ein Himmelskörper von seinem Aufgang bis zu seinem Untergang über der Horizontebene des Beobachters beschreibt. Die Horizontebene ist die Tangentialebene an die Erde am Standpunkt des Beobachters (siehe Bild 60). Der Tagbogen verläuft vom Aufgangspunkt **AP** im Osten über den Meridian im Süden (Kulmination) weiter bis zum Untergangspunkt **UP** im Westen. Der Tagbogen kann z. B. für Sterne auch in der Nacht liegen, wenn sie am Abend aufgehen und gegen Morgen untergehen. Der „Tagbogen" ist nicht an das Tageslicht gebunden.

Der Winkel, den der Himmelskörper zwischen Aufgang und Untergang beschreibt, wird im Gradmaß berechnet, dann ins Stundenmaß umgerechnet und entspricht der Dauer der Sichtbarkeit zwischen Aufgang und Untergang des Himmelskörpers, wobei die Refraktion und der scheinbare Horizont (Kimmlinie) hier noch nicht berücksichtigt werden. Da der Tagbogen symmetrisch zum Meridian liegt, wird die Berechnung für den halben Tagbogen H durchgeführt, der ganze Tagbogen beträgt dann $2H$. Die Größe von H hängt von der **geographischen Breite** φ des Standortes und von der **Deklination** δ des Himmelskörpers ab und lässt sich aus Bild 82 herleiten.

<u>Erläuterung von Bild 82:</u>

Der obere Teil (a) des Bildes zeigt die Ansicht der Erde von außen auf den Äquator gesehen. Die beleuchtete Hälfte ist hell und die unbeleuchtete dunkler eingefärbt. Der Himmelskörper bescheint im Deklinationswinkel δ die Erde und bildet dabei auf der Erdoberfläche eine Hell-Dunkelgrenze (Terminator). In diese Ansicht der Erde sind Linien und Winkel eingezeichnet, die sich auf die Meridianebene beziehen. Die Horizontebene ist tangential für den Beobachtungsort **B** eingezeichnet, die auch als Berechnungsebene parallel dazu durch den Erdmittelpunkt gezogen ist. Der Lotpunkt **L** auf der Erdoberfläche hat den Himmelskörper im Zenit.

Der untere Teil (b) des Bildes zeigt die Draufsicht auf den Nordpol mit der Terminatorlinie, der Berechnungsebene und den wichtigen Winkeln.

Beide Ansichten sind übereinander angeordnet, sodass die Punkte der einen Ansicht in die andere Ansicht projiziert werden können. Nun lassen sich durch entsprechende Projektion der Schnittpunkte des Terminators für den Breitengrad φ die Winkel in Schnitt und Draufsicht geometrisch bestimmen und berechnen.

Wenn φ oder δ null ist, ergibt sich $\cos(H) = 0$ und $H = 90°$ (= 6 Stunden). Aus diesem Grund ist am Äquator immer und bei $\delta = 0°$ auch auf jedem Breitengrad der Tagbogen aller Himmelskörper (auch der Sonne) genau 12 Stunden, weil die Terminatorebene dann in der Erdachse senkrecht zur Meridianebene liegt.

In unseren Breiten beträgt die Länge des Tagbogens der Sonne (= Tageslänge) zwischen etwa 8 Stunden (Dezember) und 16 Stunden (Juni). Er hängt von der geografischen Breite und der Deklination der Sonne ab.

Der wahre Tagbogen weicht vom geometrischen Tagbogen ab, weil die Refraktion und der Bahnwinkel des Himmelskörpers berücksichtigt werden müssen. Der wahre Tagbogen wird bei der Berechnung der Auf- und Untergänge ermittelt und bezieht sich zu Lande auf den scheinbaren Horizont oder auf dem Meer auf die Kimmtiefe.

Bild 82: Tagbogen

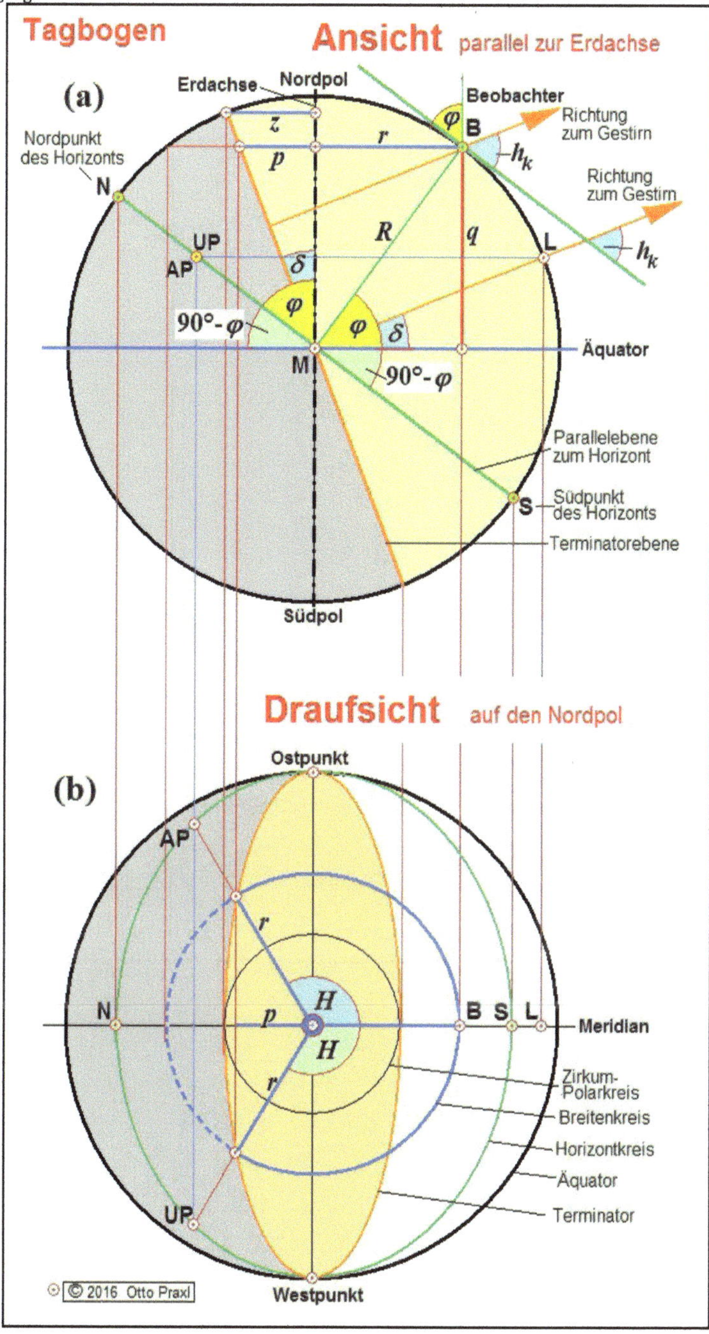

21.2.15.   Herleitung der Formel für den halben geometrischen Tagbogen

Die Formel für den halben Tagbogen H lässt sich aus Bild 82 herleiten, denn H ist ein Winkel, der rein geometrisch ermittelt wird. Für diese Betrachtung wird die Erde als exakte Kugel angenommen, zwischen geozentrischer und geografischer Breite wird hier nicht unterschieden (siehe 14.2.2 auf Seite 148). Die geografische Breite φ wird auf den Mittelpunkt **M** der Erde bezogen.

<u>Formelzeichen und geometrische Punkte in Bild 82:</u>

H halber Tagbogen im Winkelmaß,
R mittlerer Erdradius,
r Radius des Breitenkreises,
δ Deklination des Himmelskörpers,
φ geografische Breite des Standorts,
z Radius des Zirkumpolarkreises für δ
h_k Höhenwinkel bei Kulmination,
AP Aufgangspunkt am Morgen,
UP Untergangspunkt am Abend,
B Beobachter im Meridian,
L Lotpunkt des Himmelskörpers,
N Nordpunkt des Horizonts,
S Südpunkt des Horizonts,
M Erdmittelpunkt.

$(1)\; r = R \cdot \cos(\varphi)$

$(2)\; q = R \cdot \sin(\varphi) = r \cdot \tan(\varphi)$

$(3)\; z = R \cdot \sin(\delta)$

$(4)\; p = q \cdot \tan(\delta) = r \cdot \tan(\varphi) \cdot \tan(\delta)$

$(5)\; \dfrac{p}{r} = \cos(180° - H) = -\cos(H)$

Wenn p aus Gleichung (4) in Gleichung (5) eingesetzt wird, ergibt sich:

$$(6)\quad \boxed{-\cos(H) = \frac{p}{r} = \tan(\varphi) \cdot \tan(\delta)}$$

Der halbe Tagbogen H im Winkelmaß vom Aufgangspunkt **AP** bis zum Meridian bzw. vom Meridian bis zum Untergangspunkt **UP** eines nicht-zirkumpolaren Objekts wird mit folgender Formel berechnet:

Formel 151: Halber Tagbogen H

$$\boxed{\begin{aligned} \cos(H) &= -\tan(\delta) \cdot \tan(\varphi) \\ \pm H &= \arccos\left(-\tan(\delta) \cdot \tan(\varphi)\right) \end{aligned}}$$

Grenzen der Formel (Randbedingung):

Die Arkuskosinusfunktion in Formel 151 liefert den Winkel H im Gradmaß (Altgrad) oder im Bogenmaß, je nach Voreinstellung des Winkelformats am Taschenrechner oder Computer. Es gibt zwei Lösungen: Der Grund für das Auftreten von zwei Lösungen ist die Tatsache, dass ein Kosinuswert immer zwei Winkelwerte vertritt, die gespiegelt an der x-Achse liegen.

Dies ist auch logisch, denn der östliche halbe Tagbogen H reicht vom Meridian nach Osten, ist negativ und muss vom Kulminationszeitpunkt abgezogen werden, und der westliche halbe Tagbogen H reicht vom Meridian nach Westen, ist positiv und muss zum Kulminationszeitpunkt addiert werden.

Diese Formel gilt nur unter der Randbedingung: $\boxed{\left|\cos(H)\right| < 1}$ für nicht-zirkumpolare Objekte (siehe auch Lit. [8], dort auf Seite 154, und Wikipedia-Artikel „Tagbogen").

Für zirkumpolare Objekte mit $H \geq 180°$ ist die Formel 151 nicht definiert, weil bei denen der Tagbogen immer ein voller Kreis ist, das Objekt geht nie unter.

21.3. Geometrische Auf- und Untergangspunkte am Horizont

21.3.1. Auf- und Untergangszeitpunkte für geometrischen Tagbogen

Der Zeitpunkt für den geometrischen Sonnenaufgang am Aufgangspunkt **AP** berechnet sich nach halbem Tagbogen H in wahrer Ortszeit, wobei H in Grad (°) anzugeben ist:

Formel 152: Aufgangszeitpunkt

$$\boxed{t_{AP} = 12^h - \frac{1^h}{15°} \cdot H}$$

und für den geometrischen Untergang am Untergangspunkt **UP**:

Formel 153: Untergangszeitpunkt

$$\boxed{t_{UP} = 12^h + \frac{1^h}{15°} \cdot H}.$$

Nun müssen die wahren Ortszeiten t_{AP} und t_{UP} noch in MEZ umgerechnet werden, wobei der Längengrad und die Zeitgleichung berücksichtigt werden müssen (siehe Formel 150 auf Seite 211).

21.3.2. Höhenwinkel bei Kulmination des Himmelskörpers

Der Höhenwinkel h_k des Himmelskörpers bei der Kulmination in der Meridianebene beträgt:

Formel 154: Kulminationswinkel

$$\boxed{h_k = 90° - \left|\varphi\right| + \delta}.$$

Hier muss der Absolutbetrag der geografischen Breite φ genommen werden, weil auf beiden Halbkugeln der Höhenwinkel über dem Horizont positiv gezählt wird. Diese Gleichung ergibt immer einen Winkel $h_k \leq 90°$. Der Winkel δ muss dabei mit Vorzeichen eingesetzt werden: δ ist positiv, wenn sich das Objekt nördlich des Äquators, und δ ist negativ, wenn sich das Objekt südlich des Äquators befindet. Ist der Winkel $h_k < 0°$, dann kulminiert das Objekt unter dem Horizont und ist nicht sichtbar.

21.3.3. *Azimut der geometrischen Auf- und Untergangspunkte*

Sei δ Deklination eines nicht zirkumpolaren Sterns, φ die geografische Breite des Beobachters. Dann gilt für das Azimut A des geometrischen Auf- und Untergangspunktes (ohne Berücksichtigung der Refraktion) die Gleichung:

Formel 155: Azimut des Auf- und Untergangspunktes

$$\cos(A) = -\frac{\sin(\delta)}{\cos(\varphi)}$$

Die Bezugsrichtung für den Horizont ist die Richtung nach Süden. Das Azimut A zählt positiv von Süden über Westen, Norden und Osten, also vom Zenit aus gesehen im Uhrzeigersinn um 360°.

Für A liefert diese Gleichung zwei Werte: Im Winkelbereich $0 \leq A \leq 180°$ ergibt sich das Azimut beim Untergang (Untergangspunkt UP im Westen), im Bereich $180° < A \leq 360°$ das des Aufgangs (Aufgangspunkt AP im Osten) (siehe auch Lit. [8], Satz 3 auf Seite 154).

Der Grund für das Auftreten von zwei Lösungen ist die Tatsache, dass ein Kosinuswert immer zwei Winkelwerte vertritt, die gespiegelt an der x-Achse liegen.

Morgenweite ist die Winkeldifferenz des Aufgangspunktes AP zur Ostrichtung. Für $A < -90°$ liegt die Morgenweite nördlich der Ostrichtung (von März bis September). A ist im Osten negativ! Für $A > -90°$ liegt die Morgenweite südlich der Ostrichtung (von September bis März).

Abendweite ist die Winkeldifferenz des Untergangpunktes UP zur Westrichtung. Für $A > 90°$ liegt die Abendweite nördlich der Westrichtung (von März bis September). A ist im Westen positiv! Für $A < 90$ liegt die Abendweite südlich der Westrichtung (von September bis März).

Herleitung:

Formel 155 lässt sich aus Dreiecksbeziehungen von Bild 82 direkt herleiten, ohne eine Umrechnung vornehmen zu müssen. Vom Punkt **L** wird eine waagrechte Linie durch die Erdachse zur Verbindungslinie von AP-UP gezogen, dann ergibt sich direkt die geometrische Beziehung. Diese Konstruktion gilt für die Position der Erde am Morgen, wenn die Richtung von der Sonne den Ostpunkt berührt, die Sonne also gerade im Osten steht. Die Projektion auf den Aufgangspunkt AP ergibt die Morgenweite:

$$\cos(180° - A) = \frac{\sin(\delta)}{\cos(\varphi)} = -\cos(A)$$

Die Winkel δ und φ müssen dabei mit Vorzeichen eingesetzt werden: Sie sind positiv, wenn sich Objekt oder Breitengrad nördlich des Äquators befinden und sie sind negativ, wenn sich Objekt oder Breitengrad südlich des Äquators befinden.

Auch aus Gleichung (3) $\boxed{\sin(\delta) = \sin(\varphi) \cdot \sin(h) - \cos(\varphi) \cdot \cos(h) \cdot \cos(A)}$ der Formel 122 lässt sich Formel 155 herleiten, wenn für die geometrische Horizontlinie $h = 0°$ gesetzt wird. Dann wird $\sin(h) = 0$ und $\cos(h) = 1$, so dass sich direkt ablesen lässt:

$$\boxed{\sin(\delta) = -\cos(\varphi) \cdot \cos(A)}$$, woraus sich nach $\cos(A)$ aufgelöst Formel 155 ergibt.

Auch der Zusammenhang der Winkel δ und φ bei Übergang zu zirkumpolaren Breiten lässt sich aus Bild 82 anschaulich ablesen (siehe zum Vergleich auch Formel 135). Wandert der Punkt **L** nach Norden, so wandern mit der waagrechten Linie auch **AP** und **UP** zum Nordpunkt **N** des Horizonts. Wird dieser überschritten, dann ist das Objekt mit der Deklination δ zirkumpolar. Dann gilt:

Formel 156: Bedingung für „zirkumpolar"

$$|\sin(\delta)| > |\sin(90° - \varphi)|$$

21.3.4. *Stundenwinkel t und Höhenwinkel h eines Himmelskörpers*

Für die Sonne ergibt sich der Stundenwinkel t aus der wahren Ortszeit **WOZ**, von der 12 Stunden abgezogen werden müssen, wobei 1 Stunde mit 15° gerechnet wird.

Die wahre Ortszeit **WOZ** ergibt sich aus der normalen Uhrzeit der Zeitzone (bei uns in Deutschland ist dies die MEZ), wobei die Zeitgleichung berücksichtigt werden muss (siehe 3.3.8 auf Seite 38, Formel 1 bis Formel 5).

Der Stundenwinkel t ist die Winkeldifferenz der Position des Himmelskörpers zum Meridian:

Formel 157: Stundenwinkel aus wahrer Ortszeit

$$\boxed{t = \left(WOZ - 12^h\right) \cdot 15°}$$

Bei $t = 0°$ ergibt sich der Kulminationswinkel h_k.

Der Stundenwinkel t liegt auf dem Tagbogen $2H$ des Himmelskörpers zwischen Aufgang und Untergang symmetrisch zum Kulminationszeitpunkt um 12^h wahrer Ortszeit. Für die Vormittagsstunden ergibt sich ein negativer und für die Nachmittagsstunden ein positiver Wert für den Stundenwinkel t.

Für die Sonne ergibt sich der Stundenwinkel t als Differenz {Uhrzeit - Kulminationszeitpunkt}.

Für andere Objekte muss zuerst die örtliche Sternzeit θ und die Rektaszension α des Objekts ermittelt werden. Dann kann der Stundenwinkel t nach Formel 110 (Seite 172) berechnet werden.

Der Höhenwinkel h (Elevation) ergibt sich dann für den Stundenwinkel t nach der nach h umgestellten Formel 145, wobei für positiven und negativen Stundenwinkel dasselbe Ergebnis herauskommt:

Formel 158: Höhenwinkel h

$$\boxed{h = \arcsin\!\left(\sin(\varphi) \cdot \sin(\delta) + \cos(\varphi) \cdot \cos(\delta) \cdot \cos(t)\right)}$$

21.4. Berücksichtigung der Refraktion

Die Refraktion wird bei jeder Art von Berechnung der Aufgangs- und Untergangserscheinungen berücksichtigt. Sie beträgt für die Sichtlinien parallel zur Horizontebene 34' (Bogenminuten). Die Objekte sind also schon zu sehen, wenn sie sich noch 34' unter dem Horizont befinden. Die Refraktion wurde in Abschnitt 9.1 auf Seite 100 behandelt.

21.5. Berücksichtigung des Objektdurchmessers

Bei als Scheibe sichtbaren Objekten wie Sonne und Mond ist deren Durchmesser bei den Berechnungen zu berücksichtigen. Bei punktförmigen Objekten wird die Größe nicht berücksichtigt.

Da der Sonnenauf- und -untergang für den Sonnenrand definiert ist, muss der halbe Sonnendurchmesser berücksichtigt werden. Die Sonne ist als Scheibchen mit einem Durchmesser von 32' zu sehen, also müssen rund 16' berücksichtigt werden.

Auch bei den Berechnungen der Auf- und Untergänge des Mondes muss der Mondradius berücksichtigt werden. Diese Berechnungen werden hier nicht behandelt.

21.6. Zeitpunkte für Aufgang und Untergang

Die Auf- und Untergangszeitpunkte für den geometrischen Tagbogen der Sonne lassen sich, wie oben gezeigt, aus geometrisch feststehenden Winkeln leicht berechnen.

Schwierig wird es, die wirklichen Zeitpunkte zu berechnen. Definitionsgemäß ist z. B. der wirkliche Sonnenaufgang der Zeitpunkt, zu dem der obere Rand der Sonne am Horizont erscheint, wenn deren Mittelpunkt noch um einen Sonnenradius unter dem Horizont liegt. Außerdem ist die Refraktion zu berücksichtigen, bei der der Sonnenrand bereits sichtbar wird, wenn er sich noch 34' (Bogenminuten) unter dem Horizont befindet.

21.6.1.   Genaue Zeitpunkte nur durch Iteration

Generell ist es so, dass unsere Formeln, die wir bis jetzt kennengelernt haben, immer davon ausgehen, unbekannte Positionen oder Winkel von Himmelkörpern für einen bestimmten, genau bekannten Zeitpunkt t zu berechnen.

Für die Auf- und Untergangszeiten ist es genau umgekehrt. Für diesen Zweck müssten Umkehrfunktionen existieren, die auf die Frage antworten, zu welchem Zeitpunkt t ein Himmelsobjekt eine ganz bestimmte Position innehat.

So müsste sich für einen Himmelskörper berechnen lassen, zu welchem Zeitpunkt t er den Höhenwinkel $h = 0$ im topozentrischen Horizontsystem einnimmt. Das ist der Zeitpunkt, zu dem der Himmelskörper gemäß Definition gerade aufgeht.

Wird die Formel 145 nach $\cos(t)$ aufgelöst, so ergibt sich:

Formel 159: Berechnung des Stundenwinkels

$$\boxed{\cos(t) = \frac{\sin(h) - \sin(\varphi) \cdot \sin(\delta)}{\cos(\varphi) \cdot \cos(\delta)}}.$$

Dies ist leider keine echte zeitunabhängige Umkehrfunktion, denn auf der rechten Seite der Gleichung ist der Deklinationswinkel δ zeitabhängig.

Um dennoch die genauen Zeiten berechnen zu können, gehen die Astronomen einen anderen Weg. Sie schätzen einen Startwert t_0 für den gesuchten Zeitpunkt und berechnen für diesen die genaue Position des Himmelskörpers mit allen zeitabhängigen Variablen. Die berechnete Position wird eine bestimmte Abweichung zur gewünschten Position haben. Daraus können sie abschätzen, ob der gesuchte Zeitpunkt früher oder später als die Schätzung liegt. Sie korrigieren die Schätzung entsprechend und berechnen neu. Mit n Wiederholungen der Berechnung tasten sie sich durch diese Iteration, also durch schrittweise Annäherung, an den gesuchten Wert heran und beenden bei ausreichender Genauigkeit des Ergebnisses die Iteration. Die Zahl n hängt davon ab, wie schnell der Vorgang konvergiert, d. h. wie schnell man sich dem Ergebnis nähert.

Alle derartigen in der Fachliteratur angegebenen Berechnungsmethoden arbeiten mit einer solchen Iteration.

Leider sind in den Transformationsgleichungen die Argumente der Sinus- und Kosinusfunktionen (z. B. die Winkel α, ε, δ, λ, β) zeitabhängig, sodass die genaue Berechnung von Zeitpunkten immer iterativ erfolgen muss. Für die Sonne gilt eine Erleichterung, weil der Kulminationszeitpunkt genau um 12^h wahrer Ortszeit liegt, die in MEZ umgerechnet werden kann. Aufgrund des halben Tagbogens lassen sich daraus dann Auf- und Untergangszeitpunkte berechnen (siehe oben Formel 152 und Formel 153).

Eine Iteration ist nur dann nötig, wenn die zeitabhängigen Variablen Rektaszension α und Deklination δ der Sonne für den Aufgangszeitpunkt, den Kulminationszeitpunkt und den Untergangszeitpunkt voneinander abweichen.

Wir Amateure setzen aber voraus, dass die Variablen α und δ für alle drei Zeitpunkte (innerhalb von etwa 12 Stunden) jeweils nur unbedeutend voneinander abweichen, sodass sie näherungsweise als konstant betrachtet werden können. Dann kann nach Formel 159 der Stundenwinkel t für Aufgang und Untergang näherungsweise ohne Iteration berechnet werden.

21.6.2. *Kulminationszeitpunkt und Stundenwinkel*

Oben im Abschnitt 21.2.13 auf Seite 211 haben wir den Kulminationszeitpunkt in MEZ berechnet.

Bei Vorgabe des richtigen Höhenwinkels h bei Verwendung von Formel 159 kann der Stundenwinkel t berechnet werden, der vom Kulminationszeitpunkt subtrahiert werden muss, um den Aufgangszeitpunkt zu erhalten oder der zum Kulminationszeitpunkt addiert werden muss, um den Untergangszeitpunkt zu erhalten.

Für die geometrischen Auf- und Untergangszeitpunkte aus dem halben Tagbogen H gilt $h = 0°$.

Ohne Verwendung von Formel 159 wird der halbe Tagbogen H im Zeitmaß vom Kulminationszeitpunkt abgezogen, dann ergibt sich der geometrisch bedingte Aufgangszeitpunkt. Wird der halbe Tagbogen H als Zeitmaß zum Kulminationszeitpunkt addiert, dann ergibt sich der geometrisch bedingte Untergangszeitpunkt. Dabei ist die Tagbogenverlängerung aus Refraktion und Objektradius noch nicht berücksichtigt.

21.6.3. *Berücksichtigung von Refraktion und Objektradius*

Bild 83:Tagbogenverlängerung

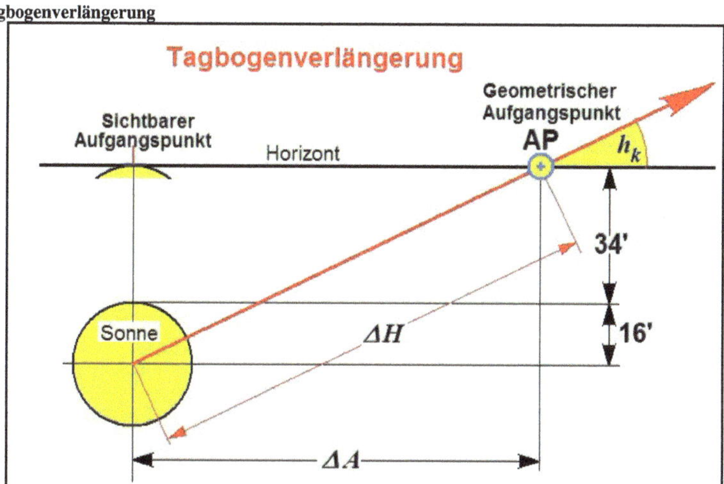

Werden bei Auf- und Untergang der Sonne die Refraktion und der Sonnenradius berücksichtigt, dann wird der geometrische halbe Tagbogen, den wir oben unter 21.3 berechnet hatten, entsprechend länger. In Bild 83 ist die Situation für den Sonnenaufgang gezeigt.

Durch die Refraktion und den Sonnenradius wird der Tagbogen verlängert, weil am Morgen der Sonnenrand schon sichtbar ist, wenn die Sonne noch 16'+34' = 50' unter dem Horizont steht und den Aufgangspunkt AP noch gar nicht erreicht hat. Da die Sonne in einer Stunde auf dem Tagbogen um 15° weiterläuft, schafft sie in einer Minute einen Winkel von 15'. Grob gerechnet, geht sie aufgrund von halbem Sonnendurchmesser und Refraktion um 50'/15' = um 3,333 Minuten = 200 Sekunden früher auf und später unter. Diese Zeit gilt nur, wenn die Sonne senkrecht aus dem Horizont aufsteigt. In unseren Breiten steigt der Tagbogen mit einem kleineren Winkel aus dem Horizont auf.

Da die Sonne schräg aufgeht, hängt die Zeit, bis sie mit dem Mittelpunkt den Horizont berührt, vom Aufgangswinkel ab, der bei Tagundnachgleiche mit dem Kulminationswinkel h_k übereinstimmt (siehe Bild 83). Da die Geschwindigkeit der Sonne in dieser Schrägrichtung ungefähr 4 Minuten pro Grad beträgt, kann die Zeit berechnet werden, die zum halben Tagbogen H addiert werden muss.

Der Winkel beträgt:

$$\Delta H = \left| \frac{h}{\sin(h_k)} \right|$$, wobei der Kulminationswinkel $\boxed{h_k = 90° - |\varphi| + \delta}$ nach Formel 154 berechnet wird.

Die dadurch bedingte Azimutabweichung ΔA am nach Formel 155 geometrisch berechneten Aufgangspunkt AP wird hier nicht angegeben, kann aber aus Bild 83 leicht ermittelt werden.

Diese Beschreibung der Tagbogenverlängerung sollte nur anschaulich darstellen, wie sich Refraktion und Objektradius auf den Tagbogen auswirken.

Für die Berechnung der genauen Auf- und Untergangszeiten sollte immer Formel 159 verwendet werden, denn diese berücksichtigt die Tagbogenverlängerung automatisch durch Vorgabe des Höhenwinkels h. Für die Sonne wird h = (-16') + (-34') = -50' = -0,83333° eingesetzt, um Refraktion und Objektradius zu berücksichtigen.

21.6.4. *Azimut der wirklichen Auf- und Untergangspunkte*

Zur Berechnung des Azimuts der wirklichen Auf- und Untergangspunkte wird nicht mit dem geometrischen Wert des halben Tagbogens H und der Näherung der Tagbogenverlängerung ΔH (siehe Bild 83) gerechnet, sondern hier verwenden wir die genauen Formeln.

Dazu wird zuerst der Stundenwinkel t über Formel 159 berechnet, in die der durch die Refraktion und den Sonnenradius bedingte Höhenwinkel h = (-16') + (-34') = -50' = -0,83333° eingesetzt wird. Der daraus berechnete Stundenwinkel t wird in die Formel 146 eingesetzt:

$$A' = \arccos \left(\frac{\sin(\varphi) \cdot \cos(\delta) \cdot \cos(t) - \cos(\varphi) \cdot \sin(\delta)}{\sqrt{1 - (\sin(\varphi) \cdot \sin(\delta) + \cos(\varphi) \cdot \cos(\delta) \cdot \cos(t))^2}} \right) .$$

Aus Formel 147

$$\boxed{\begin{array}{l} \text{Für } t \geq 0° \text{gilt} : A = A' \\ \text{Für } t < 0° \text{gilt} : A = 360° - A' \end{array}}$$ ergibt sich der richtige Wertebereich für das Azimut.

21.6.5. *Dämmerungen*

Die Definition der Dämmerungen ist auf Seite 206 zu finden.

Für die Berechnung der Zeitpunkte für den Dämmerungsbeginn am Morgen und das Dämmerungsende am Abend werden folgende Werte für h in Formel 159 eingesetzt:

Bürgerliche Dämmerung: h = -6°,
nautische Dämmerung: h = -12°,
astronomische Dämmerung: h = -18°.

Der sich daraus ergebende Stundenwinkel t wird für die Morgendämmerung vom Kulminationszeitpunkt der Sonne abgezogen und für die Abenddämmerung zum Kulminationszeitpunkt addiert.

21.7. **Höhe des Beobachters und Horizontabrückung**

Die Zeitpunkte für Aufgang, Kulmination und Untergang eines Himmelkörpers sind ortsabhängig. Deshalb ist auch die genaue Angabe des Beobachtungsstandorts nach Lage und Höhe erforderlich, für den diese Zeiten berechnet werden sollen. Die Auf- und Untergangszeitpunkte sind für den Horizontpunkt des Beobachters zu berechnen (siehe Seite 153 und Bild 54).

Es ist bekannt, dass ein Beobachter auf einem Turm die Sonne früher aufgehen sieht als ein Beobachter am Fuße des Turms. Bild 84 zeigt diese beiden Situationen. Die Horizontabrückung wird nach der Kimmtiefe κ (siehe 15 auf Seite 153) berechnet, die von der Höhe des Turms abhängig ist.

Der Zeitpunkt für den Sonnenaufgang wird für den Horizontpunkt **HP** berechnet, so als ob sich der Beobachter dort befände. Die Koordinaten (geografische Länge und Breite) dieses Horizontpunktes sind für die Berechnung zu verwenden.

Für den Beobachter oben auf dem Turm geht die Sonne zum gleichen Zeitpunkt wie am Horizontpunkt **HP** auf.

Die Sichtlinie geht vom Beobachter auf dem Turm über den Horizontpunkt in Richtung Sonne. Die Sichtlinie ist in Bild 84 geradlinig, die Refraktion ist nicht gezeichnet, weil es bei der Darstellung nur auf das Prinzip ankommt.

Bild 84: Horizontabrückung

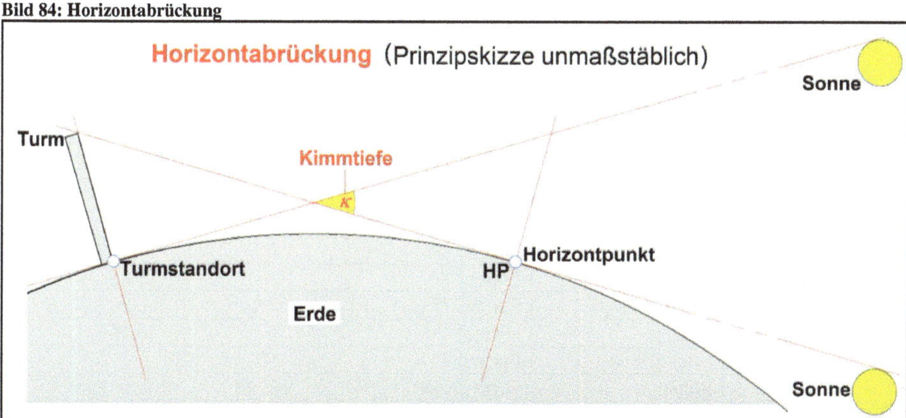

Für einen Beobachter am Fuße des Turms geht die Sonne später auf. Er sieht die Sonne erst, wenn sie den Winkel κ überwunden hat[14]. Nachdem die Sonne in 4 Minuten um 1° wandert, ist die Zeitverzögerung:

Formel 160: Zeitdifferenz für Horizontabrückung

$$\Delta t\,[\text{min}] = \kappa\,[°] \cdot 4\,[\text{min}/°].$$

An einem der Morgensonne zugewandten Berghang sieht der Beobachter die Helldunkel-Grenze den Berghang hinunter rasen, weil auch hier der Schattenwurf des Horizonts von dessen Abstand zum Berghang bestimmt wird.

---

[14] Dabei gilt, dass sich das Beobachterauge genau in Bodenhöhe befindet und die geografische Breite des Turmstandorts mit der des Horizontpunkts identisch ist.

21.8. Zusammenstellung der Formeln

Hier in diesem Kapitel haben wir alle Berechnungsformeln kennengelernt, die erforderlich sind, um die Zeitpunkte der Auf- und Untergänge von Planeten und Fixsternen zu berechnen.

Für den Hausgebrauch des Amateurs genügt es, wenn er die Berechnungen mit den angegebenen Formeln durchführt und dabei die Horizontabrückung des Beobachtungsortes berücksichtigt. Wenn er dann die berechneten wahren Ortszeiten über Zeitzone und Zeitgleichung auf die Uhrzeit in MEZ umrechnet, hat er die Auf- und Untergangszeiten ermittelt.

Nachstehende Tabelle 52 gibt die erforderlichen Rechengänge in der richtigen Reihenfolge an, um von den Vorgaben zu den gewünschten Ergebnissen zu kommen.

Tabelle 52: Zusammenstellung der Formeln

Zu berechnende Größe	nach Formel	Eingabewerte	Ausgabewerte
Genaue Berechnung der Sternzeit	Formel 35, Formel 36, Formel 110, Formel 142	*siehe Formeln*	*siehe Formeln*
Julianisches Datum aus Kalenderdatum	Formel 17, Formel 18, Formel 19	Datum $D\,M\,Y$	JD
Julianisches Jahrhundert	Formel 136	JD	T
Exzentrizität der Erdbahn	Formel 87	T	e
Mittlere Länge der Sonne	Formel 137	T	L_0
Schiefe der Ekliptik	Formel 77	T	ε
Mittlere Anomalie der Sonne	Formel 138	T	M
Mittelpunktsgleichung der Sonne	Formel 74	M	C
Wahre Anomalie der Sonne	Formel 139	C, M	v
Wahre Länge der Sonne	Formel 141	L_0, C	λ_S
Rektaszension der Sonne	Formel 142	θ	α
Deklination eines Himmelskörpers	Formel 143	$\varepsilon, \beta_S, \lambda_S$	δ
Deklination der Sonne	Formel 144	ε, λ_S	δ
Höhenwinkel (Elevation)	Formel 145, Formel 158	φ, δ, t	h
Azimut eines Himmelskörpers	Formel 146, Formel 147	φ, δ, t	A
Zeitgleichung	Formel 148	y, L_0, e, M	E [rad]
Zeitgleichung	Formel 149	E, π	ZGL [min]
Kulminationszeitpunkt der Sonne	Formel 150	λ, ZGL	MEZ
Halber Tagbogen eines Himmelskörpers	Formel 151	δ, φ	H [°]
Aufgangszeitpunkt	Formel 152	H	t_{AP}
Untergangszeitpunkt	Formel 153	H	t_{UP}
Kulminationswinkel	Formel 154	φ, δ	A
Azimut des Auf- und Untergangspunktes	Formel 155	φ, δ	A
Stundenwinkel eines Himmelskörpers	Formel 159	h, φ, δ	t
Sichtweite	Formel 97, Formel 98, Formel 102, Formel 103	*siehe Formeln*	*siehe Formeln*
Refraktion	Formel 39, Formel 40, Formel 41, Formel 106	*siehe Formeln*	*siehe Formeln*
Horizontabrückung, Kimmtiefe	Formel 100, Formel 104, Formel 105, Formel 160	*siehe Formeln*	*siehe Formeln*

21.9.   Zusammenfassung

In diesem Kapitel wurden die Bedingungen und Idealisierungen (Näherungen) bei der Berechnung der Zeitpunkte von Auf- und Untergängen gezeigt. Die gezeigten Näherungsverfahren sind für den Amateur ausreichend.

Die Berechnung dieser Zeitpunkte wird schwierig, wenn eine Horizontabrückung im Spiel ist oder die Lage des Horizontpunktes nicht genau bestimmbar ist, weil sich der Beobachter z. B. auf einem hohen Berg befindet.

Meeus weist in Lit. [18] am Ende von Kapitel 15 darauf hin, dass es sinnlos ist, Auf- oder Untergangszeiten von Himmelsobjekten genauer als auf eine Minute anzugeben. In diesem Bereich liegen auch die Berechnungen mit den angegebenen Näherungsmethoden.

Hat der Amateur einmal die Auf- und Untergangszeiten für die Sonne manuell nach den hier angegebenen Formeln berechnet, wird er zufrieden feststellen, dass er den Sachverhalt begriffen hat. Er wird dann beruhigt die genauen Zeiten mit dem Taschenrechner- oder dem Astronomieprogramm berechnen.

Die Berechnung der Auf- und Untergangszeiten für den Mond erfordert wesentlich mehr Berechnungsaufwand als für die Sonne. Die Behandlung dieser Berechnungen würde viele Seiten dieses Buches füllen. Aus Platzgründen wird hier darauf verzichtet und auf die astronomische Fachliteratur verwiesen (z. B. Lit. [20] und andere).

22.   Die Sonne und die Sonnenuhren

Der wichtigste Himmelskörper für die Menschen ist die Sonne, sie spendet Licht, Wärme und Lebens-
energie.

Seit es Menschen gibt, beobachten sie den Lauf der Sonne:

1. Die Sonne geht am Morgen im Osten auf und am Abend im Westen unter. Nachts bewegt sie
   sich, vom Beobachter aus gesehen, „hinten" um die Erde herum und geht am Morgen wieder
   im Osten auf. Die Zeit vom höchsten Sonnenstand am Mittag bis zum höchsten Sonnenstand
   am Mittag des nächsten Tages ist die Tageslänge, die in genau 24 Abschnitte geteilt wird, die
   man Stunden nennt.
2. Im Winter steht die Sonne auf der nördlichen Erdhalbkugel am Tag sehr tief und steigt Tag für
   Tag langsam bis zum höchsten Stand empor, den sie im Sommer erreicht. Das ist die Sommer-
   sonnenwende am 21. Juni. Dann bewegt sie sich wieder abwärts, bis sie im Winter wieder den
   Tiefststand erreicht. Das ist die Wintersonnenwende am 21. Dezember. Die Zeit von einem
   Höchststand über den Tiefststand bis zum nächsten Höchststand nennt man ein Jahr.
3. Die Sonne bewegt sich gegenüber dem Fixsternhimmel nach Osten und erreicht nach einem
   Jahr wieder dieselbe Stelle am Fixsternhimmel. Daraus leiteten die Menschen im Altertum und
   im Mittelalter ein geozentrisches Weltbild ab, in dem die Sonne in einem Jahr einmal um die
   Erde läuft.

Diese Beobachtungen des Tages- und Jahreslaufs der Sonne wurden seit Jahrtausenden dazu benutzt,
die Zeit in Tage und Jahre einzuteilen und einen Kalender herzustellen.

Claudius Ptolemäus (87 - 165 n. Chr.) stellte Theorien auf, die den Lauf der Sonne und der Planeten
um die Erde zu erklären versuchten.

Erst *Nikolaus Kopernikus* (1473 - 1543) und später *Johannes Kepler* (1571 - 1630) bewiesen, dass die
Sonne das Zentrum des Planetensystems und die Erde nur einer dieser Planeten ist.

22.1.   Sonnenuhren als Zeitmesser

Für manche Betrachtungen, wie z. B. für Sonnenauf- und -untergänge, ist es zweckmäßig, so zu tun,
als liefe die Sonne täglich einmal um die Erde. Durch die Erdrotation bedingt erscheint es uns so, als
bewege sich die Sonne tatsächlich um die Erde: Sie geht im Osten auf, erreicht mittags den Kulminati-
onspunkt und geht im Westen unter. Dabei können die Uhren nach der Sonne gestellt werden.

Diese Regelmäßigkeit kann bei Sonnenuhren benutzt werden, die Tageszeit direkt durch einen Schattenstab anzeigen zu lassen.

22.1.1.   *Prinzip der Sonnenuhr*

Bei der Sonnenuhr wird der Schatten eines Stabes verwendet, um den Stand der Sonne anzuzeigen.
Der Schatten der Stabspitze dient als Zeiger für die Zeitanzeige. Kennzeichnet man zu jeder Stunde die
Position des Schattens der Stabspitze auf dem Boden oder an der Wand, dann erhält man eine Skala für
die Stunden. Dort kann die Uhrzeit abgelesen werden. Die Sonnenuhr funktioniert nur bei Sonnenschein. Sonnenuhren wurden schon vor Tausenden von Jahren gebaut.

22.1.2.   *Sonnenuhren im Altertum*

Die Sonnenuhr heißt im Lateinischen *solarium*, im Griechischen **gnomon**. Mit **umbilicus** oder **gnomon** wird im Lateinischen der Zeiger der Sonnenuhr (Spitze des Stabes) bezeichnet.

Bei großen Sonnenuhren diente ein Obelisk als Stab. Die Kunst der Herstellung von Sonnenuhren
nannten die Römer **gnomonica**.

Kaiser Augustus ließ eine riesige Sonnenuhr bauen, *Solarium Augusti* genannt (Näheres siehe Seite 30). Berechnen konnten die Römer diese Sonnenuhr damals noch nicht, weil die Bahn der Sonne auf einer Ellipse nach den Keplerschen Gesetzen noch nicht bekannt war. Die Justierung der Sonnenuhr hat vermutlich ein ganzes Jahr gedauert, weil für jeden Tag und jede Stunde für den Schatten der Obeliskspitze (Zeiger) eine Zeitmarke auf dem Boden angebracht und beschriftet werden musste. Dann wurden die Stundenlinien (Verbindung der gleichen Uhrzeiten aller Tage) und die Tageslinien (Verbindung der gleichen Tage jedes Monats) gezogen und mit Bronzelinien und Bronzebuchstaben verewigt.

22.1.3. *Sonnenuhren heute*

Sonnenuhren werden heute meist als „Kunst am Bau" betrachtet und entsprechend an öffentlichen Gebäuden angebracht und finanziert. Manchmal sind sie noch an alten Gebäuden in Städten zu sehen, deren Vergangenheit bis ins Mittelalter zurückreicht.

In neuerer Zeit sind sie wieder öfter zu sehen vor Museen und Schulgebäuden als Lehr- und Lernobjekte. Auch im Internet sind unter dem Stichwort „Sonnenuhr" sehr viele Beiträge und Angebote fertiger Sonnenuhren zu finden.

Für Privatpersonen gibt es tragbare Sonnenuhren. Auf Papier ausgedruckte Sonnenuhren können als Blatt auf den Tisch gelegt werden (horizontale Sonnenuhren), ein senkrechter Stift in der Mitte bildet den „Zeiger". Es gibt auch zusammenklappbare räumliche Sonnenuhren (äquatoriale Sonnenuhren) aus Metall, bei denen die geografische Breite eingestellt werden kann.

22.2. Äquatoriale Ringsonnenuhr

Die nachfolgenden Bilder Bild 85 und Bild 86 zeigen eine **Ringsonnenuhr** (Hersteller: Sonnenuhrenmacher *Michael Kala*, A8720 Knittelfeld, Frauengasse 16, Österreich).

Sie hat den Vorteil, dass sie an jedem Ort auf beiden Halbkugeln der Erde ungefähr die wahre Ortszeit angibt.

22.2.1.1. *Beschreibung*

Die gezeigte Ausführung besteht aus Messing und ist taschengerecht zusammenklappbar. Sie wiegt 40 g und hat einen Außendurchmesser von 60 mm. Auf dem nicht durch Skalen belegten Platz der beiden Ringe sind Breitengradangaben einiger Weltstädte eingraviert.

Bild 85 zeigt die Ringsonnenuhr im zusammengeklappten Zustand mit den Skalen.

In einer Rille außen auf dem Außenring (Meridianring) befindet sich ein verschiebbarer Stahldrahtring mit Aufhängeöse für die Breitengradeinstellung. Die Breitengrad-Skala ist auf der Seitenfläche des Rings angebracht. Die Marke an der Aufhängeöse muss auf den Breitengrad eingestellt werden. Im Bild 85 ist sie auf 48° Nord eingestellt. (Nordhalbkugel). Auf der Skala gegenüber kann sie für die Südhalbkugel eingestellt werden.

Auf dem ausklappbaren Ring (Äquatorialring) befindet sich die Skala für die wahren Ortszeiten.

Auf der Brücke in der Mitte wird mit dem Stahlschieber das Datum (1 Teilstrich pro 10 Tage) eingestellt. Die oberste Einstellmarke gilt für 21. Juni und die unterste Einstellmarke für den 21. Dezember. Alle anderen Monate werden dazwischen eingestellt: Der Aufdruck der Buchstaben J F M A M J gilt für Januar bis Juni und J A S O N D gilt für Juli bis Dezember.

Auf dem Stahlschieber befindet sich in der Mitte eine kleine runde Öffnung, durch die später im aufgeklappten Zustand der Sonnenstrahl auf die Uhrzeit-Skala fällt.

Bild 85: Ringsonnenuhr, zusammengeklappt

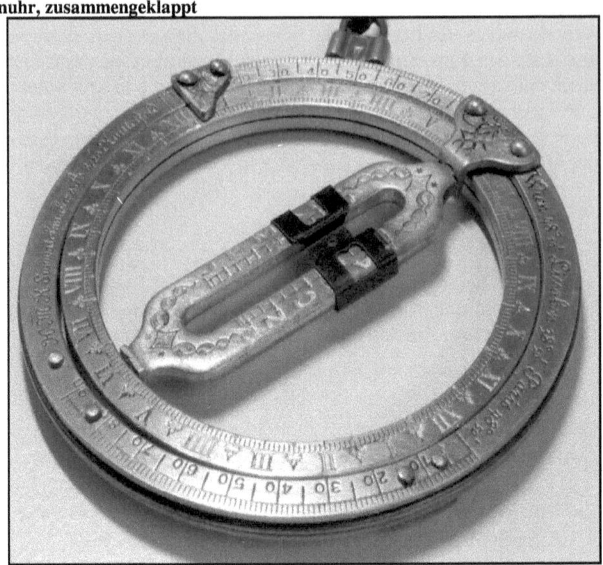

Bild 86: Ringsonnenuhr, betriebsbereit

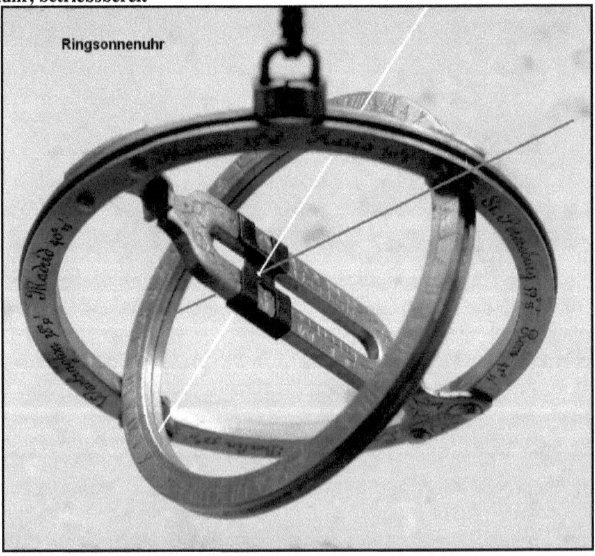

22.2.1.2. *Anwendung der Ringsonnenuhr*

Auf Bild 86 ist die Ringsonnenuhr in betriebsbereitem Zustand dargestellt. Der Meridianring muss nun an der Aufhängeöse so lange um die senkrechte Achse in der Sonne gedreht werden, bis ein Sonnenstrahl durch das Loch des Stahlschiebers genau auf die innere mittlere Rille des Äquatorialrings trifft. Dort wird die wahre Ortszeit abgelesen.

Dabei gibt es zwei Möglichkeiten, wie die Eintragungen der verschiedenen Strahlen im Bild 86 zeigen.

- Am Vormittag gilt die Eintragung des hell gezeichneten Strahls, wo der Sonnenstrahl auf der Uhrzeitskala vor der Mittagsmarke liegt.
- Ist es dagegen schon Nachmittag, dann gilt die Eintragung des dunkel gezeichneten Strahls mit Uhrzeiten nach 12 Uhr.

Ist die Südrichtung bekannt, dann wird der senkrechte Meridianring in diese Richtung gedreht, die wahre Ortszeit wird dann automatisch auf der richtigen Seite des Meridians auf dem Äquatorialring angezeigt.

Achtung:
Für die Südhalbkugel gilt:
Der Breitengrad muss auf der unteren Skala eingestellt werden.
An der Datumseinstellung muss nichts verändert werden.
Anstelle der Südrichtung wird bei der Messung die Nordrichtung gesucht.

Man muss außerdem beim Messvorgang die Ringsonnenuhr so hoch halten, dass man die Beschriftung für die Uhrzeit von unten am Äquatorialring ablesen kann, der nur eine Skala hat, die jetzt auf der Unterseite liegt (Nordhalbkugel ist bevorzugt).

22.3. Berechnung von Sonnenuhren

In Lit. [18], dort in Kapitel 56, ist die Berechnung von ebenen Sonnenuhren gezeigt. Es gibt dort Berechnungen für senkrechte Sonnenuhren an Wänden, für Sonnenuhren auf schiefen Ebenen und für horizontale Sonnenuhren. Alle diese Sonnenuhren verwenden einen Schattenstab, dessen Richtung und Schattenende Datum und Uhrzeit auf den Flächen anzeigen.

Sonnenuhren werden für einen bestimmten Breitengrad φ berechnet und gelten dann für alle Längengrade. Deshalb kann keine Zonenzeit damit angezeigt werden.

Normalerweise zeigt eine Sonnenuhr nur die wahre Ortszeit an. Wenn die Sonne genau im Süden (im Meridian, Kulmination) steht, dann ist Mittag, also 12 Uhr wahre Ortszeit. Der Winkel, den die Sonne vormittags oder nachmittags mit dem Meridian bildet (rechtwinklig zur Erdachse gemessen), ist der Stundenwinkel, der in Stunden umgerechnet wird: $15° = 1$ Stunde. Beträgt dieser Winkel vormittags z. B. 60° von der Sonne bis zum Meridian, dann sind es noch 4 Stunden bis Mittag, es ist also 12 - 4 = 8 Uhr wahre Ortszeit. Steht die Sonne nachmittags 60° vom Meridian entfernt, dann ist es 12 + 4 = 16 Uhr wahre Ortszeit.

22.3.1. *Berechnung einer horizontalen Sonnenuhr*

Befindet sich die Sonnenuhr dauerhaft an einem bestimmten festen Ort, dann kann sie so berechnet werden, dass sie auch die amtliche Uhrzeit in MEZ anzeigt.

Eine genau berechnete Sonnenuhr gilt nur für einen bestimmten Ort, von dem die geografische Breite φ und die geografische Länge λ bekannt sein müssen. Zur Berechnung benötigen wir die Formeln aus dem Abschnitt 21.8 (Seite 222). Wir berücksichtigen auch die Zeitgleichung.

Wir berechnen die Koordinaten der Sonne. Unter Nr. 21.2 ab Seite 208 haben wir uns damit beschäftigt. Wir benötigen den Berechnungszeitpunkt T, den wir über das JD des gewünschten Kalendertags erhalten. Aus T erhalten wir die mittlere Länge L_0 der Sonne, die mittlere Anomalie M der Sonne, die Exzentrizität e der Erdbahn, die Mittelpunktsgleichung C der Sonne, die wahre Länge $L_0 + C = \lambda_S$ der Sonne, die wahre Anomalie $v = M + C$ der Sonne, den Radiusvektor R von der Sonne zur Erde, die Zeitgleichung ZGL mit E und y und die Schiefe ε der Ekliptik. Der weitere Vorgang wird durch die noch fehlenden Werte bestimmt, die wir mit den Formeln aus Tabelle 52 (Seite 222) berechnen. Der Berechnungsvorgang wird hier nicht weiter beschrieben.

22.3.1.1. Berechnungsmethode

Wir berechnen als Beispiel eine Sonnenuhr für $\lambda = 11°$ Ost und $\varphi = 48°$ Nord. Dies ist das Gebiet Augsburg-Landsberg-Ammersee-Fürstenfeldbruck. Für jeden Längengrad, um den ein Ort östlicher als 11° liegt, können 4 Minuten von den angezeigten Uhrzeiten abgezogen werden.

Auch für München und Umgebung kann diese Sonnenuhr verwendet werden, wenn von den angezeigten Uhrzeiten etwa 2 Minuten abgezogen werden (dies liegt noch unter der Ablesegenauigkeit).

Zur Berechnung wird das Taschenrechnerprogramm **SoUhr** des Verfassers verwendet, wo nur Datum und Uhrzeit in MEZ eingestellt werden müssen. Das Ergebnis wird sofort angezeigt (Bild 87). Die betreffenden Formeln können auch getrennt benutzt werden.

Bild 87: Sonnenuhrberechnung f. 21.3.; 9:00 Uhr

```
Sonnenuhr berechnen
 Datum           Mo. 21.03.2011
 Uhrzeit         9:00:00 MEZ
 Höhenwinkel     h = 25,17°
Schatten (Stab   H' = 1 M)
 Winkel von Nord A' = 301,08°
 Schattenlänge   Lg' = 2,128 M
Ort
 Längengrad      λ = 11,°
 Breitengrad     φ = 48,°
 Zeitgleichung   ZGL = -7,27 Min

DT→JD  SoSu  SoSu1  SoSta  SoUhr  MEZ→O
```

Bild 87 zeigt die Bildschirmausgabe des Taschenrechners für den Zeitpunkt am 21. März um 9.00 Uhr MEZ. Ausgegeben werden Datum, Uhrzeit in MEZ, Höhenwinkel und Schattenwinkel in [°], bezogen auf den Nordpunkt. Als Werte für eine Sonnenuhr benötigen wir nur die Richtung und die Länge des Schattens für den angegebenen Zeitpunkt.

Im Programm geben wir die Länge des Schattenstabes mit $H' = 1$ m vor und erhalten dazu die Länge des Schattens Lg' in [m]. Die Schattenlänge in der Wirklichkeit ergibt sich durch Multiplikation der berechneten Schattenlänge Lg' mit der wirklichen Länge des Schattenstabes.

Die Richtung des Schattens ist genau 180° entgegengesetzt zum Azimut der Sonne, deshalb bezieht sich der Schattenwinkel auf die Nordrichtung und wird mit A' bezeichnet, der im Uhrzeigersinn von Norden aus über Osten, Süden und Westen von 0° bis 360° gemessen wird.

Nun berechnen wir für alle 12 Monate jeweils für den 21. Monatstag, im September für den 23. Monatstag, die Werte für Schattenwinkel und Schattenlänge für jede volle Stunde zwischen Sonnenaufgang und Sonnenuntergang.

Zur Berechnung für alle vorgesehenen Zeitpunkte stellen wir jeweils Datum und Uhrzeit am Taschenrechner ein und berechnen den Schattenwinkel A' und die Schattenlänge Lg'. Die berechneten Werte werden mit Datum und Uhrzeit in eine Tabelle eingetragen. Später werden diese Werte in die Grafik übernommen.

22.3.1.2.   Aufbau der Grafik für die horizontale Sonnenuhr

Für diese Sonnenuhr ist nicht die Schattenlänge (Schattenspitze) maßgebend, sondern nur die Richtung des Schattens, der sich zum berechneten Zeitpunkt mit der zugehörigen Tageslinie kreuzt.

Bild 89 zeigt die fertige Zeichnung, deren Originalgröße 2500 × 2500 Pixel beträgt.

Vom kleinen Kreisring (Zifferblatt der Sonnenuhr) gehen die den Uhrzeiten zugeordneten **Stundenlinien** aus. Die Uhrzeiten werden nur im farblich gekennzeichneten Bereich zwischen den Tageslinien für 21.6. und 21.12. abgelesen, wo sich die Schattenlinie des Stabes an einer Kreuzung zwischen Tagesline und Stundenlinie (oder interpoliert für ein bestimmtes Datum dazwischen) trifft.

Liegt die Ablesung zwischen den vollen Stunden, dann muss die Uhrzeit durch Interpolation ermittelt werden. Der äußere Kreisring begrenzt den Ablesebereich rechts und links.

Tageslinien: Unterhalb des kleinen Kreisrings verlaufen in 7 Bögen die Tageslinien. Die Endpunkte der Tageslinien geben rechts die Aufgangspunkte und links die Untergangspunkte der Sonne an. Dorthin zeigt der Schatten bei diesen Ereignissen. Zwischen diesen beiden Punkten verläuft die Tageslinie für das jeweilige Kalenderdatum. Die Stundenwerte für die vollen Stunden sind als kleine Kreise dort auf die Tageslinien gesetzt, wo sich die berechneten Schattenwinkel für diese Zeitpunkte mit den Tageslinien kreuzen.

Die oberste Tageslinie enthält die Uhrzeiten für den 21. Juni, die unterste Tageslinie gilt für den 21. Dezember. Alle anderen Tageslinien dazwischen sind mit doppeltem Datum belegt, weil sich hier die **Zeitgleichung** bemerkbar macht.

Bild 88: Stundenschleife der Zeitgleichung (Schema)

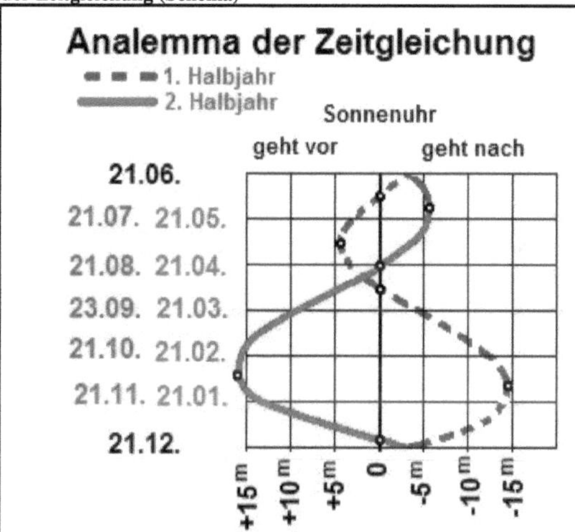

Die Stundenlinien folgen dem Verlauf der Zeitgleichung (siehe Schemazeichnung Bild 5 auf Seite 41). Sie kreuzen sich am 1. September und am 15. April (**ZGL** = 0, siehe Tabelle 10). Wird das Bild 5 (Seite 41) um 90° nach links gedreht und der obere Teil an der Linie des 21. Juni nach unten gespiegelt, dann entsteht eine Kurve, die der Ziffer „8" ähnlich ist. Dies ist die Stundenschleife (*Analemma*) der Zeitgleichung (siehe Bild 88).

Da sich die Stundenlinien vom 21.12. bis 21.6. (1. Halbjahr) wegen der Zeitgleichung von den Stundenlinien vom 21.6. bis 21.12. (2. Halbjahr) unterscheiden, werden die Stundenpunkte der doppelt belegten Tageslinien in unterschiedlicher Farbe jeweils für das Halbjahr vom Dezember bis Juni (blau strichliert) und für das Halbjahr von Juni bis Dezember (durchgezogene rote Linie) gezeichnet.

Die berechneten Punkte (rote und blaue Kreise in Bild 89) für die vollen Stunden gehören der Stundenschleife an, sie sind in dieser Grafik zwischen den Tageslinien (der Einfachheit halber) geradlinig verbunden.

22.3.1.3. *Sonnenuhr als begehbare Grafik*

Bild 89: Horizontale Sonnenuhr für MEZ mit Schattenstab im Zentrum

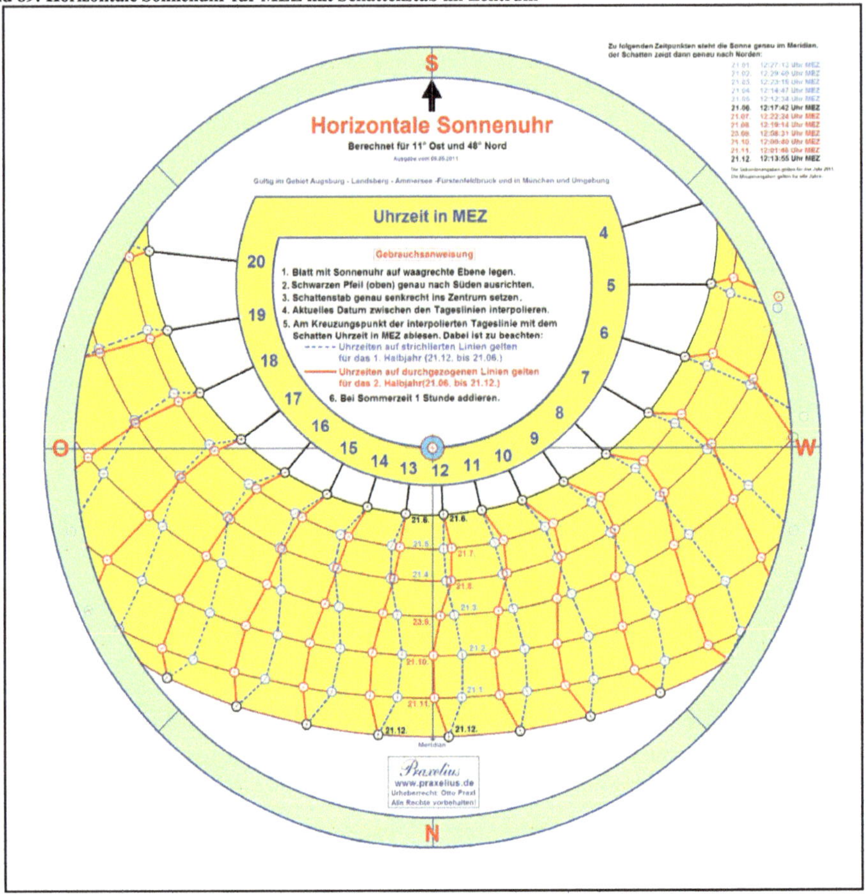

Wird die Sonnenuhr in größerem Maßstab hergestellt, z. B. mit einem Durchmesser von mehreren Metern im Garten, dann müssen die Stundenlinien als Stundenschleife ausgerundet werden, damit ein Analemma wie in Bild 88 entsteht. Die Punkte der vollen Stunden der Tageslinien dienen dann als Stützpunkte für die Kurven.

Falls erforderlich, müssen dann Zwischenpunkte für jeden 1. Tag und jeden 11. Tag eines Monats berechnet und eingezeichnet werden.

Der Zeiger (**Schattenstab**) wird in das Zentrum der Sonnenuhr senkrecht eingesetzt. Wenn die Schattenspitze zu jeder Zeit jeden zugeordneten Stundenpunkt auf seiner Tageslinie erreichen soll, dann muss die Höhe des Schattenstabes aufgrund der geometrischen Verhältnisse des Bildes ungefähr die Hälfte des Außenradius der Sonnenuhr betragen.

22.3.1.4. *Gebrauchsanweisung*

1. Die Sonnenuhr nach Bild 89 wird in der gewünschten Größe (evtl. als Poster) ausgedruckt und auf ein Brett geklebt. Das Brett muss genau waagrecht liegen.
2. Die Sonnenuhr wird mit dem **dicken schwarzen Pfeil** am oberen Rand genau in Südrichtung ausgerichtet. Je genauer die Südrichtung getroffen wird, desto genauer ist auch später die Uhrzeitablesung.
3. Dann wird der Schattenstab (Zeiger) im Zentrum senkrecht zur Fläche angebracht. Die Länge des Schattenstabs soll mindestens den halben Radius des äußeren Kreisrings der Sonnenuhr haben.
4. Nun wird für das aktuelle Datum zwischen den Tageslinien interpoliert und eine Hilfslinie parallel zu den Tageslinien gezogen. Zwischen den Tageslinien liegen 30 oder 31 Tage.
5. Wo sich der Schatten mit der Hilfslinie kreuzt, wird die Uhrzeit in MEZ für das aktuelle Datum abgelesen. Dabei ist zu beachten, dass die Uhrzeit zwischen den zum Datum gehörenden Stundenlinien auf der Tages(hilfs)linie interpoliert werden muss. (Farbe des Datums in der Grafik entspricht der Farbe der Stundenlinie).
6. Bei Sommerzeit ist zur abgelesenen Uhrzeit eine Stunde zu addieren: $\boxed{\text{MESZ} = \text{MEZ} + 1 \text{ Stunde}}$.

22.3.1.5. *Feststellen der Südrichtung durch Kompass*

Bei Verwendung eines magnetischen Kompasses zur Findung der Südrichtung muss die „Missweisung" beachtet werden. Die Ursache der Missweisung ist die unterschiedliche Richtung der Erdachse (Nord-Süd-Linie) gegenüber der Richtung der magnetischen Feldlinien zwischen den beiden magnetischen Polen, die der Kompass anzeigt. Diese Abweichung zwischen Erdachse und den magnetischen Feldlinien nennt man „Missweisung", die je nach dem Längengrad des Ortes, an dem der Kompass eingesetzt wird, einen anderen Wert hat. Der Winkelwert der Missweisung wird meist auf topografischen Karten angegeben (auch in Lit. [14]: Himmelsjahr 2016, „Die Magnetfelder der Planeten", Seite 200).

22.3.1.6. *Feststellen der Südrichtung durch bekannte Uhrzeit*

Ist die genaue Uhrzeit in MEZ bekannt, dann wird die Sonnenuhr so lange gedreht, bis der Schatten des Zeigers genau auf diese Uhrzeit auf der interpolierten Tageslinie zeigt. Der schwarze Pfeil am oberen Rand der Sonnenuhr zeigt dann genau nach Süden.

Eine andere Möglichkeit besteht durch die in der Grafik rechts oben angegebenen Uhrzeiten, bei denen die Sonne genau im Süden (im Meridian) steht und der Schatten genau nach Norden zeigt. Diese Linie wird auf dem Boden markiert und steht als Nord-Süd-Richtung zur Verfügung. Dies ist die genaueste Methode zur Findung der Nord-Süd-Richtung.

22.3.2. *Urheberrecht und Nutzung der Grafik*

Im unteren Teil der Grafik ist der Urheberrechtsvermerk angebracht.

Privatpersonen und Schulen dürfen diese Grafik (Bild 89) frei kopieren und ausdrucken, wenn der Urheberrechtsvermerk erhalten bleibt. Eine kommerzielle Nutzung durch Verkauf der ausgedruckten Grafik ist ohne ausdrückliche schriftliche Erlaubnis des Verfassers verboten.

Bild 89 kann auch als Poster ausgedruckt werden, die Auflösung beträgt 2500 × 2500 Pixel.

Diese Sonnenuhr kann auch als Grafikdatei von der Webseite des Verfassers heruntergeladen oder beim Verfasser angefordert werden.

Verbesserungen oder Änderungen der Grafik vorbehalten.

23. Bedeckung bei astronomischen Ereignissen

Dieses Kapitel ist dem Buch des Verfassers, Lit.[23], ab Seite 79, entnommen.

23.1. Definition

Die als Bedeckung bezeichnete Überlappung (Überschneidung, gegenseitige Bedeckung) zweier als Scheiben sichtbarer Himmelkörper bei Finsternissen (Sonnenfinsternis, Mondfinsternis) ist, mathematisch gesehen, der Durchschnitt zweier Kreise. Die Bedeckung wird als Prozentsatz angegeben, der den Anteil der Fläche des bedeckten Himmelskörpers angibt, wenn die Sicht durch den davor befindlichen Himmelskörper behindert wird.

Bei 100 % Bedeckung ist die Fläche des kleineren der beiden Himmelskörper völlig hinter dem größeren verschwunden.

Bei Sonnenfinsternissen verdeckt der Mond die Sicht zur dahinter stehenden Sonne, während bei Mondfinsternissen der Schatten der Erde über den Mond wandert. Bild 91 zeigt verschiedene Formen einer Sonnenfinsternis. Bei der totalen Sonnenfinsternis wird die Sonne zu 100% vom Mond verdeckt, während bei einer ringförmigen zwar der Mond ganz in der Sonne zu sehen ist, aber sie nicht ganz bedeckt, weil trotzdem ringsum noch Teile der Sonne sichtbar sind. Bei partiellen Finsternissen tritt eine typische Überschneidung zweier Kreise ein.

Der Durchschnitt zweier sich schneidender Kreise ist die Menge derjenigen Punkte, die jeder der beiden Kreisflächen angehören.

Der Durchschnitt besteht aus der Flächensumme der beiden Kreissegmente, die eine gemeinsame Sehne s und die Höhen h_1 und h_2 haben (siehe Teilbilder a und b).

Bild 90. Überdeckung zweier Kreise

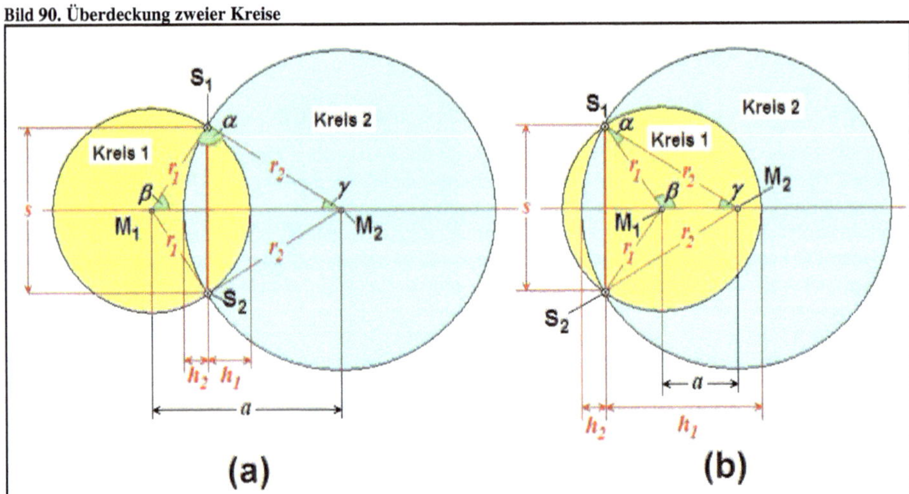

23.2. Fallunterscheidungen

Die Radien der beiden Kreise seien

für den kleineren Kreis r_1 und
für den größeren Kreis r_2.

Das Maß a sei der Abstand der beiden Mittelpunkte M_1 und M_2.

Die Sonderfälle, dass sich zwei Kreise von außen oder von innen nur in einem Punkt berühren oder dass sich der kleine Kreis vollkommen im großen Kreis befindet, werden hier nicht behandelt.

Im Normalfall schneiden sich zwei Kreise in zwei Punkten, die Kreise überdecken sich oder überlappen sich.

Es gilt: $\boxed{(r_2 - r_1) < a < (r_1 + r_2)}$. Das Dreieck $S_1M_1M_2$ besitzt drei Winkel, die alle größer als null sind.

Für die Betrachtung zweier sich schneidender Kreise unterscheidet man zwei Fälle:

1. Der Mittelpunkt des einen Kreises befindet sich außerhalb des anderen Kreises (Bild 90 a).
2. Der Mittelpunkt des kleineren Kreises befindet sich so weit im Inneren des großen Kreises, dass der Zentriwinkel für das Segment des kleineren Kreises zwischen den beiden Schnittpunkten mehr als 180° erreicht: $2 \cdot \beta > 180°$ (Bild 90 b).

Die Formeln unterscheiden nicht zwischen den beiden Fällen, weil die Kosinuswerte der Winkel α und β automatisch das richtige Vorzeichen annehmen. Die Unterscheidung dient nur zur Darstellung der unterschiedlichen Flächeninhalte der Segmente.

23.3.   Durchschnitt zweier Kreise

Für die Berechnung dient das Dreieck $S_1M_1M_2$, das aus den drei Seiten a, r_1 und r_2 gebildet wird. Damit sind alle Seitenlängen des Dreiecks bekannt.

23.3.1.   Winkel

Zuerst werden die Winkel α und β mit dem Kosinussatz berechnet. Da diese beiden Winkel Werte bis 180° anwachsen können, ist der Kosinussatz nötig, um eindeutige Winkelwerte zu bekommen. Der dritte Winkel im Dreieck kann dann aus der Winkelsumme im Dreieck ermittelt werden.

$$a^2 = r_1^2 + r_2^2 - 2 \cdot r_1 \cdot r_2 \cdot \cos\alpha$$

umgestellt ergibt sich:

$$\boxed{\cos\alpha = \frac{r_1^2 + r_2^2 - a^2}{2 \cdot r_1 \cdot r_2}}$$

und daraus folgt:

Formel 161: Winkel α

$$\boxed{\alpha = \arccos\left(\frac{r_1^2 + r_2^2 - a^2}{2 \cdot r_1 \cdot r_2}\right)}$$

Den Winkel β erhält man auch mit dem Kosinussatz:

$$r_2^2 = a^2 + r_1^2 - 2 \cdot a \cdot r_1 \cdot \cos\beta$$

umgestellt ergibt sich:

$$\boxed{\cos\beta = \frac{a^2 + r_1^2 - r_2^2}{2 \cdot a \cdot r_1}}$$

und daraus folgt:

Formel 162: Winkel β

$$\boxed{\beta = \arccos\left(\frac{a^2 + r_1^2 - r_2^2}{2 \cdot a \cdot r_1}\right)}$$

Der dritte Winkel γ ergibt sich aus der Winkelsumme im Dreieck:

Formel 163: Winkel γ

$$\gamma = 180° - \alpha - \beta.$$

23.3.2. Länge der gemeinsamen Sehne

Formel 164: Länge der gemeinsamen Sehne

$$s = 2 \cdot r_1 \cdot \sin\beta = 2 \cdot r_2 \cdot \sin\gamma$$

23.3.3. Stichhöhen der Segmente

Die Stichhöhen der beiden Segmente ergeben sich aus den Kosinuswerten der Winkel β und γ.

Formel 165: Segmenthöhe 1

$$h_1 = r_1 - r_1 \cdot \cos\beta = r_1 \cdot (1 - \cos\beta)$$

Formel 166: Segmenthöhe 2

$$h_2 = r_2 - r_2 \cdot \cos\gamma = r_2 \cdot (1 - \cos\gamma)$$

23.3.4. Segmentflächen und Durchschnitt

Es seien

- A_1 die Fläche des von der gemeinsamen Sehne s abgeschnittenen Segments des Kreises 1 mit der Stichhöhe h_1 und
- A_2 die Fläche des von der gemeinsamen Sehne s abgeschnittenen Segments des Kreises 2 mit der Stichhöhe h_2, dann ist der

Aufgrund der vorher berechneten Elemente der beiden Kreise können mit den Formeln für das Kreissegment die Segmentflächen A_1 und A_2 berechnet werden.

Die Segmentflächen werden nach folgenden Formeln berechnet, wobei die Winkel im Bogenmaß eingesetzt werden.

Formel 167: Segmentfläche 1

$$A_1 = \frac{1}{2} \cdot r_1^2 \cdot \left(2\hat{\beta} - \sin(2\hat{\beta})\right)$$

Formel 168: Segmentfläche 2

$$A_2 = \frac{1}{2} \cdot r_2^2 \cdot \left(2\hat{\gamma} - \sin(2\hat{\gamma})\right).$$

Der Durchschnitt beträgt:

Formel 169: Durchschnitt

$$A = A_1 + A_2.$$

23.3.5. Bedeckungen

Eine Bedeckung ist das Verhältnis des durch Überlappung bedeckten Anteils A zur ganzen Fläche eines Kreises.

F_1 sei der Flächeninhalt des Kreises 1, F_2 der Flächeninhalt des Kreises 2, B_1 die Bedeckung des Kreises 1 durch den Kreis 2 und B_2 die Bedeckung des Kreises 2 durch den Kreis 1, dann gilt:

Formel 170: Bedeckungen der Kreise

$$B_1 = \frac{A}{F_1} \text{ und } B_2 = \frac{A}{F_2}$$

24. Die Geometrie der Finsternisse

Das Kapitel behandelt die geometrischen Verhältnisse der Lage von Sonne, Mond und Erde bei Finsternissen. Die theoretischen Grundlagen werden dabei auf das für das Verständnis erforderliche Mindestmaß beschränkt. Finsterniszeitpunkte werden nicht berechnet, sie werden als bekannt vorausgesetzt. Die nachstehenden Formeln und Zeichnungen stammen vom Verfasser.

Quellen für Daten des Mondes: Lit. [15] und [18].

24.1. Einleitung

Die Erde wird auf dem Lauf um die Sonne vom Mond begleitet. Er ist der einzige natürliche Satellit, er umkreist die Erde von Vollmond bis zum nächsten Vollmond in 29½ Tagen.

Die Menschen haben sich schon sehr früh mit dem Mond beschäftigt, weil er von der Erde aus mit freiem Auge sehr gut zu beobachten ist. Sie haben seit dem Altertum alle Ereignisse genau protokolliert. Die Sterndeuter der Könige nahmen diese Aufgaben wahr. Allein aufgrund dieser Aufzeichnungen und der Feststellung bestimmter Zyklen, in denen sich Ereignisse (Finsternisse) wiederholten, konnten sie Finsternisse voraussagen. Der Mondlauf bestimmte auch die Kalender (Mondkalender) der Völker (Mohammedanisches Jahr, Babylonisches Jahr) und die Feste der Kirche. Ostern ist z. B. immer am ersten Sonntag nach dem Frühlingsvollmond. In jeder Karwoche steht der Vollmond am Himmel.

Mondrotation

Der Mond rotiert mit derselben (mittleren) Winkelgeschwindigkeit um seine eigene Achse, mit der er sich auch um die Erde bewegt. Es ist eine **gebundene Rotation**, so dass er uns immer dieselbe Seite zukehrt.

Mondoberfläche

Aufgrund dieser gebundenen Rotation war die Rückseite des Mondes bis 1959 nicht bekannt. Am 4. Oktober 1959 schickten die Russen die Sonde „Luna 3" um den Mond herum und fotografierten seine Rückseite. In den darauffolgenden Jahren wurde der Mond durch russische (1966: „Luna 9" und „Luna 10") und amerikanische Sonden (1966: „Surveyor 1" und „Lunar Orbiter 1") umkreist und fotografiert. Bei den Mondmissionen der NASA (= amerikanische Weltraumbehörde) wurde der Mond mit bemannten Raumschiffen (1968: „Apollo 8") umrundet, ausgiebig fotografiert und 1969 („Apollo 11") zum ersten Mal von einem Menschen betreten. Dabei wurde ein Reflektor aufgestellt, der eine genaue Entfernungsmessung per Radar von der Erde aus ermöglicht.

Störungen der Mondbahn

Die elliptische Bahn des Mondes um die Erde (siehe Keplersche Gesetze) wird durch die Sonne und auch durch die Rotation der Erde gestört.

Durch die Wechselwirkung der Mond-Erde-Gravitation werden auf der Erde die **Gezeiten** der Meere (Tide, Ebbe und Flut) und der Erdkruste erzeugt. Die Rotation der Erde wird dadurch abgebremst (siehe Kapitel 13 auf Seite 144). Da Erdrotation und Mondumlauf dieselbe Drehrichtung haben und die schnellere Erdrotation quasi den Mond mit schleifender Kupplung (Gezeitenreibung) mitnimmt, wird der Drehimpuls auf den Mondumlauf übertragen. Durch diesen Energiezuwachs wird aber die Umlaufzeit des Mondes nicht kürzer, sondern der Mondumlauf dauert länger. Die mittlere Entfernung des Mondes von der Erde vergrößert sich dadurch aber pro Jahr um 4 cm (siehe [15], Seite 68). Dieses Verhalten bezeichnet man als „Satellitenparadoxon".

Auch beim Umlauf des Mondes um die Erde, wenn der Mond eine Position innerhalb der Bahn der Erde näher an der Sonne einnimmt, sind die Gravitationswirkungen der Sonne auf den Mond stärker als im umgekehrten Fall, wenn er eine Position außerhalb der Erdbahn einnimmt. Diese periodischen Einflüsse sind bei Berechnungen zu berücksichtigen.

Um alle oben genannten Störungen bei der Berechnung der Position des Mondes für einen gegebenen Zeitpunkt zu berücksichtigen, müssen Formeln mit vielen periodischen Termen verwendet werden.

Störungen der Erdbahn durch den Mond

Der Mond beeinflusst auch die Bahn der Erde. Genau genommen läuft nicht der Erdmittelpunkt (Geozentrum), sondern der gemeinsame Schwerpunkt von Erde und Mond, das **Baryzentrum**, in einer Keplerschen Ellipse (siehe Kapitel 12 ab Seite 118) um die Sonne. Dabei beschreiben Mondmittelpunkt und Erdmittelpunkt keine Schlangenlinie, wie zu vermuten wäre, sondern eine **permanent konkave Kurve**. Wegen der gebundenen Rotation von Mond und Erde um das Baryzentrum und wegen des geringen Entfernungsverhältnisses von Mond-Erde zu Erde-Sonne von etwa 1/400 sieht diese Bahnkurve etwa aus wie ein Zwölfeck mit abgerundeten Ecken und ausgebeulten Seiten (Epizykloide). Der Krümmungsmittelpunkt aller Kurventeile ist innenliegend, die hohlen Seiten der Bahnen von Mond und Erde um die Sonne sind also stets zur Sonne gerichtet. Die Krümmungsradien der beiden Bahnen schwanken periodisch mit dem Umlauf des Mondes um die Erde.

Von der Sonne aus gesehen, schwankt die Mondgeschwindigkeit geringfügig zwischen Summe und Differenz der beiden mittleren Umlaufgeschwindigkeiten der Erde um die Sonne und des Mondes um die Erde (29,77 km/s ± 1,023 km/s).

Mondphasen

(Siehe Kapitel 25 ab Seite 252). Der Mond wird von der Sonne angestrahlt. Je nach Mondphase sehen wir ihn voll beleuchtet (Vollmond), teilweise beleuchtet (Sichel, Halbkreis, Vollkreis minus Sichel) oder unbeleuchtet (Neumond). Die der Erde zugekehrten, nicht beleuchteten Teile des Mondes strahlen ein fahles graues Licht aus, das durch das von der Erde reflektierte Sonnenlicht erzeugt wird.

Einfluss des Mondes auf die Menschen

Ein Einfluss der Vollmondphase allein auf das Leben und Befinden des Menschen ist nicht vernünftig begründbar, weil der Mond immer vorhanden ist und jeden Tag über uns hinweg wandert (besser: wir drehen uns unter ihm hindurch), gleichgültig ob die uns zugekehrte Seite des Mondes voll, teilweise oder gar nicht beleuchtet ist. Dieses Thema ist im [14], Jahrbuch 2011, Seite 204: „Die Magie des Mondes" ausführlich beschrieben.

Gezeiten

Der physikalische Einfluss des Mondes auf die Erde ist jedoch allgegenwärtig, weil er nicht nur die Gezeiten der Meere, sondern auch Gezeiten der Erdkruste hervorruft, die dadurch täglich zweimal um etwa 45 cm gehoben und gesenkt wird. Bei Vollmond und Neumond, wenn Sonne, Mond und Erde nahezu auf einer Geraden liegen, können sich die Gravitationseinflüsse addieren, wobei Springfluten und auch Risse in der Erdkruste (z. B. Erdbeben) entstehen können. Der Einfluss des Mondes auf die Masse der Lufthülle ist gering, durch die Gezeiten der Lufthülle wird nur eine Luftdruckschwankung von 0,1 Millibar (Hektopascal) hervorgerufen.

24.2.   Daten des Mondes

(Quellen: [15] und [11])

Tabelle 53: Daten des Mondes

Begriff	Zahlenwert
Äquatorradius	$r = 1738{,}2$ km
Durchmesser	$d = 3476{,}4$ km
Abplattung/Äquatorradius	1/1700
Masse des Mondes	$7{,}350 \cdot 10^{22}$ kg
Mittlere Dichte des Mondes	$3{,}342$ g/cm^3
Kleinste Entfernung zur Erde im Perigäum	$a = 356410$ km

Begriff	Zahlenwert
(Entfernung Erdmittelpunkt-Mondmittelpunkt)	
Größte Entfernung zur Erde im Apogäum (Entfernung Erdmittelpunkt-Mondmittelpunkt)	$a = 406740$ km
Mittlere Entfernung Mondmittelpunkt-Erdmittelpunkt (über die Umlaufzeit gemittelt)	$a = 384401$ km
Synodischer Monat (Umlaufzeit um die Erde von Neumond bis Neumond oder von Vollmond bis Vollmond) = Sonnentag des Mondes	29,530589 Tage
Siderischer Monat (Umlaufzeit von Stern zu Stern) = Sterntag des Mondes	27,321662 Tage
Tropischer Monat (Frühlingspunkt zu Frühlingspunkt)	27,321582 Tage
Drakonitischer Monat (Knoten bis Knoten)	27,212221 Tage
Anomalistischer Monat (Perigäum bis Perigäum)	27,554550 Tage
Mittlere Umlaufgeschwindigkeit des Mondes um die Erde: $2\pi \cdot 384401$ km / 27,321662 d = $2\pi \cdot 384401$ km / 2360592 s	$v = 1,02316$ km/s
Mittlere Bahnneigung gegen die Ekliptik, Extremwerte 4°59' und 5°19'	$i = 5°08'43'' \pm 9'$ in 173,31 Tagen
Mittlere numerische Exzentrizität der Mondbahn, Wert schwankt innerhalb eines halben Jahres zwischen 0,044 und 0,067	$e = 0,0549$
Drehung der Apsidenlinie des Mondes um 360°	8,8479 Jahre

24.3. Formelzeichen

Tabelle 54: Geometrische Abstände zum Zeitpunkt der Finsternis

Formelzeichen	Erläuterung	Wert
A	Entfernung Sonnenmittelpunkt-Erdmittelpunkt	wird berechnet
a	Entfernung Erdmittelpunkt-Mondmittelpunkt	wird berechnet
$A - a$	Entfernung Sonnenmittelpunkt-Mondmittelpunkt	wird berechnet
s_0	Entfernung der Erdoberfläche vom Mondmittelpunkt	wird berechnet
D	Durchmesser der Sonne	1 392 000 km
d	Durchmesser des Mondes	3476 km
r_E	Radius der Erde am Äquator	6378 km
d_E	Durchmesser der Erde am Äquator	12756 km
s	Länge des Kernschattenkegels des Mondes	wird berechnet
k	Kernschattendurchmesser an der Stelle s_0	wird berechnet
d_S	Durchmesser des Gesamtschattens an der Stelle s_0	wird berechnet
κ	Scheinbarer Durchmesser (Winkel) von Sonne und Mond auf die Kernschattenspitze bezogen)	wird berechnet
β, μ	Hilfswinkel für Halbschattenberechnung	wird berechnet

24.4.   Voraussetzungen für eine Sonnenfinsternis

Eine Sonnenfinsternis (partiell, ringförmig oder total) tritt immer dann ein, wenn der Mond auf seiner Bahn um die Erde so zwischen Erde und Sonne gerät, dass alle drei Körper gleichzeitig eine gemeinsame Gerade schneiden. Kreuzt die Gerade vom Sonnen- zum Mondmittelpunkt (Kernschattenachse) die Erdoberfläche, so ist die Finsternis **zentral**. Dann gibt es entweder eine ringförmige Sonnenfinsternis, wenn die Kernschattenspitze nicht bis zur Erdoberfläche reicht, oder eine totale Sonnenfinsternis, wenn die Kernschattenspitze in die Erde eindringt. Läuft die Kernschattenachse knapp an der Erdoberfläche vorbei, so treten Sonderfälle (Bedeckungen) ein, wenn die Erde zwar nicht von der Achse, jedoch vom Mantel des Kernschattenkegels getroffen wird.

Eine wichtige Voraussetzung für die Berechnung von Sonnenfinsternissen sind genaue Koordinaten von Mond und Sonne. Um die Zentrallinie der Finsternis auf etwa 10 km festlegen zu können, muss die Mondposition auf 5" (Bogensekunden) genau berechnet werden. Auch die Sonnenkoordinaten müssen mit dieser Genauigkeit vorliegen. Diese Berechnungen gehen weit über den Rahmen des Buches hinaus und werden daher hier nicht behandelt.

24.5.   Formen einer zentralen Sonnenfinsternis

Bild 91: Formen einer Sonnenfinsternis

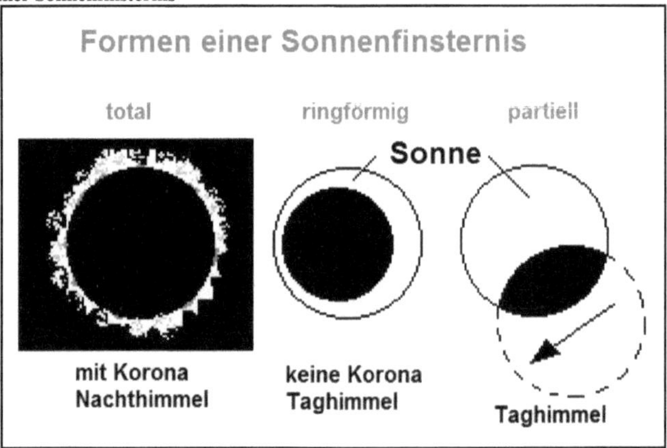

Total:
Die Kernschattenspitze des Mondes taucht in die Erdoberfläche ein. Die Erdoberfläche im Kernschattenbereich wird total verfinstert. Die Verfinsterung erfolgt innerhalb von Sekunden vom fahlen Licht des Halbschattens zur vollen Verfinsterung. Es ist so dunkel, dass die Sterne am Himmel zu sehen sind (Nachthimmel). In diesem Fall ist die Sonnenkorona sichtbar.

Die Bereiche außerhalb des Kernschattens, die sich im Halbschatten befinden, sind teilweise (partiell) verfinstert.

Partiell:
Die Kernschattenachse des Mondes trifft nicht den Erdmittelpunkt, sondern geht seitlich daran vorbei. Bestimmte Teile der Erdoberfläche befinden sich im Halbschatten, dort ist die Sonne durch die Mondscheibe teilweise verfinstert. Es bleibt aber heller Tag.

Ringförmig:

Die Achse des Kernschattens trifft zwar die Erde, der Kernschatten ist jedoch zu kurz, um die Erde zu erreichen. Zwischen Kernschattenspitze und Erdoberfläche bildet sich ein Kegel, innerhalb dessen Grundfläche auf der Erdoberfläche (Ringzone) die dunkle Scheibe des Mondes innerhalb der Sonne zu beobachten ist. Außerhalb der Ringzone (im Halbschatten) ist die Sonne nur teilweise verfinstert. Es bleibt aber heller Tag.

Ringförmig-total:

Wenn die Kernschattenspitze am Anfang der Finsternis die Erde nicht berührt, ist eine ringförmige Sonnenfinsternis zu sehen. Im späteren Verlauf taucht wegen der Oberflächenkrümmung die Kernschattenspitze in die Erde ein, die ringförmige Finsternis geht in eine totale über.

24.6.   Voraussetzungen für eine Mondfinsternis

Eine Mondfinsternis (partiell oder total) tritt immer dann ein, wenn der Mond auf seiner Bahn um die Erde so in den Schatten der Erde gerät, dass alle drei Körper gleichzeitig eine gemeinsame Gerade schneiden. Wenn der Mond vollständig vom Halbschatten der Erde (Halbschattenfinsternis) abgedeckt ist, so wird dieser Zustand von Laien kaum bemerkt.

Tritt der Mond teilweise oder ganz in den Kernschatten der Erde ein, so wird er durch den Schatten der Erde teilweise (partielle Mondfinsternis) oder vollständig (totale Mondfinsternis) abgedunkelt. Bei einer totalen Verfinsterung ist der Mond kupferfarben zu sehen. Die Ursache dieser Erscheinung sind die Lichtstrahlen vom äußeren Rand der Sonne, die dicht an der Erdoberfläche vorbei durch die Atmosphäre gehen und durch Refraktion so abgelenkt werden, dass sie, durch Extinktion abgeschwächt und farblich verändert auf der Mondoberfläche auftreffen.

24.7.   Kontakte

Bestimmte Zustände bei Sonnen-(Mond-)Finsternissen werden „Kontakte" genannt:

Erster Kontakt:	Zeitpunkt, wenn der Kernschatten des Mondes die Sonne (oder der Mond den Kernschatten der Erde) von außen zum ersten Mal berührt.
Zweiter Kontakt:	Zeitpunkt, wenn der Kernschatten des Mondes zum ersten Mal die Sonne (oder der Mond den Kernschatten der Erde) von innen tangential berührt, also die totale Phase gerade eintritt.
Dritter Kontakt:	Zeitpunkt, wenn der Kernschatten des Mondes die Sonne (oder der Mond den Kernschatten der Erde) in totalen Phase kurz vor den Austritt von innen tangential berührt, also die totale Phase gerade beendet wird.
Vierter Kontakt:	Zeitpunkt, wenn der Kernschatten des Mondes die Sonne (oder der Mond den Kernschatten der Erde) zum letzten Mal von außen berührt.

24.8.   Sonnenfinsternisse

24.8.1.   Kernschattenkegel des Mondes

Der Kernschattenkegel des Mondes (siehe Bild 92) ist immer vorhanden, der Mond schleppt ihn wie einen unsichtbaren Kometenschweif mit. Er wird für uns nur bei Sonnenfinsternissen interessant, wenn er die Erdoberfläche trifft.

Die Länge s des Schattenkegels wird vom Mondmittelpunkt (Linie 1 in Bild 92) bis zur Spitze des Kegels (Linie 3) gerechnet. Die Entfernung der Erdoberfläche vom Mondmittelpunkt bezeichnen wir mit s_0, sie kann zwischen Linie 2 und 4 von Bild 92 liegen.

Unabhängig von der Position des Mondes lassen sich aus der Geometrie von Bild 92 die Kernschattenlänge und die Winkel allein aus der Entfernung des Mondes von der Sonne berechnen.

Befinden sich Teile der Erdoberfläche im Kegelbereich des Kernschattens zwischen Linie 1 und Linie 3, so herrscht dort totale Sonnenfinsternis. Da der Monddurchmesser nur etwa ein Viertel (27,2 %) des Erddurchmessers beträgt, kann der Mondschatten die Erde nicht voll, sondern nur Teile der Oberfläche abdunkeln.

Bei bestimmten Konstellationen der Entfernungen Erde-Mond und Erde-Sonne kann der Kernschatten so kurz werden, dass seine Spitze die Erdoberfläche nicht mehr berührt. In diesem Fall gibt es zwischen Linie 3 und Linie 4 nur eine ringförmige Sonnenfinsternis.

Bild 92: Sonnenfinsternis (Kernschattenkegel des Mondes)

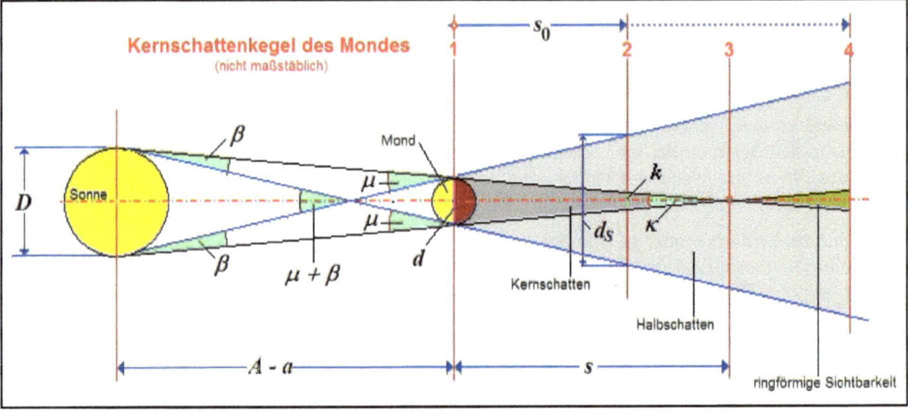

24.8.2. Kernschatten - Halbschatten

Der Übergang vom Zustand „nicht abgedunkelt" über den Halbschatten bis zum Kernschatten erfolgt mit abnehmender Beleuchtungsstärke. Bewegt sich der Beobachter auf der Linie der Linie 3 (in Bild 92) quer zur Schattenachse auf diese zu, so kann er sehen, dass der Mond sich langsam vor die Sonne schiebt und sie immer mehr verdunkelt. Das Sonnenlicht wird immer fahler und hat schließlich keine Kraft mehr. Es herrscht aber immer noch Halbschatten. Erst bei Eintritt in den Kernschatten wird das vorher schon sehr schwache fahle Licht plötzlich ausgeknipst und es herrscht dann völlige Dunkelheit. Nur die Sonnenkorona ist zu sehen.

Bei der totalen Sonnenfinsternis am 11.08.1999 beobachtete der Verfasser, dass es beim Übergang vom Halbschatten in den Kernschatten schlagartig ganz dunkel wurde und die Schwalben orientierungslos und aufgeregt schreiend umherflogen.

24.8.3. Herleitung der Formeln

Die Winkel κ, β und μ sind $< 0,6°$. Für diese kleinen Winkel sind die Zahlenwerte für Sinus, Tangens und Bogenmaß bis zur 5. Stelle hinter dem Komma identisch. Genauere Werte sind hier nicht erforderlich, so dass bei Berechnung der Schattenlänge vereinfacht mit dem Bogenmaß [rad] gerechnet werden kann und die genauen Dreiecksbeziehungen vernachlässigt werden können. Die Formeln werden dann sehr einfach.

24.8.3.1. Kernschattenkegel

Aus Bild 92 ergibt sich folgender Ansatz: $\dfrac{D}{s+A-a}=\dfrac{d}{s}$

Daraus ergibt sich die Länge s des Kernschattenkegels:

Formel 171: Kernschattenlänge des Mondes

$$s = d \cdot \frac{A-a}{D-d}$$

Auch die Winkel ergeben sich aus Bild 92, für sie gilt das Bogenmaß.

Formel 172: Öffnungswinkel des Kernschattens

$$\kappa = \frac{d}{s} = \frac{D-d}{A-a}$$

Formel 173: Hilfswinkel für Kernschatten des Mondes

$$\mu = \frac{D}{A-a}$$

$$\beta = \frac{d}{A-a}$$

Aus der Geometrie von Bild 92 und aus den Formeln ergibt sich: $\kappa = \mu - \beta$

Die Hilfswinkel β und μ sind für die Berechnung der Halbschattenwerte maßgebend.

24.8.3.2. Kernschattendurchmesser k

s_0 ist der Abstand der Erdoberfläche vom Mondmittelpunkt.
s ist die maximale Länge des Kernschattens vom Mondmittelpunkt aus gemessen.
Bei $s_0 < s$ ergibt sich eine totale Sonnenfinsternis. Dabei tritt ein Kernschattendurchmesser k auf der Erdoberfläche auf:

Formel 174: Kernschattendurchmesser

$$k = \kappa \cdot (s - s_0) = d - (\kappa \cdot s_0)$$

Der Winkel κ wird in [rad] eingesetzt.

Bei $s_0 > s$ ergibt sich ein **negativer Kernschattendurchmesser**. Dies kennzeichnet eine ringförmige Sonnenfinsternis. Der Beobachter auf der Erdoberfläche innerhalb dieses Ringdurchmessers sieht den Mond mehr oder weniger exzentrisch innerhalb der Sonnenscheibe (siehe Bild 91). Es ist ein Halbschatten, weil die Sonne noch ringförmig sichtbar ist.

24.8.3.3. Halbschatten

Die Breite b des Kreisringes, den der Halbschatten um den Kernschatten erzeugt, ist

Formel 175: Ringbreite des Halbschattens

$$b = \mu \cdot s_0$$

24.8.3.4. *Gesamtschatten*

Der Durchmesser des Gesamtschattens an der Stelle s_0 einschließlich des Kernschattens ist dann

Formel 176: Durchmesser des Gesamtschattens

$$d_S = k + 2 \cdot b \quad \text{oder}$$

$$d_S = d + s_0 \cdot (\mu + \beta) = d + s_0 \cdot \frac{D+d}{A-a}$$

24.8.4. *Extremkonstellationen*

Die Abstände A und a variieren je nach Stellung von Sonne, Mond und Erde zueinander.

Um die maximale und minimale Schattenlänge im Falle einer Sonnenfinsternis zu berechnen, wenn die Mittelpunkte von Sonne, Mond und Erde in einer geraden Linie stehen (äußerst seltener Fall!), betrachten wir die Erde in der sonnennächsten (Perihel) und sonnenfernsten (Aphel) Position auf ihrer Bahn und den Mond in der erdnächsten (Perigäum) und erdfernsten (Apogäum) Position. Der jeweilige Extremwert ergibt sich aus der günstigsten (Zeile 1) bzw. ungünstigsten (Zeile 4) Konstellation der folgenden Tabelle 55.

$s_{0min} = a_{min} - r_E$ ist die minimale Entfernung der Erdoberfläche (Linie 2 in Bild 92) vom Mondmittelpunkt und

$s_{0max} = a_{max} - r_E$ ist die maximale Entfernung der Erdoberfläche (Linie 4 in Bild 92) vom Mondmittelpunkt, darin ist $r_E = \textbf{6378 km}$ der Radius der Erde.

Tabelle 55: Perizentrum und Apozentrum von Mond und Erde

Position	A	a
Perihel A_{min} =	147100000 km	
Aphel A_{max} =	152100000 km	
Perigäum a_{min} =		356410 km
Apogäum a_{max} =		406740 km
Mittlere Entfernung	149597870 km	384401 km

Aus der Kombination der verschiedenen variablen Abstände A und a ergeben sich für die in der folgenden Tabelle 56 gezeigten Extremfälle (Mittelpunkte von Sonne, Mond und Erde auf einer Geraden) folgende Werte (gelten für Meeresspiegelhöhe).

Tabelle 56: Mindest- und Maximalabstände

	Konstellation	$A - a$ [km]	s [km] $s = d \cdot \dfrac{A-a}{D-d}$	s_0 [km] $s_0 = a - r_E$	$s - s_0$ [km]	κ [rad] oder [°] $\kappa = \dfrac{d}{s} = \dfrac{D-d}{A-a}$	k [km] $k = d - (\kappa \cdot s_0)$
1	$A_{max} - a_{min}$	151743590	379872	350032	+29840	0,009150 rad = 0,524283°	**total** **273,045**
2	$A_{max} - a_{max}$	151693260	379746	400362	-20616	0,009153 rad = 0,524457°	ringförmig -189,713
3	$A_{min} - a_{min}$	146743590	367355	350032	+17323	0,009462 rad = 0,542147°	**total** **163,911**
4	$A_{min} - a_{max}$	146693260	**367229**	400362	-33133	0,009465 rad = 0,542333°	ringförmig -313,624
5	$A_{mittel} - a_{mittel}$	149213469	373538	378023	-4485	0,009306 rad = 0,533173°	ringförmig -41,739

Hier die Taschenrechnerergebnisse für alle Zeilen der Tabelle 56:

Bild 93: Ergebnisse A_{max}-a_{min}

Bild 94: Ergebnisse A_{max}-a_{max}

Bild 95: Ergebnisse A_{min}-a_{min}

Bild 96: Ergebnisse A_{min}-a_{max}

Bild 97: Ergebnisse A_{mitt}-a_{mitt}

24.8.4.1. *Tabellenwerte für totale Sonnenfinsternisse*

Die maximal mögliche Kernschattenlänge bei A_{max} - a_{min} (Zeile 1 der Tabelle 56) beträgt **379872 km**. Der Kernschattendurchmesser auf der Erde kann maximal **273,045 km** groß werden, die maximale Eintauchtiefe der Schattenspitze in die Erdoberfläche beträgt dabei 379872 - 350032 = 29840 km; das heißt, der Schatten würde theoretisch die Erde durchbohren und dessen Spitze auf der Nachtseite der Erde noch 29840 - 12756 = 17084 km überstehen. Im Buch [14], Jahrbuch 2003, werden in Bild 5.6 auf Seite 118 („Kleine Finsterniskunde") die oben betrachteten Extremkonstellationen (Zeile 1 und 4) und die hier berechneten Werte gezeigt.

24.8.4.2. *Tabellenwerte für ringförmige Sonnenfinsternisse*

Die negativen Werte für **k** in den Zeilen 2, 4 und 5 der Tabelle 56 stellen den Durchmesser des Kreises dar, in dem die Finsternis ringförmig gesehen werden kann (Ringzone). Diese Werte sind jedoch Minimalwerte für zentrale Finsternisse, bei denen die Schattenachse auf den Erdmittelpunkt trifft (extrem seltener Fall). In allen anderen Fällen, in denen die Schattenachse schräg auf die Erdoberfläche trifft, ist die Entfernung zur Kernschattenspitze und damit auch der Ringzonendurchmesser größer.

Im Extremfall kann der Durchmesser der Ringzone über tausend Kilometer groß werden, wie z.B. bei der ringförmigen Sonnenfinsternis am 31.05.2003 (1100 km) über Grönland.

Diese Finsternis war auch in Deutschland in den frühen Morgenstunden, allerdings nur als partielle Finsternis (Halbschatten außerhalb der Ringzone), sichtbar. Die Sonne ging bereits verfinstert auf (siehe Lit. [14], Jahrbuch 2003, ab Seite 117).

Wenn bei Sonnenfinsternissen die Schattenachse in Richtung Erdmittelpunkt zeigt, befindet sich die Erdoberfläche zwischen den im Bild 92 gezeigten Linien 2 und 4.

Die Werte der Tabelle 56 zeigen den Schwankungsbereich der berechneten Größen zwischen den Extremwerten an. Für die Berechnung der Kernschattengröße einer beliebigen Sonnenfinsternis müssen die genauen Abstände A und a für diesen Zeitpunkt bekannt sein, die sich aus den ekliptikalen Koordinaten von Mond und Erde (Bahnberechnungen) ergeben.

24.8.5. *Verlauf einer Sonnenfinsternis*

Zentrallinie

Zentrallinie ist diejenige Linie, die von der Kernschattenachse auf der Erdoberfläche gezogen wird, also die Spur der Achse (siehe Bild 98).

Die Dauer der totalen oder ringförmigen Phase einer Finsternis ist nicht für jeden Punkt einer Zentrallinie gleich. Die Geschwindigkeit, mit der sich der Kernschatten über die Erdoberfläche bewegt, entspricht ungefähr der Geschwindigkeit des Mondes auf seiner Bahn von etwa 1 km/s. Wenn der Kernschatten schräg auf die Erdoberfläche auftrifft, kann die Schattengeschwindigkeit wesentlich größer sein.

Die Berechnung einer Zentrallinie und der **Verlaufszonen** ist eine komplizierte Angelegenheit, die den Rahmen dieses Kapitels übersteigt.

Hier soll nur das Prinzip gezeigt werden.
Auch in Lit. [20], ab Seite 180 zu finden.
Zur Berechnung wird der Begriff „ Fundamentalebene" verwendet.

Bild 98: Verlauf einer Sonnenfinsternis

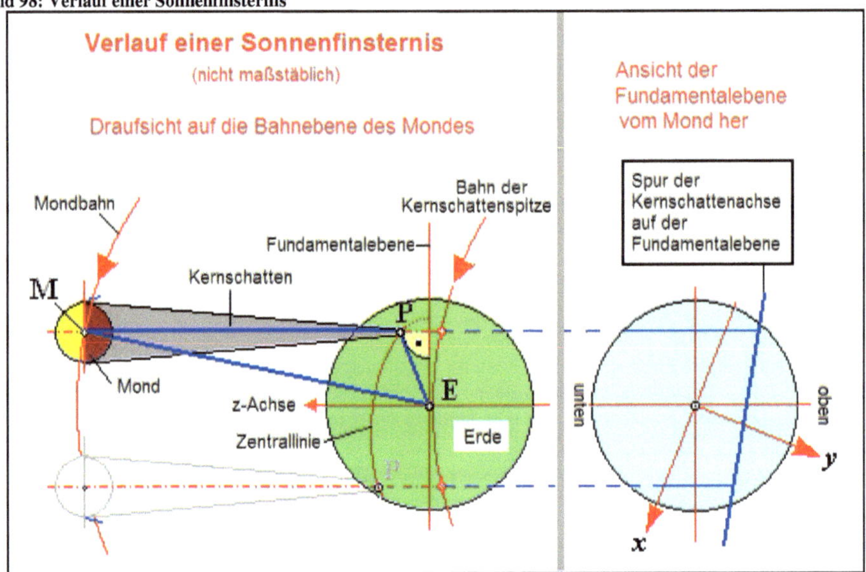

Fundamentalebene

Die **Fundamentalebene** ist dadurch definiert, dass sie rechtwinkelig zur Achse des Kernschattens steht und durch den Erdmittelpunkt geht.

Das Koordinatensystem der Fundamentalebene ist definiert durch:

1. Ursprung ist der Erdmittelpunkt.
2. x- und y-Achse spannen die Fundamentalebene auf, wobei die x-Achse nach Osten und die y-Achse nach Norden zeigen.
3. Die x-Achse ist die Schnittlinie der Fundamentalebene mit der Äquatorebene. Die z-Achse zeigt in Richtung Sonnen- und Mondmittelpunkt.
4. Die Fundamentalebene ist fest an die Schattenachse gebunden und die Erde dreht sich unabhängig davon relativ zur Fundamentalebene.

Geschwindigkeit des Kernschattens

Die Winkelgeschwindigkeit des Mondes relativ zur Richtung der Schattenachse beträgt etwa $360°/(29{,}530589d \cdot 24h/d) = 0{,}50794788°/h$ ($= 0{,}00886536$ rad/h) von West nach Ost.

Bei einer totalen Sonnenfinsternis rast die Schattenachse bei $a_{min} = 356410$ km (aus Tabelle 55) mit 3160 km/h von West nach Ost. Die Winkelgeschwindigkeit der Erdoberfläche gegenüber der Achse Sonne-Erde beträgt 15°/h von West nach Ost. Ein Punkt auf dem Äquator bewegt sich relativ zur Achse Sonne-Erde mit etwa 1670 km/h von West nach Ost.

Als Relativgeschwindigkeit des Schattens ergibt sich am Äquator $3160 - 1670 = 1490$ km/h ($= 414$ m/s) von West nach Ost. Die Schattengeschwindigkeit nimmt wegen der geringeren Oberflächengeschwindigkeit der Erde an den Breitengraden mit der geografischen Breite zu und kann am Nordpol 3160 km/h erreichen.

Bei der Sonnenfinsternis vom 11.8.1999 betrug die Schattengeschwindigkeit über Deutschland 2448 km/h = 680 m/s in Richtung West-Ost (siehe [14], Jahrbuch 1999, Seite 152).

Die nachfolgend beschriebene Berechnungsmethode ermittelt den Durchstoßpunkt der Schattenachse durch die Fundamentalebene. Für die Berechnung der Zentrallinie auf der Erdoberfläche muss die Relativbewegung der Erdoberfläche gegenüber der Schattenachse berücksichtigt werden.

Berechnungsprinzip für die Zentrallinie

Nachfolgend gezeigtes Berechnungsprinzip ist nur **ein** möglicher Weg von vielen. Im Prinzip müssen „nur" die Winkel und die Längen im blau gezeichneten Dreieck **MPE** (siehe Bild 98) berechnet werden.

Es gelten obige Formelzeichen und folgende Bezeichnungen

M = Mondmittelpunkt
E = Erdmittelpunkt
P = Schnittpunkt der Schattenachse mit der Erdoberfläche
MP ist der Schattenvektor mit der Länge s_0
EP ist der Radiusvektor der Länge r_E vom Erdmittelpunkt zur Erdoberfläche (Abplattung muss berücksichtigt werden).

EM ist der Positionsvektor des Mondes.

Berechnungsschritte

1. Für jeden Berechnungszeitpunkt T müssen die genauen Positionen von Sonne und Mond, die Entfernung von der Sonne zum Mond und daraus die Richtung der Schattenachse, die Schattenlänge s und die Lage der Schattenachse auf der Fundamentalebene berechnet werden, wobei die Lichtlaufzeiten zu berücksichtigen sind. Nur wenn die Schattenachse innerhalb des Erdradius die Fundamentalebene durchstößt, kommt es zu einer totalen oder ringförmigen Sonnenfinsternis (Durchdringung der Erde mit dem Schattenkegel oder Ringschattenkegel).
2. Aus der **Lage der Durchstoßpunkte** der Schattenachse durch Erdoberfläche (**P**) und Fundamentalebene können die Werte s_0 und k und die **geozentrischen Koordinaten von P**, bezogen auf das Koordinatensystem der Fundamentalebene berechnet werden. Da die z-Achse der Fundamentalebene die Richtung zum Mond angibt und die Mondposition gleichzeitig auch im geozentrischen äquatorialen System bekannt ist, können die Gleichungen zur **Koordinatentransformation** aufgestellt und die Transformation durchgeführt werden.
3. Wenn die **Sternzeit des Nullmeridians** der Erde (Greenwich-Sternzeit) bekannt ist, kann aus den oben berechneten geozentrischen äquatorialen Koordinaten die geografische Lage (geogr. Länge und Breite) des Punktes **P** für diesem Zeitpunkt berechnet werden.

Um eine Zentrallinie zu erhalten, müssen viele Punkte **P** für verschiedene Zeitpunkte nach obigem Prinzip berechnet werden. Die Relativbewegung der Erdoberfläche gegenüber der Schattenachse wird durch Berechnungsschritt 3 berücksichtigt.

Diese Berechnungen werden am besten mit Vektoren durchgeführt. Mit dem jeweiligen Kernschattendurchmesser k am Punkt **P** können die vom Kernschatten überstrichenen Teile der Erdoberfläche (**Verlaufszone**) entlang der Zentrallinie ermittelt und in eine Karte eingezeichnet werden.

Berechnungsaufwand

Alle diese astronomischen Berechnungen erfordern eine hohe Genauigkeit.

Wer Sonnenfinsternisse (Finsterniszeitpunkte) von Hand per Taschenrechner berechnen will, dem sei das Buch „Astronomische Algorithmen" [18] empfohlen.

Im Buch Lit. [20] „Astronomie mit dem PC" von Montenbruck/Pfleger sind Erläuterungen und Formeln für die Berechnung von Sonnenfinsternissen und deren Verlaufszone angegeben. Auf der Buch-CD befinden sich die im Buch beschriebenen lauffähigen C-Programme.

Fertige astronomische Tabellen

Alle Daten über die bekannten Finsternisse haben die Astronomen ganz genau berechnet und in Almanachen veröffentlicht. Nur zwei Veröffentlichungen seien erwähnt:

1984 veröffentlichten *Meeus* und *Mucke* den *Canon of Solar Eclipses, -2003 to 2526* mit Elementen von 10774 Sonnenfinsternissen aus rund 4500 Jahren (Astronomisches Büro, Wien).

1987 veröffentlichte *Espenak* einen *Fifty Year Canon of Solar Eclipses* (NASA Reference Publications) mit den Daten über die Zonen totaler und ringförmiger Finsternisse von 1986 bis 2035.

24.9.   Mondfinsternisse

24.9.1.   Kernschattenkegel der Erde

Bei Mondfinsternissen ist der Kernschatten der Erde maßgebend. Befindet sich der Mond vollständig im Kernschatten, so ist er total verfinstert. Da der Durchmesser der Erde das 3,67-fache des Mondes beträgt, ist auch die Kernschattenlänge der Erde entsprechend länger als beim Mond und der Kernschattendurchmesser entsprechend größer. Die Länge des Kernschattenkegels der Erde wird vom Erdmittelpunkt bis zu seiner Spitze gerechnet.

Obwohl diese Verhältnisse für eine Mondfinsternis günstiger zu sein scheinen, sind Sonnenfinsternisse trotzdem häufiger als Mondfinsternisse. In den Jahren von 1901 bis 2000 gab es 228 Sonnenfinsternisse und 147 Mondfinsternisse (ohne reine Halbschattenfinsternisse).

Bild 99: Mondfinsternis (Kernschattenkegel der Erde)

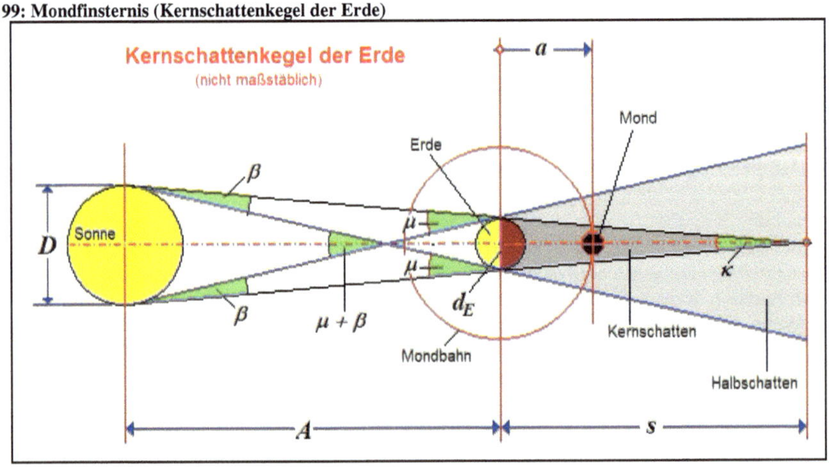

Für einen bestimmten Ort auf der Erde sind die Mondfinsternisse jedoch häufiger zu beobachten, da jede Mondfinsternis auf der gesamten Nachseite der Erde beobachtbar ist, eine Sonnenfinsternis jedoch nur im Bereich der durch sie abgeschatteten Teile der Erdoberfläche.

Bild 99 zeigt die geometrischen Verhältnisse bei einer Mondfinsternis. Formelzeichen siehe unter 24.3 auf Seite 237.

Wie oben schon bei den Sonnenfinsternissen erwähnt, sind die Winkel κ, β und $\mu < 0{,}6°$. Für diese kleinen Winkel sind die Zahlenwerte für Sinus, Tangens und Bogenmaß bis zur 5. Stelle hinter dem Komma identisch. Genauere Werte sind hier nicht erforderlich, so dass bei Berechnung der Schattenlänge vereinfacht mit dem Bogenmaß [rad] gerechnet werden kann und die genauen Dreiecksbeziehungen vernachlässigt werden können. Die Formeln werden dann sehr einfach.

Herleitung der Formeln

Aus Bild 99 ergibt sich folgender Ansatz:

$$\kappa = \frac{D}{A+s} = \frac{d_E}{s}$$

Daraus ergibt sich Länge s des Kernschattenkegels:

Kernschattenlänge der Erde

Formel 177: Kernschattenlänge der Erde

$$s = A \cdot \frac{d_E}{D - d_E}$$

Winkel

Formel 178: Hilfswinkel

$$\kappa = \frac{D - d_E}{A}; \quad \beta = \frac{d_E}{A}; \quad \mu = \frac{D}{A}; \quad \kappa \cdot s = d_E$$

Aus der Geometrie von Bild 99 und aus den Formeln ergibt sich:

$$\kappa = \mu - \beta$$

Die Hilfswinkel β und μ sind für die Berechnung der Halbschattenwerte maßgebend.

Kernschattendurchmesser k

Beim Kernschatten der Erde gilt immer: $a < s$

Formel 179: Kernschattendurchmesser

$$k = \kappa \cdot (s - a) = d_E - \kappa \cdot a$$

k ist der Kernschattendurchmesser der Erde im Bereich der Mondbahn, der Winkel κ wird in [rad] eingesetzt.

Ringbreite des Halbschattens

Die Ringbreite b des Halbschattens (Bogen auf der Mondbahn vom Halbschattenrand bis zum Kernschattenrand) beträgt

Formel 180: Breite des Halbschattenrings in der Mondentfernung

$$b = \mu \cdot a = a \cdot \frac{D}{A}$$

Extremkonstellationen

Die Abstände A und a variieren je nach Stellung von Sonne, Mond und Erde zueinander.

Um die maximale und minimale Schattenlänge im Falle einer Mondfinsternis zu berechnen, wenn die Mittelpunkte von Sonne, Erde und Mond in einer geraden Linie stehen, betrachten wir

248

- die Erde in der sonnennächsten Position (Perihel) für die minimale Schattenlänge und
- die Erde in der sonnenfernsten Position (Aphel) für die maximale Schattenlänge.

Tabelle 57: Bahnradien Erde und Mond

Position	A	a
Perihel A_{min} =	147100000 km	
Aphel A_{max} =	152100000 km	
Perigäum a_{min} =		356410 km
Apogäum a_{max} =		406740 km
Mittlere Entfernung	149597870 km	384401 km
Durchmesser der Erde d_E	12756 km	
Durchmesser des Mondes d	3476 km	

Tabelle 58: Konstellationen und Entfernungen

	Konstellation	A [km]	a [km]	s [km] $s = A \cdot \dfrac{d_E}{D-d_E}$	κ [rad] $\kappa = \dfrac{D-d_E}{A}$	k [km] $k = \kappa \cdot (s-a)$
1	A_{max} und a_{min}	152100000	356410	**1406704**	0,009068 rad = 0,519559°	9524,071
2	A_{max} und a_{max}	152100000	406740	**1406704**	0,009068 rad = 0,519559°	9067,678
3	A_{min} und a_{min}	147100000	356410	1360461	0,009376 rad = 0,537219°	9414,216
4	A_{min} und a_{max}	147100000	406740	1360461	0,009376 rad = 0,537219°	**8942,311**
5	A_{mittel} und a_{mittel}	149597870	384401	1383563	0,00922 rad = 0,528249°	9211,947

Hier die Taschenrechnerergebnisse für die 5 Zeilen der Tabelle 58:

Bild 100: Ergebnisse Mo-Fi Zeile 1

Bild 101: Ergebnisse Mo-Fi Zeile 2

Bild 102: Ergebnisse Mo-Fi Zeile 3

Bild 103: Ergebnisse Mo-Fi Zeile 4

Bild 104: Ergebnisse Mo-Fi Zeile 5

Der Kernschattenkegel der Erde ist wegen des größeren Durchmessers der Erde gegenüber dem Mond auch entsprechend länger. Die Länge beträgt, wenn sich die Erde im Aphel befindet, 1,4 Millionen km. Er reicht aber nicht bis zum nächsten Planeten, Mars, der in seiner erdnähesten Stellung (am 27.08.2003) noch 55,76 Millionen km von der Erde entfernt war. Eine durch den Erdschatten bedingte Finsternis auf dem Mars kann es also nicht geben.

24.9.2. *Verlauf einer Mondfinsternis*

Wir berechnen hier die Länge der Finsternisse für den Fall, dass der Mondmittelpunkt durch die Kernschattenachse läuft. Die mittlere Geschwindigkeit des Mondes auf seiner Bahn um die Erde beträgt 1,02316 km/s. Wir übernehmen den Kernschattendurchmesser k im Bereich der Mondbahn aus Tabelle 58 und berechnen mit dem Monddurchmesser d und der Ringbreite b des Halbschattens den

1. Zeitraum zwischen Eintauchen des Mondes in den Kernschatten bis Verlassen des Kernschattens, dabei muss der Mond auf seiner Bahn die Strecke $k + d$ zurücklegen (Gesamtdauer der Kernschattenberührung einschließlich totaler Phase = Zeit zwischen Kontakt 1 und 4) und den

2. Zeitraum zwischen Verschwinden des Mondes im Kernschatten und Erscheinen auf der anderen Seite, dabei muss der Mond auf seiner Bahn die Strecke $k - d$ zurücklegen (Dauer der totalen Phase = Zeit zwischen Kontakt 2 und 3).

3. Zeitraum zwischen Eintritt des Mondes in den Halbschatten bis zum Verlassen des Halbschattens auf der anderen Seite (Gesamtdauer der Mondfinsternis). Der Mond muss dabei auf seiner Bahn die Strecke $k + d + 2b$ zurücklegen. Die Werte betragen: $d = 3476$ km, $D = 1392000$ km,

$$\boxed{k = d_E - \kappa \cdot a}, \quad \boxed{b = a \cdot \frac{D}{A}},$$

Tabelle 59: Konstellationen, Schattendurchmesser und Dauer

	Abstand Sonne-Mond	A [km]	a [km]	k [km]	$k + d$ [km]	Dauer	$k - d$ [km]	Dauer	$k + d + 2b$ [km]	Dauer
1	$A_{max} + a_{min}$	152100000	356410	9524	13000	3^h31^m	6048	1^h38^m	19524	5^h18^m
2	$A_{max} + a_{max}$	152100000	406740	9068	12544	3^h24^m	5592	1^h31^m	19989	5^h25^m
3	$A_{min} + a_{min}$	147100000	356410	9414	12890	3^h30^m	5938	1^h36^m	19636	5^h20^m
4	$A_{min} + a_{max}$	147100000	406740	8942	12418	3^h22^m	5466	1^h29^m	20116	5^h27^m
5	$A_{mittel} + a_{mittel}$	149597870	384401	9212	12688	3^h26^m	5736	1^h33^m	19842	5^h23^m
6	Kürzeste Dauer nach Bild 110 für $A_{min} + a_{max}$ (siehe unter 24.9.3.2)			8942	$L_k=11150$	3^h01^m	Keine totale Phase		$L_h=19359$	5^h15^m

Hier die Taschenrechnerergebnisse für die 5 Zeilen der Tabelle 59: (h,mm = Stunden + Minuten)

Bild 105: Mo-Fi Dauer Zeile 1

```
Mo-Fi Dauer Zeile 1
k        =  9524 km
k+d      = 13000 km
k+d      =  3,31 h,mm
k-d      =  6048 km
k-d      =  1,38 h,mm
k+d+2b=  19524 km
k+d+2b=  5,18 h,mm
```

Bild 106: Mo-Fi Dauer Zeile 2

```
Mo-Fi Dauer Zeile 2
k        =  9068 km
k+d      = 12544 km
k+d      =  3,24 h,mm
k-d      =  5592 km
k-d      =  1,31 h,mm
k+d+2b=  19989 km
k+d+2b=  5,25 h,mm
```

Bild 107: Mo-Fi Dauer Zeile 3

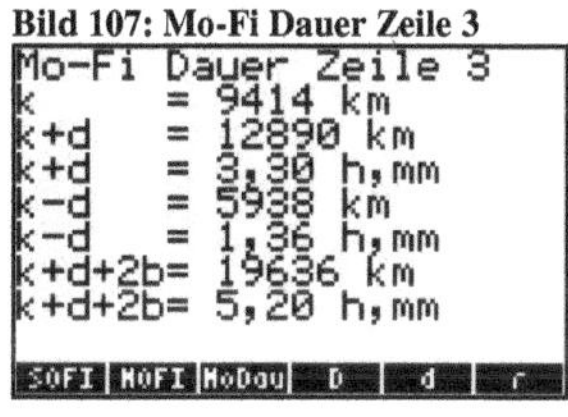

Bild 108: Mo-Fi Dauer Zeile 4

```
Mo-Fi Dauer Zeile 4
k        =  8942 km
k+d      = 12418 km
k+d      =  3,22 h,mm
k-d      =  5466 km
k-d      =  1,29 h,mm
k+d+2b=  20116 km
k+d+2b=  5,27 h,mm
```

Bild 109: Mo-Fi Dauer Zeile 5

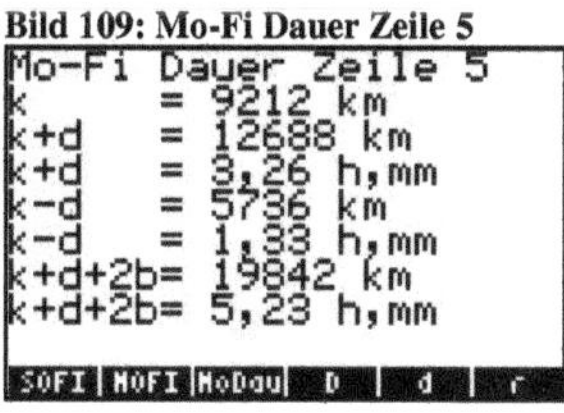

24.9.3.   Finsternisdauern

Hinweis: Die zeitliche Länge eines Ereignisses wird als Dauer bezeichnet und hat als Maßeinheiten Stunden, Minuten und Sekunden. Im Plural wird von „Dauern" gesprochen. Dieser Plural ist ungewohnt, aber sprachlich korrekt.

24.9.3.1.   Längstmögliche Finsternis

Die längstmögliche Kernschattenberührung (Zeile 1 der Tabelle 59) dauert 3^h31^m, der Mond hält sich dabei 1^h38^m (totale Phase) im Kernschatten auf. Dies gilt nur, wenn der Mondmittelpunkt beim Durchlaufen des Kernschattens der Erde die Achse des Schattenkegels berührt, die immer in der Ekliptik verläuft.

Die Fachliteratur (Lit. [10], Seite 53) nennt im Gegensatz dazu aus der genauen Berechnung eine Dauer von $3^h\ 55^m$.

24.9.3.2.   Kürzeste totale Mondfinsternis

Geht der Mond extrem exzentrisch durch den Kernschatten der Erde, dass sich die Ränder des Mondes und des Erdschattens oben oder unten tangential (Tangente annähernd parallel zur Bahnebene des Mondes) von innen berühren (siehe Bild 110), dann kann die totale Phase sehr kurz (wenige Minuten bis wenige Sekunden) sein, weil der Mondrand sehr flach eintritt und dann gleich wieder austritt.

Die Dauer der Totalität hängt von der Unebenheit des Mondrandes und des Kernschattenrandes der Erde ab, denn Täler und Berge bestimmen den Randverlauf des Erdschattens und des Mondes. Auch dürfte die Refraktion hier einen deutlichen Einfluss haben.

Die totale Mondfinsternis vom 9. November 2003 (siehe [14], Jahrbuch 2003, Seite 31 und Seite 214) war eine solche kurze Finsternis, bei der die totale Phase von 2:06 Uhr bis 2:31 Uhr, also nur 25 Minuten, dauerte. Um 2:19 Uhr (Mitte der Finsternis) war deutlich zu sehen, dass der dem Kernschattenrand zugewandte Teil der verdunkelten Mondscheibe im Südosten des Mondes (linker unterer Rand des Mondes) infolge der Refraktion wesentlich heller war als die übrige kupfern glänzende Mondscheibe.

Die Gesamtdauer dieser speziellen Mondfinsternisse berechnet sich nach der Geometrie von Bild 110.

Bild 110: Kürzeste totale Mondfinsternis

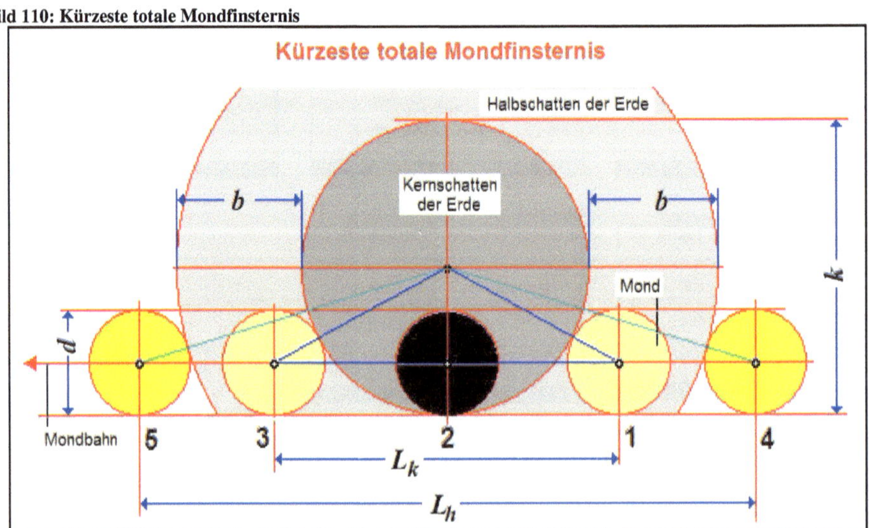

Über den Lehrsatz des Pythagoras kann gemäß Bild 110 aus dem Monddurchmesser d und dem Erdschattendurchmesser k die Strecke L_k berechnet werden, die der Mond vom Eintritt in den Erdkernschatten bei Position 1 über die totale Phase bei Position 2 zum Austritt aus dem Kernschatten bei Position 3 durchlaufen muss.

Die einfache Herleitung der folgenden Formel sparen wir uns.

Formel 181: Kürzeste Dauer

$$\boxed{L_k = 2 \cdot \sqrt{k \cdot d}}$$

In Zeile 6 der Tabelle 59 (bei kleinstem Kernschatten und größter Mondentfernung) ist der minimale Kernschattendurchmesser k = **8942 km**. Der Monddurchmesser d beträgt **3476** km. Daraus ergibt sich nach der Formel 181 L_k = **11150 km.**

Um die Dauer der gesamten Finsternis zu berechnen, muss zu der oben berechneten Kernschattenberührung L_k noch die Zeit addiert werden, die der Mond zum Durchlaufen der beiden Halbschattenbreiten neben dem Kernschatten benötigt.

Ringbreite des Halbschattens:

$$b = a_{max} \cdot \frac{D}{A_{min}} = 406740 \cdot \frac{1392000}{147100000} = 3848,96 \ \text{km}$$

Diese Ringbreite ist größer als der Durchmesser des Mondes. Der Mond kann also vollkommen in den Halbschatten eintauchen (Halbschattenfinsternis), ohne dass der Kernschatten berührt wird.

Die Länge L_h ist die Gesamtdauer der Mondfinsternis vom Eintritt in den Halbschatten bei Position 4 auf der einen Seite bis zum Austritt aus dem Halbschatten bei Position 5 auf der anderen Seite. Die Herleitung der Formel 182 kann aus Bild 110 erfolgen.

Formel 182: Gesamtdauer der kürzesten Mondfinsternis

$$\boxed{L_h = 2 \cdot \sqrt{(k+b) \cdot (d+b)}}$$

Für den Fall 6 der Tabelle 59 ergibt sich dann eine Gesamtstrecke:

Mit obigen Zahlenwerten aus Zeile 4 der Tabelle 59 ist L_h = **19359 km**. Somit beträgt die Gesamtdauer der kürzestmöglichen totalen Mondfinsternis 5^h15^m. Aus der Tabelle 59 ist auch die Gesamtdauer der längstmöglichen Mondfinsternis mit totaler Phase zu entnehmen: 5^h28^m.

24.10. Brauchbarkeit der Berechnungen

Die hier mit vereinfachten Formeln und mittlerer Mondgeschwindigkeit berechneten Werte für die Sonnen- und Mondfinsternisse sind nur grobe Anhaltswerte, da die wirkliche Mondgeschwindigkeit im Perigäum und Apogäum von der mittleren Geschwindigkeit (1,02316 km/s), die hier angesetzt wurde, abweicht. Außerdem sind die Einflüsse und Störungen, die den Mondlauf bestimmen, hier nicht berücksichtigt.

Hier sollte nur das Prinzip der Berechnung gezeigt werden, wie der Amateur ohne komplizierte Mathematik Näherungswerte berechnen kann. Es muss aber jedem Amateur klar sein, dass diese Ergebnisse von den genauen Werten der Astronomen wesentlich abweichen können.

Im Bedarfsfall bei konkretem Interesse für eine bestimmte Finsternis sollte der Amateur die für diese Finsternis im Jahrbuch veröffentlichten Daten der Astronomen (siehe Lit. [14]) heranziehen.

25.   Der Mond und die Mondphasen

Dieses Kapitel beschreibt, wie die Auf- und Untergangszeiten des Mondes anhand der Mondphasen grob abgeschätzt werden können. Uhrzeiten interessieren uns hier nicht, sondern lediglich die Tatsache, welche Mondphase aktuell ist. Hier werden die Positionen des Mondes zu Sonne und Erde grafisch dargestellt. Außerdem wird eine Berechnungsmethode angegeben, wie die Position des Mondes und die dazugehörige Phase annähernd berechnet werden können.

25.1.   Grundsätzliche Betrachtungen zu den Mondphasen

Die Mondphasen entstehen durch den Umlauf des Mondes um die Erde. Je nach Position des Mondes zur Verbindungslinie Erde-Sonne ist die von der Sonne beleuchtete Hälfte des Mondes von vorne (Vollmond), von der Seite (Halbmonde) oder gar nicht (Neumond) zu sehen.

Der Umlauf des Mondes von Neumond bis Neumond dauert genau 29,53059 Tage (synodische Umlaufzeit = synodischer Monat). Die Umlaufzeit ist mit der Umlaufzeit der Erde gekoppelt.

Das Ende des Neumonds (Dunkelphase) wird durch das Erscheinen der neuen Lichtsichel am rechten Mondrand (Westrand) erkennbar, dieser Zustand heißt „Neulicht". Zur Bestimmung der Umlaufzeit wird der Zeitpunkt des Neumonds (= der finstere Mond) oder des „Neulichts" bestimmt, je nachdem, welche Position genauer bestimmt werden kann. Der Umlauf von Vollmond bis Vollmond dauert natürlich genau so lange, aber der Vollmond-Zeitpunkt kann vom Laien nicht genau bestimmt werden.

Bild 111: Mondphasen

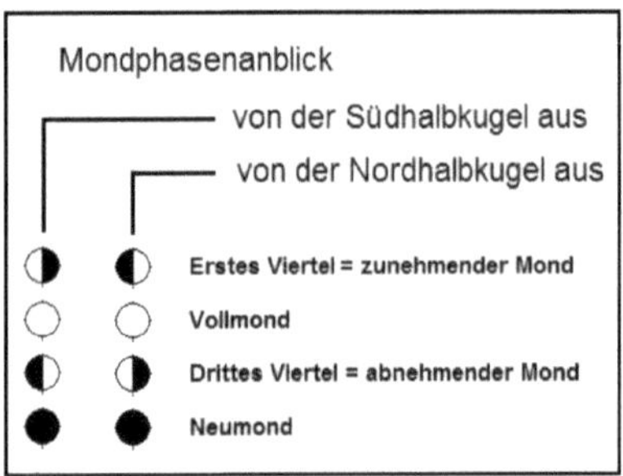

Der Anblick der Mondphasen hängt vom Ort des Beobachters ab. In Bild 111 ist der Anblick der Mondphasen zu sehen, wie er sich auf der Nord- und Südhalbkugel darbietet. Auf dem Äquator blickt der Beobachter senkrecht nach oben zum Mond. Hier sieht er die Hell-Dunkelgrenze beim Halbmond waagrecht, wenn er nach Osten oder Westen und dann nach oben blickt. Wenn er nur die Mondsichel sieht, so liegt diese mit der Wölbung nach oben oder unten.

25.2.   Himmelsrichtungen des Mondes und der Planeten

Für die Erde und den Blick auf die Erde (Landkarten) ist es klar: Norden ist oben, Süden unten, Osten rechts und Westen links.

Blickt man von der Erde auf den Mond, sind Osten und Westen vertauscht: Westen ist in der Ansicht rechts und Osten links.

Erklärung:
Das hängt mit der Rotationsrichtung der Erde und mit dem Umlaufsinn des Mondes um die Erde zusammen. Die Erde dreht sich, vom Himmelsnordpol aus gesehen, gegen den Uhrzeigersinn, also linksdrehend ↺.

Ein Beobachter auf dem Äquator wandert nach Osten. Er sieht, dass sich die Welt um ihn herum nach Westen bewegt. Westen ist also beim Blick auf den Mond rechts. Sonne, Mond und Sterne gehen im Osten auf und im Westen unter.

25.3. Absolute und relative Bewegung des Mondes

Der Umlauf des Mondes um die Erde ist aber nicht rechtsdrehend ↻, wie diese Beobachtung vermuten lässt. Der Mond läuft linksdrehend ↺ um die Erde, also auch von Westen nach Osten. Warum geht er dann im Westen unter?

Erklärung:
Die Erde rotiert einmal in 24 Stunden ↺ um die eigene Achse, das ist eine Winkelgeschwindigkeit ↺ von 360° pro Tag. Der Mond läuft in 29,53059 Tagen um die Erde, also mit einer Winkelgeschwindigkeit ↺ von 360° / 29,53059 Tage = 12,19° pro Tag.

Die Bewegung des Mondes relativ zur Erde erscheint nur rechtsdrehend ↻, weil der Beobachter auf der Erde bei seiner linksdrehenden Bewegung den Mond im Monat etwa 29-mal überholt und im Westen zurücklässt.

25.4. Mondbahn, Auf- und Untergangszeiten des Mondes

Die genaue Berechnung der Auf- und Untergangszeiten des Mondes ist kompliziert. Diese Zeiten hängen vom Standort des Beobachters (Längen- und Breitengrad), von der Position des Mondes auf seiner Bahn und von der Position der Erde auf ihrer Bahn um die Sonne ab. Die Berechnung der Mondbahn ersparen wir uns hier, weil sie sehr gut in Lit. [19] erklärt ist, dort ab Seite 95.

Meist interessieren jedoch nicht die genauen Uhrzeiten, sondern nur die Tatsache, wann der Mond am Himmel zu sehen ist und in welcher Phase er sich befindet. Dazu ist keine genaue Berechnung erforderlich, sondern dazu werden nur die Mondphasen gebraucht, die aus dem Kalender entnommen oder selber einfach berechnet werden (siehe unten) können.

Zu den Zeitpunkten der vier Mondphasen können die Auf- und Untergangszeiten des Mondes ohne Hilfsmittel grob abgeschätzt werden.

25.5. Beschreibung der vier Mondphasen

Das folgenden Bilder zeigen die Mondumlaufbahn und die Erde von Norden (Draufsicht auf den Nordpol der Erde, vom Himmelsnordpol aus gesehen), die Sonnenstrahlen (als Pfeile gezeichnet) kommen von rechts.

Die Richtung zur Sonne wird als Bezugsrichtung mit 0° bezeichnet.

Von der Erde aus gesehen zeigen sich erstes und letztes Viertel genauso, wie vom Himmelnordpol aus gesehen. Dier Mond läuft im Gegenuhrzeigersinn (linksdrehend ↺) um die Erde und auch die Erde rotiert aus dieser Sicht linksdrehend

Der Beobachter ist als Männchen auf der Erdoberfläche eingezeichnet, der sich in vier verschiedenen zeitlichen Positionen befinden kann, die sich auch auf die Richtung zur Sonne beziehen.

Hier wird als Zeitpunkt eine Tagundnachgleiche herangezogen, Sommer und Winter weichen davon ab

- Position   0° = 12.00^h (Mittag).
- Position 90° = 18.00^h (Sonnenuntergang),
- Position 180° = 0.00^h (Mitternacht),
- Position 270° = 6.00^h (Sonnenaufgang).

Auch der Mond kann sich in vier Positionen befinden. Als Position des Mondes nehmen wir den Winkelabstand (mathematisch positiv = gegen den Uhrzeigersinn) des Mondes von der 0°-Bezugslinie, die in Richtung zur Sonne zeigt. Dabei gehen wir vereinfachend von einer Kreisbahn aus, auf der wir den Mond als sich gleichförmig bewegend annehmen (mittlerer Mond).

Bei der folgenden Beschreibung kombinieren wir in Gedanken die jeweilige Position des Mondes mit der Position des Beobachters auf der Erde (Tageszeit beim Beobachter) und prüfen die Beschreibung durch Betrachtung des Bildes nach.

Auf der Nordhalbkugel sieht man Halbmonde, wie in Bild 111 gezeigt, auf der Südhalbkugel sind sie seitenverkehrt zu sehen.

25.5.1. Erstes Viertel

Bild 112: Mondphase Erstes Viertel

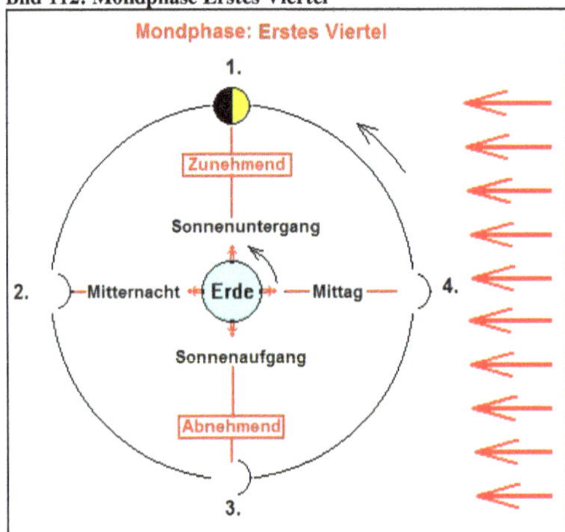

Mondposition 1: 90°:

Das erste Viertel zeigt uns den Halbmond, der auf der Nordhalbkugel der Erde von rechts beleuchtet zu sehen ist. Der Beobachter sieht mittags den Mond aufgehen, bei Sonnenuntergang kulminiert der Mond und um Mitternacht geht er unter. Bei Sonnenaufgang ist der Mond nicht zu sehen.

Der Beobachter sieht um …

0.00 Uhr (Mitternacht): Monduntergang,
6.00 Uhr (morgens): Sonnenaufgang, Mond unsichtbar.
12.00 Uhr (mittags): Aufgang des zunehmenden Mondes,
18.00 Uhr (abends): Mondkulmination bei erstem Viertel (zunehmender Mond).

25.5.2. Vollmond

Bild 113: Mondphase Vollmond

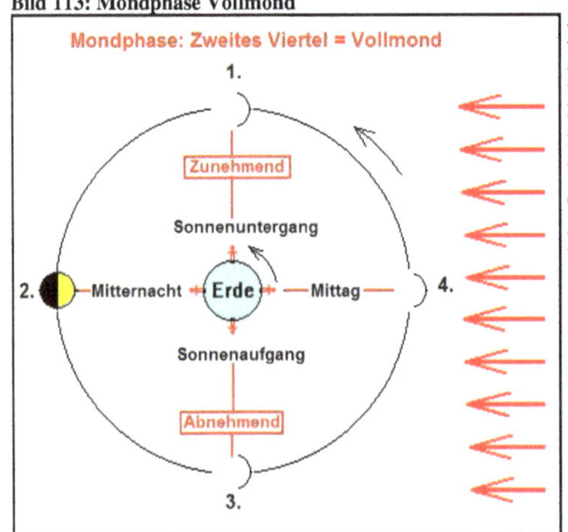

Mondposition 2: 180°:

Bei Vollmond sieht der Beobachter den Mond in voller Beleuchtung. Der Mond geht bei Sonnenuntergang auf, kulminiert um Mitternacht und geht bei Sonnenaufgang unter. Tagsüber ist der Mond nicht zu sehen.

Der Beobachter sieht um …

0.00 Uhr (Mitternacht): Mondkulmination bei vollem Mondlicht.
6.00 Uhr (morgens): Sonnenaufgang, Vollmond geht unter.
12.00 Uhr (mittags): Mond ist unsichtbar, weil er uns die unbeleuchtete Rückseite zuwendet.
18.00 Uhr (abends): Sonnenuntergang, Vollmond geht auf.

25.5.3. Drittes Viertel

Bild 114: Mondphase Drittes Viertel

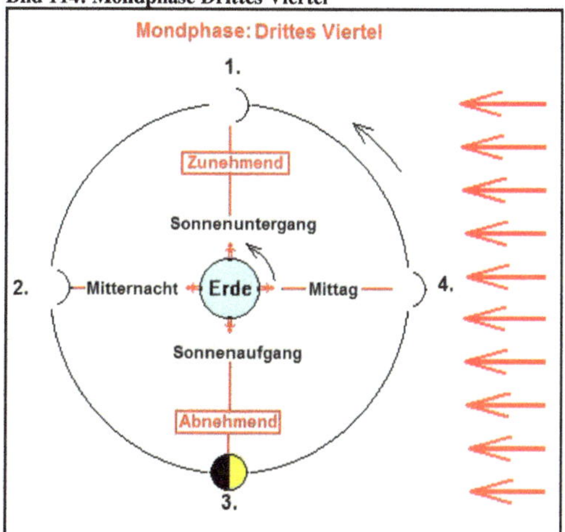

Mondposition 3: 270°:

Wenn der Mond im **dritten Viertel** steht (**Letztes** sichtbares **Viertel**), dann sieht der Beobachter den Mond um Mitternacht aufgehen, bei Sonnenaufgang kulminiert der Mond, man sieht ihn von links beleuchtet. Mittags geht er unter. Bei Sonnenuntergang ist der Mond nicht mehr zu sehen.

Mondaufgang	um Mitternacht
Mondkulmination	bei Sonnenaufgang
Monduntergang	mittags

25.5.4. Neumond

Bild 115: Mondphase Neumond

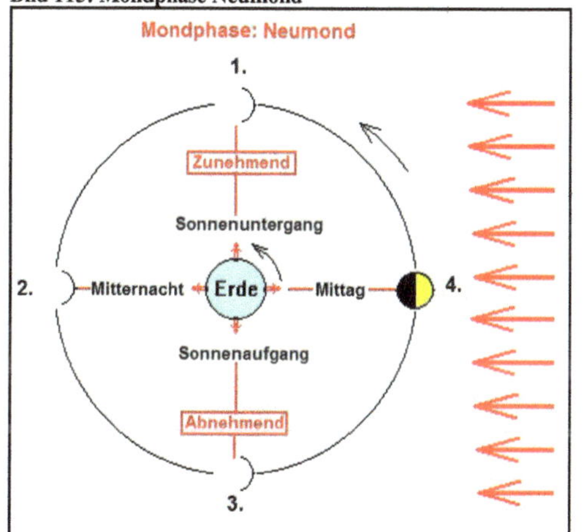

Mondposition 4: 360° = 0°:

Bei Neumond sieht der Beobachter den Mond nicht, weil dieser zusammen mit der Sonne am Himmel steht und von hinten beleuchtet wird.

Mondaufgang	nicht beobachtbar
Mondkulmination	nicht beobachtbar
Monduntergang	nicht beobachtbar

25.6. Berechnung der Mondposition für ein bestimmtes Datum

25.6.1. Vereinfachungen

Die Berechnung der Mondposition (Positionswinkel) wollen wir extrem vereinfachen und alle komplizierten Randbedingungen, die der Astronom berücksichtigt, außer Acht lassen.

Folgende physikalischen Gegebenheiten werden **nicht** berücksichtigt:

- Die genauen Phasenwinkel.
- Die Parallaxe Mondmittelpunkt - Sonnenmittelpunkt - Erdmittelpunkt.
- Die Parallaxe Beobachter - Mondmittelpunkt - Erdmittelpunkt.
- Den Größenunterschied von Mond und Sonne. Da die Sonne wesentlich größer als der Mond ist, sind mehr als 50 % der Mondoberfläche von der Sonne beschienen. Die Hell-Dunkel-Grenze (Terminatorlinie) liegt daher auf einem Kreis, dessen Ebene nicht durch den Mittelpunkt des Mondes geht.
- Die geografische Breite am Standort des Beobachters.
- Die Position der Sonne in der Ekliptik und damit die Jahreszeit.
- Die Neigung der Mondbahn zur Erdbahn.
- Die Ellipsenform der Bahn des Mondes um die Erde und der Erde um die Sonne.

25.6.2. Berechnungsgrundlagen

Obwohl der Mond auf einer Ellipsenbahn um die Erde läuft und deshalb die genaue Berechnung der Auf- und Untergangszeiten des Mondes für Amateure sehr kompliziert ist, kann mit einer einfachen Formel die Mondposition für ein bestimmtes Datum näherungsweise berechnet werden.

Wir tun so, als bewege sich der Mond auf einer exakten Kreisbahn ganz gleichmäßig um die Erde. Wir berechnen also eine mittlere Mondposition, die sich aus dieser Voraussetzung ergibt. Dabei vernachlässigen wir, dass wegen seiner exzentrischen Bahn der Mond bis zu 6,3° von seinem mittleren Ort abweicht (siehe Lit. [20], Seite 156 (große Ungleichheit)).

Um einen Bezugspunkt für die Berechnung zu bekommen, nehmen wir den Neumond als Null-Grad-Bezugslinie, weil er in Richtung Sonne liegt. Nun berechnen wir den Winkel des Mondes, den er an einem bestimmten Tag auf seiner (als kreisförmig angenommenen) Umlaufbahn seit dem letzten Neumond erreicht hat.

Das **Erste Viertel** liegt dann bei 90°, der **Vollmond** bei 180° und das **Letzte Viertel** ist bei 270° erreicht. Bei **Neumond** befindet sich der Mond genau zwischen Erde und Sonne auf der Position bei 0° = 360°. Wer lieber den Bruchteil des „aktuellen" Viertels haben möchte, kann den Gradwert durch 90 dividieren. In Kalendern finden wir nur Symbole ähnlich Bild 111 für die Zeitpunkte der ganzzahligen Vielfachen von 90°.

Als Grundlage der Berechnung suchen wir uns ein bekanntes Neumond-Ereignis, das kurz nach Mitternacht liegt. In Lit. [14], Jahrbuch 2006, finden wir den Neumond-Zeitpunkt **28.02.2006, 1^h31^m MEZ= 0^h31^m UT.**

Der Neumond-Zeitpunkt wiederholt sich alle 29,53059 Tage.
Der Mond schreitet also auf einer angenommenen kreisförmigen Bahn um

$$\frac{360°}{29,53059} \cdot 24 = 0,507947860168° \text{ pro Stunde weiter, pro Tag also um } 12,19°.$$

25.6.3. Näherungsformel zur Berechnung der mittleren Mondposition

Für ein bestimmtes Datum berechnen wir die Anzahl der Tage, die seit dem oben gewählten Neumond-Ereignis vergangen sind und rechnen sie modulo 29,53059. Teilen wir das Ergebnis durch 29,53059 erhalten wir den Winkelanteil des Vollkreises.

Die Formel gilt nur für <u>eine positive Tagesdifferenz</u>. Eine negative Tagesdifferenz ergibt sich, wenn der Berechnungstermin früher liegt als das zu Grunde gelegte Neumond-Ereignis. Dadurch ergibt sich auch ein negativer Winkelwert, der zu einer Umkehrung der Phasenfolge führt. Deshalb müssen wir bei negativem Winkelwert einmal 360° addieren, damit das Ergebnis positiv wird.

Formel 183: Näherungsformel für die Mondposition

> **Tagesdifferenz = (Datum - 28.02.2006)**
> **Mondposition α in ° ab Neumond = 360 ° × [(Tagesdifferenz modulo 29,53059)/29,53059)]**

Die Positionen der ganzzahligen Vielfachen von 90° sind identisch mit den Mondpositionen in den gezeigten Bildern:

Bild 112: $\alpha = 90$ °   = Mondposition 1 = Erstes Viertel
Bild 113: $\alpha = 180$ ° = Mondposition 2 = Zweites Viertel = Vollmond
Bild 114: $\alpha = 270$ ° = Mondposition 3 = Drittes Viertel
Bild 115: $\alpha = 360$° = 0° = Mondposition 4 = Neumond (Bezugslinie zur Sonne)

Ein Wert $\alpha < 180°$ weist auf einen zunehmenden Mond hin,
ein Wert $\alpha > 180°$ weist auf einen abnehmenden Mond hin.

25.6.4. Mondphase

Die Phase ist definiert als das Verhältnis der beleuchteten zur gesamten Fläche der scheinbaren Mondscheibe (nicht der Mondoberfläche!) (siehe auch Lit. [19], Seite 104 und Lit. [20], Seite 146). Wenn der Winkel α der Mondposition[15] (Positionswinkel) bekannt ist, kann die Phase in Prozent angegeben werden:

Formel 184: Phase der Mondscheibe

$$Phase = \frac{1 - \cos(\alpha)}{2} \cdot 100\%$$

25.6.5. Fehlerabschätzung

Der berechnete Winkelwert α gilt (theoretisch) für das eingesetzte Datum und die Uhrzeit 0^h31^m UT. Da mit vielen Vereinfachungen gerechnet wurde, kann das Berechnungsergebnis um mehrere Grad von der wirklichen Mondposition abweichen. Gegenüber den Kalenderangaben kann sich eine Abweichung von ±1 Tag ergeben.

---

[15] In Bezug auf die Neumondposition mit $\alpha = 0°$

25.6.6. Berechnungsprogramm Mondposition aus Kalenderdatum

Mit den oben angegebenen Näherungsformeln kann ein Berechnungsprogramm für den Taschenrechner erstellt werden. Nach Eingabe des Kalenderdatums berechnet das Programm daraus die mittlere Mondposition und die Mondphase.

Bild 116 zeigt die Ergebnisanzeige des Taschenrechnerprogramms für den 4.03.2011.

Bild 116: Mondposition am 4.03.2011

25.6.7. Umkehrrechnung Kalenderdatum aus Mondposition

Wird das Kalenderdatum für bestimmte Mondphasen öfter gebraucht, muss Formel 183 nach dem Datum und der Uhrzeit umgestellt werden. Dies wird hier jedoch nicht beschrieben.

25.6.8. Vergleich mit den genauen Werten

Dem Buch Lit. [20] liegen einige Computerprogramme auf Datenträger bei, mit denen die genauen Werte berechnet werden können. Das Programm **PHASES** berechnet die genauen Mondphasen für ein ganzes Jahr. Als Nebenprodukt ergeben sich mögliche Finsterniszeitpunkte für Sonnenfinsternisse bei Neumond und Mondfinsternisse bei Vollmond. Die Ergebnisse können ausgedruckt werden. Dabei bedeuten:

c   zentrale Sonnenfinsternis sicher,
p   partielle Sonnenfinsternis sicher,
t   totale Mondfinsternis sicher,
?   betreffende Finsternis möglich.

Für 2011 ergeben sich folgende genaue Werte:

PHASES: Zeitpunkte von Mondphasen und Finsternissen

© 1999 Oliver Montenbruck, Thomas Pfleger

Bestimmung der Mondphasen für das Jahr 2011

Neumond	Erstes Viertel	Vollmond	Letztes Viertel
2010/12/05 17:37	2010/12/13 14:00	2010/12/21 08:14t	2010/12/28 04:19
2011/01/04 09:04c?	2011/01/12 11:32	2011/01/19 21:22	2011/01/26 12:58
2011/02/03 02:32	2011/02/11 07:19	2011/02/18 08:37	2011/02/24 23:27
2011/03/04 20:47	2011/03/12 23:46	2011/03/19 18:11	2011/03/26 12:08
2011/04/03 14:33	2011/04/11 12:07	2011/04/18 02:45	2011/04/25 02:48
2011/05/03 06:52	2011/05/10 20:34	2011/05/17 11:10	2011/05/24 18:53
2011/06/01 21:04p	2011/06/09 02:12	2011/06/15 20:15t	2011/06/23 11:49
2011/07/01 08:55p?	2011/07/08 06:31	2011/07/15 06:41	2011/07/23 05:03
2011/07/30 18:41	2011/08/06 11:09	2011/08/13 18:59	2011/08/21 21:56
2011/08/29 03:05	2011/09/04 17:40	2011/09/12 09:28	2011/09/20 13:40
2011/09/27 11:10	2011/10/04 03:16	2011/10/12 02:07	2011/10/20 03:31
2011/10/26 19:57	2011/11/02 16:39	2011/11/10 20:17	2011/11/18 15:10
2011/11/25 06:11p	2011/12/02 09:53	2011/12/10 14:37t	2011/12/18 00:49
2011/12/24 18:07	2012/01/01 06:16	2012/01/09 07:31	2012/01/16 09:09

Alle Zeitangaben in Ephemeridenzeit (ET).

Einigen dieser Werte wird das Taschenrechnerergebnis mit der Näherungsberechnung gegenüberge-stellt, um festzustellen, wie groß die Abweichungen sind. Da das Taschenrechnerergebnis für 0^h UT gilt, muss pro Stunde eine Korrektur von etwa $+0{,}5°/^h$ angesetzt werden, um die Mondposition verglei-chen zu können. Trotzdem kann das Ergebnis, wie oben erwähnt, noch bis zu $6{,}3°$, also einen halben Tag, vom genauen Wert abweichen.

Bild 117: Mondposition am 18.04.2011

```
== Mittlerer Mond ==

Datum: 18.04.2011
Zeit : 0h UT
Mittl. Mondposition:
  α = 178° ab Neumond
<180° Mond zunehmend
Mondphase: 99,96%


 BB  |Satu| Jup |LONGI|MPHAS| ADT
```

Bild 118: Mondposition am 18.12.2011

```
== Mittlerer Mond ==

Datum: 18.12.2011
Zeit : 0h UT
Mittl. Mondposition:
  α = 272° ab Neumond
>180° Mond abnehmend
Mondphase: 48,08%


 BB  |Satu| Jup |LONGI|MPHAS| ADT
```

4.03.2011 20^h47^m entspricht genauer Mondposition $360°$ (Neumond),
Taschenrechner (siehe Bild 116): $349° + 0{,}5^{°/h} \cdot 20{,}75^h = 359{,}37°$.
Mondphase müsste 0% sein (Näherungswert für $349°$: $0{,}91\%$).

18.04.2011 02^h45^m entspricht genauer Mondposition $180°$ (Vollmond),
Taschenrechner (siehe Bild 117): $178° + 0{,}5^{°/h} \cdot 2{,}75^h = 178{,}37°$.
Mondphase müsste 100% sein (Näherungswert für $178°$: $99{,}96\%$).

18.12.2011 0^h49^m entspricht genauer Mondposition $270°$ (Letztes Viertel),
Taschenrechner (siehe Bild 118): $272° + 0{,}5^{°/h} \cdot 0{,}75^h = 272{,}37°$.
Mondphase müsste 50% sein (Näherungswert für $272°$: $48{,}08\%$).

Abweichungen von den genauen Werten bei diesen drei Beispielen $< 2°$. Für eine Näherung sind sie ausreichend.

26.   Himmelsbeobachtungen

Obwohl sich dieses Buch mit Himmelsmechanik beschäftigt, seien hier grundlegende Hinweise gegeben, die bei Himmelsbeobachtungen beachtet werden sollen. Wissenswertes über Instrumente und Beobachtungsmethoden sollte in der Fachliteratur nachgelesen werden, z. B. in Lit. [26].

26.1.   Das menschliche Auge

Alle Einsichten in den Aufbau des Sonnensystems, der Sterne und des Weltalls verdanken wir der Beobachtung mit freiem Auge (siehe auch Lit. [26], Seite 87). Erst seit das Fernrohr zur Verfügung steht, werden bei Himmelsbeobachtungen die Augen mit optischen Hilfsmitteln unterstützt.

Soweit noch mit dem beobachtenden Auge am Teleskop der Himmel beobachtet wird, ist das menschliche Auge der Hauptempfänger der Bilder. Deshalb werden hier einige Hinweise gegeben, wie das Auge funktioniert und wie es geschont werden kann.

26.1.1.   Fähigkeiten des Auges

Für den Bau von Fotokameras war das Auge technisches Vorbild, soweit man damals die Funktionsweise des Auges begriffen hatte.

Tabelle 60: Fähigkeiten des menschlichen Auges

Funktion des Auges	Erläuterung	Vergleich mit Kamera
Akkommodation (Augenlinse)	Einstellung auf die richtige Entfernung bei Verändern der Linsendicke durch die im Auge befindlichen Muskeln , dadurch erfolgt Scharfstellung des Bildes.	Entfernungseinstellung
Lichtmenge (Regenbogenhaut, Pupille)	Durch die Veränderung der Größe der „Öffnung" erfolgt eine Steuerung der Lichtmenge und der Schärfentiefe.	Blende
Adaption (Netzhaut)	Gewöhnung an die Umgebungshelligkeit, dadurch besseres Sehen. Dies wird durch Stäbchen in der Netzhaut bewirkt, die bei wenig Licht wirksam werden, aber keine Farbe mehr unterscheiden können („nachts sind alle Katzen grau").	bei Kameras keine vergleichbare Funktion.
Scharfsehen (Netzhaut)	Das Bild entsteht auf der sphärisch gekrümmten Netzhaut, sie ist die bildempfangende, lichtempfindliche Fläche. Auflösung des Bildes in Bildpunkte. Das Auge kann zwei Bildpunkte mit einem Abstand von 1 Bogenminute noch unterscheiden. Dies entspricht einem Abstand zweier Linien von 1 mm in 3,43 m Entfernung.	Lichtempfindlichkeit des Films, der Fotoplatte oder des CCD-Chips
Binokulares Sehen	zweiäugiges räumliches Sehen (3D).	Stereokamera mit zwei Objektiven und zwei Bildebenen.

26.1.2. Augenfehler korrigieren lassen

Auf Dauer kann der Astronom nur ordentlich beobachten, wenn seine Augen in Ordnung sind. Deshalb sollte er bestehende Augenfehler korrigieren lassen.

Da sind in erster Linie einmal die Linsenprobleme, die Kurzsichtigkeit oder Weitsichtigkeit zur Folge haben, bei denen die Bilder vor oder hinter der Netzhaut entstehen. Die Bilder sind dann unscharf. Diese Probleme können durch vorgesetzte Brillen oder Kontaktlinsen (optische Korrekturen) behoben werden.

Dann kann noch Astigmatismus vorhanden sein. Dies ist ein angeborener Fehler, der durch eine unregelmäßige Krümmung der Hornhaut oder der Linse des Auges hervorgerufen wird. Dies wirkt sich so aus, dass der Beobachter punktförmige Objekte, insbesondere Lichtpünktchen, wie sie bei Himmelsbeobachtungen auftreten, als mehr oder minder lange Stäbchen („Stäbchensehen") sieht. Dieser Fehler kann durch einen zylindrischen Anteil im Brillenglas korrigiert werden.

Bei älteren Astronomen kann eine Linsentrübung (grauer Star) der Augen auftreten. Diese führt unbemerkt mit der Zeit zu einem dunkleren Bildfeld und wegen der damit einhergehenden Verdickung der Augenlinsen zu Kurzsichtigkeit und zu schlechterem Sehen. Durch operativen Eingriff (Einsetzen von Kunststofflinsen in beide Augen) kann dieses Problem behoben werden. Allerdings geht dadurch die Fähigkeit des Auges zur Akkommodation, also der Einstellung auf die richtige Entfernung, verloren. Die künstlichen Linsen haben eine individuell biometrisch bestimmte feste Brennweite von etwa 20 mm und bewirken ein scharfes Sehen nur im Bereich von etwa 80 cm bis „unendlich". Zum Lesen und Sehen im Nahbereich unter 80 cm Entfernung ist eine Nahbrille (Lesebrille) erforderlich. Für den beobachtenden Astronom ist diese Unendlicheinstellung der Augen gerade richtig, er braucht keine Brille für den Blick durch das Okular seines Fernrohrs.

26.1.3. Überanstrengung und Gefährdung der Augen

Da das Fernrohr nur ein Okular hat, kann nur mit einem Auge beobachtet werden, wobei das zweite Auge geschlossen wird oder offen bleibt und bewusst nichts registriert.

Langes Beobachten kann zur Überanstrengung des einen Auges führen, Kopfschmerzen und Augenschmerzen sind die Folge. Deshalb sollten am Okular in kurzen Abständen (3 Minuten) beide Augen wechselweise eingesetzt werden.

Bei Beobachtung am Tage (Sonnenbeobachtung) sind besondere Vorsichtsmaßnahmen erforderlich. Auf jeden Fall muss vermieden werden, mit dem Sucher oder direkt in die Sonne zu blicken. Ein ungeschützter Blick in die Sonne führt zur irreparablen Netzhautverbrennung. Zum Zubehör des Teleskops gehört ein Sonnenfilter, das auf jeden Fall benutzt werden muss. Außerdem kann am Okular eine weiße Projektionsfläche (Blatt Papier) angebracht werden, wo das vergrößerte Bild der Sonne durch eine Sonnenbrille beobachtet werden kann.

26.2. Das Fernrohr

Erst seit Erfindung des Fernrohrs durch den holländischen Brillenmacher *Hans Lippershey* (1608) und der Weiterentwicklung durch *Galileo Galilei* (1609) ist uns ein genauerer Blick in den Himmel möglich. Im Prinzip besteht das galiläische Fernrohr aus zwei Linsen, einer Sammellinse (konvexe Linse) und einer Zerstreuungslinse (konkave Linse) kleinerer Brennweite als Okular, die in einem lichtundurchlässigen Rohr in einem bestimmten Abstand angeordnet sind. Diese Anordnung hat einen Vergrößerungseffekt. Da die Lichtstrahlen sich nicht kreuzen, entsteht ein aufrechtes Bild nach dem Okular.

Dagegen besteht das Keplersche Fernrohr aus zwei Sammellinsen, wobei durch Strahlenkreuzung ein kopfstehendes Bild erzeugt wird. Für die Astronomen ist diese Tatsache unerheblich.

Solche Linsenfernrohre werden als Refraktor bezeichnet.

26.3. Das Spiegelteleskop

26.3.1. Prinzip

Bei einem Spiegelteleskop fällt das Sternenlicht auf einen konkaven Spiegel (Hohlspiegel, Parabolspiegel), wo es reflektiert und dann durch einen Planspiegel umgelenkt auf ein Okular (Linsensystem) geführt wird, wo mit dem Auge beobachtet wird. Der Vorteil dieses Prinzips ist, dass das Licht am Hohlspiegel und am Planspiegel nur umgelenkt, aber nicht durch einen Glaskörper hindurchmuss, also dort kein Licht verlorengeht. Außerdem kann durch diese Faltung des Strahlengangs das Teleskop kürzer gebaut werden. Eine Mischung aus Spiegeln und Linsensystem (Okular) wird „katadioptrisch" genannt.

26.3.2. Katadioptrisches Spiegelteleskop

Bild 119: Spiegel-Teleskop

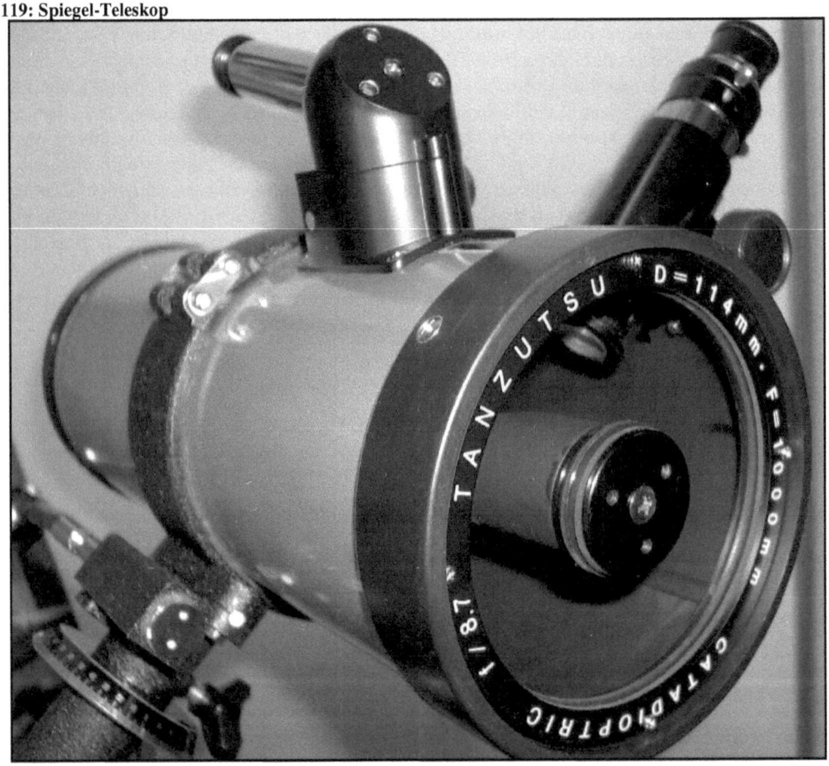

Auf Bild 119 ist das Spiegelteleskop des Verfassers zu sehen. Es ist ein katadioptrisches Spiegelteleskop der Marke „BRESSER", Modell 45-50000, mit parallaktischer Montierung, Spiegeldurchmesser 114 mm, Brennweite 1000 mm. Zum Lieferumfang gehören drei wechselbare Okulare (engl.: *eyepieces*) mit 6 mm (Vergrößerung = 167×), 12,5 mm (80×) und 20 mm Brennweite (50×) und anderes Zubehör. Die Auflösung beträgt 1 Bogensekunde, Sterne bis Größe 12^{m} sind sichtbar. Im Bild 119 ist oben rechts der Okulartubus mit dem Okular und oben in Bildmitte ein Reflexsucher zu sehen, mit dem die Richtung des Teleskops am Sternenhimmel grob eingestellt werden kann (größeres Bildfeld).

26.3.3. Selbstbau von Spiegelteleskopen

In diesem Zusammenhang soll noch auf den Selbstbau von Spiegelteleskopen hingewiesen werden.

In vielen astronomischen Amateurvereinigungen wird auch der Selbstbau von Spiegelteleskopen als Hobby gepflegt. Angefangen hat dieses Hobby zu der Zeit, als der Amateurastronom *Hans Rohr* sein Buch „Das Fernrohr für jedermann" als „Eine gründliche Anleitung zum Selbstbau eines leistungsfähigen Spiegelteleskops" (3. Auflage 1959, siehe Lit. [25]) geschrieben hatte. Er löste mit seinem Buch eine Hobbybewegung aus. Diese Anleitung basiert auf mehrjähriger Erfahrung, die er bei Schleifkursen in Schaffhausen gewonnen hatte.

Die wichtigste Arbeit beim Selbstbau ist das präzise Schleifen eines Parabolspiegels als Rotationsparaboloid, bei der es auch dem Amateur bei entsprechender Sorgfalt gelingt, der theoretisch geforderten Krümmung auf ein zehntausendstel Millimeter nahezukommen. Diese Arbeit wird im Buch auf anregende Weise ausführlich beschrieben.

26.3.4. Fernrohrmontierung bei Himmelsbeobachtungen

26.3.4.1. Azimutale Montierung

Ist ein Fernrohr um eine horizontale und eine vertikale Achse drehbar, so liegt eine azimutale Montierung vor. Mit dem horizontalen Drehwinkel um die vertikale Achse wird das Azimut A, also die Himmelsrichtung, und mit dem vertikalen Drehwinkel um die horizontale Achse wird der Höhenwinkel h von der waagrechten Ebene aus (Elevation) gemessen. In dieser Montierung kann mit dem Fernrohr die gesamte Himmelshalbkugel über der Horizontebene beobachtet werden.

Das Azimut A zählt einen Vollkreis mit 360° positiv im Uhrzeigersinn (vom Zenit aus gesehen) von der Südrichtung als Bezugsrichtung nach Westen über Norden und Osten wieder nach Süden. Der Höhenwinkel h zählt von 0° bis 90°.

Diese Montierung hat den Vorteil, dass Höhenwinkel h und Richtungswinkel A mit normalen geodätischen Instrumenten (z. B. Theodolit als Fernrohr) gemessen werden können. Der Nachteil besteht bei Beobachtung von Himmelskörpern, dass sich wegen der Erdrotation das Beobachtungsinstrument auf der Erdoberfläche unter dem zu beobachtenden Objekt „hindurchdreht" und Höhenwinkel und Richtungswinkel des Objekts sich laufend ändern. Das Fernrohr muss laufend in beiden Richtungen „präzise nachgeführt" werden, damit das Objekt im Fernrohr stillsteht.

Große Spiegelteleskope sind meist azimutal montiert. Die Drehung um die senkrechte Achse erfolgt auf einer Laufschiene auf der ringförmigen Außenwand des Gebäudes, wo die ganze Kuppel mit allen Aufbauten gelagert ist und bei der Drehung „mitfährt". In der Kuppel ist das große Spiegelteleskop auf einer waagrechten Achse montiert und lässt sich 180° von Horizont über den Zenit bis zum anderen Horizont schwenken. Weil die Kuppel „mitfährt", kann auch der Öffnungsmechanismus des Daches in Blickrichtung des Teleskops fest mit der Kuppel verbunden werden und „mitfahren".

26.3.4.2. Parallaktische Montierung

Hat der Beobachter sein Fernrohr (auch Teleskop genannt) **äquatorial (parallaktisch)** montiert, so dass er es um die Parallele zur Erdachse (**Stundenachse**) und rechtwinklig dazu um eine **Deklinationsachse** bewegen kann (siehe Bild 60), dann kann er **äquatoriale Koordinaten** einstellen bzw. ablesen, wenn er das Objekt P beobachtet.

In Bild 120 steht die schräg vom Stativ kommende Drehachse (Stundenachse) parallel zur Erdachse. Die Skala der Stundenachse trägt eine Stundeneinteilung.

Rechtwinklig zur Stundenachse befindet sich die Deklinationsachse und rechtwinklig zu dieser das Fernrohr. Die Skala der Deklinationsachse ist in Altgrad eingeteilt.

Die Einstellung erfolgt von Hand mit einem Feintrieb, den man auf Bild 119 unscharf im Hintergrund sieht. Die Deklination wird einmal eingestellt und wird während der Beobachtung eines Objekts nicht mehr verstellt.

Bild 120: Parallaktische Montierung eines Fernrohrs

<u>Nachführung:</u>

Um die Drehung des Sternenhimmels zu kompensieren, muss das Teleskop gleichmäßig mit 15° pro Sternzeitstunde um die Stundenachse gedreht werden. In Bild 120 ist ein Schneckenzahnrad mit der Skala starr verbunden ist. Es wird über eine Schnecke (nicht sichtbar) auf der Achse des im Vordergrund sichtbaren Zahnrads bewegt. Mit dem im Bild sichtbaren Exzenterhebel kann ein kleiner batteriebetriebener Elektromotor befestigt werden. Dies ist die Vorrichtung für die Nachführung des Teleskops in der Stundenachse. Die Nachführung kann durch Motor oder auch manuell erfolgen. Das Fernrohr (rechts oben) ist durch das Gegengewicht (links) austariert, damit für die Drehung in der Stundenachse keine Kraft erforderlich ist.

Die Deklination eines Objekts ändert sich dabei nicht, so dass die Einstellung in der Deklinationsachse nicht verändert werden muss.

26.4. Himmelsfotografie

Wer mit einem Teleskop den Himmel beobachtet, möchte natürlich das Gesehene auch fotografisch festhalten. Das Teleskop muss die Möglichkeit bieten, am Okular, wo das Auge hindurchblickt, eine Kamera zu befestigen, die mit einer lichtempfindlichen Platte, einem Film oder einem optischen elektronischen Chip (CCD[16], siehe auch Lit. [14], Jahrbuch1996, Seite 189) ausgestattet ist.

Der fortschrittliche Amateurastronom wird keine Fotokamera mit Film verwenden, sondern einer Digitalkamera den Vorzug geben, wo er auf einem Monitor sieht, was das Objektiv einfängt.

---

[16] Elektronischer lichtempfindlicher Chip, CCD = charged coupled device.

26.4.1. Grundsätzliches zur Fotografie am Teleskop

26.4.1.1. Digitalkamera mit fest eingebautem Objektiv

Bei normalen Digitalkameras mit fest eingebautem (Zoom-)Objektiv lässt sich das Objektiv nicht abnehmen. Die Kamera muss so benutzt werden, wie sie ist, also einschließlich des Objektivs.

Dann muss auch das Teleskop mit Okular benutzt werden, so als ob das menschliche Auge hindurchblickt. Die Kamera muss in der Achse der Optik vor das Okular gesetzt werden.

Dazu ist eine Befestigungsvorrichtung (Adapter) notwendig. Das Licht vom beobachteten Objekt durchläuft das Teleskop, das Okular am Teleskop, den Adapter, das Kameraobjektiv und fällt dann auf den lichtempfindlichen elektronischen Sensor einer digitalen Kamera. Auf dem Monitorbildchen der Kamera kann es schließlich beobachtet werden.

Wenn die Kamera auf dem Teleskop angebracht ist, ist zu berücksichtigen, dass das Kameraobjektiv eine eigene Optik hat, die entsprechend einzustellen ist.

Die Blende der Kamera muss auf volle Öffnung und die Fokussierung auf „Unendlich" eingestellt werden. Trotzdem wird das Bildfeld kreisförmig eingeschränkt sein. Wenn die Kamera einen Zoom hat, dann sollte dieser so weit geöffnet werden, dass die runde Bildbegrenzung gerade verschwindet.

Nun wird mit dem Fokussierknopf am Okulartubus des Teleskops die Schärfe eingestellt. Am besten probiert man bei Tageslicht mit entsprechender Abblendung des Teleskops die richtigen Einstellungen. Nötigenfalls muss noch der Abstand des Okulars vom Kameraobjektiv soweit nachreguliert werden, bis ein scharfes Bild auf dem Kamera-Monitor entsteht. Man sollte auch die anderen für das entsprechende Teleskop vorhandenen Okulare ausprobieren, bis man die optimale Einstellung gefunden hat.

Wie man aus obiger Beschreibung entnehmen kann, ist eine normale Digitalkamera mit fest eingebautem Objektiv sehr umständlich am Teleskop zu handhaben. Es dauert eine ganze Weile, bis alles zusammenstimmt und Fotoaufnahmen durch das Teleskop gemacht werden können. Deshalb wird sich der fortschrittliche Amateurastronom eine digitale Spiegelreflexkamera mit auswechselbaren Objektiven kaufen.

26.4.1.2. Spiegelreflex-Kamera (SLR) mit auswechselbaren Objektiven

Bei der Spiegelreflex-Kamera (SLR-Kamera), ob herkömmlich mit Film oder digital, muss das Objektiv abgenommen werden, weil das Teleskop selbst als Objektiv benutzt wird. Dieser Kameratyp ist für die intensive Sternenfotografie sehr zu empfehlen.

Dazu gibt es einen Teleskop-Adapter (T-Adapter), an dem auf der einen Seite ein Ring mit Bajonettanschluss für die Kamera (T2-Adapter) und auf der anderen Seite ein Gewindering (Attachment Ring) für den Anschluss an den Okulartubus angeschraubt werden kann. Auf Bild 121 ist der komplette Adapter zu sehen.

Bild 121: Teleskopadapter

Auf der linken Seite des Adapters ist die Verschraubung (Attachment Ring) zum Anschrauben an den Okulartubus am Teleskop und rechts der T2-Adapter mit Bajonettanschluss für die Kamera zu sehen. Der T2-Adapter muss auf den Bajonettanschluss der jeweiligen Kamera passen.

Die Bajonettanschlüsse der SLR-Kameras haben verschiedene Größen. Die SLR-Adapter der alten SLR-Kameras passen nicht auf die digitalen SLR-Kameras, denn diese haben andere Bajonettanschlüsse. Um diese Kameras an das Teleskop anzuschließen, lässt man sich am besten in einem Fotofachgeschäft beraten, die auch die richtigen T2-Adapter vorrätig haben oder beschaffen können.

Anschluss der SLR-Kamera an das Teleskop:

1. Okulartubusverlängerung, wenn vorhanden, abschrauben.
2. Kameraobjektiv von der Kamera abnehmen.
3. Okular 20 mm, wenn nötig, in den Okulartubus einsetzen.
4. Kamera, wie in Bild 122 gezeigt, an die Kamera anschrauben.
5. Mit Fokussierknopf scharfstellen.

Ob Schritt 3 nötig ist, entscheidet sich vor Ort. Wenn kein Okular eingesetzt wird, fällt das Licht direkt auf den Foto-Chip (CCD) und ist als Bild auf dem Kontrollbildschirmchen der Kamera oder auf dem großen Bildschirm eines angeschlossenen tragbaren Computers sichtbar. Wird das 20 mm-Okular eingesetzt, steht eine stärkere Vergrößerung für ein kleineres Bildfeld zur Verfügung.

Bild 122: Kamera am Teleskop

Bild 122 zeigt, wie die Spiegelreflexkamera (hier die REVUE AC3) mit dem Adapter am Okulartubus des Teleskops angebracht ist. Der Okulartubus ist auf Bild 119 oben rechts und auf Bild 122 zu sehen.

Da die Blendenfunktion bei der SLR-Kamera in den Objektiven eingebaut ist, hier aber kein Objektiv benutzt werden kann, so ist auch die Blendenfunktion außer Betrieb gesetzt, weil der T-Adapter (Teleskop-Adapter) keine Blende hat, sondern die volle Öffnung bietet (Blende 00 wird angezeigt).

Filter und Blenden müssen dann direkt vor dem Teleskop angebracht werden (vor dem wirksamen Objektiv sozusagen). Spezielles Zubehör dafür wird mit dem Teleskop mitgeliefert. Auch selbst hergestellte Vorsätze aus Karton mit verschiedenen großen runden Öffnungen können die Blende ersetzen. Wenn das Bild zu hell ist, dunkelt man mit dem entsprechenden Blendenvorsatz ab.

Scharfgestellt wird das Teleskopbild mit dem Fokussierknopf, der auf Bild 122 ganz unten am Okulartubus zwischen Kamera und Teleskop zu sehen ist.

Die Belichtungszeiten werden an der SLR-Kamera eingestellt, entweder auf „Automatik" (Blende 00 und Zeitautomatik) oder auf mehrere Sekunden (wenn einstellbar).

Bei Aufnahmen durch das Teleskop sollte immer ein Fernauslöser (Drahtauslöser oder elektrisch mit Kabel oder mit Infrarot) benutzt werden, um das Teleskop mit der aufgesetzten Kamera nicht zu verwackeln. Wenn mit Belichtungseinstellung „B" (= BULB) gearbeitet wird, ist der Verschluss offen, so lange der Auslöser gedrückt wird.

26.4.2.   *Versuche*

Der Verfasser hat viele Versuche mit seiner alten SLR-Kamera (REVUE AC3) gemacht. Sie hatte den Nachteil, dass der Film anschließend entwickelt und Bildabzüge gefertigt werden mussten.

Eine digitale SLR-Kamera (z. B. Canon EOS 600D) hat den Vorteil, dass sie das Teleskopbild laufend auf dem Kameramonitor anzeigt und bei Bedarf das Bild sofort auf einer Speicherkarte gespeichert werden kann.

Außerdem kann man die ISO-Empfindlichkeit des Bild-Chips (entspricht der früheren Filmempfindlichkeit ASA) auf maximal 3200 bis 6400 einstellen, sodass die früher üblichen, sehr langen Belichtungszeiten bei Himmelsaufnahmen nicht mehr nötig sind. Dadurch erspart man sich in vielen Fällen das Nachführen der Kamera bei offenem Verschluss (siehe 7.2.4 auf Seite 86 und oben unter 26.3.4.2 auf Seite 263).

26.4.3.   *Literatur zu Himmelsaufnahmen*

Gerade für die Astrofotografie gibt es ausreichend Literatur, sodass wir hier nicht alles aus verschiedenen Blickwinkeln beleuchten müssen.

27. Astronomie mit dem Computer

27.1. Berechnungen

Heutzutage hat fast jeder einen Computer zuhause. Auch die Amateurastronomen arbeiten in ihrem Hobbybereich mit Computern. Sie programmieren die Anwendungen selbst oder verwenden fertige Programme aus der Fachliteratur oder aus dem Internet.

In Lit. [20] sind die theoretischen Grundlagen der Himmelsmechanik beschrieben und die darauf aufbauenden Programme für den Personal Computer im Quellcode und in ausführbaren Dateien auf Datenträger beigefügt. Mit diesen Programmen können Auf- und Untergangszeiten, Mondbahn, Planeten- und Kometenbahnen und physische Ephemeriden berechnet werden.

Hier ein Beispiel für den Auf- und Untergang von Sonne und Mond:

SUNSET: Auf- und Untergangszeiten von Sonne und Mond

© 1999 Oliver Montenbruck, Thomas Pfleger

Startdatum (JJJJ MM TT) ... 2011 03 25

Beobachtungsort: Länge (östl. pos.) [Grad] ... 11.0000

```
Breite [Grad]                                    ... 48.0000
Zonenzeit - UT [h]                               ... 1.00
Daemmerungsdefinition (b, n oder a)        ...  b
     Datum           Mond              Sonne            Daemmerung
                 Auf-/Untergang     Auf-/Untergang      Anfang/Ende

  2011/03/25    01:03    09:27    06:10    18:35    05:39    19:07
  2011/03/26    01:56    10:27    06:08    18:37    05:37    19:08
  2011/03/27    02:39    11:33    06:06    18:38    05:35    19:10
  2011/03/28    03:13    12:39    06:04    18:40    05:33    19:11
  2011/03/29    03:40    13:45    06:02    18:41    05:31    19:13
  2011/03/30    04:03    14:50    06:00    18:42    05:29    19:14
  2011/03/31    04:23    15:54    05:58    18:44    05:26    19:16
  2011/04/01    04:42    16:57    05:56    18:45    05:24    19:17
  2011/04/02    05:01    18:00    05:54    18:47    05:22    19:19
  2011/04/03    05:20    19:04    05:52    18:48    05:20    19:20
```

alle Zeiten in Zonenzeit (= UT + 1 h)

27.2. Astronomie auf dem Taschenrechner

Mit den wissenschaftlichen HP-Grafiktaschenrechnern (siehe Bild 1 auf Seite 18) können fast alle wichtigen astronomischen Berechnungen mit genügender Genauigkeit durchgeführt werden.

Der Verfasser hat einige Berechnungen mit dem Taschenrechner in diesem Buch gezeigt, wobei er sich nur auf die zum Text passenden Beispiele beschränkt hat.

Viele Amateurastronomen setzen die HP-Taschenrechner für astronomische Berechnungen erfolgreich ein.

27.2.1. *Taschenrechnerprogramm von Heiko Arnemann*

Heiko Arnemann von den befreundeten *Eifelastronomen e.V* (www.eifelastronomen.de) hat ein Taschenrechnerprogramm (SONNE, sun.zip) für Sonnen- und Mondberechnungen geschrieben, das im Internet unter *http://users.belgacom.net/ea/Heiko/HP49/index.htm* zu finden ist. Selbst für Amateure, die keinen HP-Taschenrechner besitzen, ist die dort beigefügte Dokumentation mit allen Formeln sehr zu empfehlen.

Hier einige Beispiele des Taschenrechnerprogramms SONNE zum Vergleich mit obiger Computertabelle, Zeile 1:

Datum: 25.03.2011
Ort mit $\varphi = 48{,}0°$ Nord und $\lambda = 11{,}0°$ Ost.

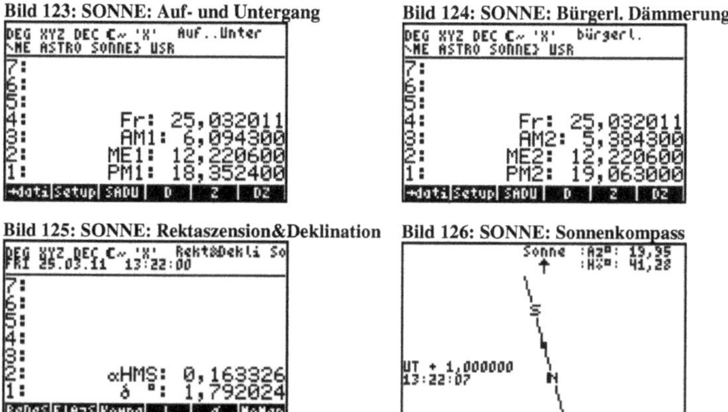

Bild 123: SONNE: Auf- und Untergang

Bild 124: SONNE: Bürgerl. Dämmerung

Bild 125: SONNE: Rektaszension&Deklination

Bild 126: SONNE: Sonnenkompass

Bild 123 zeigt die Zeiten für Sonnenaufgang $6^h09^m43^s$ und -untergang $18^h35^m24^s$, Kulmination $12^h22^m06^s$ (Längengrad und Zeitgleichung sind berücksichtigt).

Bild 124 zeigt die Zeiten für die bürgerliche Dämmerung morgens $5^h38^m43^s$, abends $19^h06^m30^s$

Bild 125 zeigt Rektaszension und Deklination der Sonne für die Uhrzeit 13^h22^m MEZ,

Bild 126 zeigt einen Sonnenkompass mit Angabe der Nord-Südlinie (für die Uhrzeit 13^h22^m MEZ am 25.03.2011) in Bezug auf die Sonnenrichtung, die als senkrechte Linie im Bild zu denken ist. Angegeben sind auch das Azimut und der Höhenwinkel in horizontalen Koordinaten für diesen Zeitpunkt.

27.2.2. *Taschenrechnerprogramm von Otto Praxl*

Das Taschenrechnerprogramm[17] des Verfassers verwendet die Formeln aus Kapitel 21 und stellt für obiges Beispiel die Ergebnisse von Auf- und Untergang der Sonne, der bürgerlichen Dämmerung und des Sonnenstandes dar[18].

Bild 127: Auf- und Untergang

Bild 128: Bürgerliche Dämmerung

Bild 129: Sonnenstand

27.2.3. *Differenzen zwischen den verschiedenen Ergebnissen*

Die Differenzen zwischen den Ergebnissen der verschiedenen Programme haben ihre Ursache in der unterschiedlichen Wahl des Berechnungszeitpunktes für die betreffenden Ereignisse.

Das *JD* wird hier für 11^h UT, also 12^h MEZ, berechnet.

---

[17] Das Programm wurde nicht veröffentlicht.
[18] Auf dem HP-Taschenrechner gibt es kein φ, deshalb wird der griech. Buchstabe ρ als Formelzeichen für die geografische Breite verwendet.

Normalerweise müsste das *JD* jeweils für den Sonnenaufgang für einen Schätzwert (etwa 6^h MEZ), für die Kulmination für 12^h MEZ (so wie hier verwendet) und für den Sonnenuntergang für einen Schätzwert (etwa 18^h MEZ) berechnet werden. Daraus ergäben sich dann für die jeweiligen Ereignisse die richtigen Werte für die Deklination und die Länge der Sonne. Da sich aber die Länge der Sonne in 6 Stunden nur um etwa 0,25° (entspricht 1 min) ändert, kann näherungsweise mit einem einheitlichen *JD* für 12^h MEZ bei allen drei Ereignissen gerechnet werden, da Abweichungen der Ergebnisse ≤1 min für die Auf- und Untergänge hinnehmbar sind.

Jeder Programmierer handhabt diese Probleme anders, daraus resultieren die unterschiedlichen Ergebnisse. In Lit. [20] wurde der Quellcode für die Programme mitgegeben, sodass der Amateur Einblick in die Berechnungsmethoden der Astronomen bekommt.

27.2.4. *Programme anderer Autoren*

Im Internet auf *www.hpcalc.org* sind weitere Astronomie-Programme für die HP-Taschenrechner zu finden.

27.2.5. *Bildbearbeitung mit dem Computer*

Digitale Bilder auf einem Speichermedium haben einen großen Vorteil gegenüber Bildern auf Film. Sie können sofort nach der Aufnahme betrachtet, notfalls wiederholt und bearbeitet werden. Mit spezieller Software kann sogar das Bildrauschen (eine kamerabedingte Störung) herausgerechnet werden, wenn vor der eigentlichen Aufnahme eine Dunkelaufnahme (Referenzbild) gemacht wurde. Darüber gibt es genügend Literatur im Internet. Hier wird auf eine Beschreibung verzichtet.

27.3. Der Sternenhimmel auf dem Computerbildschirm

Zu DOS-Zeiten und den frühen Windows-Zeiten hatte der Verfasser einige Planetarien zum Test auf seinem Rechner.

Dazu gehörten:

- Sky-Globe, eine DOS-Shareware aus dem Jahre 1991. Sie stammt aus dem englischsprachigen Raum und zeigte den Sternenhimmel auf dem Farbbildschirm an. Dieses Programm war damals schon sehr leistungsfähig und ließ sich in vielen Punkten individuell einstellen.
- Das PC-Planetarium von *Wolfram Spohr*, Oldenburg, ist DOS-Shareware aus dem Jahr 1991. Zitat aus dem Handbuch: „*Das PC-PLANETARIUM simuliert den Sternenhimmel über jedem geografischen Ort vom 1. bis zum 10000. Jahrhundert unserer Zeitrechnung; die Ephemeriden der Planeten Merkur bis Neptun, sowie der Sonne und des Mondes werden für den Zeitraum 1700 bis 2300, die des Planeten Pluto im Zeitraum 1850 bis 2150 berechnet. Darüberhinaus liefert das Programm die Auf- und Untergangszeiten von Sonne und Mond, sowie das Ende und den Beginn der Dämmerung. Die berechneten Planetenpositionen können zu einer Tabelle zusammengefasst und ausgedruckt werden.*" (Zitatende).
- Für Windows 3.1 und Windows 95 gab es dann im Jahr 1996 das FUJI-Planetarium 1.0 (FUJI-Magnetics GmbH, 47533 Kleve) zu kaufen. Es zeigt den Sternenhimmel, die Sternkarte, den Himmelsglobus, Sonnensystem mit Planeten-, Kometen- und Asteroidenbahnen, naturgetreue Mondphasen, Echtzeitdrehung der Darstellungen, Zoomen, Animationen, Schnellsuche, Ausdruck von Sternkarten und noch vieles mehr.

Die drei genannten Softwareprodukte laufen auch heute noch korrekt auf den modernen Rechnern unter XP und in der DOS-Box bei höheren Systemen.

Gute astronomische Software wird heute in Hülle und Fülle angeboten, darunter sehr gute Planetarien, die keine Wünsche mehr offen lassen. Hier wird keine Empfehlung für ein bestimmtes System ausgesprochen, da jeder selbst entscheiden muss, was er will und was er braucht.

28. Anhang

28.1. Literatur-Verzeichnis

Auflistung der Literatur, die bei der Abfassung der Beiträge herangezogen wurde.

Nach Autorennamen alphabetisch sortiert.

Die Auswahl der Bücher erfolgte nicht systematisch, sondern mehr zufällig und wurde dadurch bestimmt, was im Laufe der Jahre gerade in den örtlichen Buchhandlungen greifbar und erschwinglich oder schon im Besitz des Verfassers war.

Tabelle 61: Literaturverzeichnis (Bücher)

Nr.	*Name des Autors*	**Titel, Erscheinungsjahr, Verlag**
[1]	*Bialas, Volker;* *Gerlach, Walter;* *List, Martha und* *Treue, Wilhelm*	Abhandlungen und Berichte des Deutschen Museums, 1971, Heft 1: **Johannes Kepler zur 400. Wiederkehr seines Geburtstages.** 1971, R. Oldenbourg Verlag München, ISBN 3-486-34051-4
[2]	*Bronstein, Ilja und* *Semendjajew, Konstantin*	**Taschenbuch der Mathematik** 1989, 24. Auflage, Harry Deutsch Verlag, Frankfurt/M
[3]	*Geist, Hans-Joachim*	**Die erfolgreiche Montage einer digitalen SAT-Anlage** Elektor-Verlag, Nov. 2005, ISBN 3-89576-023-4.
[4]	*Gellert, Walter*	**Handbuch der Mathematik** 1972, Lizenzausgabe für Buch- und Zeit-Verlagsgesellschaft mbH, Köln
[5]	*Giese, Richard-Heinrich*	**Einführung in die Astronomie** 1981, Wissenschaftliche Buchgesellschaft, Darmstadt
[6]	*Großmann, Walter* und *Kahmen, Heribert*	**Vermessungskunde I** 1985, Sammlung Göschen Nr. 2160, Verlag Walter de Gruyter
[7]	*Großmann, Walter* und *Kahmen, Heribert*	**Vermessungskunde III** 1988, Sammlung Göschen Nr. 2162, Verlag Walter de Gruyter
[8]	*Guthmann, Andreas*	**Einführung in die Himmelsmechanik** **und Ephemeridenrechnung,** 1994, BI-Wissenschaftsverlag
[9]	*Hahn, Herrmann-Michael und* *Weiland, Gerhard*	**Drehbare Kosmos-Sternkarte** (nördl. Sternenhimmel), 2002, Franckh-Kosmos-Verlag
[10]	*Herrmann, Joachim*	**dtv-Atlas zur Astronomie** 1972 und 2000, Deutscher Taschenbuch-Verlag
[11]	*Herrmann, Joachim*	**Das Weltall in Zahlen** 1986, Franckh-Kosmos-Verlag
[12]	*Hessenberg, Gerhard*	**Ebene und sphärische Trigonometrie** 1957, Sammlung Göschen Nr. 99, Verlag Walter de Gruyter
[13]	*Kahmen, Heribert*	**Vermessungskunde II** 1986, Sammlung Göschen Nr. 2161, Verlag Walter de Gruyter

Nr.	*Name des Autors*	**Titel, Erscheinungsjahr, Verlag**
[14]	*Keller, Hans-Ulrich*	**Das Kosmos-Himmelsjahr** erscheint jährlich (Jahrbuch), Franckh-Kosmos-Verlag, (spezielle Themen: siehe gesonderte Tabelle unten)
[15]	*Keller, Hans-Ulrich*	**Astrowissen,** 1994, Franckh-Kosmos-Verlag
[16]	*Klawitter, Gerd*	**Zeitzeichensender** (Time Signal Stations) zweisprachig: deutsch und englisch, 1992, 12. Auflage, Siebel-Verlag, ISBN 3-922221-61-0
[17]	*Lietzmann, Prof. D. H.* und *Aland, Prof. D. K.*	**Zeitrechnung** 1956, Sammlung Göschen, Band 1085
[18]	*Meeus, Jean*	**Astronomische Algorithmen** 2. Auflage (vergriffen), 1994, Verlag Johann Ambrosius Barth
[19]	*Montenbruck, Oliver*	**Grundlagen der Ephemeridenrechnung,** 7. Auflage 2005, Spektrum, Akademischer Verlag, Heidelberg 2009 ISBN 978-3-8274-2291-0
[20]	*Montenbruck, Oliver* und *Pfleger, Thomas*	**Astronomie mit dem Personal Computer** 3. Auflage 1999, Springer Verlag Berlin Heidelberg
[21]	*Naumann, Hans-Dieter*	**Handbuch Satellitenempfang** Siebel-Verlag, 192 Seiten, Nov. 2005, ISBN 3-89632-060-2.
[22]	Normen, Deutsche	DIN 1355, EN 28601, ISO 8601
[23]	*Praxl, Otto*	**Erläuterte Formeln der ebenen und räumlichen Geometrie** Praxelius-Formelsammlung, Ausgabe 2015 **ISBN 978-3-668-00186-2, E-Book.** **ISBN 978-3-668-00187-9,** beide im GRIN-Verlag erschienen.
[24]	*Praxl, Otto*	**Wissenschaftliche HP-Taschenrechner im praktischen Einsatz** Ausgabe 2015, ISBN 978-3-656-18641-0, E-Book, ISBN 978-3-668-05221-5, Printausgabe, beide im GRIN-Verlag erschienen.
[25]	*Rohr, Hans*	**Das Fernrohr für jedermann** Eine gründliche Anleitung zum Selbstbau eines leistungsfähigen Spiegelteleskops. 1959, 3. Auflage, Rascher Verlag, Zürich und Stuttgart
[26]	*Schlosser, Wolfhard*	**Fenster zum All** 1990, Wissenschaftliche Buchgesellschaft, Darmstadt ISBN 3-534-02152-5
[27]	*Schneider, Manfred*	**Himmelsmechanik Band 1,** 3. Auflage, 1992, BI-Wissenschaftsverlag
[28]	*Stumpf, Karl*	**Fischer-Lexikon Astronomie** 1957, Fischer-Bücherei KG, Frankfurt

Nr.	*Name des Autors*	**Titel, Erscheinungsjahr, Verlag**
[29]	*Torge, Wolfgang*	**Geodäsie** 1975, Sammlung Göschen Nr. 2163 Verlag Walter de Gruyter
[30]	*Zemanek, Heinz*	**Kalender und Chronologie** 5. Auflage 1990, Oldenbourg Verlag München Wien ISBN 3-486-20927-2

28.2. „Kosmos-Himmelsjahr": Spezielle Monatsthemen

Monatsthemen der Jahrgänge ab 1990, passend zum Thema Himmelmechanik:

Tabelle 62: Monatsthemen des Kosmos-Himmelsjahr 1990 bis 2014

„Himmelsjahr"	Monatsthema	Seite
1990	Zeitgleichung	148
1991	Datumsgrenze	147
1992	Bewegung des Mondes	82
1992	Nutation	97
1992	Windrose	112
1993	Refraktion	164
1994	Sonnenzyklus	85
1994	Computerprogramme	183
1995	Dynamische Zeit	115
1995	Keplergesetze	196
1996	Aberration	65
1996	Sonnenuhren und Gnomonik	94
1996	extreme Mondbahn	108
1996	CCD (elektronischer Bild-Chip in Digitalkameras)	189
1997	Mondfinsternis	65
1997	Zeit und ihre Teile	191
1998	Goldene Zahl und Epakte	83
1999	Die totale Sonnenfinsternis vom 11.8.1999	151
2000	2000 und der gregorianische Kalender	67
2000	Erdachse und Klima	81
2000	Libration des Mondes	153
2000	Epoche 2000 und Präzession	169
2001	Sonne im Visier	83
2002	Tagundnachtgleiche (Auf-/Untergänge)	77
2002	Entstehung der Gezeiten	157
2003	Wenn die Tage länger werden ...	68
2003	Mars in extremer Erdnähe	166
2003	Der Mond im Blickpunkt	214
2004	Der Mond im Schatten der Erde	119
2005	Unsere launische Sonne	115
2005	Die Zukunft unserer Sonne	147
2005	Die Sonnenfinsternis vom 3. Oktober 2005	190
2006	Der Kalender im alten China	113
2006	Extreme Mondpositionen	165
2006	Die Punkte des Herrn Lagrange	224
2006	Der Stern der Magier	240
2007	Kreuzfahrt durch die trockenen Meere unseres Mondes	203
2008	Wie entstehen die Gezeiten	75
2009	Der Ursprung unseres Mondes	243
2010	Wie lange dauert ein Tag?	116
2010	Wie groß ist das Sonnensystem?	136
2011	Was versteht man unter Extinktion und Szintillation der Sterne?	56
2011	Der geniale Himmelsmechaniker *U. J. J. Leverrier*	74

„Himmelsjahr"	Monatsthema	Seite
2011	Riesenmond am Horizont und atmosphärische Refraktion	91
2011	Magie des Mondes	204
2011	Der dritte Planet	223
2012	Der Ursprung unseres Kalenders	32
2012	Tobias Mayer - Vermesser des Himmels, der Erde und der Meere	51
2012	Die Ringplaneten	105
2012	Was versteht man unter Sternzeit?	195
2013	Zonenzeit – Weltzeit – Sommerzeit, Karte der Zeitzonen	85
2014	*in 2014 kein passendes Thema*	
2015	In den Tiefen von Raum und Zeit. Der kosmische Kalender	46
2015	Endspurt zum Pluto	164
2016	Die Vermessung des Kosmos	88
2016	Wasserstoff, Lebenselexier der Sterne	164
2016	Die Magnetfelder der Planeten	200
2016	Der Nordstern im Visier	220

28.3. Das griechische Alphabet

Tabelle 63: Griechisches Alphabet

Groß	klein	Name	Aussprache
A	α	Alfa	*a*
B	β	Beta	*b*
Γ	γ	Gamma	*g*
Δ	δ	Delta	*d*
E	ε	Epsilon	*e*
Z	ζ	Zeta	*z*
H	η	Eta	*ä*
Θ	θ, ϑ	Theta	*th*
I	ι	Iota	*i*
K	κ, ϰ	Kappa	*k*
Λ	λ	Lambda	*l*
M	μ	My	*m*
N	ν	Ny	*n*
Ξ	ξ	Xi	*x*
O	o	Omikron	*o (kurz)*
Π	π	Pi	*p*
P	ρ	Rho	*r*
Σ	σ, ς	Sigma	*s*
T	τ	Tau	*t*
Y	υ	Ypsilon	*ü*
Φ	φ, ϕ	Phi	*ph*
X	χ	Chi	*ch*
Ψ	ψ	Psi	*ps*
Ω	ω	Omega	*o (lang)*

θ, ϑ stehen gleichwertig nebeneinander,
σ kommt innerhalb des Wortes vor,
ς steht am Ende eines Wortes.
φ steht in griechischen Texten,
ϕ kommt seltener vor.

28.4.   Satellitenliste

Geostationärer Satellit	Position
Statsionar 3	85° Ost
Express 6	80° Ost
Thaicom	78,4° Ost
Gals	71° Ost
Statsionar 20/Raduga 25 (Incl)	70° Ost
Panamsat PAS-4	68,4° Ost
Intelsat 704	66° Ost
Intelsat 602 [1988]	63° Ost
Intelsat 801	62° Ost
Intelsat 604	60° Ost
Intelsat 703	57° Ost
Gorizont 17	53° Ost
Eutelsat I-F1	48° Ost
Intelsat 507	47° Ost
Türksat 1c [1996]	42° Ost
Gorizont 22	40,5° Ost
Gals 1+2	36° Ost
Gorizont	34 ° Ost
Türksat 1b	31° Ost
Arabsat 1c	30,5° Ost
DFS Kopernikus 2 [1989]	28,5° Ost
Eutelsat I-F1	25,5° Ost
DFS Kopernikus 1 [1991]	23,5° Ost
Eutelsat 1 F5	21,5° Ost
Astra Gruppe	**19,2° Ost**
Eutelsat II F3 [1991]	16° Ost
Eutelsat II F1 (Hotbird)	**13° Ost**
Eutelsat II F2 [1991]	10° Ost
Eutelsat II F4 M [1992]	7° Ost
Tele - X [1989]	5° Ost
Telekom 2c	3° Ost
Meteosat (Wettersatellit)	0°
Intelsat 707 [1996]	1° West
Telecom 2b/2d [1992, 1996]	5° West
Telecom 2a [1992]	8° West
Gorizont Statsionar 26	11,5° West
Express 2	14° West
Intelsat 515	18,5° West
TDF 1 & 2 [1987, 1989]	18,8° West
Intelsat 605	24,5° West
Intelsat 601 [1989]	27,5° West
Hispasat 1a/1b	30,5° West
Intelsat 603	34,5° West
Pamamsat 1	45° West
Intelsat 706	53° West

Liste zum Beitrag Satellitenpeilung (siehe Seite 193).

Angaben ohne Gewähr!

Diese Liste enthält nur die wichtigsten Fernseh-Synchronsatelliten, die von Deutschland aus anpeilbar sind. Die aktuelle Liste kann aus dem Internet abgerufen werden (Suchbegriff „Satellitenliste" oder „Satellitenposition").

28.5. Bilderverzeichnis

28.6. Formelverzeichnis

28.7. Tabellenverzeichnis

28.8.   Alphabetisches Sachregister (Index)